LEEDL TUTORIAL
深度學習
詳解

台大李宏毅老師
機器學習課程精粹

王琦、楊毅遠、江季 著

本書簡體字版名為《深度學習詳解》(978-7-115-64211-0)由人民郵電出版社出版,版權屬人民郵電出版社所有。本書繁體字中文版由人民郵電出版社授權臺灣碁峰資訊股份有限公司出版。未經本書原版出版者和本書出版者書面許可,任何單位和個人均不得以任何形式或任何手段複製、改編或傳播本書的部分或全部。

推薦序

這本書是由王琦、楊毅遠、江季三位同學共同編寫，很高興碁峰資訊能夠出版繁體中文版。雖然我並非這本書的作者，也沒有參與書籍的撰寫過程，但由於本書內容是根據我在 YouTube 頻道上的影片所整理編寫而成，由我來撰寫推薦序再適合不過了。

我從 2014 年起開始任教，並於 2015 年在台灣大學首次開設以深度學習為主軸的課程，至今 2025 年撰寫此推薦序之時，已經走過十個年頭。這些年來，我一直持續將課程內容錄製下來。2015 年時，我只是將影片放在個人網頁上，自 2016 年起，因為一些機緣巧合，我開始將課程影片公開在 YouTube 平台上。在這十年間，我不斷更新並豐富課程的內容，每一年的講授內容都有所不同。感謝廣大網友的熱烈支持，目前該頻道的訂閱人數已經達到 30 萬。

本書主要是依據我 2021 年的課程內容所撰寫，但也融合了其他年度的重要主題，例如第 19 章的內容是來自於 2023 年的課程。2021 年那時，在學校的大力支持下，我開設了一堂近 1400 位學生修習的課程。我當時希望從深度學習最基礎的觀念開始講起，逐步涵蓋我認為深度學習領域重要的各種主題。雖然本書的核心內容來自於 2021 年，但所涉及的都是深度學習的核心基礎概念，即使放在今天來看也依然具有高度的時效性。

本書的內容還是需要一些線性代數和微積分的基本概念才能看懂，如果是完全沒有理工背景的讀者，建議可以先到我的 YouTube 頻道觀看我在 2024 年所講授的《生成式人工智慧導論》。觀看後若對機器學習的技術有更進一步深入研究的興趣，可以考慮再進一步閱讀本書，或參考 2021 年的機器學習課程影片。

李宏毅

2025 年 3 月 31 日

致謝

  本書編者特向臺灣大學李宏毅老師致以誠摯的謝意！

  感謝李老師的分享精神，讓無數的機器學習和深度學習初學者從他的課程中受益。感謝李老師對編者以及 Datawhale 開源學習出版專案的支持，使得本書的正式出版成為可能！

> To. Datawhale 的成員：
>
> 加油！做得很棒！
>
> 　　　　　　李宏毅

目錄

01 機器學習基礎

- 1.1 案例學習 2
- 1.2 線性模型 9
  - 1.2.1 分段線性曲線 11
  - 1.2.2 模型變形 20
  - 1.2.3 機器學習框架 25

02 實踐方法論

- 2.1 模型偏差 27
- 2.2 最佳化問題 28
- 2.3 過擬合 31
- 2.4 交叉驗證 35
- 2.5 不匹配 37
- 參考資料 38

03 深度學習基礎

- 3.1 局部最小值與鞍點 39
  - 3.1.1 臨界點及其種類 39
  - 3.1.2 判斷臨界值種類的方法 41

3.2	批次和動量		48
	3.2.1	批次量對梯度下降法的影響	49
	3.2.2	動量法	55
3.3	自適化學習率		57
	3.3.1	AdaGrad	61
	3.3.2	RMSProp	64
	3.3.3	Adam	65
3.4	學習率排程		66
3.5	最佳化總結		68
3.6	分類		68
	3.6.1	分類與迴歸的關係	68
	3.6.2	帶有 softmax 函式的分類	70
	3.6.3	分類損失	71
3.7	批次正規化		73
	3.7.1	放入深度神經網路	76
	3.7.2	測試時的批次正規化	80
	3.7.3	內部共變量偏移	82
參考資料			83

04 卷積神經網路

4.1	觀察 1：檢測模式不需要整幅圖片	88
4.2	簡化 1：感知域	89
4.3	觀察 2：同樣的模式可能出現在圖片的不同區域	93
4.4	簡化 2：共用參數	94
4.5	簡化 1 和簡化 2 的總結	97

4.6	觀察 3：降取樣不影響模式檢測	102
4.7	簡化 3：池化	103
4.8	卷積神經網路的應用：下圍棋	106

參考資料 109

05 | 遞迴神經網路

5.1	獨熱編碼	112
5.2	什麼是 RNN	114
5.3	RNN 架構	115
5.4	其他 RNN	117
	5.4.1　Elman 網路和 Jordan 網路	118
	5.4.2　雙向遞迴神經網路	118
	5.4.3　LSTM	119
	5.4.4　LSTM 舉例	122
	5.4.5　LSTM 運算範例	123
5.5	LSTM 網路原理	126
5.6	RNN 的學習方式	131
5.7	如何解決 RNN 的梯度消失或梯度爆炸問題	135
5.8	RNN 的其他應用	137
	5.8.1　多對一序列	137
	5.8.2　多對多序列	138
	5.8.3　序列到序列	141

參考資料 143

06 自注意力機制

- 6.1 輸入是向量序列的情況 145
  - 6.1.1 類型 1：輸入與輸出數量相同 148
  - 6.1.2 類型 2：輸入是一個序列，輸出是一個標籤 149
  - 6.1.3 類型 3：序列到序列任務 150
- 6.2 自注意力機制的運作原理 150
- 6.3 多頭自注意力 161
- 6.4 位置編碼 163
- 6.5 截斷自注意力 166
- 6.6 對比自注意力與卷積神經網路 167
- 6.7 對比自注意力與遞迴神經網路 170
- 參考資料 173

07 Transformer

- 7.1 序列到序列模型 175
  - 7.1.1 語音辨識、機器翻譯與語音翻譯 175
  - 7.1.2 語音合成 177
  - 7.1.3 聊天機器人 177
  - 7.1.4 問答任務 178
  - 7.1.5 語法分析 178
  - 7.1.6 多標籤分類 179
- 7.2 Transformer 結構 180
- 7.3 Transformer 編碼器 182
- 7.4 Transformer 解碼器 186

		7.4.1	自迴歸解碼器	186
		7.4.2	非自迴歸解碼器	193
7.5	編碼器—解碼器注意力			195
7.6	Transformer 的訓練過程			197
7.7	序列到序列模型訓練常用技巧			199
		7.7.1	複製機制	199
		7.7.2	引導注意力	200
		7.7.3	定向搜尋	201
		7.7.4	加入雜訊	202
		7.7.5	使用增強式學習訓練	203
		7.7.6	計畫取樣	203
參考資料				204

08 生成模型

8.1	生成對抗網路	207
	8.1.1　生成器	207
	8.1.2　判別器	211
8.2	生成器與判別器的訓練過程	213
8.3	GAN 的應用案例	215
8.4	GAN 的理論介紹	218
8.5	WGAN 演算法	221
8.6	GAN 訓練的困難點與技巧	227
8.7	GAN 的效能評估方法	230
8.8	條件型生成	234
8.9	CycleGAN	237
參考資料		242

09 | 擴散模型

9.1 擴散模型產生圖片的過程 243

9.2 降噪模組 244

9.3 訓練雜訊預測器 246

10 | 自監督學習

10.1 BERT 251

    10.1.1　BERT 的使用方式 256

    10.1.2　BERT 有用的原因 268

    10.1.3　BERT 的變化 274

10.2 GPT 278

參考資料 283

11 | 自動編碼器

11.1 自動編碼器的概念 286

11.2 為什麼需要自動編碼器 287

11.3 降噪自動編碼器 289

11.4 自動編碼器應用之特徵解離 291

11.5 自動編碼器應用之離散隱性表徵 293

11.6 自動編碼器的其他應用 297

12 | 對抗式攻擊

12.1 對抗式攻擊簡介 299

12.2 如何進行網路攻擊 302

12.3	快速梯度符號法	305
12.4	白箱攻擊與黑箱攻擊	306
12.5	其他模態資料被攻擊案例	311
12.6	現實世界中的攻擊	311
12.7	防禦方式中的被動防禦	315
12.8	防禦方式中的主動防禦	318

13 轉移學習

13.1	領域偏移	321
13.2	領域自適應	323
13.3	領域概化	330
	參考資料	331

14 增強式學習

14.1	增強式學習的應用	335
	14.1.1 玩電子遊戲	335
	14.1.2 下圍棋	336
14.2	增強式學習框架	337
	14.2.1 第 1 步：定義函式	337
	14.2.2 第 2 步：定義損失	339
	14.2.3 第 3 步：最佳化	340
14.3	評價動作的標準	344
	14.3.1 使用即時獎勵作為評價標準	344
	14.3.2 使用累積獎勵作為評價標準	345
	14.3.3 使用折扣累積獎勵作為評價標準	346

	14.3.4	使用折扣累積獎勵減去基線作為評價標準 348
	14.3.5	Actor-Critic 351
	14.3.6	優勢 Actor-Critic 357

參考資料 359

15 元學習

15.1 元學習的概念 361
15.2 元學習的三個步驟 362
15.3 元學習與機器學習 366
15.4 元學習的實例演算法 369
15.5 元學習的應用 374

參考資料 375

16 終身學習

16.1 災難性遺忘 377
16.2 終身學習的評估方法 382
16.3 終身學習問題的主要解法 383

17 網路壓縮

17.1 網路修剪 388
17.2 知識蒸餾 393
17.3 參數量化 397
17.4 網路架構設計 399
17.5 動態計算 403

參考資料 407

18 可解釋性機器學習

- 18.1 可解釋性人工智慧的重要性 409
- 18.2 決策樹模型的可解釋性 411
- 18.3 可解釋性機器學習的目標 411
- 18.4 可解釋性機器學習中的局部解釋 412
- 18.5 可解釋性機器學習中的全局解釋 420
- 18.6 擴充與小結 423
- 參考資料 424

19 ChatGPT

- 19.1 ChatGPT 簡介和功能 425
- 19.2 對 ChatGPT 的誤解 426
- 19.3 ChatGPT 背後的關鍵技術—預訓練 429
- 19.4 ChatGPT 帶來的研究問題 433

索引 437

線上下載

本書學習資源請至 http://books.gotop.com.tw/download/ACL072400 下載。

前言

　　深度學習在近年來取得了令人矚目的發展，無論是傳統的圖片分類、目標檢測等技術，還是以 Sora、ChatGPT 為代表的生成式人工智慧，都離不開深度學習。深度學習相關的圖書有很多，但大部分都偏重理論推導及分析，缺少對深度學習內容的直觀解釋，而直觀的解釋恰恰對初學者非常重要。瞭解深度學習方法的具體用途，以及掌握其基本的內部結構，有利於我們培養深度學習直覺，更好地將其作為工具，進而在其理論的基礎上進行創新。

　　筆者在學習深度學習的過程中經常聽人提及一門公開課，即李宏毅老師的「機器學習」公開課。雖然名為「機器學習」，但該課程經過多年發展，內容已經幾乎全部與深度學習相關了。筆者也便選擇其作為學習課程，獲益匪淺，於是將所學內容結合筆者個人的瞭解和體會初步整理成筆記。之後，在眾多優秀開源課程的啟發下，筆者決定將該筆記製作成課程，以讓更多的深度學習初學者受益。筆者深知一個人的力量有限，便邀請另外兩位編著者（楊毅遠、江季）參與課程的編寫。楊毅遠在人工智慧研究方面頗有建樹，曾多次在中國電腦學會 A 類、B 類會議中以第一作者的身分發表論文；江季對深度學習也有較深的瞭解，有豐富的深度學習研究經歷，發表過頂級會議論文，也獲得過相關專利。楊毅遠與江季的加入讓課程的創作煥發出了新的生機。透過不懈的努力，我們在 GitHub 上發布線上課程，分享給深度學習的初學者。截至目前，該課程被「標星」逾萬次。

　　為了讓這門課程更好，我們嘗試將此課程作為教材，並組織上百人的組隊學習活動，受到了一致好評。不少學習者透過組隊學習入門了深度學習，並回應了大量的意見，這也幫助我們進一步改進了課程。為了方便讀者閱讀，我們歷時 1 年多製作了電子版的筆記，並對很多地方進行了最佳化。非常榮幸的是，人民郵電出版社的陳冀康老師聯繫我們商量出版事宜。透過出版社團隊和我們不斷的努力，本書得以出版。

　　本書主要內容源於李宏毅老師「機器學習」公開課的部分內容，在其基礎上進行了一定的原創。比如，為了盡可能地降低閱讀門檻，筆者對公開課的

精華內容進行選取並最佳化，對所涉及的公式給出詳細的推導過程，對較難瞭解的知識點進行了重點講解和強化，方便讀者較為輕鬆地入門。此外，為了豐富內容，筆者還補充了不少公開課內容之外的深度學習相關知識。

本書共 19 章，大體上可分為兩個部分：第一部分包括第 1～11 章，介紹深度學習基礎知識以及經典深度學習演算法；第二部分包括第 12～19 章，介紹深度學習演算法更加深入的方向。第二部分各章相對獨立，讀者可根據自己的興趣和時間選擇性閱讀。

李宏毅老師是臺灣大學教授，其研究方向為機器學習、深度學習及語音辨識與理解。李老師的「機器學習」課程很受廣大學習者的歡迎，其幽默風趣的授課風格深受大家喜愛。此外，李老師的課程內容很全面，覆蓋了深度學習必須掌握的常見理論，能讓學習者對於深度學習的絕大多數領域都有一定瞭解，進而進一步選擇想要深入的方向進行學習。讀者在觀看「機器學習」公開課時，可以使用本書作為輔助資料，以進一步深入瞭解課程內容。

本書配有索引，方便讀者根據自己的需求快速找到詞彙所對應的篇幅高效率學習。此外，筆者認為，深度學習是一個理論與實作相結合的學科，讀者不僅要瞭解其演算法背後的數學原理，還要透過上機來實作演算法。

衷心感謝李宏毅老師的授權和開源奉獻精神，李老師的無私使本書得以出版，並能夠造福更多對深度學習感興趣的讀者。本書由開源組織 Datawhale 的成員採用開源合作的方式完成，歷時 1 年有餘，參與者包括 3 位編著者（筆者、楊毅遠和江季）和 3 位 Datawhale 的小夥伴（范晶晶、謝文睿和馬燕鵬）。此外，感謝付偉茹同學對本書初稿提出的寶貴建議。在本書寫作和出版過程中，人民郵電出版社提供了很多出版的專業意見和支援，使得本書較開源版本更加全面、完整，也更有系統。在此特向人民郵電出版社資訊技術分社社長陳冀康老師和本書的責任編輯郭泳澤老師致謝。

深度學習發展迅速，筆者學疏才淺，書中難免有疏漏之處，還望各位讀者批評指正。

王琦

主要符號表

符號	說明
a	純量
$\boldsymbol{a}$	向量
$\boldsymbol{A}$	矩陣
$\boldsymbol{I}$	單位矩陣
$\mathbb{R}$	實數集合
$\boldsymbol{A}^{\mathrm{T}}$	矩陣 $\boldsymbol{A}$ 的轉置
$\boldsymbol{A} \odot \boldsymbol{B}$	$\boldsymbol{A}$ 和 $\boldsymbol{B}$ 的按元素乘積
$\dfrac{\mathrm{d}y}{\mathrm{d}x}$	y 關於 x 的導數
$\dfrac{\partial y}{\partial x}$	y 關於 x 的偏導數
$\nabla_{\boldsymbol{x}} y$	y 關於 x 的梯度
$a \sim p$	具有分布 p 的隨機變數 a
$\mathbb{E}[f(x)]$	$f(x)$ 的期望
$\mathrm{Var}(f(x))$	$f(x)$ 的變異數
$\exp(x)$	x 的指數函數
$\log x$	x 的對數函數
$\sigma(x)$	sigmoid 函數,$\dfrac{1}{1+\exp(-x)}$
s	狀態
a	動作
r	獎勵
π	策略
γ	折扣因數
τ	軌跡
G_t	時刻 t 時的回報
$\arg\min\limits_{a} f(a)$	$f(a)$ 取最小值時 a 的值

Chapter 01 機器學習基礎

在本書的開始，先簡單介紹一下**機器學習**（Machine Learning，ML）和**深度學習**（Deep Learning，DL）的基本概念。機器學習，顧名思義，機器具有學習的能力。具體來講，機器學習就是讓機器具備找一個函式的能力。機器具備找一個函式的能力以後，就可以做很多事。比如語音辨識，機器聽一段聲音，產生這段聲音對應的文字。我們需要的是一個函式，它的輸入是一段聲音訊號，輸出是這段聲音訊號的內容。這個函式顯然非常複雜，難以寫出來，因此我們想透過機器的力量把這個函式自動找出來。此外，還有好多的任務需要找一個很複雜的函式，以圖片辨識為例，圖片辨識函式的輸入是一張圖片，輸出是這張圖片裡面的內容。AlphaGo 也可以看作一個函式，機器下圍棋需要的就是一個函式，該函式的輸入是棋盤上黑子和白子的位置，輸出是機器下一步應該落子的位置。

隨著要找的函式不同，機器學習有了不同的類別。假設要找的函式的輸出是一個數值或純量（scalar），這種機器學習任務稱為**迴歸**（regression）。舉個迴歸的例子，假設機器要預測未來某個時間段的 PM2.5 數值。機器要找一個函式 f，其輸入可能是各種跟預測 PM2.5 數值有關的指數，包括今天的 PM2.5 數值、平均溫度、平均臭氧濃度等，輸出是明天中午的 PM2.5 數值。

除了迴歸，還有一種常見的機器學習任務是**分類**（classification）。分類任務是要讓機器做選擇題。先準備一些選項，這些選項稱為類別（class），機器要找的函式會從設定好的選項裡面選擇一個當作輸出。舉個例子，我們可以

在郵件帳號裡設定垃圾郵件檢測規則，這套規則就可以看作輸出郵件是否為垃圾郵件的函式。分類問題不一定只有兩個選項，也可能有多個選項。

AlphaGo 解決的是分類問題，如果讓機器下圍棋，則選項與棋盤的位置有關。棋盤上有 19×19 個位置，機器其實是做一道有 19×19 個選項的選擇題。機器要找一個函式，該函式的輸入是棋盤上黑子和白子的位置，輸出就是從 19×19 個選項裡面選出一個最適合的選項，也就是從 19×19 個可以落子的位置裡面，選出下一步應該落子的位置。

在機器學習領域，除了迴歸和分類，還有結構化學習（structured learning）。機器不僅要做選擇題或輸出一個數字，還要產生一個有結構的結果，比如一張圖、一篇文章等。這種讓機器產生有結構的結果的學習過程稱為結構化學習。

1.1　案例學習

本節以影片的觀看次數預測為例介紹機器學習的運作過程。假設有人想要透過影片平台賺錢，他會在意頻道有沒有流量，這樣他才會知道自己能不能獲利。假設從後台可以看到很多相關的訊息，比如每天按讚的人數、訂閱人數、觀看次數。根據一個頻道過往所有的訊息，可以預測明天的觀看次數。我們想尋找一個函式，該函式的輸入是後台的訊息，輸出是次日這個頻道的預計觀看次數。

機器學習的過程分為 3 個步驟。第 1 個步驟是寫出一個帶有未知參數的函式 f，它能預測未來觀看次數。比如將函式 f 寫成

$$y = b + wx_1 \tag{1.1}$$

其中，y 是要預測的值，假設這裡要預測的是 2 月 26 日這個頻道的總觀看次數。x_1 是這個頻道前一天（2 月 25 日）的觀看次數。y 和 x_1 是數值；b 和 w 是未知的參數，我們只能隱約地猜測它們的值。猜測往往來自對這個問題本質上的瞭解，即領域知識（domain knowledge）。機器學習需要一些領域

知識，比如一天的觀看次數總是會跟前一天的觀看次數有點關聯，所以不妨把前一天的觀看次數乘以一個數值，再加上一個 b 做修正，當作對 2 月 26 日觀看次數的預測。這只是一個猜測，不一定是對的，稍後我們再來修正這個猜測。

帶有未知**參數**（**parameter**）的函式稱為**模型**（**model**）。模型在機器學習裡面，就是一個帶有未知參數的函式，**特徵**（**feature**）是這個函式裡面已知的來自後台的訊息 —— 2 月 25 日的觀看次數 x_1 是已知的。w 稱為**權重**（**weight**），b 稱為**偏差**（**bias**）。

第 2 個步驟是定義損失（loss），損失也是一個函式，記為 $L(b, w)$。損失函式輸出的值意味著，當把模型參數設定為某個數值時，這個數值好還是不好。舉一個具體的例子，如果我們猜測 $b = 500$，$w = 1$，則函式 f 就變成了 $y = 500 + x_1$。對於從訓練資料中計算損失這個問題，訓練資料是這個頻道過去的觀看次數。如果我們已經掌握 2017 年 1 月 1 日～2020 年 12 月 31 日的觀看次數（如圖 1.1 所示），接下來就可以計算損失了。

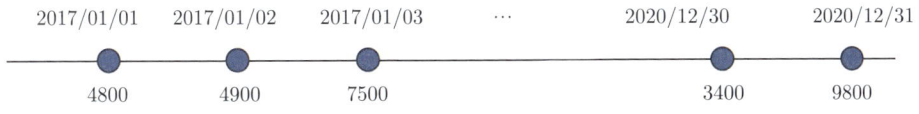

▲ 圖 1.1 2017 年 1 月 1 日～2020 年 12 月 31 日的觀看次數
（此處的觀看次數是隨機產生的）

把 2017 年 1 月 1 日的觀看次數代入函式，得到

$$\hat{y} = 500 + 4800 \tag{1.2}$$

根據我們的猜測，f 預測次日的觀看次數為 $\hat{y} = 5300$，但真實的觀看次數為 4900，我們高估了這個頻道的觀看次數。可以評估一下估測值 $\hat{y}$ 跟真實值 y 間的差距。評估差距其實有多種方式，比如取二者差的絕對值：

$$e_1 = |\hat{y} - y| = 400 \tag{1.3}$$

> 真實值稱為標籤（label）。

我們不僅可以用 2017 年 1 月 1 日的值來預測 2017 年 1 月 2 日的值，也可以用 2017 年 1 月 2 日的值來預測 2017 年 1 月 3 日的值。根據 2017 年 1 月 2 日的觀看次數 4900，我們預測 2017 年 1 月 3 日的觀看次數是 5400。接下來計算 5400 跟標籤（7500）之間的差距：

$$e_2 = |\hat{y} - y| = 2100 \tag{1.4}$$

以此類推，把接下來每一天的差距通通加起並取平均，得到損失 L：

$$L = \frac{1}{N} \sum_n e_n \tag{1.5}$$

其中，N 代表訓練資料數，即 4 年來所有的訓練資料。L 是每一筆訓練資料的誤差 e 平均以後的結果。L 越大，代表我們猜測的這組參數越差；L 越小，代表這組參數越好。

估測值跟真實值之間的差距，其實有不同的評估方法，比如計算二者差的絕對值，如公式 (1.6) 所示，這個評估方式所計算的值稱為**平均絕對誤差**（**Mean Absolute Error**，**MAE**）。

$$e = |\hat{y} - y| \tag{1.6}$$

也可以計算二者差的平方，如公式 (1.7) 所示，這個評估方式所計算的值稱為**均方誤差**（**Mean Squared Error**，**MSE**）。

$$e = (\hat{y} - y)^2 \tag{1.7}$$

在有些任務中，y 和 $\hat{y}$ 都是機率分布，這時候可能會選擇計算**交叉熵**（**cross entropy**）。剛才舉的那些數字不是真實的例子，以下數字才是真實的例子，是用一個頻道真實的後台資料計算出來的結果。我們可以調整不同的 w 和不同的 b，計算損失，並畫出圖 1.2 所示的等高線圖。在這個等高線圖中，色相越紅，代表計算出來的損失越大，也就代表這一對 (w, b) 越差；色相越藍，就代表損失越小，也就代表這一對 (w, b) 越好。將損失小的 (w, b) 放到函式裡面，預測會更精準。從圖 1.2 中我們得知，如果為 w 代入一個接近 1 的

值，並為 b 代入一個較小的正值（比如 100），則預測較精準，這跟大家的預期可能比較接近：相鄰兩天觀看次數總是差不多的。

在圖 1.2 中，我們嘗試了不同的參數，並且計算了損失。這樣畫出來的等高線圖稱為**誤差表面**（**error surface**）。

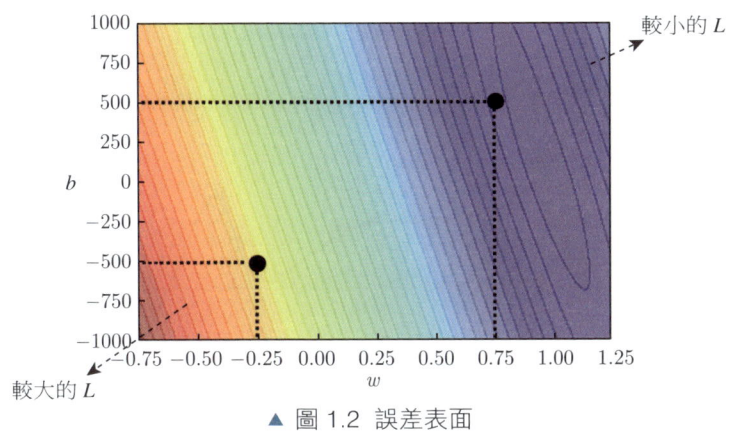

▲ 圖 1.2 誤差表面

機器學習的第 3 個步驟是解一個最佳化問題，即找到最好的一對 (w, b)，使損失 L 的值最小。我們用符號 (w^*, b^*)，代表最好的一對 (w, b)。

對於這個問題，**梯度下降**（**gradient descent**）是最常用的最佳化方法。為了簡化起見，先假設只有參數 w 是未知的，而 b 是已知的。將不同的數值代入 w 時，就會得到不同的損失，進而繪製出誤差表面，只是剛才在前一個例子裡面，誤差表面是二維的，而這裡只有一個參數，所以誤差表面是一維的。怎麼才能找到一個 w 讓損失值最小呢？如圖 1.3 所示，首先要隨機選取一個初始的點 w_0。接下來計算 $\left.\frac{\partial L}{\partial w}\right|_{w=w_0}$，也就是 $w = w_0$ 時，L 關於參數 w 的偏導數，得到 w_0 處誤差表面的切線（即藍色虛線）的斜率。如果斜率是負的，就代表左邊比較高、右邊比較低，此時把 w 的值變大，就可以讓損失變小。相反地，如果斜率是正的，就代表把 w 變小可以讓損失變小。我們可以想像有一個人站在這個地方左右環視，看看左邊比較高還是右邊比較高，並往比較低的地方跨出一步。步伐的大小取決於以下兩件事情。

- 這個地方的斜率，斜率大，步伐就跨大一點；斜率小，步伐就跨小一點。
- **學習率**（learning rate）η。學習率可以自行設定，如果 η 設大一點，每次參數更新就會量大，學習可能就比較快；如果 η 設小一點，參數更新就很慢，每次只改變一點點參數的值。這種需要自己設定，而不是由機器找出來的參數稱為**超參數**（hyperparameter）。

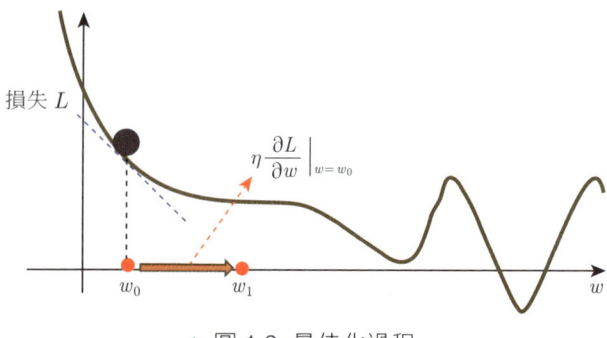

▲ 圖 1.3 最佳化過程

> **Q** 為什麼損失可以是負的？
>
> **A** 根據剛才損失的定義，損失是估測值和真實值的差的絕對值，不可能是負的。但如何定義損失函式是我們自己決定的，比如設定一個損失函式為差的絕對值再減 100，它就可以為負了。損失曲線並不反映真實的損失，也不是真實任務的誤差表面。因此，損失曲線可以是任何形狀。

把 w_0 往右移一步，新的位置為 w_1，這一步的步伐是 η 乘上微分的結果，即

$$w_1 \leftarrow w_0 - \eta \left.\frac{\partial L}{\partial w}\right|_{w=w_0} \tag{1.8}$$

接下來反覆執行剛才的操作，計算一下 w_1 的微分結果，再決定要把 w_1 移動多少，得到 w_2，繼續執行同樣的操作，不斷地移動 w 的位置，最後我們會停下來。這往往對應兩種情況。

- 第一種情況是在一開始就設定，在調整參數的時候，偏導數最多計算幾次，如 100 萬次，參數更新 100 萬次後，就不再更新了，我們就會停下來。更新次數也是一個超參數。
- 另一種情況是在不斷調整參數的過程中，我們遇到偏導數的值是 0 的情況，此時哪怕繼續反覆運算，參數的位置也不再更新，我們因此而停下來。

梯度下降有一個很大的問題，就是有可能既沒有找到真正最好的解，也沒有找到可以讓損失最小的 w。在圖 1.4 所示的例子中，把 w 設定在最右側紅點附近可以讓損失最小。但如果在梯度下降過程中，w_0 是隨機初始的位置，則也很有可能走到 w_T 時，訓練就停住了，我們無法再移動 w 的位置。右側紅點這個位置是真的可以讓損失最小的地方，稱為**全域最小值（global minimum）**；而 w_T 這個地方稱為**局部最小值（local minimum）**，其左右兩邊都比這個地方的損失還要高一點，但它不是整個誤差表面上的最低點。所以我們常常可能會聽到有人講梯度下降法不是什麼好方法，無法真正找到全域最小值。

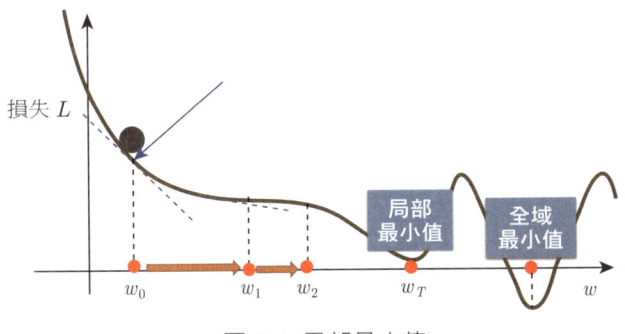

▲ 圖 1.4 局部最小值

在有兩個參數的情況下使用梯度下降法，跟只有一個參數的情景沒有什麼不同。假設有兩個參數 w 和 b，它們的隨機初始值分別為 w_0 和 b_0。在 $w = w_0$、$b = b_0$ 的位置，分別計算 L 關於 b 的偏導數以及 L 關於 w 的偏導數：

$$\left.\frac{\partial L}{\partial b}\right|_{w=w_0, b=b_0}$$
$$\left.\frac{\partial L}{\partial w}\right|_{w=w_0, b=b_0} \quad (1.9)$$

計算完畢後，更新 w 和 b。把 w_0 減掉學習率和偏導結果的積，得到 w_1；把 b_0 減掉學習率和微分結果的積，得到 b_1。

$$
\begin{aligned}
w_1 &\leftarrow w_0 - \eta \left.\frac{\partial L}{\partial w}\right|_{w=w_0, b=b_0} \\
b_1 &\leftarrow b_0 - \eta \left.\frac{\partial L}{\partial b}\right|_{w=w_0, b=b_0}
\end{aligned}
\tag{1.10}
$$

在深度學習框架（如 PyTorch）中，偏導數都是由程式自動計算的。程式會不斷地更新 w 和 b，試圖找到一對最好的 (w^*, b^*)。可以將這個計算過程繪製成一系列點，如圖 1.5 所示，隨便選一個初始值，計算一下 $\partial L/\partial w$ 和 $\partial L/\partial b$，就可以決定更新的方向。這是一個向量，見圖 1.5 中紅色的箭頭。沿箭頭方向不斷移動，應該就可以找出一組不錯的 w 和 b。實際上，在真正用梯度下降進行一番計算以後，有 $w^* = 0.97$，$b^* = 100$。計算損失 $L(w^*, b^*)$，結果是 480。也就是說，在 2017 年 $\sim$ 2020 年的資料上，如果使用這個函式，將 0.97 代入 w，將 100 代入 b，則平均誤差是 480。

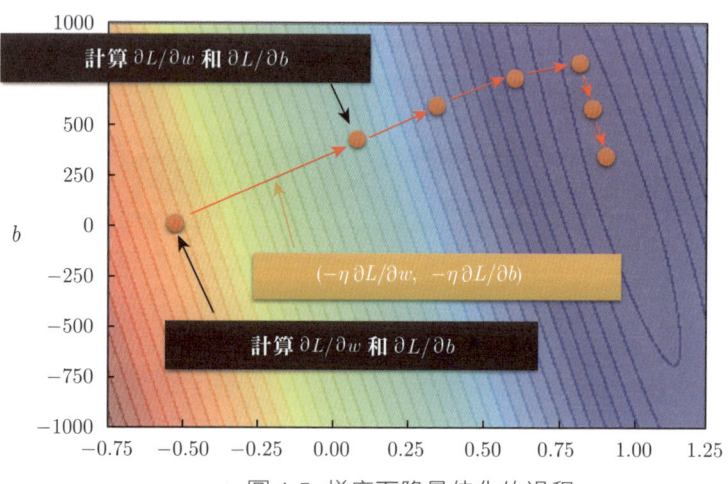

▲ 圖 1.5 梯度下降最佳化的過程

1.2 線性模型

我們剛才找出來的 (w, b) 對應的誤差是 480。這是由 2017 年～2020 年的資料計算出的結果。現在，不妨用這對 (w, b) 去預測 2021 年初每日的觀看次數。我們預測 2021 年 1 月 1 日～2021 年 2 月 14 日間的每日觀看次數，計算出新的損失。在 2021 年資料上的損失用 L' 來表示，值是 580。將預測結果繪製出來，如圖 1.6 所示，橫軸代表距離 2021 年 1 月 1 日的天數，0 代表 2021 年 1 月 1 日，圖中最右邊的點代表 2021 年 2 月 14 日；縱軸代表觀看次數。紅色線是真實的觀看次數，藍色線是預測的觀看次數。可以看到，藍色線幾乎就是紅色線往右平移一天而已，這很合理，因為目前的模型正是用某天觀看次數乘以 0.97，再加上 100，來計算次日的觀看次數。

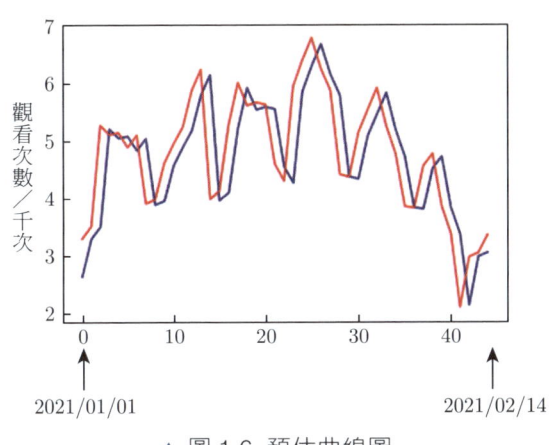

▲ 圖 1.6 預估曲線圖

這個真實的資料中有一個很神奇的現象：它是週期性的，每 7 天就會有兩天（週五和週六）的觀看次數特別少。目前的模型只能向前看一天。一個模型如果能參考前 7 天的資料，也許能預測得更準，所以可以修改一下模型。通常，一個模型的修改方向，往往來自我們對這個問題的瞭解，即領域知識。

一開始，由於對問題完全不瞭解，我們的模型是

$$y = b + wx_1 \tag{1.11}$$

這個只考慮 1 天的模型不怎麼好。接下來，我們觀測了真實的資料，得到一個結論：每 7 天是一個循環。所以要把前 7 天的觀看次數都列入考慮。現在，模型變成

$$y = b + \sum_{j=1}^{7} w_j x_j \tag{1.12}$$

其中，x_j 代表前 7 天中第 j 天的觀看次數，它們分別乘以不同的權重 w_j，加起來，再加上偏差，就可以得到預測的結果。該模型在訓練資料（即 2017 年～ 2020 年的資料）上的損失是 380，而只考慮 1 天的模型在訓練資料上的損失是 480；對於 2021 年 1 月 1 日～ 2021 年 2 月 14 日的資料（以下簡稱 2021 年的資料）上，它的損失是 490。只考慮 1 天的模型的損失是 580。

這個新模型中 w_j 和 b 的最佳值如表 1.1 所示。

▼ 表 1.1 w_j 和 b 的最佳值

b^*	w_1^*	w_2^*	w_3^*	w_4^*	w_5^*	w_6^*	w_7^*
50	0.79	−0.31	0.12	−0.01	−0.10	0.30	0.18

模型的邏輯是：7 天前的資料跟要預測的數值關係很大，所以 w_1^* 是 0.79，而其他幾天則沒有那麼重要。

其實，可以考慮更多天的影響，比如 28 天，即

$$y = b + \sum_{j=1}^{28} w_j x_j \tag{1.13}$$

這個模型在訓練資料上的損失是 330，在 2021 年 1 月 1 日～ 2021 年 2 月 14 日資料上的損失是 460。如果考慮 56 天，即

$$y = b + \sum_{j=1}^{56} w_j x_j \tag{1.14}$$

則訓練資料上的損失是 320，2021 年 1 月 1 日～ 2021 年 2 月 14 日資料上的損失還是 460。

可以發現，雖然考慮了更多天，但沒有辦法再降低損失。看來考慮天數這件事，也許已經到了一個極限。把輸入的特徵 x 乘上一個權重，再加上一個偏差，得到預測的結果，這樣的模型稱為**線性模型**（linear model）。

1.2.1 分段線性曲線

線性模型也許過於簡單，x_1 和 y 之間可能存在比較複雜的關係，如圖 1.7 所示。對於 $w > 0$ 的線性模型，x_1 和 y 的關係就是一條斜率為正的直線，隨著 x_1 越來越大，y 也應該越來越大。設定不同的 w 可以改變這條直線的斜率，設定不同的 b 則可以改變這條直線和 y 軸的交點。但無論如何改變 w 和 b，它永遠都是一條直線，永遠都是 x_1 越大，y 就越大：某一天的觀看次數越多，次日的觀看次數就越多。但在現實中，也許當 x_1 大於某個數值的時候，次日的觀看次數反而會變少。x_1 和 y 之間可能存在一種比較複雜的、像紅色線一樣的關係。但不管如何設定 w 和 b，我們永遠無法用簡單的線性模型建構紅色線。顯然地，線性模型有很大的限制，這種來自模型的限制稱為模型的偏差，無法模擬真實情況。

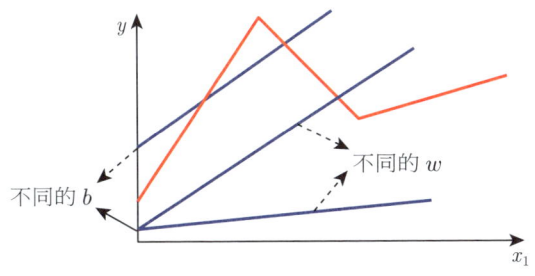

▲ 圖 1.7 線性模型的侷限性

所以，我們需要寫一個更複雜、更有彈性、有更多未知參數的函式。圖 1.8 中，紅色線可以看作一個常數項 ❶ 再加上一些 hard sigmoid 函式（hard sigmoid 函式的特性是當輸入的值介於兩個閾值間的時候，圖片呈現出一個斜

坡，其餘位置都是水平的）。常數項被設成紅色線和 y 軸的交點一樣大。第 1 個藍色函式斜坡的起點，設在紅色函式的起始地方，終點設在紅色函式的第一個轉角處，第 1 個藍色函式的斜坡和紅色函式的第 1 段斜坡斜率相同，這時候求 ⓿ + ❶，就可以得到紅色線左側的線段。接下來，疊加第 2 個藍色函式，所以第 2 個藍色函式的斜坡就在紅色函式的第 1 個轉折點和第 2 個轉折點之間，第 2 個藍色函式的斜坡和紅色函式的第 2 段斜坡斜率相同。這時候求 ⓿ + ❶ + ❷，就可以得到紅色函式左側和中間的線段。對於第 2 個轉折點之後的部分，再疊加第 3 個藍色函式，第 3 個藍色函式的斜坡的起點設在紅色函式的第 2 個轉折點，藍色函式的斜坡和紅色函式的第 3 段斜坡斜率相同。最後，求 ⓿ + ❶ + ❷ + ❸，就得到了完整的紅色線。

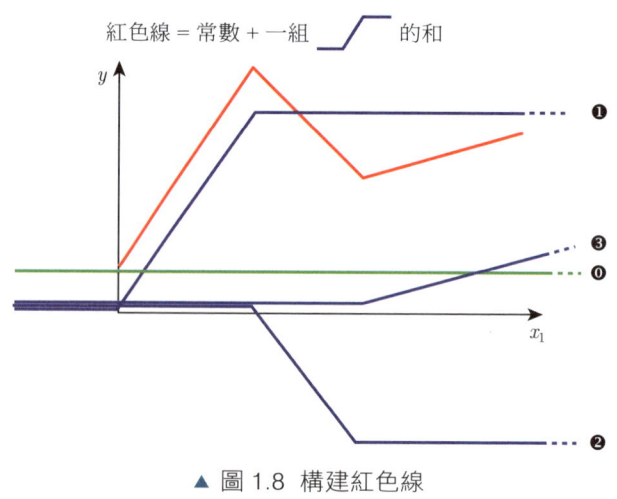

▲ 圖 1.8 構建紅色線

所以紅色線 [即分段線性曲線（piecewise linear curve）] 可以看作一個常數和一些藍色函式的疊加。分段線性曲線越複雜，轉折的點越多，所需的藍色函式就越多。

也許要考慮的 x 和 y 的關係不是分段線性曲線，而是圖 1.9 所示的曲線。可以在這樣的曲線上先取一些點，再把這些點連起來，變成一條分段線性曲線。而這條分段線性曲線跟原來的曲線非常接近，如果點取得夠多或位置適

當，分段線性曲線就可以逼近連續曲線，甚至可以逼近有角度和弧度的連續曲線。我們可以用分段線性曲線來逼近任何連續曲線，只要有足夠的藍色函式。

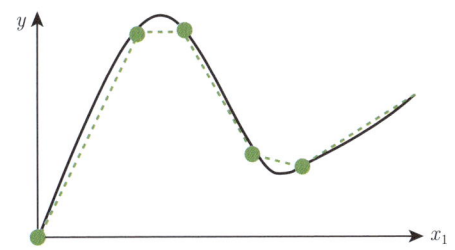

▲ 圖 1.9 分段線性曲線可以逼近任何連續曲線

x 和 y 的關係非常複雜也沒關係，可以想辦法寫一個帶有未知數的函式。直接寫 hard sigmoid 函式不是很容易，但可以用 sigmoid 函式來逼近 hard sigmoid 函式，如圖 1.10 所示。sigmoid 函式的運算式為

$$y = \frac{c}{1 + e^{-(b+wx_1)}}$$

其中，輸入是 x_1，輸出是 y，c 為常數。

當 x_1 的值趨近於正無窮的時候，$e^{-(b+wx1)}$ 這一項就會幾乎消失，y 就會在常數 c 收斂；當 x_1 的值趨近於負無窮的時候，分母就會非常大，y 就會在 0 收斂。

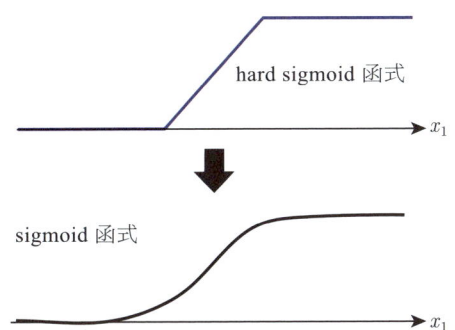

▲ 圖 1.10 使用 sigmoid 函式逼近 hard sigmoid 函式

所以可以用這樣的一個函式逼近藍色函式。為了簡潔，藍色函式的運算式記為

$$y = c\sigma(b + wx_1) \tag{1.15}$$

其中

$$\sigma(b + wx_1) = \frac{1}{1 + e^{-(b+wx_1)}} \tag{1.16}$$

調整公式 (1.15) 中的 b、w 和 c，就可以建構各種不同形狀的 sigmoid 函式，進而用各種不同形狀的 sigmoid 函式逼近 hard sigmoid 函式。如圖 1.11 所示，如果調整 w，就會改變斜坡的坡度；如果調整 b，就可以左右移動 sigmoid 函式曲線；如果調整 c，就可以改變曲線的高度。所以，只要疊加擁有不同的 w、不同的 b 和不同的 c 的 sigmoid 函式，就可以逼近各種不同的分段線性函式（如圖 1.12 所示）：

$$y = b + \sum_i c_i \sigma(b_i + w_i x_1) \tag{1.17}$$

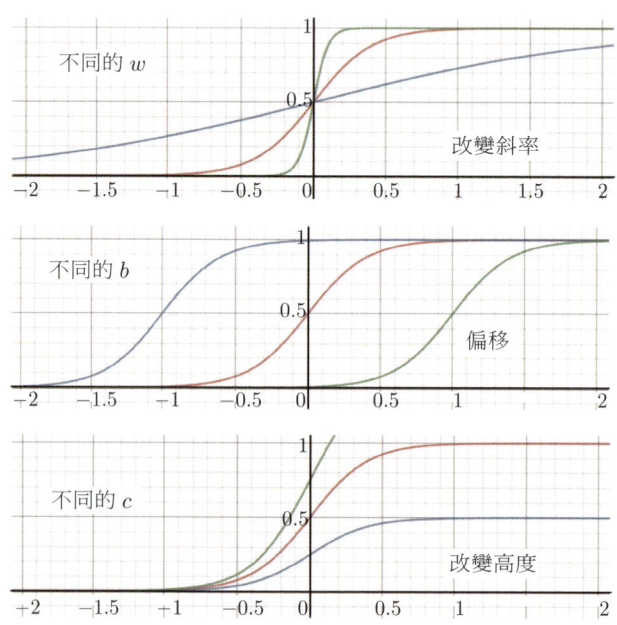

▲ 圖 1.11 調整參數，建構不同的 sigmoid 函式

1.2 線性模型

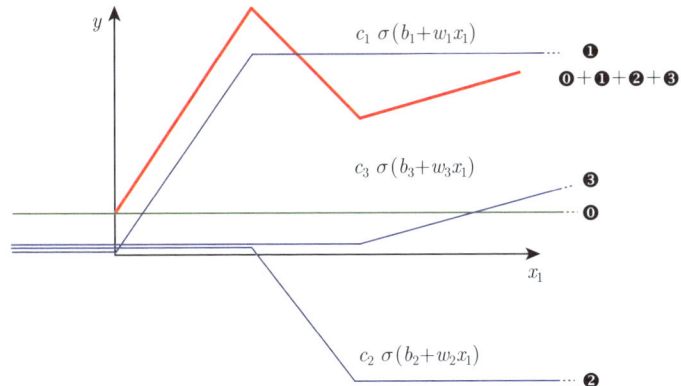

▲ 圖 1.12 使用 hard sigmoid 函式來合成紅色線

此外,我們可以不只用一個特徵 x_1,而是用多個特徵代入不同的 c、b、w,構建出各種不同的 sigmoid 函式,進而得到更有**彈性**(**flexibility**)的分段線性函式,如圖 1.13 所示。可以用 j 來代表特徵的編號。如果要考慮 28 天的資料,j 就可以取 $1 \sim 28$。

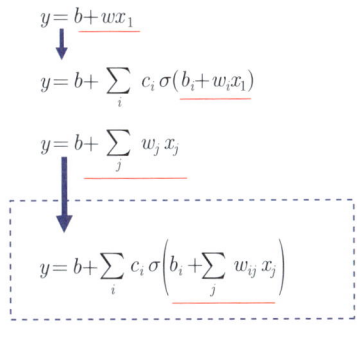

▲ 圖 1.13 構建更有彈性的函式

舉個只考慮 3 個特徵(即只考慮前 3 天~前 1 天)的例子。此時 j 可以取 1、2、3,每一個 $i(i = 1, 2, 3)$ 就代表一個藍色函式。每一個藍色函式都用一個 sigmoid 函式來近似,一共需要 3 個 sigmoid 函式:

$$b_1 + w_{11}x_1 + w_{12}x_2 + w_{13}x_3 \tag{1.18}$$

w_{ij} 代表在第 i 個 sigmoid 函式中乘給第 j 個特徵的權重。如果圖 1.13 的藍色虛線框中有

$$r_1 = b_1 + w_{11}x_1 + w_{12}x_2 + w_{13}x_3$$
$$r_2 = b_2 + w_{21}x_1 + w_{22}x_2 + w_{23}x_3 \quad (1.19)$$
$$r_3 = b_3 + w_{31}x_1 + w_{32}x_2 + w_{33}x_3$$

我們可以用矩陣和向量相乘的方法，得到如下比較簡潔的寫法。

$$\begin{bmatrix} r_1 \\ r_2 \\ r_3 \end{bmatrix} = \begin{bmatrix} b_1 \\ b_2 \\ b_3 \end{bmatrix} + \begin{bmatrix} w_{11} & w_{12} & w_{13} \\ w_{21} & w_{22} & w_{23} \\ w_{31} & w_{32} & w_{33} \end{bmatrix} \begin{bmatrix} x_1 \\ x_2 \\ x_3 \end{bmatrix} \quad (1.20)$$

也可以改成線性代數比較常用的表示方式，如下所示。

$$\boldsymbol{r} = \boldsymbol{b} + \boldsymbol{W}\boldsymbol{x} \quad (1.21)$$

$\boldsymbol{r}$ 對應的是 r_1、r_2、r_3。有了 r_1、r_2、r_3，分別透過 sigmoid 函式得到 a_1、a_2、a_3，即

$$\boldsymbol{a} = \sigma(\boldsymbol{r}) \quad (1.22)$$

因此，如圖 1.14 所示，虛線框裡面做的事情，就是從 x_1、x_2、x_3 得到 a_1、a_2、a_3。上面這個比較有彈性的函式可以用線性代數來表示，即

$$y = b + \boldsymbol{c}^T \boldsymbol{a} \quad (1.23)$$

接下來，如圖 1.15 所示，$\boldsymbol{x}$ 是特徵，綠色的 $\boldsymbol{b}$ 是向量，灰色的 b 是數值。$\boldsymbol{W}$、$\boldsymbol{b}$、$\boldsymbol{c}^T$、b 是未知參數。把矩陣展開，與其他項「拼合」，就可以得到一個很長的向量。把 $\boldsymbol{W}$ 的每一行或每一列拿出來，拿行或拿列都可以。先把 $\boldsymbol{W}$ 的每一列或每一行「拼」成一個長向量，再把 $\boldsymbol{b}$、$\boldsymbol{c}^T$、b「拼」進來，這個長向量可以直接用 $\boldsymbol{\theta}$ 來表示。我們將所有未知參數一律統稱 $\boldsymbol{\theta}$。

1.2 線性模型

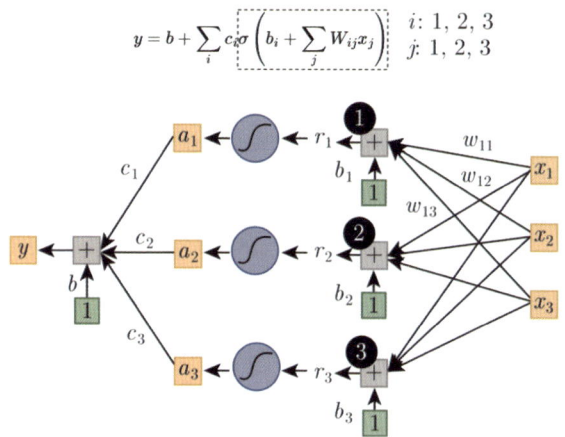

▲ 圖 1.14 比較有彈性函式的計算過程

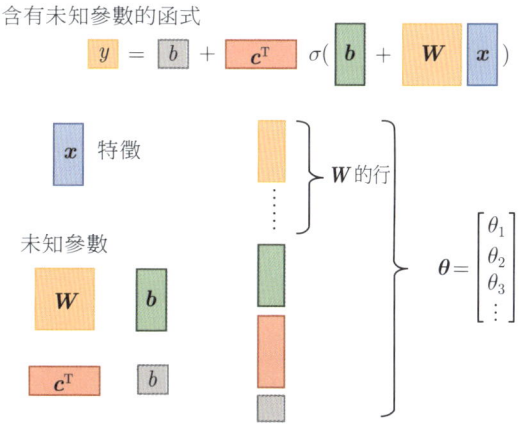

▲ 圖 1.15 將未知參數「拼」成一個向量

> **Q** 最佳化是找一個可以讓損失最小的參數，是否可以窮舉所有可能的未知參數的值？
>
> **A** 在只有 w 和 b 兩個參數的前提下，可以窮舉所有可能的 w 和 b 的值。所以在參數很少的情況下，甚至可能不用梯度下降，也不需要最佳化技巧。但是當參數非常多的時候，就不能使用窮舉的方法，而應使用梯度下降的方法找出可以讓損失最小的參數。

> **Q** 剛才的例子裡面有 3 個 sigmoid 函式，為什麼是 3 個，能不能是 4 個或更多個？
>
> **A** sigmoid 函式的數量由我們自己決定，sigmoid 函式的數量越多，可以產生的分段線性函式就越複雜。sigmoid 函式的數量也是一個超參數。

接下來定義損失。之前的損失函式記作 $L(w, b)$，現在未知參數太多了，所以直接用 $\boldsymbol{\theta}$ 來統設所有的參數，損失函式記作 $L(\boldsymbol{\theta})$。損失函式能夠判斷 $\boldsymbol{\theta}$ 的好壞，計算方法跟只有兩個參數的情況是一樣的：先給定 $\boldsymbol{\theta}$ 的值，即某一組 $\boldsymbol{W}$、$\boldsymbol{b}$、$\boldsymbol{c}^{\mathrm{T}}$、$b$ 的值，再把特徵 $\boldsymbol{x}$ 加進去，得到估測出來的 y，最後計算一下跟真實標籤之間的誤差。把所有的誤差通通加起來，就得到了損失。

下一步就是最佳化 $\boldsymbol{\theta}$，即最佳化

$$\boldsymbol{\theta} = \begin{bmatrix} \theta_1 \\ \theta_2 \\ \theta_3 \\ \vdots \end{bmatrix} \tag{1.24}$$

要找到一組 $\boldsymbol{\theta}$，讓損失越小越好，可以讓損失最小的一組 $\boldsymbol{\theta}$ 稱為 $\boldsymbol{\theta}^*$。一開始，要隨機選一個初始的數值 $\boldsymbol{\theta}_0$。接下來計算 L 關於每一個未知參數的偏導數，得到向量 $\boldsymbol{g}$ 為

$$\boldsymbol{g} = \nabla L(\boldsymbol{\theta}_0) \tag{1.25}$$

$$\boldsymbol{g} = \begin{bmatrix} \left.\dfrac{\partial L}{\partial \theta_1}\right|_{\boldsymbol{\theta}=\boldsymbol{\theta}_0} \\ \left.\dfrac{\partial L}{\partial \theta_2}\right|_{\boldsymbol{\theta}=\boldsymbol{\theta}_0} \\ \vdots \end{bmatrix} \tag{1.26}$$

假設有 1000 個參數，向量 $\boldsymbol{g}$ 的長度就是 1000，這個向量也稱為梯度向量。∇L 代表梯度；$L(\boldsymbol{\theta}_0)$ 是指計算梯度的位置，也就是 $\boldsymbol{\theta}$ 等於 $\boldsymbol{\theta}_0$ 的地方。計

算出 g 以後，接下來更新參數。$\boldsymbol{\theta}_0$ 代表起始值，它是一個隨機選的起始值，$\boldsymbol{\theta}_1$ 代表更新過一次的結果。用 θ_2^0 減掉偏導結果和 η 的積，得到 θ_2^1，以此類推，就可以把 1000 個參數都更新了（見圖 1.16）：

$$\begin{bmatrix} \theta_1^1 \\ \theta_1^2 \\ \vdots \end{bmatrix} \leftarrow \begin{bmatrix} \theta_0^1 \\ \theta_0^2 \\ \vdots \end{bmatrix} - \begin{bmatrix} \eta \dfrac{\partial L}{\partial \theta_1}\bigg|_{\boldsymbol{\theta}=\boldsymbol{\theta}_0} \\ \eta \dfrac{\partial L}{\partial \theta_2}\bigg|_{\boldsymbol{\theta}=\boldsymbol{\theta}_0} \\ \vdots \end{bmatrix} \tag{1.27}$$

$$\boldsymbol{\theta}_1 \leftarrow \boldsymbol{\theta}_0 - \eta \boldsymbol{g} \tag{1.28}$$

參數有 1000 個，$\boldsymbol{\theta}_0$ 就是 1000 個數值，$\boldsymbol{g}$ 是 1000 維的向量，$\boldsymbol{\theta}_1$ 也是 1000 維的向量。整個操作就是這樣，由 $\boldsymbol{\theta}_0$ 開始計算梯度，根據梯度把 $\boldsymbol{\theta}_0$ 更新成 $\boldsymbol{\theta}_1$；再算一次梯度，再根據梯度把 $\boldsymbol{\theta}_1$ 更新成 $\boldsymbol{\theta}_2$；以此類推，直到不想做，或者梯度為零，導致無法再更新參數為止。不過在實作中，幾乎不太可能梯度為零，通常停下來就是因為我們不想做了。

- （隨機）選取初始值 $\boldsymbol{\theta}_0$
- 計算梯度 $\boldsymbol{g} = \nabla L(\boldsymbol{\theta}_0)$
  更新 $\boldsymbol{\theta}_1 \leftarrow \boldsymbol{\theta}_0 - \eta \boldsymbol{g}$
- 計算梯度 $\boldsymbol{g} = \nabla L(\boldsymbol{\theta}_1)$
  更新 $\boldsymbol{\theta}_2 \leftarrow \boldsymbol{\theta}_1 - \eta \boldsymbol{g}$
- 計算梯度 $\boldsymbol{g} = \nabla L(\boldsymbol{\theta}_2)$
  更新 $\boldsymbol{\theta}_3 \leftarrow \boldsymbol{\theta}_2 - \eta \boldsymbol{g}$

▲ 圖 1.16 使用梯度下降更新參數

實作上，有個細節上的區別，如圖 1.17 所示，實際使用梯度下降時，會把 N 筆資料隨機分成一個個的**批次**（**batch**），每個批次裡面有 B 筆資料。本來是把所有的資料拿出來計算損失 L，現在只拿一個批次裡面的資料出來計算損失，記為 L_1。假設 B 夠大，也許 L 和 L_1 會很接近。所以在實作，每次會先選一個批次，用該批次來算 L_1，根據 L_1 來算梯度，再用梯度來更新參數；接下來再選下一個批次，算出 L_2，根據 L_2 算出梯度，再更新參數；最後再取下一個批次，算出 L_3，根據 L_3 算出梯度，再用 L_3 算出來的梯度更新參數。

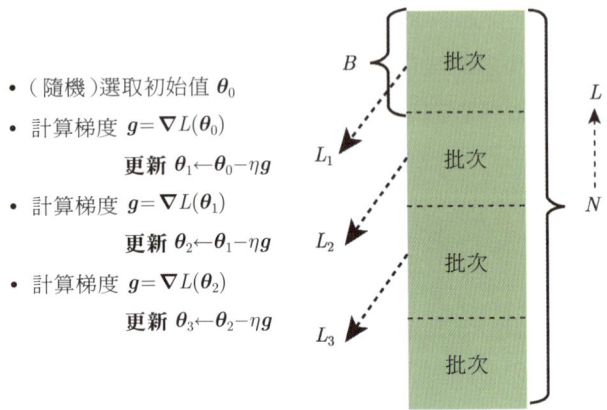

▲ 圖 1.17 分批次進行梯度下降

把所有的批次都看過一遍的過程稱為一個**回合**（**epoch**），每更新一次參數稱為一次更新。更新和回合是兩個不同的概念。

舉個例子，假設有 10000 筆資料，即 N 等於 10000；**批次量**（**batch size**）設為 10，即 B 等於 10。10000 個**樣本**（**example**）形成了 1000 個批次，所以在一個回合裡面更新了參數 1000 次，所以一個回合不只更新參數一次。

再舉個例子，假設有 1000 個資料，批次量設為 100，批次量和 sigmoid 函式的個數都是超參數。1000 個樣本，批次量設為 100，1 個回合總共更新 10 次參數。一個回合的訓練其實不知道更新了幾次參數，有可能 1000 次，也有可能 10 次，取決於批次有多大。

1.2.2 模型變形

其實還可以對模型做更多的變形，不一定要把 hard sigmoid 函式換成 soft sigmoid 函式。hard sigmoid 函式可以看作兩個 **ReLU**（**Rectified Linear Unit**，**整流線性單元**）的疊加，ReLU 先是一條水平的線，到了某個地方經過一個轉折點，變成一個斜坡，對應的公式為

$$c\max(0, b + wx_1) \tag{1.29}$$

max(0, $b + wx_1$) 目的在找出 0 和 $b + wx_1$ 哪個比較大，比較大的值會當作輸出：如果 $b + wx_1 < 0$，輸出是 0；如果 $b + wx_1 > 0$，輸出是 $b + wx_1$。如圖 1.18 所示，透過 w、b、c 可以移動 ReLU 的位置和斜率。把兩個 ReLU 疊起來，就可以變成 hard sigmoid 函式。想要用 ReLU，就把前文用到 sigmoid 函式的地方換成 max(0, $b_i + w_{ij}x_j$)。

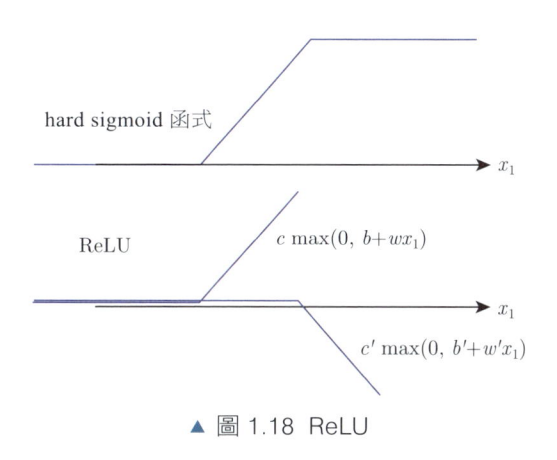

▲ 圖 1.18 ReLU

如圖 1.19 所示，兩個 ReLU 才能夠合成一個 hard sigmoid 函式。要合成 i 個 hard sigmoid 函式，需要 i 個 sigmoid 函式。如果要用 ReLU 做到一樣的事情，則需要 $2i$ 個 ReLU，因為兩個 ReLU 合起來才是一個 hard sigmoid 函式。表示一個 hard sigmoid 函式不是只有一種做法。在機器學習裡面，sigmoid 函式或 ReLU 稱為**激勵函式**（**activation function**）。

$$y = b + \sum_i c_i\, \sigma\left(b_i + \sum_j w_{ij}x_j\right)$$

激勵函式

$$y = b + \sum_{2i} c_i\, \max\left(0,\, b_i + \sum_j w_{ij}x_j\right)$$

▲ 圖 1.19 激勵函式

當然還有其他常見的激勵函式，但 sigmoid 函式和 ReLU 是最為常見的激勵函式。接下來的實作都選擇用了 ReLU，顯然 ReLU 比較好。對於使用前 56 天資料的情況，實作結果如圖 1.20 所示。

資料	線性模型	10 個 ReLU	100 個 ReLU	1000 個 ReLU
2017 年 ～ 2020 年的資料	320	320	280	270
2021 年的資料	460	450	430	430

▲ 圖 1.20 激勵函式實作結果

連續使用 10 個 ReLU 作為模型，跟使用線性模型的結果差不多。但連續使用 100 個 ReLU 作為模型，結果就有顯著差別了。100 個 ReLU 在訓練資料上的損失就可以從 320 降到 280，在測試資料上的損失也低了一些。接下來使用 1000 個 ReLU 作為模型，在訓練資料上損失更低了一些，但是在模型沒看過的資料上，損失沒有變化。

接下來可以繼續改進模型，如圖 1.21 所示，從 x 變成 a，就是把 x 乘上 w 再加 b，最後透過 sigmoid 函式（不一定要透過 sigmoid 函式，透過 ReLU 也可以得到 a）。可以增加網路的層數，將同樣的事情再反覆多做幾次：把 x 做這一連串的運算產生 a，接下來把 a 做這一連串的運算產生 a' 等等。反覆的次數是另一個超參數。注意，w、b 和 w'、b' 不是同一組參數，這裡增加了更多的未知參數。

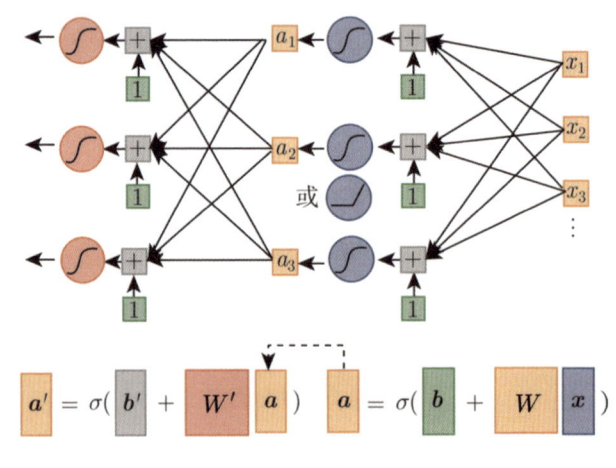

$$a' = \sigma(b' + W'a) \quad a = \sigma(b + Wx)$$

▲ 圖 1.21 改進模型

每多做一次上述的事情，我們就添加了 100 個 ReLU。依然考慮前 56 天的資料，實作結果如圖 1.22 所示，對於 2017 年～2020 年的資料，如果做兩次（2 層），損失降低很多，從 280 降到 180。如果做 3 次（3 層），損失從 180 降到 140。而在 2021 年的資料上，透過 3 次 ReLU，損失從 430 降到了 380。

資料	1 層	2 層	3 層	4 層
2017 年～2020 年的資料	280	180	140	100
2021 年的資料	430	390	380	440

▲ 圖 1.22 使用 ReLU 的實作結果

透過 3 次 ReLU 的實作結果如圖 1.23 所示，其中紅色線是真實資料，藍色線是預測出來的資料。看紅色線，每隔一段時間，就會有低點，在低點的地方，機器的預測還是很準確的。機器高估了真實的觀看次數，尤其是紅圈標註的這一天。這一天有一個很明顯的低谷，但是機器沒有預測到這一天有明顯的低谷，它晚一天才預測出低谷。

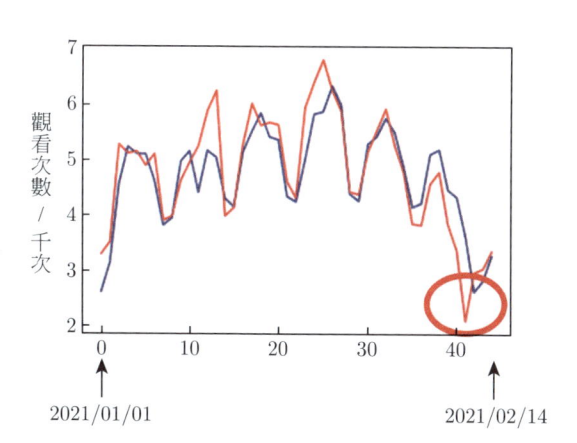

▲ 圖 1.23 使用 3 次 ReLU 的實作結果

如圖 1.24 所示，sigmoid 函式或 ReLU 稱為神經元（neuron），**神經網路**（**neural network**）就是由神經元組成的。這些術語來自真實的人腦，人腦中有很多真實的神經元，很多神經元組成神經網路。圖 1.24 中的每一行神經元

稱為神經網路的一層，又稱為**隱藏層**（hidden layer），隱藏層多的神經網路就「深」，稱為深度神經網路。

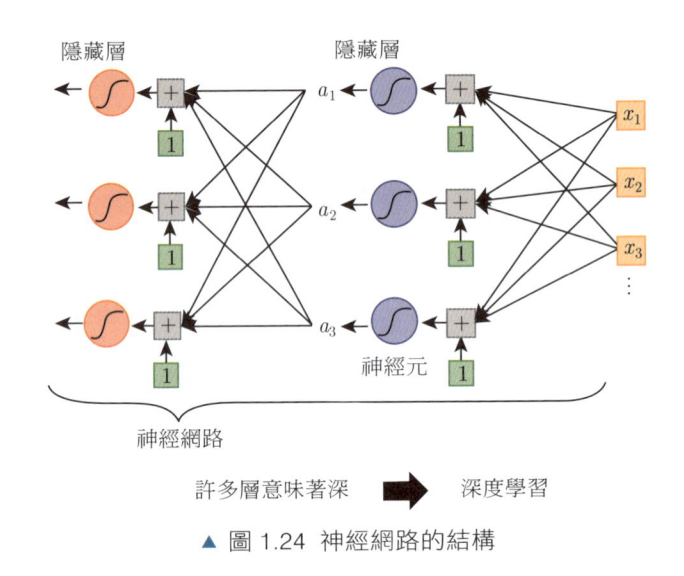

▲ 圖 1.24 神經網路的結構

神經網路正向越來越深的方向發展，2012 年的 AlexNet 有 8 層，在圖片辨識上的錯誤率為 16.4%。兩年之後的 VGG 有 19 層，錯誤率降至 7.3 %。後來的 GoogleNet 有 22 層，錯誤率降至 6.7%。**殘差網路**（Residual Network，ResNet）有 152 層，錯誤率降至 3.57%。

剛才只做到 3 層，我們應該做得更深，現在的神經網路都是幾百層的，深度神經網路還要更深。但 4 層的網路在訓練資料上的損失是 100，在 2021 年的資料上的損失是 440。在訓練資料上，3 層的網路表現比較差；但是在 2021 年的資料上，則是 4 層的網路表現比較差，如圖 1.25 所示。模型在訓練資料和測試資料上的結果不一致，這種情況稱為**過擬合**（overfitting）。

資料	1 層	2 層	3 層	4 層
2017 年～2020 年的資料	280	180	140	100
2021 年的資料	430	390	380	440

▲ 圖 1.25 模型有過擬合問題

到目前為止，我們還沒有真正發揮這個模型的力量，2021 年 2 月 14 日之前的資料是已知的。要預測未知的資料，選 3 層的網路還是 4 層的網路呢？假設今天是 2 月 26 日，今天的觀看次數是未知的。如果用已經訓練出來的神經網路預測今天的觀看次數，就要選 3 層的網路，雖然 4 層的網路在訓練資料上的結果比較好，但模型對於它沒看過的資料的預測結果更重要。

深度神經網路的訓練會用到**反向傳播**（**BackPropagation**，**BP**），這是一種比較有效率的梯度計算方法。

1.2.3 機器學習框架

訓練資料和測試資料如公式 (1.30) 所示。對於模型來說，測試資料只有 x 而沒有 y，我們正是使用測試資料在模型的預測結果來評估模型的效能。

$$\begin{aligned}&\text{訓練資料}:\{(x_1, y_1), (x_2, y_2), \cdots, (x_N, y_N)\} \\ &\text{測試資料}:\{x_{N+1}, x_{N+2}, \cdots, x_{N+M}\}\end{aligned} \quad (1.30)$$

訓練資料用來訓練模型，訓練過程如下。

(1) 寫出一個有未知數 θ 的函式，θ 代表一個模型裡面所有的未知參數。這個函式記作 $f_\theta(x)$，意思是函式名稱是 f_θ，輸入的特徵為 x。

(2) 定義損失，損失是一個函式，其輸入就是一組參數，旨在判斷這組參數的好壞。

(3) 解一個最佳化的問題，找一個 θ，讓損失越小越好。能讓損失最小的 θ 記為 θ^*，即

$$\theta^* = \arg\min_\theta L \quad (1.31)$$

有了 θ^* 以後，就可以把它拿來用在測試資料，也就是把 θ^* 代入這些未知的參數。本來 $f_\theta(x)$ 裡面就有一些未知的參數，現在用 θ^* 替代 θ，輸入測試資料，將輸出的結果保存起來，就可以用來評估模型的效能。

Chapter 02

實踐方法論

在應用機器學習演算法時,實踐方法論能夠幫助我們更好地訓練模型。如果模型的表現不好,則應先檢查模型在訓練資料上的損失。如果模型在訓練資料上的損失很大,那麼顯然模型在訓練階段就沒有做好。接下來分析模型在訓練階段沒有做好的原因。

2.1 模型偏差

模型偏差可能會影響模型訓練。舉個例子,假設模型過於簡單,把 θ_1 代入一個有未知參數的函式,可以得到函式 $f_{\theta_1}(x)$,同理可得到另一個函式 $f_{\theta_2}(x)$。把所有的函式集合起來,可以得到一個函式的集合。但該函式的集合太小了,可以讓損失變低的函式不在模型可以描述的範圍內,見圖 2.1。在這種情況下,就算找出了一個 θ^*,雖然它是這些藍色函式裡面最好的一個,但損失還是不夠小。這就好比想要在大海裡撈針(一個損失低的函式),結果針根本就不在水盆裡。

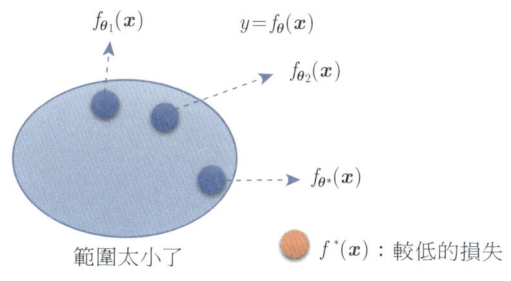

▲ 圖 2.1 模型太簡單的問題

可以重新設計一個模型，並給模型更大的彈性。其中一個做法是增加輸入的特徵。以第 1 章的預測未來觀看次數為例，若能提供前 56 天的訊息，模型的彈性就比只提供前 1 天訊息時強，見圖 2.2。另一個做法是利用深度學習，提升網路的彈性。即便如此，也不意味著訓練的時候損失大就一定要歸咎於模型偏差，也可能是因為最佳化做得不好。

$$y = b + wx_1 \xrightarrow{\text{更多特徵}} y = b + \sum_{j=1}^{56} w_j x_j$$

深度學習（更多神經元、層）

$$y = b + \sum_i c_i \sigma\left(b_i + \sum_j w_{ij} x_j\right)$$

▲ 圖 2.2 增加模型的彈性

2.2 最佳化問題

我們一般只會用梯度下降進行最佳化，這種最佳化方法存在很多的問題。比如可能會卡在局部最小值的地方，無法找到一個真的可以讓損失很低的參數，如圖 2.3(a) 所示。而圖 2.3(b) 所示的藍色部分是模型可以表示的函式所形成的集合，可以把 θ 代入不同的數值，形成不同的函式，把所有的函式集合在一起，得到這個藍色的集合。在這個藍色的集合裡面，確實包含了一些損失較低的函式。但問題是，梯度下降法無法找出損失低的函式，梯度下降法旨在解決最佳化問題，找到 θ^* 就結束了，但 θ^* 對應的損失不夠低。此時，到底是模型偏差還是最佳化的問題呢？找不到一個損失低的函式，到底是因為模型的彈性不夠，還是因為模型的彈性已經夠了，只是梯度下降過沒有達到預期？

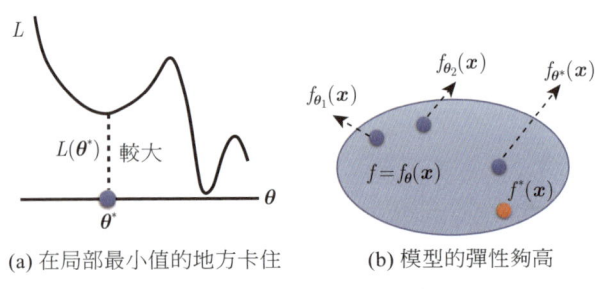

(a) 在局部最小值的地方卡住　　(b) 模型的彈性夠高

▲ 圖 2.3 梯度下降法存在的問題

要回答上述問題，一種方法是，透過比較不同的模型來判斷模型現在到底夠不夠大。舉個例子，這個例子出自論文「Deep Residual Learning for Image Recognition」[1]。在測試集上測試兩個網路，一個網路有 20 層，另一個網路有 56 層。圖 2.4(a) 中的橫軸代表訓練過程，也就是參數更新的過程。隨著參數被更新，損失會越來越低，但結果是，20 層網路的損失比較低，56 層網路的損失還比較高。很多人認為這代表過擬合，即 56 層太多了，網路根本不需要這麼深。但這不是過擬合，並不是所有結果不好的情況都叫作過擬合。在訓練集上，20 層網路的損失也是比較低的，而 56 層網路的損失比較高，如圖 2.4(b) 所示，這代表 56 層網路的最佳化沒有做好。

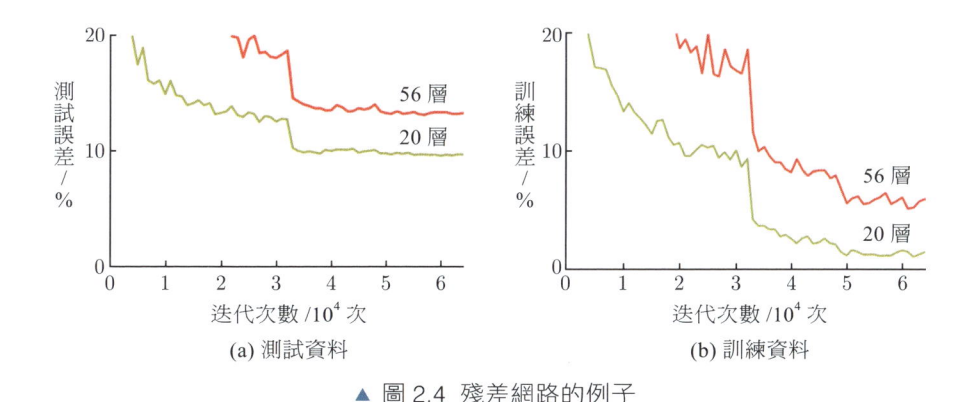

▲ 圖 2.4 殘差網路的例子

Q 如何知道是 56 層網路的最佳化不好？為什麼不是模型偏差？萬一是因為 56 層網路的彈性還不夠呢？

A 比較 56 層網路和 20 層網路，20 層網路的損失都已經可以做到這樣了，56 層網路的彈性一定比 20 層網路的高。56 層網路要做到 20 層網路可以做到的事情輕而易舉，只要前 20 層的參數跟 20 層網路一樣，剩下 36 層都複製前一層的輸出就好了。如果最佳化成功，56 層網路應該比 20 層網路得到更低的損失。但結果並非如此，這不是過擬合，也不是模型偏差，因為 56 層網路的彈性是夠的，問題是最佳化做得不夠好。

這裡給大家的建議是，當看到一個從來沒有見過的問題時，可以先嘗試使用一些比較小的、比較淺的網路，甚至用一些非深度學習的方法，比如線性模型、**支援向量機（Support Vector Machine，SVM）**。SVM 可能比較容易最佳化，它們不會有最佳化失敗的問題。也就是說，這些模型會竭盡全力，在它們的能力範圍之內，找出一組最好的參數。因此，可以先訓練一些比較淺的網路，或者訓練一些比較簡單的模型，弄清楚這些簡單的模型到底可以得到什麼樣的損失。

接下來還缺一個深的模型，如果深的模型跟淺的模型比起來，明明彈性比較高，損失卻沒有辦法比淺的模型壓得更低，就說明最佳化有問題，需要用一些其他的方法來更好地進行最佳化。

舉個例子，如圖 2.5 所示，2017 年～2020 年的資料組成訓練集時，1 層的損失是 280，2 層就降到 180，3 層就降到 140，4 層就降到 100，但是 5 層的時候損失卻變成 340。損失很大顯然不是模型偏差的問題，因為 4 層都可以降到 100 了，5 層應該可以降至更低才對。這是最佳化的問題，最佳化做得不好才會造成這個樣子。如果訓練損失大，可以先判斷是模型偏差還是最佳化的問題。如果是模型偏差的問題，就把模型變大。假設經過努力可以讓訓練資料上的損失變小，接下來可以看測試資料上的損失；如果測試資料上的損失也小，比這個較強的基線模型還要小，就結束。

資料	1 層	2 層	3 層	4 層	5 層
2017 年～2020 年的資料	280	180	140	100	340

▲ 圖 2.5 網路越深，損失反而變大

測試資料上的結果不好，不一定是過擬合。要把訓練資料上的損失記下來，在確定最佳化沒有問題、模型夠大後，再看是不是測試的問題。如果訓練資料上的損失小，測試資料上的損失大，則有可能是過擬合。

2.3　過擬合

　　過擬合是什麼呢？舉個極端的例子，假設根據一些訓練集，某機器學習方法找到了一個函式。只要輸入 x 出現在訓練集中，就把對應的 y 輸出。如果 x 沒有出現在訓練集中，就輸出一個隨機值。這個函式沒什麼用處，但它在訓練資料上的損失是 0。把訓練資料通通輸入這個函式，它的輸出跟訓練集的標籤一模一樣，所以在訓練資料上，這個函式的損失是 0。可是在測試資料上，它的損失會變得很大，因為它其實什麼都沒有預測。這個例子比較極端，但一般情況下，也有可能發生類似的事情。

　　如圖 2.6 所示，假設輸入的特徵為 x，輸出為 y，x 和 y 都是一維的。x 和 y 之間的關係是二次曲線，用虛線來表示，因為通常沒有辦法直接觀察到這條曲線。我們真正可以觀察到的是訓練集，訓練集可以想像成從這條曲線上隨機取樣得到的幾個點。模型的能力非常強，彈性很大，只給它 3 個點。在這 3 個點上，要讓損失低，所以模型的這條曲線會通過這 3 個點，但是在別的地方，模型的彈性很高，所以模型可以變成各式各樣的函式，產生各式各樣奇怪的結果。

　　再輸入測試資料，測試資料和訓練資料當然不會一模一樣，它們可能是從同一個分布取樣出來的，測試資料是橙色的點，訓練資料是藍色的點。用藍色的點找出一個函式以後，測試在橙色的點上不一定會好。如果模型的自由度很高，就會產生非常奇怪的曲線，導致訓練集上的表現很好，但測試集上的損失很大。

　　怎麼解決過擬合的問題呢？有兩個可能的方向。第一個方向往往是最有效的方向，即增大訓練集。因此，如果藍色的點變多了，雖然模型的彈性可能很大，但是模型仍然可以被限制住，看起來的形狀還是會很像產生這些資料背後的二次曲線，如圖 2.7 所示。**資料增強**（data augmentation）的方法並不算使用了額外的資料。

▲ 圖 2.6 模型彈性太大導致的問題

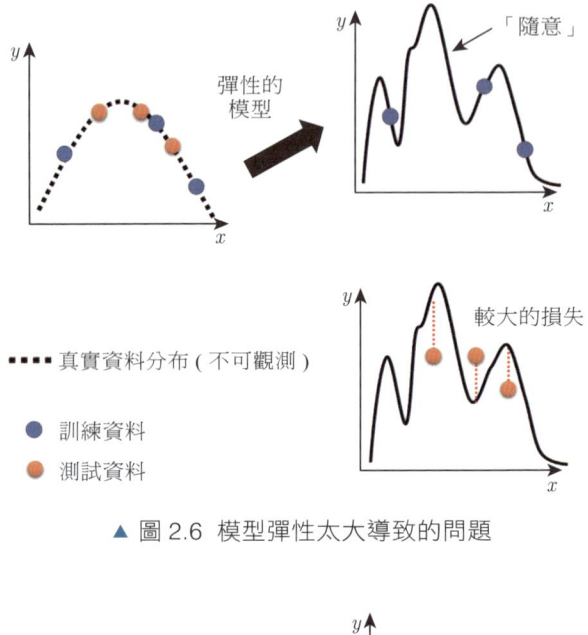

▲ 圖 2.7 增加資料

　　資料增強就是根據對問題的瞭解創造出新的資料。舉個例子，在做圖片辨識的時候，一個常見的招式是，假設訓練集裡面有一張圖片，把它左右翻轉，或者將其中的一部分截出來放大等等。對圖片進行左右翻轉，資料就變成原來的兩倍。但是資料增強不能夠隨便亂做。在圖片辨識裡面，很少看到有人把上下顛倒圖片當作資料增強。因為這些圖片都是合理的圖片，左右翻轉圖片，並不會影響到裡面的內容。但把圖片上下顛倒，可能就不是一個訓練集或真實世界裡才會出現的圖片了。如果機器根據奇怪的圖片進行學習，它可能就會學得奇怪的結果。所以，要根據對資料的特性以及要處理問題的瞭解，選擇合適的資料增強方式。

另一個方向是給模型一些限制，讓模型不要有太高的彈性。假設 x 和 y 背後的關係其實就是一條二次曲線，只是這條二次曲線裡面的參數是未知的。如圖 2.8 所示，要用多大限制的模型才會好取決於對這個問題的瞭解。因為這種模型是我們自己設計的，設計出不同的模型，結果不同。假設模型是二次曲線，在選擇函式的時候就會有很大的限制。因為二次曲線的外形都很相似，所以當訓練集有限的時候，只能選有限的幾個函式。所以雖然只給了 3 個點，但是因為能選擇的函式有限，我們也可能正好選到跟真正的分布比較接近的函式，在測試集上得到比較好的結果。

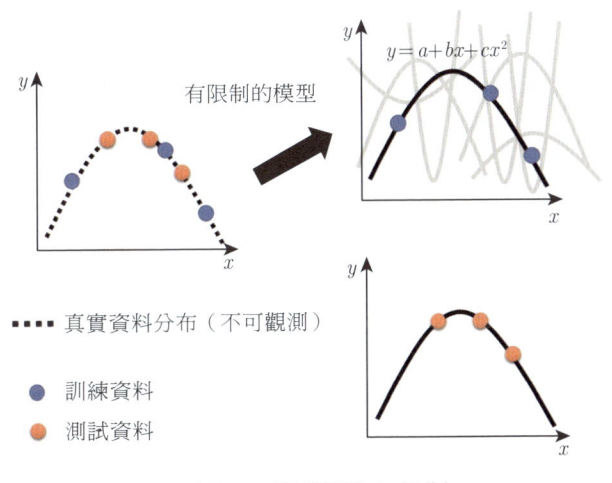

▲ 圖 2.8 對模型施加限制

為了解決過擬合的問題，要給模型一些限制，具體來說，有如下方法。

- 給模型比較少的參數。如果是深度學習，就給它比較少的神經元，如本來每層有 1000 個神經元，改成 100 個神經元，或者讓模型共用參數，可以讓一些參數有一樣的數值。**全連接網路**（**fully-connected network**）其實是一種比較彈性的架構，而**卷積神經網路**（**Convolutional Neural Network，CNN**）是一種比較有限制的架構。CNN 針對圖片的特性來限制模型的彈性。所以，對於全連接神經網路，可以找出來的函式所形成的集合其實是比較大的；而對於 CNN，可以找出來的函式所形成的集合

其實是比較小的。正是因為 CNN 給了模型比較大的限制,所以 CNN 在圖片辨識等任務上反而做得比較好。

- 提供比較少的特徵。例如,將原本給前 3 天的資料改成只給 2 天的資料作為特徵,結果就可能更好一些。
- 其他的方法,如**提前停止(early stopping)**、**正則化(regularization)**、**丟棄法(dropout method)**等。

即便如此,也不要給模型太多的限制。以線性模型為例,圖 2.9 中有 3 個點,沒有任何一條直線可以同時通過這 3 個點。只能找到一條直線,這條直線與這些點是比較近的。這時候模型的限制就太大了,在測試集上就不會得到好的結果。這種情況下的結果不好,並不是因為過擬合,而是因為給了模型太多的限制,多到有了模型偏差的問題。

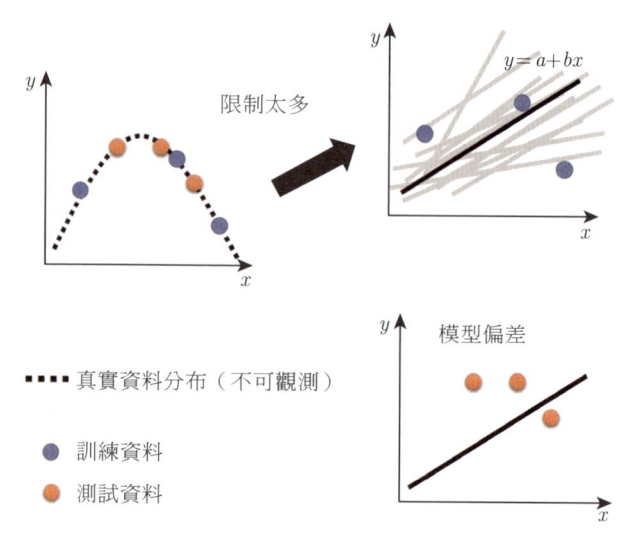

▲ 圖 2.9 限制太大會導致模型偏差

模型的複雜程度和彈性沒有明確的定義。比較複雜的模型包含的函式比較多,參數也比較多。如圖 2.10 所示,隨著模型越來越複雜,訓練損失可以越來越低。但在測試時,隨著模型越來越複雜,剛開始測試損失會顯著下降,但是當複雜程度超過一定程度後,測試損失就突然增加了。這是因為當模型越

來越複雜時,過擬合的情況就會出現,所以在訓練損失上可以得到比較好的結果。而在測試損失上,結果不怎麼好,可以選一個中庸的模型,不太複雜,也不太簡單,要剛好既可以使訓練損失最低,也可以使測試損失最低。

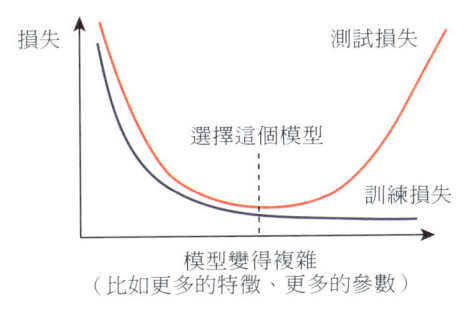

▲ 圖 2.10 模型的複雜程度與損失的關係

假設 3 個模型的複雜程度不太一樣,不知道要選哪一個模型才會剛剛好,進而在測試集上得到最好的結果。因為太複雜的模型會導致過擬合,而太簡單的模型會導致模型偏差的問題。把這 3 個模型的結果都跑出來,損失最低的模型顯然就是最好的模型。

2.4 交叉驗證

一種能夠比較合理地選擇模型的方法是把訓練資料分成兩部分:**訓練集**(training set)和**驗證集**(validation set)。比如將 90% 的資料作為訓練集,而將剩餘 10% 的資料作為驗證集。在訓練集上訓練出來的模型會使用驗證集來評估它們的效果。

這裡會有一個問題:如果隨機分驗證集,可能會分得不好,分到很奇怪的驗證集,導致結果很差。如果擔心出現這種情況,可以採用 k 折交叉驗證(k-fold cross validation)的方法,如圖 2.11 所示。k 折交叉驗證就是先把訓練集切成 k 等份。在這個例子中,訓練集被切成 3 等份,切完以後,將其中一份當作驗證集,另外兩份當作訓練集,這件事情要重複做 3 次:將第 1 份和

第 2 份當作訓練集，第 3 份當作驗證集；將第 1 份和第 3 份當作訓練集，第 2 份當作驗證集；將第 1 份當作驗證集，第 2 份和第 3 份當作訓練集。

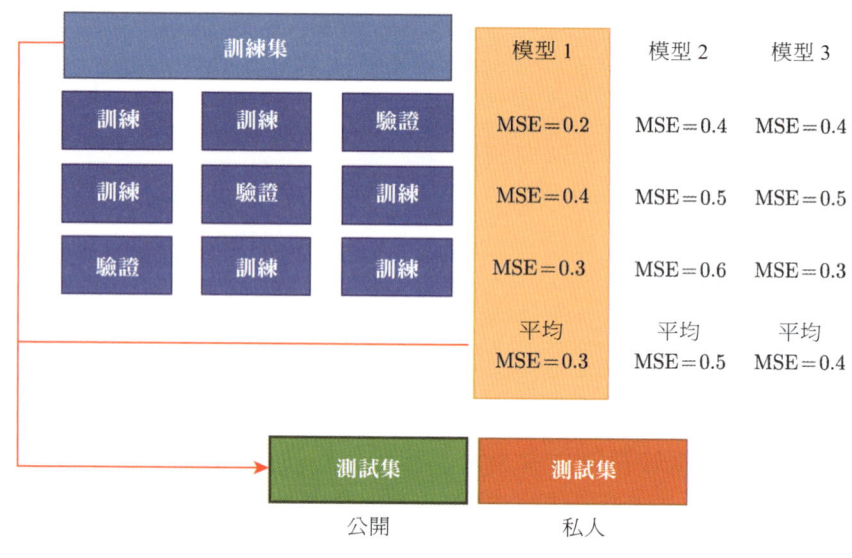

▲ 圖 2.11 k 折交叉驗證

假設我們有 3 個模型。我們不知道哪一個是好的，因此不妨把這 3 個模型在這 3 個資料集上通通跑一次。把這 3 個模型在這 3 種情況下的結果都平均起來；把每一個模型在這 3 種情況下的結果也都平均起來，再看看誰的結果最好。假設 3 折交叉驗證得出來的結果是模型 1 最好，那麼就把模型 1 用在全部的訓練集上，並把訓練出來的模型再用在全部的測試集上。接下來我們要面對的任務是預測 2 月 26 日的觀看次數，結果如圖 2.12 所示，3 層網路的結果最好。

資料	1 層	2 層	3 層	4 層
2017 年 ～ 2020 年的資料	280	180	140	100
2021 年的資料	430	390	380	440

▲ 圖 2.12 3 層網路的結果最好

2.5 不匹配

圖 2.13 中的橫軸是從 2021 年 1 月 1 日開始計算的天數，紅色線是真實的資料，藍色線是預測的結果。2 月 26 日是 2021 年觀看次數最高的一天，與機器的預測差距非常大，誤差為 2580。幾個模型不約而同地推測 2 月 26 日應該是個低點，但實際上，2 月 26 日是一個峰值。這不能怪模型，因為根據過去的資料，週五晚上大家都出去玩了。但是 2 月 26 日出現了反常的情況，這種情況應該算是另一種錯誤形式 —— 不匹配（mismatch）。

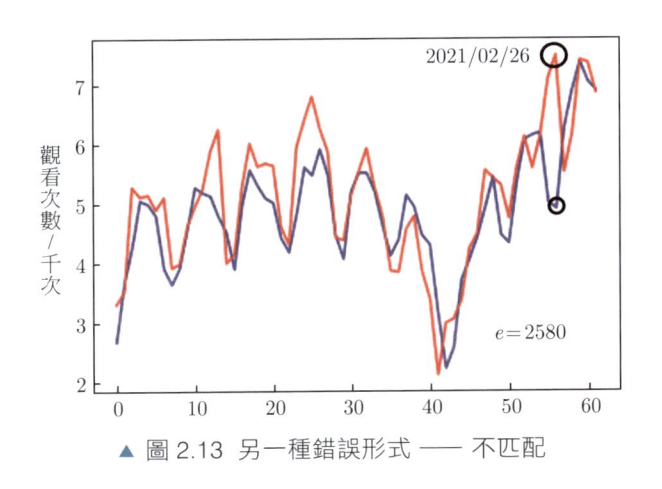

▲ 圖 2.13 另一種錯誤形式 —— 不匹配

不匹配和過擬合不同，一般的過擬合可以用收集更多的資料來克服，但不匹配是指訓練集和測試集的分布不同，訓練集再增大其實也沒有幫助了。假設在分訓練集和測試集的時候，使用 2020 年的資料作為訓練集，使用 2021 年的資料作為測試集，不匹配的問題可能就會很嚴重。因為 2020 年的資料和 2021 年的資料背後的分布不同。圖 2.14 示範了圖片分類中的不匹配問題。增加資料也不能讓模型做得更好，所以這種問題要怎麼解決、匹不匹配，要看對資料本身的瞭解。我們可能要對訓練集和測試集的產生方式有一些瞭解，才能判斷模型是不是遇到了不匹配的情況。

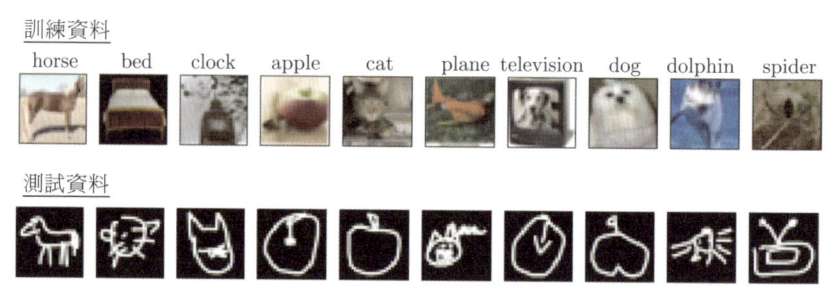

▲ 圖 2.14　圖片分類中的不匹配問題

參考資料

[1]　HE K, ZHANG X, REN S, et al. Deep residual learning for image recognition[C]//Proceedings of the IEEE Conference on Computer Vision and Pattern Recognition. 2016: 770-778.

Chapter 03

深度學習基礎

本章介紹深度學習中常見的一些概念,瞭解這些概念能夠幫助我們從不同角度針對神經網路最佳化。為了最佳化神經網路,首先要瞭解為什麼最佳化會失敗,以及為什麼收斂在局部最小值與鞍點會導致最佳化失敗。其次,可以對學習率進行調整,使用自適化學習率和學習率排程。最後,批次正規化可以改變誤差表面,這對最佳化也有幫助。

3.1 局部最小值與鞍點

我們在做最佳化的時候經常會發現,隨著參數不斷更新,訓練的損失不會再下降,但是我們對這個損失仍然不滿意。把深層網路(deep network)、線性模型和淺層網路(shallow network)做比較,可以發現深層網路並沒有做得更好 —— 深層網路沒有發揮出自身全部的力量,所以最佳化是有問題的。但有時候,模型一開始就訓練不起來,不管我們怎麼更新參數,損失都降不下去。到底發生了什麼事情?

3.1.1 臨界點及其種類

過去常見的一個猜想是,我們最佳化到某個地方,這個地方參數對損失的微分為零,如圖 3.1 所示。圖 3.1 中的兩條曲線對應兩個神經網路訓練的過程。當參數對損失微分為零的時候,梯度下降就不能再更新參數了,訓練就停下來了,損失不再下降。

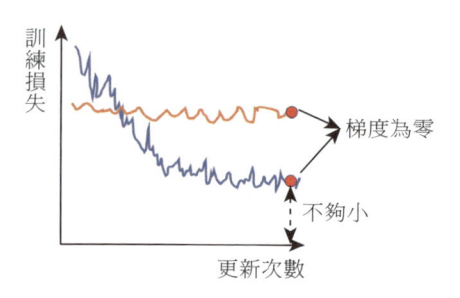

▲ 圖 3.1 梯度下降失效的情況

當提到梯度為零的時候，大家最先想到的可能就是**局部最小值**（local minimum），如圖 3.2(a) 所示。所以經常有人說，做深度學習時，使用梯度下降會收斂在局部最小值，梯度下降沒有作用。但其實損失不是只在局部最小值的點會讓梯度為零，還有其他可能會讓梯度為零的點，比如**鞍點**（saddle point）。鞍點其實就是梯度為零且不同於局部最小值和**局部最大值**（local maximum）的點。在圖 3.2(b) 中，紅色的點在 y 軸方向是比較高的，在 x 軸方向是比較低的，這就是一個鞍點。鞍點的梯度為零，但它不是局部最小值。我們把梯度為零的點統稱為**臨界點**（critical point）。損失沒有辦法再下降，也許是因為收斂在臨界點，不一定是因為收斂在局部最小值。

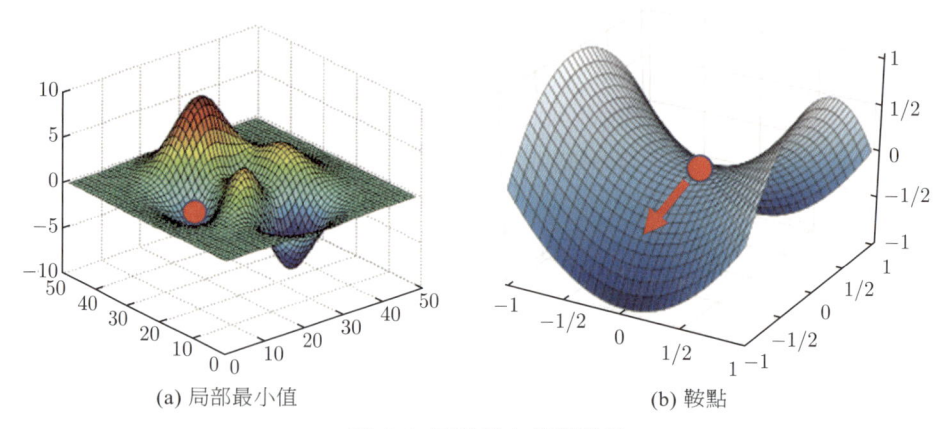

(a) 局部最小值   (b) 鞍點

▲ 圖 3.2 局部最小值與鞍點

但是，如果一個點的梯度真的很接近零，那麼當來到一個臨界點的時候，這個臨界點到底是局部最小值還是鞍點，就是一個值得我們探討的問題。

因為如果損失收斂在局部最小值，我們所在的位置就已經是損失最低的點了，往四周走損失都會比較高，就沒有路可以走了。但鞍點沒有這個問題，旁邊還有路可以讓損失更低。只要逃離鞍點，就有可能讓損失更低。

3.1.2 判斷臨界值種類的方法

為了判斷一個臨界點到底是局部最小值還是鞍點，需要知道損失函式的形狀。可是怎麼才能知道損失函式的形狀呢？網路本身很複雜，用複雜網路算出來的損失函式顯然也很複雜。雖然無法完整知道整個損失函式的樣子，但是如果給定一組參數，比如 $\boldsymbol{\theta}'$，那麼 $\boldsymbol{\theta}'$ 附近的損失函式是有辦法寫出來的（雖然 $L(\boldsymbol{\theta})$ 完整的樣子寫不出來）。$\boldsymbol{\theta}'$ 附近的 $L(\boldsymbol{\theta})$ 可近似為

$$L(\boldsymbol{\theta}) \approx L(\boldsymbol{\theta}') + (\boldsymbol{\theta} - \boldsymbol{\theta}')^\mathrm{T} \boldsymbol{g} + \frac{1}{2}(\boldsymbol{\theta} - \boldsymbol{\theta}')^\mathrm{T} \boldsymbol{H} (\boldsymbol{\theta} - \boldsymbol{\theta}') \tag{3.1}$$

公式 (3.1) 是泰勒級數近似（Taylor series appoximation）。其中，第一項 $L(\boldsymbol{\theta}')$ 告訴我們，當 $\boldsymbol{\theta}$ 和 $\boldsymbol{\theta}'$ 很接近的時候，$L(\boldsymbol{\theta})$ 應該和 $L(\boldsymbol{\theta}')$ 很接近；第二項 $(\boldsymbol{\theta} - \boldsymbol{\theta}')^\mathrm{T} \boldsymbol{g}$ 中的 $\boldsymbol{g}$ 代表梯度，它是一個向量，可以彌補 $L(\boldsymbol{\theta}')$ 和 $L(\boldsymbol{\theta})$ 之間的差距。有時候，梯度 $\boldsymbol{g}$ 會被寫成 $\nabla L(\boldsymbol{\theta}')$。$g_i$ 是向量 $\boldsymbol{g}$ 的第 i 個元素，也就是 L 關於 $\boldsymbol{\theta}$ 的第 i 個元素的偏導數：

$$g_i = \frac{\partial L(\boldsymbol{\theta}')}{\partial \theta_i} \tag{3.2}$$

光看 $\boldsymbol{g}$ 還是沒有辦法完整地描述 $L(\boldsymbol{\theta})$，還要看公式 (3.1) 中的第三項 $\frac{1}{2}(\boldsymbol{\theta} - \boldsymbol{\theta}')^\mathrm{T} \boldsymbol{H}(\boldsymbol{\theta} - \boldsymbol{\theta}')$。第三項跟**漢森矩陣**（**Hessian matrix**，也譯作**海森矩陣**）$\boldsymbol{H}$ 有關。$\boldsymbol{H}$ 裡面放的是 L 的二次偏導數，$\boldsymbol{H}$ 裡面第 i 行第 j 列的值 H_{ij}，就是先求 $L(\boldsymbol{\theta}')$ 關於 $\boldsymbol{\theta}$ 的第 i 個元素的偏導數，再求 $\frac{\partial L(\boldsymbol{\theta}')}{\partial \theta_i}$ 關於 $\boldsymbol{\theta}$ 的第 j 個元素的偏導數，即

$$H_{ij} = \frac{\partial^2}{\partial \theta_i \partial \theta_j} L(\boldsymbol{\theta}') \tag{3.3}$$

總結一下，損失函式 $L(\boldsymbol{\theta})$ 在 $\boldsymbol{\theta}'$ 附近可近似為公式 (3.1)，公式 (3.1) 跟梯度和漢森矩陣有關，梯度就是一次微分，漢森矩陣裡面有二次偏導數的項。

在臨界點，梯度 $\boldsymbol{g}$ 為零，因此 $(\boldsymbol{\theta} - \boldsymbol{\theta}')^\mathrm{T} \boldsymbol{g}$ 為零。所以在臨界點附近，損失函式可近似為

$$L(\boldsymbol{\theta}) \approx L(\boldsymbol{\theta}') + \frac{1}{2} (\boldsymbol{\theta} - \boldsymbol{\theta}')^\mathrm{T} \boldsymbol{H} (\boldsymbol{\theta} - \boldsymbol{\theta}') \tag{3.4}$$

我們可以根據 $\frac{1}{2}(\boldsymbol{\theta} - \boldsymbol{\theta}')^\mathrm{T} \boldsymbol{H} (\boldsymbol{\theta} - \boldsymbol{\theta}')$ 來判斷 $\boldsymbol{\theta}'$ 附近的**誤差表面**（error surface）到底是什麼樣子。知道了誤差表面的「地貌」，我們就可以判斷 $L(\boldsymbol{\theta}')$ 是局部最小值、局部最大值，還是鞍點。為了讓符號簡潔，我們用向量 $\boldsymbol{v}$ 來表示 $\boldsymbol{\theta} - \boldsymbol{\theta}'$，$(\boldsymbol{\theta} - \boldsymbol{\theta}')^\mathrm{T} \boldsymbol{H} (\boldsymbol{\theta} - \boldsymbol{\theta}')$ 可改寫為 $\boldsymbol{v}^\mathrm{T} \boldsymbol{H} \boldsymbol{v}$，情況有如下三種。

(1) 如果對所有 $\boldsymbol{v}$，$\boldsymbol{v}^\mathrm{T} \boldsymbol{H} \boldsymbol{v} > 0$，則意味著對任意 $\boldsymbol{\theta}$，$L(\boldsymbol{\theta}) > L(\boldsymbol{\theta}')$。換言之，只要 $\boldsymbol{\theta}$ 在 $\boldsymbol{\theta}'$ 附近，$L(\boldsymbol{\theta})$ 都大於 $L(\boldsymbol{\theta}')$。這代表 $L(\boldsymbol{\theta}')$ 是附近最低的一個點，所以它是局部最小值。

(2) 如果對所有 $\boldsymbol{v}$，$\boldsymbol{v}^\mathrm{T} \boldsymbol{H} \boldsymbol{v} < 0$，則意味著對任意 $\boldsymbol{\theta}$，$L(\boldsymbol{\theta}) < L(\boldsymbol{\theta}')$。這代表 $\boldsymbol{\theta}'$ 是附近最高的一個點，$L(\boldsymbol{\theta}')$ 是局部最大值。

(3) 如果對於 $\boldsymbol{v}$，$\boldsymbol{v}^\mathrm{T} \boldsymbol{H} \boldsymbol{v}$ 有時候大於零，有時候小於零，則意味著在 $\boldsymbol{\theta}'$ 附近，有時候 $L(\boldsymbol{\theta}) > L(\boldsymbol{\theta}')$，有時候 $L(\boldsymbol{\theta}) < L(\boldsymbol{\theta}')$。因此在 $\boldsymbol{\theta}'$ 附近，$L(\boldsymbol{\theta}')$ 既不是局部最大值，也不是局部最小值，而是鞍點。

這裡有一個問題，透過 $\frac{1}{2}(\boldsymbol{\theta} - \boldsymbol{\theta}')^\mathrm{T} \boldsymbol{H} (\boldsymbol{\theta} - \boldsymbol{\theta}')$ 判斷臨界點是局部最小值、鞍點，還是局部最大值，需要代入所有的 $\boldsymbol{\theta}$。但我們不可能把所有的 $\boldsymbol{v}$ 都拿來試試，所以需要有一個更簡便的方法來判斷 $\boldsymbol{v}^\mathrm{T} \boldsymbol{H} \boldsymbol{v}$ 的正負。算出一個漢森矩陣後，不需要試著把它跟所有的 $\boldsymbol{v}$ 相乘，而只要看 $\boldsymbol{H}$ 的特徵值。若 $\boldsymbol{H}$ 的所有特徵值都是正的，$\boldsymbol{H}$ 為正定矩陣，則 $\boldsymbol{v}^\mathrm{T} \boldsymbol{H} \boldsymbol{v} > 0$，臨界點是局部最小值。若 $\boldsymbol{H}$ 的所有特徵值都是負的，$\boldsymbol{H}$ 為負定矩陣，則 $\boldsymbol{v}^\mathrm{T} \boldsymbol{H} \boldsymbol{v} < 0$，臨界點是局部最大值。若 $\boldsymbol{H}$ 的特徵值有正有負，則臨界點是鞍點。

3.1 局部最小值與鞍點

> 如果 n 階對稱矩陣 A 對於任意非零的 n 維向量 x 都有 $x^\mathsf{T} A x > 0$，則稱矩陣 A 為正定矩陣。如果 n 階對稱矩陣 A 對於任意非零的 n 維向量 x 都有 $x^\mathsf{T} A x < 0$，則稱矩陣 A 為負定矩陣。

舉個例子，我們有一個簡單的神經網路，它只有兩個神經元，而且神經元還沒有激勵函式和偏差。輸入 x，將 x 乘上 w_1 以後輸出，然後乘上 w_2，接著再輸出，最終得到的資料就是 y，即

$$y = w_1 w_2 x \tag{3.5}$$

我們還有一個簡單的訓練資料集，這個資料集只有一組資料 (1,1)，也就是 $x=1$ 的標籤是 1。所以輸入 1 進去，我們希望最終的輸出跟 1 越接近越好，如圖 3.3 所示。

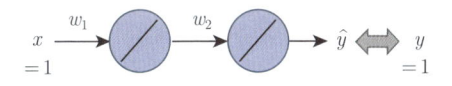

▲ 圖 3.3 一個簡單的神經網路

可以直接畫出這個神經網路的誤差表面，如圖 3.4 所示。還可以取 [−2.0,2.0] 區間內 w_1 和 w_2 的數值，算出這個區間內 w_1、w_2 的數值所帶來的損失，4 個角落的損失較高。我們用黑色的點來表示臨界點，原點 (0.0,0.0) 是臨界點，另外兩排的點也是臨界點。我們可以進一步判斷這些臨界點是鞍點還是局部最小值。原點是鞍點，因為我們往某個方向走，損失可能會變大，也可能會變小。而另外兩排臨界點都是局部最小值。這是我們取 [−2.0,2.0] 區間內的參數得到損失函式，進而得到損失值，畫出誤差表面後得出的結論。

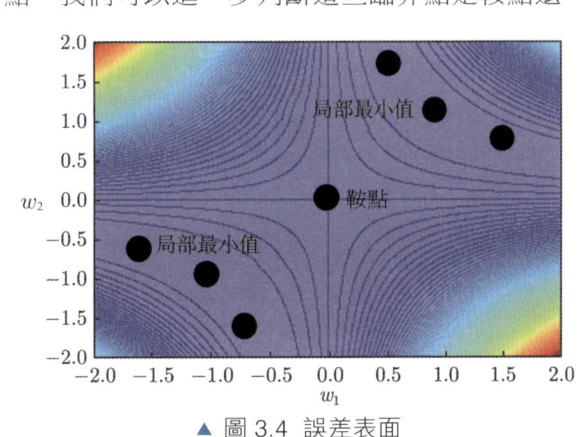

▲ 圖 3.4 誤差表面

除了嘗試取所有可能的損失之外,我們還有其他的方法,比如把損失函式寫出來。對於圖 3.3 所示的神經網路,損失函式 L 等於用正確答案 y 減掉模型的輸出 $\hat{y} = w_1 w_2 x$ 後取均方差(square error)。這裡只有一組資料,因此不會對所有的訓練資料進行加總。令 $x = 1$,$y = 1$,損失函式為

$$L = (y - w_1 w_2 x)^2 = (1 - w_1 w_2)^2 \tag{3.6}$$

可以求出損失函式的梯度 $\boldsymbol{g} = \left[\dfrac{\partial L}{\partial w_1}, \dfrac{\partial L}{\partial w_2} \right]$,其中

$$\begin{cases} \dfrac{\partial L}{\partial w_1} = 2\left(1 - w_1 w_2\right)\left(-w_2\right) \\[1em] \dfrac{\partial L}{\partial w_2} = 2\left(1 - w_1 w_2\right)\left(-w_1\right) \end{cases} \tag{3.7}$$

什麼時候梯度會為零(也就是到達一個臨界點)呢?比如,在原點時,$w_1 = 0$,$w_2 = 0$,此時的梯度為零,原點就是一個臨界點,但透過漢森矩陣才能判斷它是哪種臨界點。剛才我們透過取 [-2.0, 2.0] 區間內的 w_1 和 w_2 判斷出原點是一個鞍點,但假設我們還沒有取所有可能的損失,下面來看看能不能用漢森矩陣判斷出原點是什麼類型的臨界點。

漢森矩陣 $\boldsymbol{H}$ 收集了 L 的二次偏導數:

$$\begin{cases} H_{1,1} = \dfrac{\partial^2 L}{\partial w_1^2} = 2\left(-w_2\right)\left(-w_2\right) \\[1em] H_{1,2} = \dfrac{\partial^2 L}{\partial w_1 \partial w_2} = -2 + 4 w_1 w_2 \\[1em] H_{2,1} = \dfrac{\partial^2 L}{\partial w_2 \partial w_1} = -2 + 4 w_1 w_2 \\[1em] H_{2,2} = \dfrac{\partial^2 L}{\partial w_2^2} = 2\left(-w_1\right)\left(-w_1\right) \end{cases} \tag{3.8}$$

對於原點,只要把 $w_1 = 0$,$w_2 = 0$ 代進去,就可以得到漢森矩陣

$$\boldsymbol{H} = \begin{bmatrix} 0 & -2 \\ -2 & 0 \end{bmatrix} \tag{3.9}$$

3.1 局部最小值與鞍點

要透過漢森矩陣來判斷原點是局部最小值還是鞍點，就要看它的特徵值。這個矩陣有 2 和 −2 兩個特徵值，特徵值有正有負，因此原點是鞍點。

如果目前處於鞍點，就不用那麼害怕了。H 不僅可以幫助我們判斷是不是處在一個鞍點，還指出了參數可以更新的方向。之前我們更新參數的時候，都是看梯度 g，但是當來到某個地方以後，若發現 g 變成 0 了，就不能再看 g 了。但如果臨界點是一個鞍點，還可以再看 H，怎麼再看 H 呢？H 是怎麼告訴我們如何更新參數的呢？

設 λ 為 H 的一個特徵值，u 為對應的特徵向量。對於我們的最佳化問題，可令 $u = \theta - \theta'$，則

$$u^{\mathrm{T}} H u = u^{\mathrm{T}} (\lambda u) = \lambda \|u\|^2 \tag{3.10}$$

若 $\lambda < 0$，則 $\lambda \|u\|^2 < 0$。所以 $\frac{1}{2}(\theta - \theta')^{\mathrm{T}} H (\theta - \theta') < 0$。此時，$L(\theta) < L(\theta')$，且

$$\theta = \theta' + u \tag{3.11}$$

根據公式 (3.10) 和公式 (3.11)，因為 $\theta = \theta' + u$，所以只要沿著特徵向量 u 的方向更新參數，損失就會變小。雖然臨界點的梯度為零，但如果我們處在一個鞍點，那麼只要找出負的特徵值，再找出這個特徵值對應的特徵向量，將其與 θ' 相加，就可以找到一個損失更低的點。

在前面的例子中，原點是一個臨界點，此時的漢森矩陣如公式 (3.9) 所示。該漢森矩陣有一個負的特徵值 −2，特徵值 −2 對應的特徵向量有無窮多個。不妨取 $u = [1,1]^{\mathrm{T}}$，作為 −2 對應的特徵向量。我們其實只要沿著 u 的方向更新參數，就可以找到一個損失比鞍點處還低的點，以這個例子來看，原點是鞍點，其梯度為零，所以梯度不會告訴我們要怎麼更新參數，但漢森矩陣的特徵向量告訴我們只要往 $[1,1]^{\mathrm{T}}$ 的方向更新參數，損失就會變得更小，進而逃離鞍點。

所以從這個角度來看，鞍點似乎並沒有那麼可怕。但實際上，我們幾乎不會把漢森矩陣算出來，因為計算漢森矩陣需要算二次偏導數，計算量非常大，何況還要找出它的特徵值和特徵向量。幾乎沒有人用這個方法來逃離鞍點，而其他一些逃離鞍點的方法計算量都比計算漢森矩陣要小很多。

這裡會有一個問題：鞍點和局部最小值哪個比較常見？鞍點其實並不可怕，如果我們經常遇到的是鞍點，遇到局部最小值比較少，那就太好了。科幻小說《三體 III：死神永生》中有這樣一個情節：東羅馬帝國的君士坦丁十一世為對抗敵人，找來了具有神秘力量的狄奧倫娜。狄奧倫娜可以從萬軍叢中取人首級，但大家不相信她有這麼厲害，要狄奧倫娜先展示一下她的力量。於是狄奧倫娜拿出一個聖杯，大家看到聖杯大吃一驚，因為聖杯本來放在聖索菲亞大教堂地下室的一個石棺裡面，而且石棺是密封的，沒有人可以打開。狄奧倫娜不僅取得了聖杯，還自稱在石棺中放了一串葡萄。於是君士坦丁十一世帶人撬開了石棺，發現聖杯真被拿走了，而且石棺中真的有一串葡萄。為什麼狄奧倫娜可以做到這些呢？因為狄奧倫娜可以進入四維空間。從三維空間來看，這個石棺是封閉的，沒有任何路可以進去，但從更高維的空間來看，這個石棺並不是封閉的，是有路可以進去的。誤差表面會不會也一樣呢？

神經網路圖 3.5(a) 所示的一維空間中的誤差表面有一個局部最小值。但是在二維空間（如圖 3.5(b) 所示）中，這個點就可能只是一個鞍點。常常會有人畫類似圖 3.5(c) 這樣的圖來告訴我們深度神經網路的訓練是非常複雜的。如果我們移動某兩個參數，誤差表面的變化就會非常複雜，有非常多的局部最小值。低維空間中的局部最小值點，在更高維的空間中，實際上是鞍點。同樣地，如果在二維空間中沒有路可以走，會不會在更高維的空間中，其實有路可以走？更高的維度難以視覺化，但我們在訓練一個神經網路的時候，參數量動輒達百萬、千萬層級，所以誤差表面其實有非常高的維度 —— 參數的數量代表了誤差表面的維度。既然維度這麼高，會不會其實就有非常多的路可以走呢？既然有非常多的路可以走，會不會其實局部最小值就很少呢？而經驗上，我們如果自己做一些實驗，就會發現實際情況也支持這個假說。圖 3.6 是訓練某不同神經網路的結果，每個點對應一個神經網路。縱軸代表在訓練神經網路

時收斂到臨界點，損失無法再下降時的值。我們常常會遇到兩種情況：損失仍然很高，卻遇到了臨界點而不再下降；或者直到損失降至很低，才遇到臨界點。在圖 3.6 中，橫軸代表最小值比例（minimum ratio），最小值比例的定義為

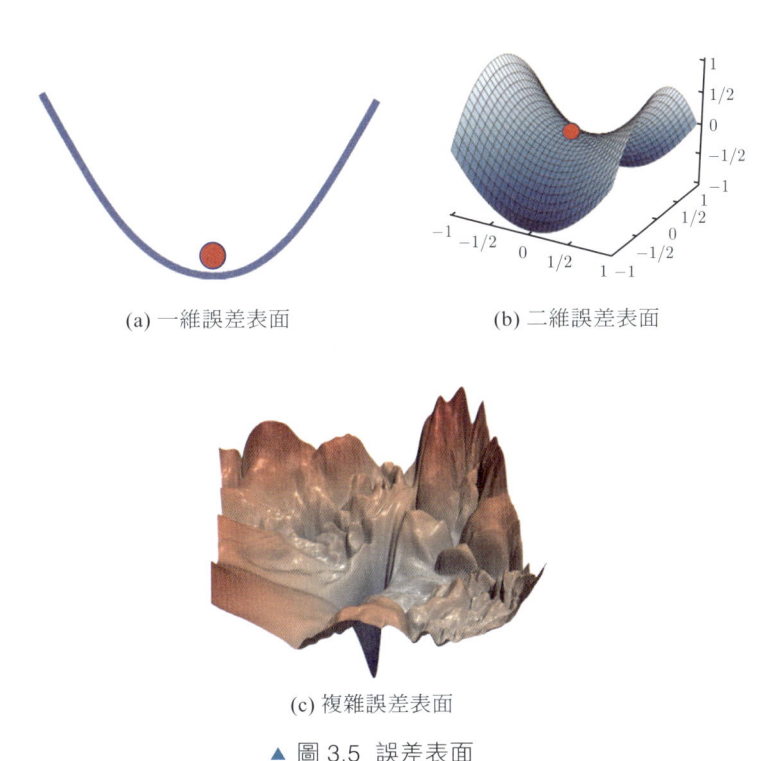

$$最小值比例 = \frac{正特徵值數量}{總特徵值數量} \tag{3.12}$$

(a) 一維誤差表面

(b) 二維誤差表面

(c) 複雜誤差表面

▲ 圖 3.5 誤差表面

實際上，我們幾乎找不到所有特徵值都為正的臨界點。在圖 3.6 所示的例子中，最小值比例最大也不過處於 0.5 ～ 0.6 的範圍，代表只有約一半的特徵值為正，其餘的特徵值為負。換言之，在所有的維度裡面，有約一半的路可以讓損失上升，還有約一半的路可以讓損失下降。雖然在圖 3.6 上，越靠近右側代表臨界點「看起來越像」局部最小值點，但這些點都不是真正的局部最小值點。所以從經驗上看起來，局部最小值並沒有那麼常見。在大多數情況下，當我們訓練到一個梯度很小的地方，參數不再更新時，往往只是遇到了鞍點。

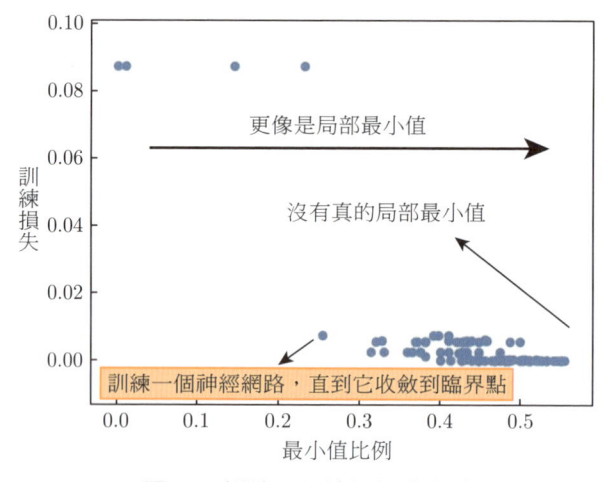

▲ 圖 3.6 訓練不同神經網路的結果

3.2 批次和動量

實際上在計算梯度的時候,並不是對所有資料的損失計算梯度,而是把所有的資料分成一個一個的批次(batch),如圖 3.7 所示。每個批次的大小是 B,即帶有 B 筆資料。每次在更新參數的時候,取出 B 筆資料用來計算出損失和梯度更新參數。遍歷所有批次的過程稱為一個回合(epoch)。事實上,在把資料分為批次的時候,還會進行隨機打亂(shuffle)。隨機打亂有很多不同的做法,一個常見的做法是在每一個回合開始之前重新劃分批次,也就是說,每個回合的批次的資料都不一樣。

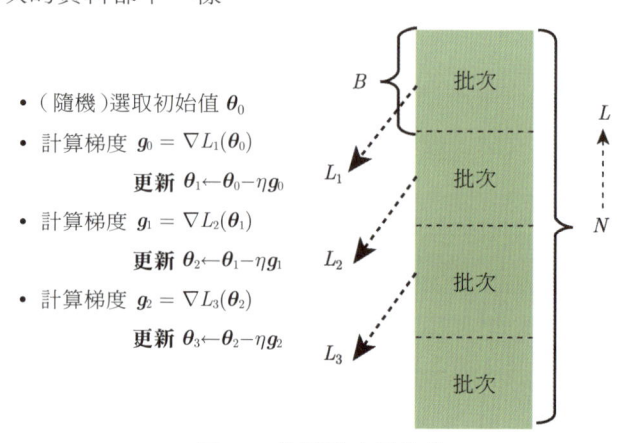

- (隨機)選取初始值 $\boldsymbol{\theta}_0$
- 計算梯度 $\boldsymbol{g}_0 = \nabla L_1(\boldsymbol{\theta}_0)$
  更新 $\boldsymbol{\theta}_1 \leftarrow \boldsymbol{\theta}_0 - \eta \boldsymbol{g}_0$
- 計算梯度 $\boldsymbol{g}_1 = \nabla L_2(\boldsymbol{\theta}_1)$
  更新 $\boldsymbol{\theta}_2 \leftarrow \boldsymbol{\theta}_1 - \eta \boldsymbol{g}_1$
- 計算梯度 $\boldsymbol{g}_2 = \nabla L_3(\boldsymbol{\theta}_2)$
  更新 $\boldsymbol{\theta}_3 \leftarrow \boldsymbol{\theta}_2 - \eta \boldsymbol{g}_2$

▲ 圖 3.7 使用批次最佳化

3.2.1 批次量對梯度下降法的影響

假設現在我們有 20 筆訓練資料，先看以下兩個最極端的情況，如圖 3.8 所示。

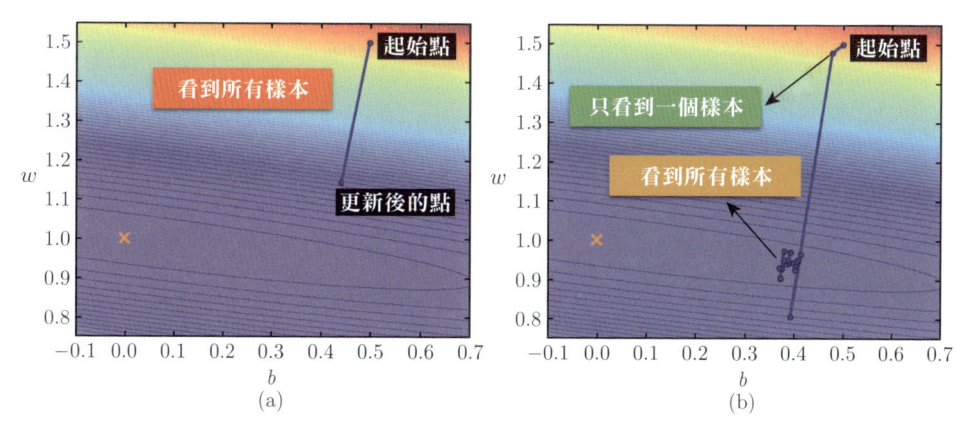

▲ 圖 3.8 批次梯度下降法與隨機梯度下降法

- 圖 3.8 (a) 的情況沒有用批次，批次量為訓練資料的大小，這種使用全批次（full batch）的資料來更新參數的方法即**批次梯度下降法**（**Batch Gradient Descent，BGD**）。此時模型必須把 20 筆訓練資料都看完，才能夠計算損失和梯度，參數也才能夠更新一次。

- 在圖 3.8 (b)，批次量等於 1，此時使用的方法即**隨機梯度下降法**（**Stochastic Gradient Descent，SGD**），也稱為增量梯度下降法。批次量等於 1 意味著只要取出一筆資料就可以計算損失並更新一次參數。如果總共有 20 筆資料，那麼在每一個回合裡面，參數會更新 20 次。用一筆資料算出來的損失相對帶有更多雜訊，因此參數更新的方向易生波折。

實際上，批次梯度下降並沒有「劃分批次」，而是要把所有的資料都看過一遍，才能夠更新一次參數，因此每次反覆運算的計算量很大。但相比隨機梯度下降，批次梯度下降每次更新更穩定、更準確。

> 隨機梯度下降在梯度上引入了隨機雜訊，因此在非凸形最佳化問題中，其相比批次梯度下降更容易逃離局部最小值。

　　考慮平行運算，批次梯度下降花費的時間不一定更長；對於比較大的批次，計算損失和梯度花費的時間不一定比使用小批次時的計算時間長。使用 Tesla V100 GPU 在 MNIST 資料集上得到的實驗結果如圖 3.9 所示。圖 3.9 中的橫坐標表示批次量；縱坐標表示給定批次量的批次，計算梯度並更新參數所耗費的時間。批次量從 1 到 1000，需要耗費的時間幾乎是一樣的。因為 GPU 可以做平行運算，這 1000 筆資料是平行處理的，所以處理 1000 筆資料所花的時間並不是一筆資料的 1000 倍。當然，GPU 的平行運算能力存在極限的，當批次量很大的時候，時間還是會增加的。當批次量非常大的時候，GPU「跑」完一個批次，計算出梯度所花費的時間還是會隨著批次量的增加而逐漸增長。當批次量增加到 10000，甚至 60000 的時候，GPU 計算梯度並更新參數所耗費的時間確實也會隨著批次量的增加而逐漸增長。

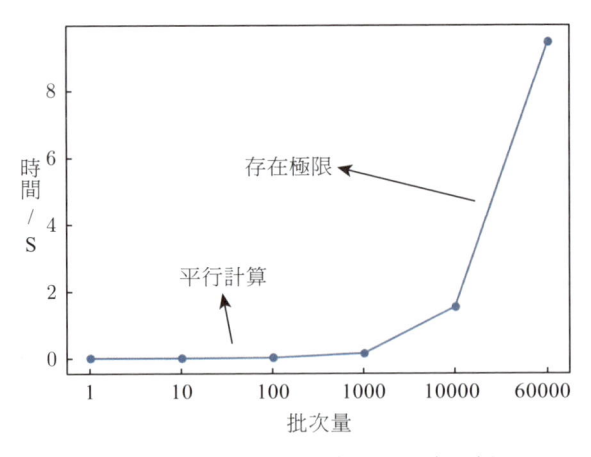

▲ 圖 3.9 批次量與計算時間的關係

> MNIST 中的「NIST」是指美國國家標準與技術研究所（National Institute of Standards and Technology），其最初收集了這些資料。MNIST 中的「M」是指修改的（Modified），資料需要經過前置處理以方便機器學習演算法使用。MNIST 資料集收集了數萬張手寫數字（0～9）的 28 像素 × 28 像素的灰度圖片及其標籤。大家嘗試的第一個機器學習任務，往往就是用 MNIST 資料集做手寫數字辨識，這個簡單的分類任務是深度學習研究中的「Hello World」。

但是因為有平行運算的能力，所以實際上當批次量小的時候，要「跑」完一個回合，花的時間是比較長的。假設訓練資料只有 60000 筆，批次量為 1，則 60000 次更新才能「跑」完一個回合；如果批次量為 1000，則 60 次更新才能「跑」完一個回合，計算梯度的時間差不多。但 60000 次更新跟 60 次更新比起來，所花時間的差距就非常大了。圖 3.10(a) 是用一個批次計算梯度並更新一次參數所需的時間。假設批次量為 1，「跑」完一個回合，需要更新 60000 次參數，所需的時間非常長。但假設批次量為 1000，更新 60 次參數就會「跑」完一個回合。圖 3.10(b) 是「跑」完一個完整的回合要花的時間。如果批次量為 1000 或 60000，則所需的時間比批次量設為 1 還要短。圖 3.10(a) 和圖 3.10(b) 的趨勢正好相反。因此實際上，在有考慮平行運算的情況下，大的批次量反而較有效率，一個回合大的批次花的時間反而比較少。

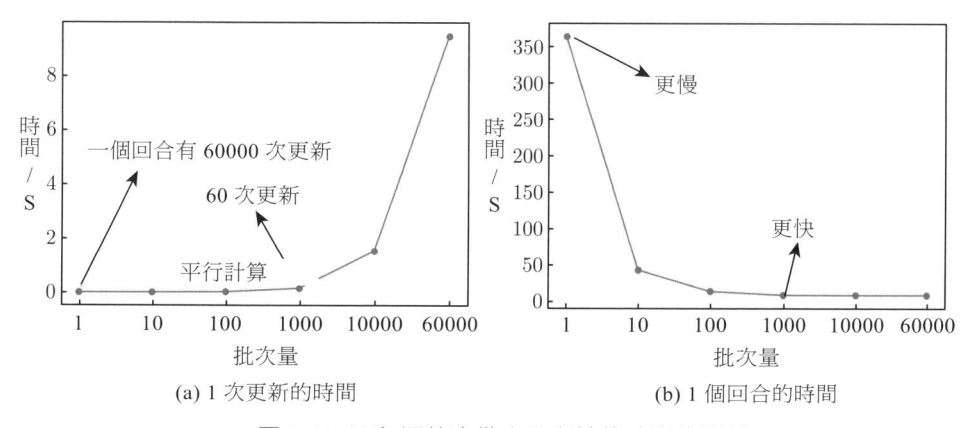

(a) 1 次更新的時間

(b) 1 個回合的時間

▲ 圖 3.10 平行運算中批次量與計算時間的關係

大的批次更新比較穩定，小的批次的梯度方向是有雜訊的（noisy）。但實際上，有雜訊的梯度反而可以幫助訓練，拿不同的批次訓練模型解決圖片辨識問題，實驗結果如圖 3.11 所示，橫軸是批次量，縱軸是準確度。圖 3.11(a) 是 MNIST 資料集上的結果，圖 3.11(b) 是 CIFAR-10 資料集上的結果。批次量越大，驗證集準確度越差。但這不是過擬合，因為批次量越大，訓練準確度也越差。因為用的是同一個模型，所以這不是模型偏見的問題。大的批次量往往在訓練的時候表現比較差。這是最佳化的問題，對於大的批次量，最佳化可能會有問題；對於小的批次量，最佳化結果反而比較好。

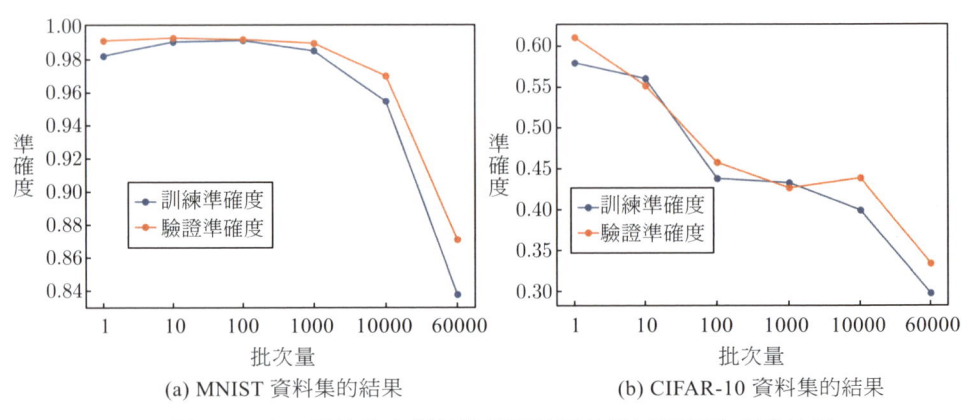

▲ 圖 3.11 拿不同的批次訓練模型解決圖片辨識問題的實驗結果

一個可能的解釋如圖 3.12 所示，批次梯度下降在更新參數的時候，會沿著一個損失函式來更新參數，走到一個局部最小值或鞍點，顯然就停下來了。此時梯度是零，如果不看漢森矩陣，梯度下降就無法再更新參數了。但小批次梯度下降（mini-batch gradient descent）每次挑一個批次計算損失，所以每一次更新參數的時候，使用的損失函式是有差異的。選到第一個批次的時候，用 L_1 計算梯度；選到第二個批次的時候，用 L_2 計算梯度。假設在用 L_1 計算梯度的時候，梯度是零，L_1 會被卡住。但 L_2 的損失函式跟 L_1 的又不一樣，L_2 不一定會被卡住，可以換用下個批次的損失計算梯度，模型仍然可以訓練，並且有辦法讓損失變小，所以這種有雜訊的更新方式反而對訓練有幫助。

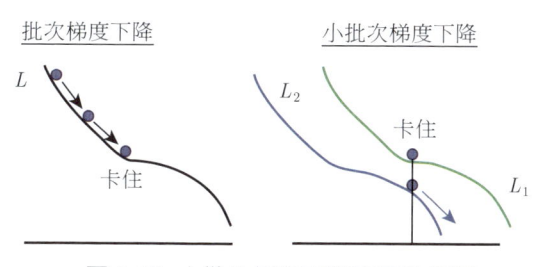

▲ 圖 3.12 小批次梯度下降更好的原因

其實小的批次對測試也有幫助。有一些方法（比如調大的批次的學習率）可以把大的批次和小的批次訓練得一樣好，但實驗結果說明，小的批次在測試的時候是比較好的。在論文「On Large-Batch Training for Deep Learning: Generalization Gap and Sharp Minima」[1]中，作者在不同的資料集上訓練了 6 個網路（包括全連接網路和不同的卷積神經網路），並在很多不同的情況下觀察到了同樣的結果。對於小的批次，一個批次裡面有 256 筆樣本。而在大的批次中，批次量等於資料集樣本數乘以 0.1。比如資料集有 60000 筆資料，則一個批次裡面有 6000 筆資料。大的批次和小的批次的訓練**準確度（accuracy）**差不多，但就算在訓練的時候結果差不多，大的批次在測試的時候也會比小的批次表現差，這代表過擬合。

這篇論文提供了一個解釋，如圖 3.13 所示，訓練損失上有多個局部最小值，這些局部最小值的損失都很低，它們可能都趨近於 0。但是局部最小值有好壞之分，如果局部最小值在一個「峽谷」裡，它是壞的最小值；如果局部最小值在一個平原上，它是好的最小值。訓練損失和測試損失是不一樣的，這有兩種可能。一種可能是，本來訓練和測試的分佈就不一樣；另一種可能是，訓練和測試取樣到的資料不一樣，所以它們計算出來的損失有一點差距。對於處在一個「盆地」裡的最小值，訓練和測試的結果不會差太多，但是對於右邊處在「峽谷」裡的最小值，結果天差地別，雖然這樣的模型在訓練集上的損失很低，但訓練和測試之間的損失函式不一樣，因此在測試時，損失函式一變，計算出來的損失就變得很大。

大的批次量會讓我們傾向於走到「峽谷」裡，而小的批次量傾向於讓我們走到「盆地」裡。小的批次有很多的損失，其更新方向比較隨機，每次都不太一樣。即使「峽谷」非常窄，它也可以跳出去，之後如果有一個非常寬的「盆地」，它就會停下來。

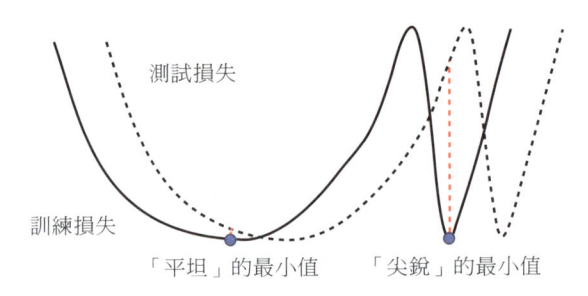

▲ 圖 3.13 小批次最佳化容易跳出局部最小值的原因

大的批次和小的批次的對比結果如表 3.1 所示。在平行運算的情況下，大的批次和小的批次的運算時間並沒有太大的差距。除非大的批次非常大，才會顯示出差距。但是一個回合需要的時間，小的批次比較長，大的批次反而比較短，所以從一個回合需要的時間來看，大的批次較有優勢。另外，小的批次更新的方向比較有雜訊，大的批次更新的方向比較穩定。但是，有雜訊的更新方向反而在最佳化的時候有優勢，而且在測試的時候也有優勢。大的批次和小的批次各有優缺點，批次量是一個需要我們去調整的超參數。

其實用大的批次量來做訓練、用平行運算的能力來提高訓練效率使得訓練結果很好是可以做到的 [2-3]，比如 76 分鐘訓練 BERT[4]、15 分鐘訓練 ResNet[5]、1 小時訓練 ImageNet[6] 等。這些訓練中的批次量很大，如 76 分鐘訓練 BERT 批次量為 30000。批次量很大也可以算得很快，這些訓練都有一些特別的方法來解決批次量太大可能會帶來的劣勢。

▼ 表 3.1 小批次梯度下降和批次梯度下降的比較

評價標準	小批次梯度下降	批次梯度下降
一次更新的速度（沒有平行運算）	更快	更慢
一次更新的速度（有平行運算）	相同	相同（批次量不是很大）

評價標準	小批次梯度下降	批次梯度下降
一個回合的時間	更慢	更快
梯度	有雜訊	穩定
最佳化	更好	更壞
概化	更好	更壞

3.2.2 動量法

動量法（momentum method）是另一個可以對抗鞍點或局部最小值的方法。如圖 3.14 所示，假設誤差表面就是真正的斜坡，參數是一個球，把這個球從斜坡上滾下來，如果使用梯度下降，球滾到鞍點或局部最小值就停住了。但是在物理世界裡，一個球如果從高處滾下來，就算滾到鞍點或局部最小值，因為慣性，它還是會繼續往前滾。如果球的動量足夠大，它甚至能翻過小坡繼續往前滾。因此在物理世界裡，一個球在從高處滾下來的時候，它並不一定會被鞍點或局部最小值卡住，將其應用到梯度下降中，這就是動量。

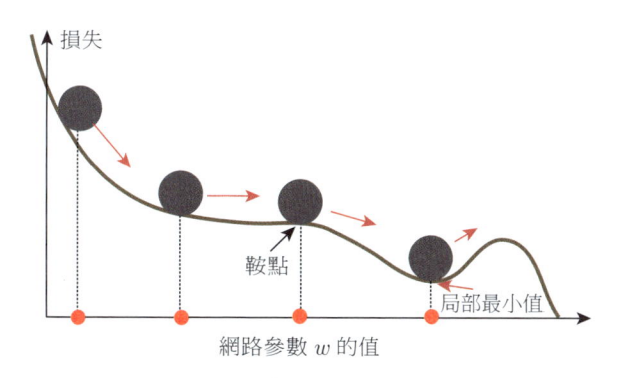

▲ 圖 3.14 物理世界裡的慣性

一般的梯度下降（vanilla gradient descent）如圖 3.15 所示。初始參數為 θ_0，計算梯度後，向梯度的反方向更新參數 $\theta_1 = \theta_0 - \eta g_0$。有了新的參數 θ_1 後，再計算一次梯度，再向梯度的反方向更新一次參數。到了新的位置以後，再計算一次梯度，再向梯度的反方向更新參數。

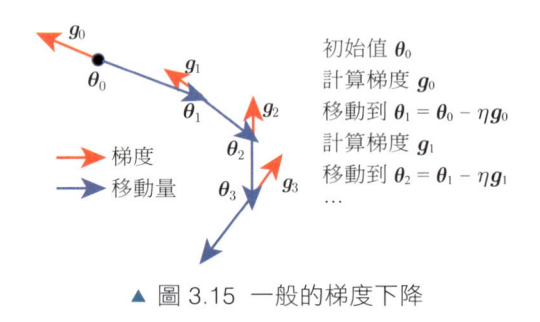

▲ 圖 3.15 一般的梯度下降

　　引入動量後，每次在移動參數的時候，不是只往梯度的反方向移動參數，而是根據梯度的反方向加上前一步移動的方向決定移動方向。圖 3.16 中的紅色虛線方向是梯度的反方向，藍色虛線方向是前一次更新的方向，藍色實線方向是下一步要移動的方向。把前一步指示的方向與梯度指示的方向相加，就是下一步的移動方向。如圖 3.16 所示，初始的參數值為 $\boldsymbol{\theta}_0 = \boldsymbol{0}$，前一步的參數的更新量為 $\boldsymbol{m}_0 = \boldsymbol{0}$。接下來在 $\boldsymbol{\theta}_0$ 的地方，計算梯度的方向 $\boldsymbol{g}_0$。下一步的方向是梯度的反方向加上前一步的方向，不過因為前一步正好是 $\boldsymbol{0}$，所以更新的方向與原來的梯度下降方向是相同的。但從第二步開始就不太一樣了。從第二步開始，計算 $\boldsymbol{g}_1$，接下來更新的方向為 $\boldsymbol{m}_2 = \lambda \boldsymbol{m}_1 - \eta \boldsymbol{g}_1$，參數更新為 $\boldsymbol{\theta}_2$。反覆運行同樣的過程。

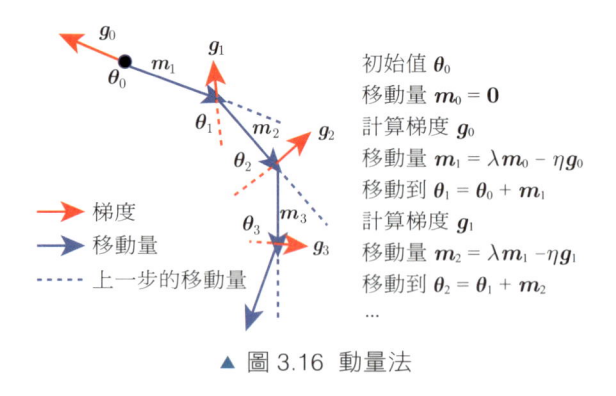

▲ 圖 3.16 動量法

　　每一步的移動都用 $\boldsymbol{m}$ 來表示。$\boldsymbol{m}$ 其實可以寫成之前所有計算的梯度的加權和，如公式 (3.13) 所示。其中 η 是學習率；λ 是前一個方向的權重參數，也需要調整。引入動量後，可以從兩個角度來瞭解動量法。一個角度是，動量是

梯度的反方向加上前一次移動的方向。另一個角度是，當加上動量的時候，更新的方向不僅需要考慮現在的梯度，而且需要考慮過去所有梯度的總和。

$$\begin{aligned} \boldsymbol{m}_0 &= \boldsymbol{0} \\ \boldsymbol{m}_1 &= -\eta \boldsymbol{g}_0 \\ \boldsymbol{m}_2 &= -\lambda \eta \boldsymbol{g}_0 - \eta \boldsymbol{g}_1 \\ &\vdots \end{aligned} \tag{3.13}$$

使用動量法的好處如圖 3.17 所示。紅色表示負梯度方向，藍色虛線表示前一步的方向，藍色實線表示真實的移動量。一開始沒有前一次更新的方向，完全按照梯度給出的指示向右移動參數。將負梯度方向與前一步移動的方向加起來，得到往右走的方向。一般的梯度下降在走到一個局部最小值或鞍點時，就被困住了。但加入動量後，就有辦法繼續走下去了，因為動量不僅看梯度，還看前一步的方向。即使梯度反方向往左，但如果前一步的影響力比梯度大，則球還是有可能繼續往右滾，甚至翻過一個小丘，來到更好的局部最小值，這就是動量有可能帶來的好處。

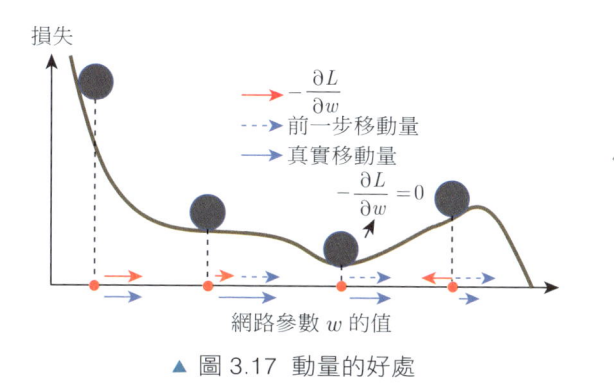

▲ 圖 3.17 動量的好處

3.3　自適化學習率

臨界點其實不一定是在訓練網路時遇到的最大障礙。圖 3.18 中的橫坐標代表參數更新的次數，縱坐標代表損失。一般在訓練神經網路時，損失原來很大，隨著參數不斷地更新，損失會越來越小，最後就卡住了，損失不再下降。

當走到臨界點的時候，意味著梯度非常小；但是當損失不再下降的時候，梯度並沒有變得很小，圖 3.19 給出了範例。圖 3.19 中的橫軸是反覆運算次數，縱軸是梯度的範數（norm），即梯度這個向量的長度。隨著反覆運算次數增多，雖然損失不再下降，但是梯度的範數並沒有變得很小。

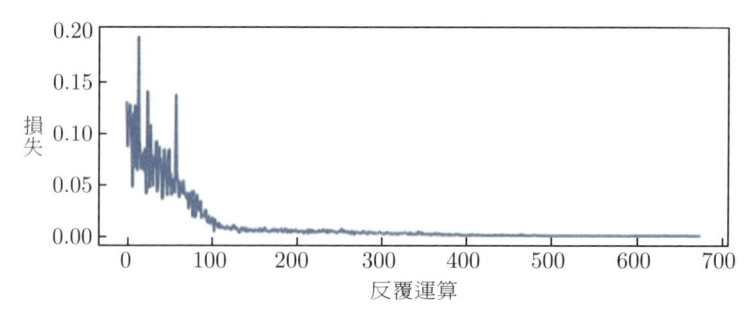

▲ 圖 3.18 訓練神經網路時損失的變化

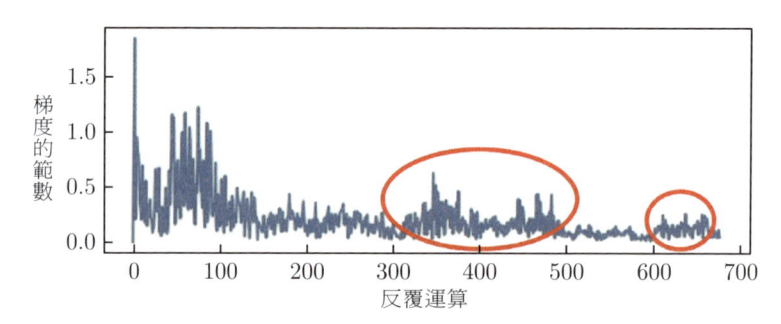

▲ 圖 3.19 訓練神經網路時梯度範數的變化

圖 3.20 展示了一個誤差表面，梯度在山谷的兩個谷壁間不斷地「振盪」，這時候損失不會再下降，它不是卡在臨界點，也不是卡在鞍點或局部最小值。此時的梯度仍然很大，只是損失不一定會繼續減小。所以訓練神經網路，訓練到後來發現損失不再下降的時候，不一定是因為卡在局部最小值或鞍點，而可能單純只是因為損失無法再下降。

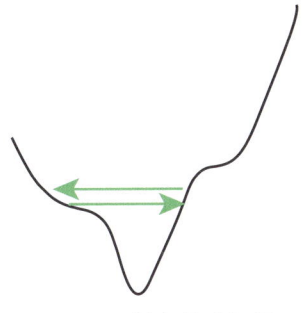

▲ 圖 3.20 梯度的「振盪」

可以訓練一個神經網路,直至參數在臨界點附近,再根據特徵值的正負,判斷臨界點是鞍點還是局部最小值。實際上在訓練的時候,要走到鞍點或局部最小值,是一件困難的事情。一般的梯度下降是做不到的。用一般的梯度下降,往往在梯度還很大的時候,損失就已經降了下去。在大多數情況下,訓練在還沒有走到臨界點的時候就已經停止了。

舉個例子,假設有兩個參數 w 和 b,這兩個參數值不一樣的時候,損失值也不一樣,得到圖 3.21 所示的誤差表面,該誤差表面的最低點在打叉的地方。事實上,該誤差表面是凸形的。凸形的誤差表面的等高線是橢圓,橢圓的長軸非常長,短軸相比之下非常短。它在橫軸的方向梯度非常小,坡度的變化也非常小,非常平坦;它在縱軸的方向梯度變化非常大,誤差表面的坡度非常陡峭。我們現在要從黑點(初始點)開始做梯度下降。

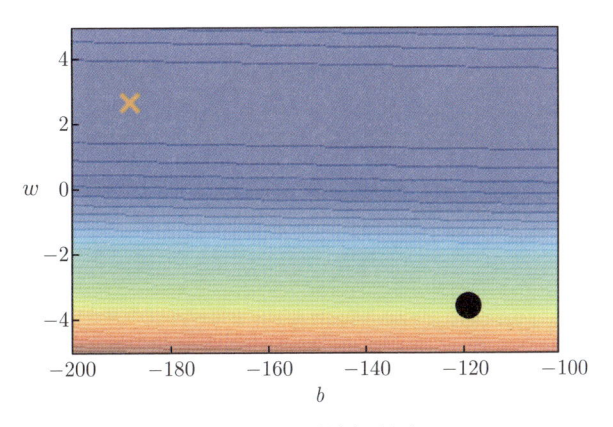

▲ 圖 3.21 凸形的誤差表面

使用學習率 $\eta = 10^{-2}$ 做梯度下降的結果如圖 3.22(a) 所示。參數在峽谷和山壁的兩端不斷地「振盪」，損失降不下去，但是梯度仍然很大。我們可以試著把學習率設小一點，學習率決定了更新參數時的步伐，學習率太高意味著步伐太大，無法慢慢地滑到山谷裡。將學習率從 10^{-2} 調到 10^{-7} 的結果如圖 3.22(b) 所示，參數不再「振盪」了。參數在滑到谷底後往左彎了，但是這個訓練永遠走不到終點，因為學習率已經很小了。AB 段的坡度很陡，梯度的值很大，還能夠前進一點。左彎以後，BC 段已經非常平坦了，這種小的學習率無法再讓訓練前進。事實上，在 BC 段有 10 萬個點（10 萬次更新），但依然無法靠近局部最小值，所以就算是一個凸形的誤差表面，梯度下降也可能很難訓練。

(a) 學習率為 $\eta = 10^{-2}$

(b) 學習率為 $\eta = 10^{-7}$

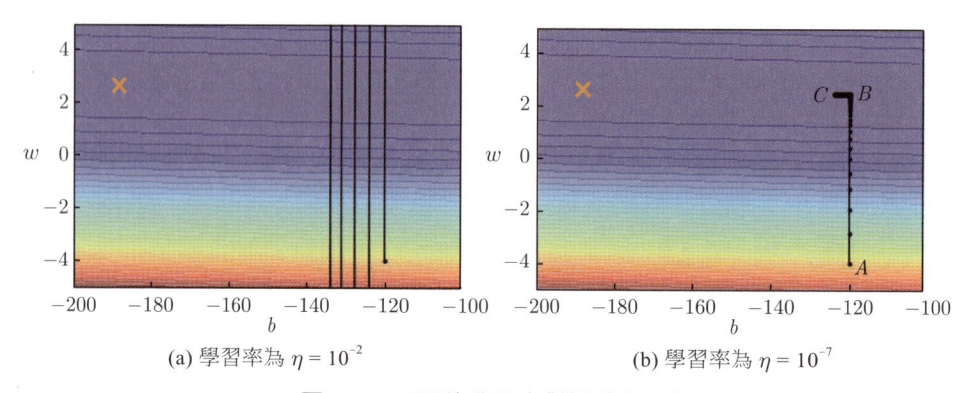

▲ 圖 3.22 不同的學習率對訓練的影響

最原始的梯度下降連簡單的誤差表面都做不好，因此需要更好的梯度下降版本。在梯度下降裡面，所有的參數都假設同樣的學習率，這顯然是不夠的，應該為每一個參數定制學習率，即引入自適化學習率（adaptive learning rate）的方法，給每一個參數不同的學習率。如圖 3.23 所示，如果在某個方向上，梯度的值很小，非常平坦，我們希望學習率調大一點；如果梯度在某個方向上非常陡峭，坡度很大，我們希望學習率可以設小一點。

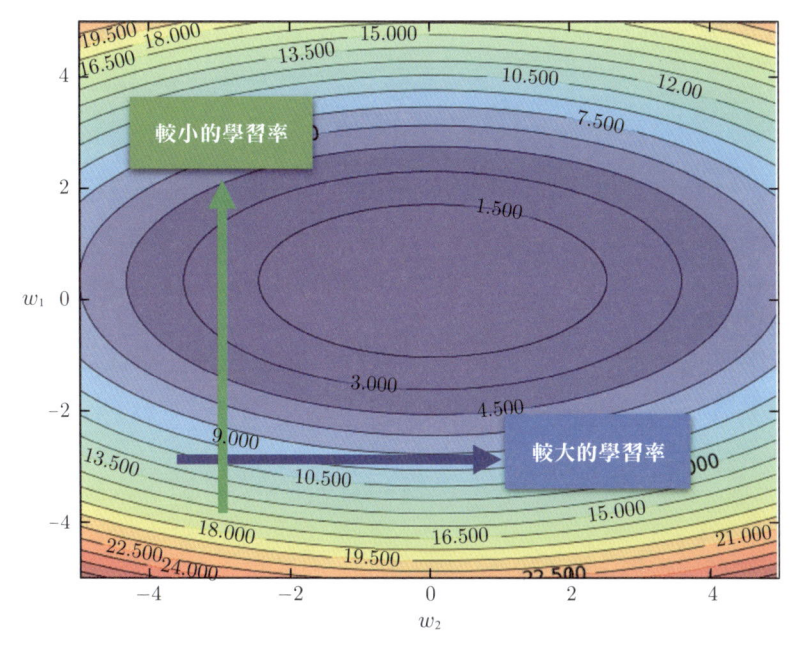

▲ 圖 3.23 不同參數需要不同的學習率

3.3.1 AdaGrad

AdaGrad（**Adaptive Gradient**）是典型的自適化學習率方法，它能夠根據梯度大小自動調整學習率。AdaGrad 可以做到當梯度比較大的時候，學習率就減小；而當梯度比較小的時候，學習率就放大。

梯度下降更新參數 $\boldsymbol{\theta}_t^i$ 的過程為

$$\boldsymbol{\theta}_{t+1}^i \leftarrow \boldsymbol{\theta}_t^i - \eta \boldsymbol{g}_t^i \tag{3.14}$$

其中

$$\boldsymbol{g}_t^i = \left.\frac{\partial L}{\partial \boldsymbol{\theta}^i}\right|_{\boldsymbol{\theta}=\boldsymbol{\theta}_t} \tag{3.15}$$

$\boldsymbol{g}_t^i$ 代表在第 t 個反覆運算，即 $\boldsymbol{\theta} = \boldsymbol{\theta}_t$ 時，損失 L 關於參數 $\boldsymbol{\theta}^i$ 的偏導數，學習率是固定的。

現在要有一個隨著參數定制化的學習率,把原來的學習率 η 變成 $\dfrac{\eta}{\sigma_t^i}$,則

$$\boldsymbol{\theta}_{t+1}^i \leftarrow \boldsymbol{\theta}_t^i - \dfrac{\eta}{\sigma_t^i} \boldsymbol{g}_t^i \tag{3.16}$$

σ_t^i 的上標為 i,這代表參數 σ 與 i 相關,不同參數的 σ 不同。σ_t^i 的下標為 t,這代表參數 σ 與反覆運算相關,不同的反覆運算也會有不同的 σ。當把學習率從 η 改成 $\dfrac{\eta}{\sigma_t^i}$ 的時候,學習率就變得參數相關(parameter dependent)了。

參數相關的一種常見類型是計算梯度的均方根(root mean square)。參數的更新過程為

$$\boldsymbol{\theta}_1^i \leftarrow \boldsymbol{\theta}_0^i - \dfrac{\eta}{\sigma_0^i} \boldsymbol{g}_0^i \tag{3.17}$$

其中 $\boldsymbol{\theta}_0^i$ 是初始化參數。σ_0^i 的計算過程為

$$\sigma_0^i = \sqrt{(\boldsymbol{g}_0^i)^2} = |\boldsymbol{g}_0^i| \tag{3.18}$$

其中 $\boldsymbol{g}_0^i$ 是梯度。將 σ_0^i 的值代入更新公式可知,$\dfrac{\boldsymbol{g}_0^i}{\sigma_0^i}$ 的長度是 1。第一次更新參數,當從 $\boldsymbol{\theta}_0^i$ 更新到 $\boldsymbol{\theta}_1^i$ 的時候,梯度只控制更新方向,這與它的大小無關。

第二次更新參數的過程為

$$\boldsymbol{\theta}_2^i \leftarrow \boldsymbol{\theta}_1^i - \dfrac{\eta}{\sigma_1^i} \boldsymbol{g}_1^i \tag{3.19}$$

其中 σ_1^i 是過去所有計算出來的梯度的均方根,如公式 (3.20) 所示。

$$\sigma_1^i = \sqrt{\dfrac{1}{2}\left[(\boldsymbol{g}_0^i)^2 + (\boldsymbol{g}_1^i)^2\right]} \tag{3.20}$$

將同樣的操作繼續下去,如公式 (3.21) 所示。

$$\boldsymbol{\theta}_3^i \leftarrow \boldsymbol{\theta}_2^i - \dfrac{\eta}{\sigma_2^i} \boldsymbol{g}_2^i \quad \sigma_2^i = \sqrt{\dfrac{1}{3}\left[(\boldsymbol{g}_0^i)^2 + (\boldsymbol{g}_1^i)^2 + (\boldsymbol{g}_2^i)^2\right]} \tag{3.21}$$

$\vdots$

3.3 自適化學習率

當第 $(t+1)$ 次更新參數的時候,即

$$\boldsymbol{\theta}^i_{t+1} \leftarrow \boldsymbol{\theta}^i_t - \frac{\eta}{\sigma^i_t}\boldsymbol{g}^i_t \quad \sigma^i_t = \sqrt{\frac{1}{t+1}\sum_{j=0}^{t}(\boldsymbol{g}^i_j)^2} \tag{3.22}$$

其中 $\frac{\eta}{\sigma^i_t}$ 被當作新的學習率來更新參數。

圖 3.24 中有兩個參數:$\boldsymbol{\theta}^1$ 和 $\boldsymbol{\theta}^2$。$\boldsymbol{\theta}^1$ 坡度小,$\boldsymbol{\theta}^2$ 坡度大。因為 $\boldsymbol{\theta}^1$ 坡度小,根據公式 (3.22),參數 $\boldsymbol{\theta}^1$ 上面算出來的梯度值都比較小。又因為算出來的梯度值比較小,所以 σ^i_t 就小。σ^i_t 小,學習率就大。反過來,$\boldsymbol{\theta}^2$ 坡度大,所以算出來的梯度值都比較大,σ^i_t 也就比較大,在更新的時候,步伐(參數更新的量)就會比較小。因此,在有了 σ^i_t 這一項以後,就可以隨著梯度的不同(每一個參數的梯度是不同的),自動調整學習率的大小。

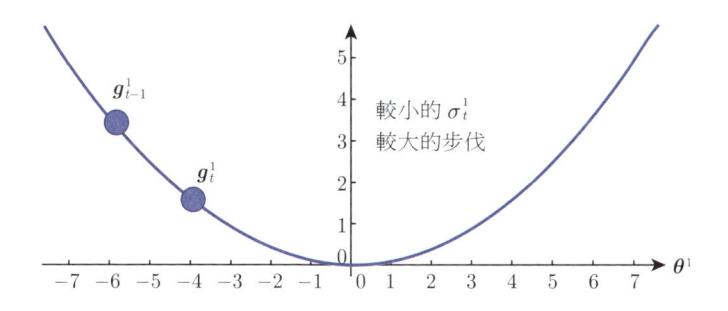

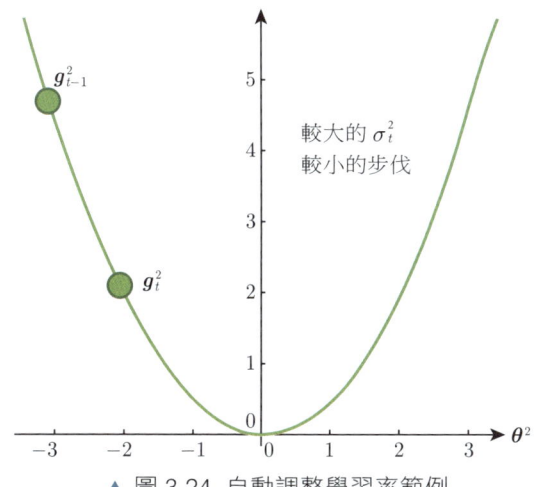

▲ 圖 3.24 自動調整學習率範例

3.3.2 RMSProp

同一個參數需要的學習率也會隨著時間而改變。在圖 3.25 所示的誤差表面上,如果考慮橫軸方向,綠色箭頭處坡度比較陡峭,需要較小的學習率,但是走到紅色箭頭處,坡度變得平坦起來,需要較大的學習率。因此,即便對於同一個參數的同一方向,學習率也是需要動態調整的,於是就有了一個新的自適化學習率方法:**RMSprop**(**Root Mean Squared propagation**)。

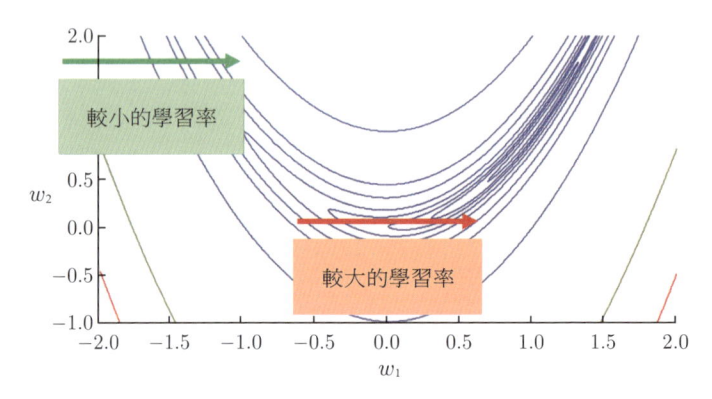

▲ 圖 3.25 AdaGrad 最佳化的問題(一)

RMSprop 的第一步跟 AdaGrad 相同,即

$$\sigma_0^i = \sqrt{(g_0^i)^2} = |g_0^i| \tag{3.23}$$

第二步的更新過程為

$$\theta_2^i \leftarrow \theta_1^i - \frac{\eta}{\sigma_1^i} g_1^i \quad \sigma_1^i = \sqrt{\alpha (\sigma_0^i)^2 + (1-\alpha)(g_1^i)^2} \tag{3.24}$$

其中 $0 < \alpha < 1$,α 是一個可以調整的超參數。θ_1^i 的計算方法跟 AdaGrad 算均方根不一樣。在 AdaGrad 裡面,在算均方根的時候,每一個梯度都有同等的重要性;但在 RMSprop 裡面,你可以自行調整現在的這個梯度的重要性。如果 α 設很小並趨近於 0,則代表 g_1^i 相較於之前算出來的梯度更加重要;如果 α 設很大並趨近於 1,則代表 g_1^i 不重要,之前算出來的梯度比較重要。

將同樣的操作繼續下去，如公式 (3.25) 所示。

$$\boldsymbol{\theta}_3^i \leftarrow \boldsymbol{\theta}_2^i - \frac{\eta}{\sigma_2^i}\boldsymbol{g}_2^i \quad \sigma_2^i = \sqrt{\alpha\left(\sigma_1^i\right)^2 + (1-\alpha)\left(\boldsymbol{g}_2^i\right)^2}$$
$$\vdots \qquad\qquad\qquad\qquad\qquad\qquad \text{(3.25)}$$
$$\boldsymbol{\theta}_{t+1}^i \leftarrow \boldsymbol{\theta}_t^i - \frac{\eta}{\sigma_t^i}\boldsymbol{g}_t^i \quad \sigma_t^i = \sqrt{\alpha\left(\sigma_{t-1}^i\right)^2 + (1-\alpha)\left(\boldsymbol{g}_t^i\right)^2}$$

RMSProp 透過 α 可以決定 $\boldsymbol{g}_t^i$ 相較於之前存在的 σ_{t-1}^i 裡面的 $\boldsymbol{g}_1^i, \boldsymbol{g}_2^i, \cdots, \boldsymbol{g}_{t-1}^i$ 的重要性有多大。如果使用 RMSprop，就可以動態調整 σ_t^i 這一項。圖 3.26 展示了一個誤差表面，球從 A 滾到 B，AB 段很平坦，g 很小，在更新參數的時候，我們會走出比較大的步伐。進入 BC 段，梯度變大了，AdaGrad 反應比較慢，而 RMSprop 會把 α 設小一點，讓新的、剛看到的梯度的影響變大，並很快地讓 σ_t^i 的值變大，進而很快地讓步伐變小，RMSprop 可以很快地「踩煞車」。如果走到 CD 段，CD 段也很平坦，可以調整 α，讓其比較看重最近算出來的梯度，梯度一變小，σ_t^i 的值就變小了，走的步伐就變大了。

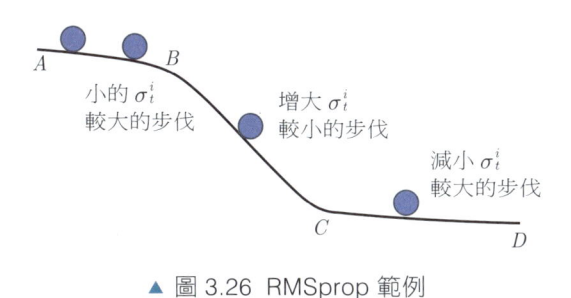

▲ 圖 3.26 RMSprop 範例

3.3.3　Adam

最常用的最佳化策略或**最佳化工具**（optimizer）是 **Adam**（Adaptive moment estimation）[7]。Adam 可以看作 RMSprop 加上動量，它使用動量作為參數更新方向，並且能夠自適應調整學習率。PyTorch 裡面已經寫好了 Adam 最佳化工具，這個最佳化工具裡面有一些超參數需要人為設定，但是往往用 PyTorch 預設的參數就可以了。

3.4 學習率排程

圖 3.22 所示的簡單誤差表面原本訓練不起來，加上自適化學習率以後，使用 AdaGrad 最佳化的結果如圖 3.27 所示。一開始最佳化的時候很順利，左彎後，因為有了 AdaGrad，可以繼續走下去，走到非常接近終點的位置。進入 BC 段以後，因為橫軸方向的梯度很小，所以學習率會自動變大，步伐就可以變大，進而不斷前進。接下來走到圖 3.27 中紅圈的地方，快走到終點的時候，突然「梯度爆炸」了。σ_t^i 是把過去所有的梯度拿來進行平均。在 AB 段，梯度很大，但在 BC 段，縱軸方向的梯度很小，因此縱軸方向累積了很小的 σ_t^i，累積到一定程度以後，步伐就變很大，但有辦法修正回來。因為步伐很大，所以會走到梯度比較大的地方。走到梯度比較大的地方以後，σ_t^i 會慢慢變大，更新的步伐大小會慢慢變小，進而回到原來的路線。

$$\boldsymbol{\theta}_{t+1}^i \leftarrow \boldsymbol{\theta}_t^i - \boxed{\frac{\eta}{\sigma_t^i}} \boldsymbol{g}_t^i$$

$$\sigma_t^i = \sqrt{\frac{1}{t+1}\sum_{j=0}^{t}(g_j^i)^2}$$

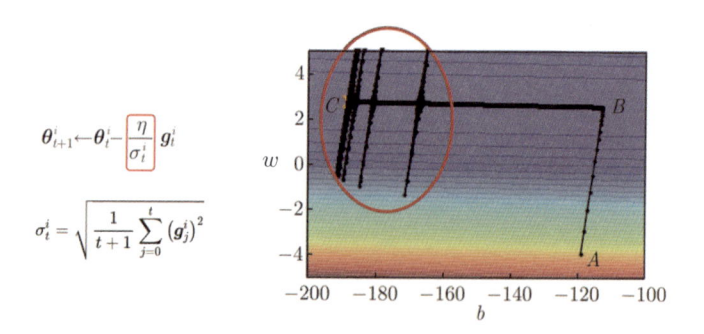

▲ 圖 3.27 AdaGrad 最佳化的問題（二）

可以透過**學習率排程**（learning rate scheduling）解決這個問題。在之前的學習率調整方法中，η 是一個固定的值；而在學習率排程中，η 跟時間有關，如公式 (3.26) 所示。學習率排程中最常見的策略是**學習率衰減**（learning rate decay），也稱為**學習率降溫**（learning rate annealing）。隨著參數的不斷更新，讓 η 越來越小，如圖 3.28 所示。對於圖 3.27 所示的情況，加上學習率下降，就可以很平順地走到終點，如圖 3.29 所示。在圖 3.27 中紅圈的地方，雖然步伐很大，但 η 變得非常小，因此兩者的乘積也小了，這樣就可以慢慢地走到終點。

$$\boldsymbol{\theta}_{t+1}^i \leftarrow \boldsymbol{\theta}_t^i - \frac{\eta_t}{\sigma_t^i} \boldsymbol{g}_t^i \qquad (3.26)$$

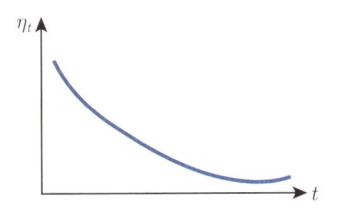

▲ 圖 3.28 學習率衰減

　　除了學習率下降以外，還有另一種經典的學習率排程方式 —— 預熱。預熱的方法是讓學習率先變大後變小，變到多大、變大的速度、變小的速度也是超參數。殘差網路[8]裡面是有預熱的，在殘差網路裡面，學習率先設定成 0.01，再設定成 0.1，並且殘差網路的論文還特別說明，一開始用 0.1 反而訓練不好。除了殘差網路，BERT 和 Transformer 的訓練也都使用了預熱。

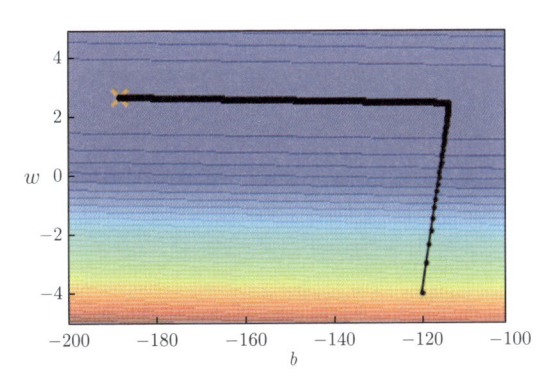

▲ 圖 3.29 學習率衰減的最佳化效果

Q 為什麼需要預熱？

A 當使用 Adam、RMSprop 或 AdaGrad 時，需要計算 σ。σ 是一個統計結果，從 σ 可知某個方向的陡峭程度。統計結果 σ 需要足夠多的資料才精準，剛開始的統計結果 σ 是不精準的，因為學習率比較小，這是為了探索和收集一些有關誤差表面的訊息。可以先收集有關 σ 的統計資料，等 σ 變得比較精準以後，再讓學習率慢慢爬升。如果讀者想要學習更多有關預熱的知識，可參考 Adam 的進階版 —— RAdam[9]。

3.5 最佳化總結

所以我們從最原始的梯度下降,進化到另一個版本:

$$\theta_{t+1}^i \leftarrow \theta_t^i - \frac{\eta_t}{\sigma_t^i} m_t^i \tag{3.27}$$

其中 m_t^i 是動量。這個版本裡有動量,它不是順著某個時刻算出的梯度方向來更新參數,而是把過去所有算出梯度的方向做加權總和並當作更新的方向。接下來的步伐大小為 $\frac{m_t^i}{\sigma_t^i}$。最後透過 η_t 來實現學習率排程。這是目前最佳化的完整版本,這種最佳化工具除了 Adam 以外,還有各種變化,但其實各種變化只不過是使用不同的方式來計算 m_t^i 或 σ_t^i。

> **Q** 動量 m_t^i 考慮了過去所有的梯度,均方根 σ_t^i 也考慮了過去所有的梯度,只不過一個放在分子中,另一個放在分母中,它們都考慮過去所有的梯度,那樣不就正好抵銷了嗎?
>
> **A** m_t^i 和 σ_t^i 在使用過去所有梯度的方式上是不一樣的。動量直接把所有的梯度都加起來,所以它既考慮方向,又考慮梯度的正負。但是均方根不考慮梯度的方向,只考慮梯度的大小。在計算 σ_t^i 的時候,需要把梯度的平方結果加起來,所以只考慮梯度的大小,不考慮梯度的方向。動量 m_t^i 和均方根 σ_t^i 計算出來的結果並不會相互抵銷。

3.6 分類

分類與迴歸是深度學習中最為常見的兩種問題,第 1 章的觀看次數預測屬於迴歸問題,本節介紹分類問題。

3.6.1 分類與迴歸的關係

迴歸是指輸入向量 x,輸出 $\hat{y}$,我們希望 $\hat{y}$ 和某個標籤 y 越接近越好,而 y 是要學習的目標。分類可以看作一種迴歸,如圖 3.30 所示,類 1 是編號 1,

類 2 是編號 2，類 3 是編號 3，$\hat{y}$ 和類別的編號越接近越好。但該方法在某些情況下會有問題，因為它會假設類 1、類 2、類 3 之間存在某種關係。比如根據一個小學生的身高和體重，預測他是一年級、二年級還是三年級。一年級和二年級關係比較近，一年級和三年級關係比較遠。用數字來表示類別會預設 1 和 2 有比較近的關係，1 和 3 有比較遠的關係。如果三個類別本身沒有特定的關係，就需要引入獨熱向量來表示類別。實際上，在解決分類問題的時候，比較常見的做法也是用獨熱向量來表示類別。

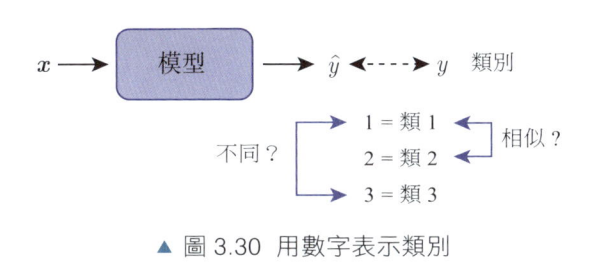

▲ 圖 3.30 用數字表示類別

如果有三個類別，標籤 y 就是一個三維的向量，比如類 1 是 $[1,0,0]^T$，類 2 是 $[0,1,0]^T$，類 3 是 $[0,0,1]^T$。如果每個類別都用一個獨熱向量來表示，就不存在類 1 和類 2 比較接近，而類 1 和類 3 比較遠的問題。而如果用獨熱向量來計算距離，則類別之間的距離都是一樣的。

如果目標 y 是一個向量，比如 y 是有三個元素的向量，則神經網路也要輸出三個數值才行。如圖 3.31 所示，輸出三個數值就是把本來只輸出一個數值的方法，重複執行三次。給 a_1、a_2 和 a_3 乘上三個不同的權重，加上一個偏差，得到 $\hat{y}_1$；再給 a_1、a_2 和 a_3 乘上另外三個權重，再加上另外一個偏差，得到 $\hat{y}_2$；同理得到 $\hat{y}_3$。輸入一個特徵向量，產生 $\hat{y}_1$、$\hat{y}_2$、$\hat{y}_3$，我們希望 $\hat{y}_1$、$\hat{y}_2$、$\hat{y}_3$ 與目標越接近越好。

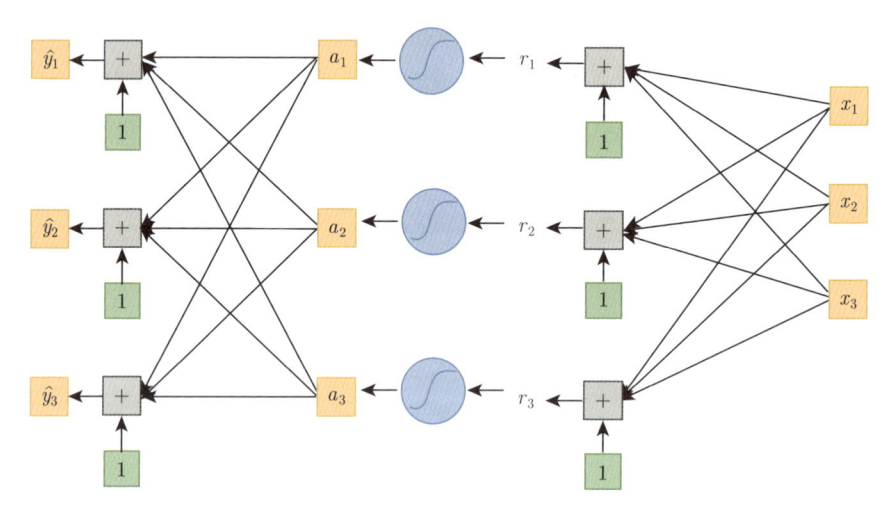

▲ 圖 3.31 神經網路輸出三個數值

3.6.2 帶有 softmax 函式的分類

按照上述設定，分類過程如下：輸入特徵 x，乘上 W，加上 b，透過激勵函式 σ，乘上 W'，再加上 b'，得到 $\hat{y}$，如圖 3.32 所示。但實際做分類的時候，往往會讓 $\hat{y}$ 透過 softmax 函式，得到 y'，之後才計算 y' 和 $\hat{y}$ 之間的距離。

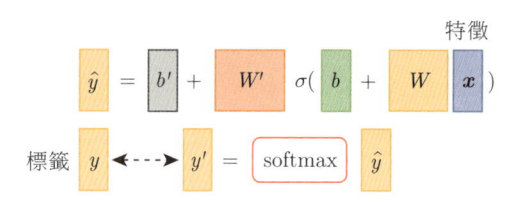

$$\hat{y} = b' + W' \sigma(b + W x)$$

標籤 $y \dashleftarrow\dashrightarrow y' = \text{softmax}\ \hat{y}$

▲ 圖 3.32 帶有 softmax 函式的分類

Q 為什麼在分類過程中要加入 softmax 函式？

A 一個比較簡單的解釋是，y 裡面的值只有 0 和 1，但是 $\hat{y}$ 裡面可以有任何值。既然目標只有 0 和 1，但 $\hat{y}$ 裡面有任何值，因此可以先把它們正規化到 0～1，這樣才能計算與標籤的相似度。

如公式 (3.28) 所示，先對所有的 y 取一個指數（負數取指數後會變成正數），再對它們進行正規化（除以所有 y 的指數值的和），得到 y'。圖 3.33 是一個 softmax 函式的範例，輸入 y_1、y_2 和 y_3，產生 y'_1、y'_2 和 y'_3。假設 $y_1 = 3$，$y_2 = 1$，$y_3 = -3$，取完指數，$\exp(3) = 20$，$\exp(1) = 2.7$，$\exp(-3) = 0.05$，做完正規化後，它們將分別變成 0.88、0.12 和 0。-3 取完指數，再做完正規化以後，會變成一個趨近於 0 的值。所以 softmax 函式除了正規化，讓 y'_1、y'_2 和 y'_3 分別變成 0～1 的值且和為 1 以外，還會讓大值和小值的差距變得更大，也就是

$$y'_i = \frac{\exp(y_i)}{\sum_j \exp(y_j)} \tag{3.28}$$

其中，$1 > y'_i > 0$，$\sum_i y'_i = 1$。

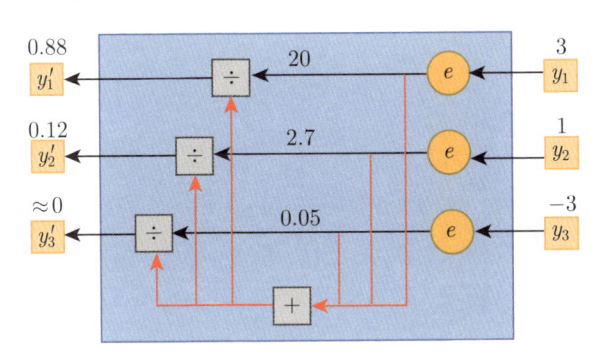

▲ 圖 3.33 softmax 函式的範例

圖 3.33 考慮了三個類別的狀況，兩個類別也可以直接套用 softmax 函式。但一般有兩個類別的時候，不使用 softmax 函式，而是直接使用 sigmoid 函式。當只有兩個類別的時候，sigmoid 函式和 softmax 函式是等價的。

3.6.3 分類損失

可以將特徵 $\boldsymbol{x}$ 輸入一個神經網路，產生 $\hat{y}$，再透過 softmax 函式得到 y'，最後計算 y' 和 y 之間的距離 e，如圖 3.34 所示。

▲ 圖 3.34 分類損失

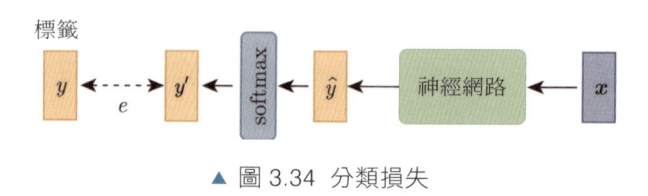

計算 y' 和 y 之間的距離有不止一種做法，公式 (3.29) 所示的均方誤差很常用，即把 y 裡面的每一個元素拿出來，將它們的差的平方和當作誤差：

$$e = \sum_i (y_i - y'_i)^2 \tag{3.29}$$

公式 (3.30) 所示的交叉熵更常用，當 $\hat{y}$ 和 y' 相同時，可以最小化交叉熵的值，此時均方誤差也最小。最小化交叉熵其實就是最大化似然（maximize likelihood）。

$$e = -\sum_i y_i \ln y'_i \tag{3.30}$$

從最佳化的角度，相較於均方誤差，交叉熵更常用在分類上。圖 3.35 所示的神經網路先輸出 y_1、y_2 和 y_3，再透過 softmax 函式產生 y'_1、y'_2 和 y'_3。假設正確答案是 $[1,0,0]^T$，要計算 $[1,0,0]^T$ 與 y'_1、y'_2、y'_3 之間的距離 e，e 可以是均方誤差或交叉熵。假設 y_1 的變化範圍是 $-10 \sim 10$，y_2 的變化範圍也是 $-10 \sim 10$，y_3 則固定為 -1000。因為 y_3 的值很小，透過 softmax 函式以後，y'_3 非常趨近於 0，它跟正確答案非常接近，且它對結果影響很小。總之，我們假設 y_3 為一個固定值，只看 y_1 和 y_2 有變化的時候，對損失 e 的影響。

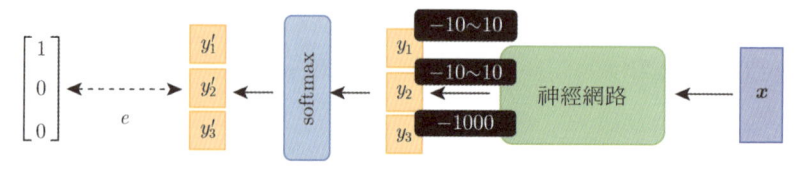

▲ 圖 3.35 使用 softmax 函式的好處

圖 3.36 分別示範了當 e 為均方誤差和交叉熵時，y_1、y_2 的變化對損失及誤差表面的影響，紅色代表損失大，藍色代表損失小。如果 y_1 很大、y_2 很

小，則代表 y'_1 會很接近 1，y'_2 會很接近 0。所以不管 e 為均方誤差還是交叉熵，只要 y_1 大、y_2 小，損失就小；而如果 y_1 小、y_2 大，則 y'_1 是 0、y'_2 是 1，這個時候損失會比較大。

圖 3.36 展示的兩張圖都是左上角損失大、右下角損失小，所以我們期待最後在訓練的時候，參數可以「走」到右下角。假設參數最佳化開始的時候，對應的損失都是左上角。如果選擇交叉熵，如圖 3.36(a) 所示，左上角圓圈所在的點有斜率的，可以透過梯度，一路往右下角「走」；如果選均方誤差，如圖 3.36(b) 所示，左上角圓圈就卡住了，均方誤差在這種損失很大的地方，是非常平坦的，梯度非常小，趨近於 0。如果初始時在圓圈的位置，離目標非常遠，而梯度又很小，則無法用梯度下降順利地「走」到右下角。

因此，在選均方誤差做分類的時候，如果沒有好的最佳化工具，則有非常大的可能性訓練不起來。如果用 Adam，則雖然圖 3.36(b) 中圓圈的梯度很小，但 Adam 會自動調大學習率，仍有機會走到右下角，不過訓練過程會比較困難。總之，改變損失函式可以改變最佳化的難度。

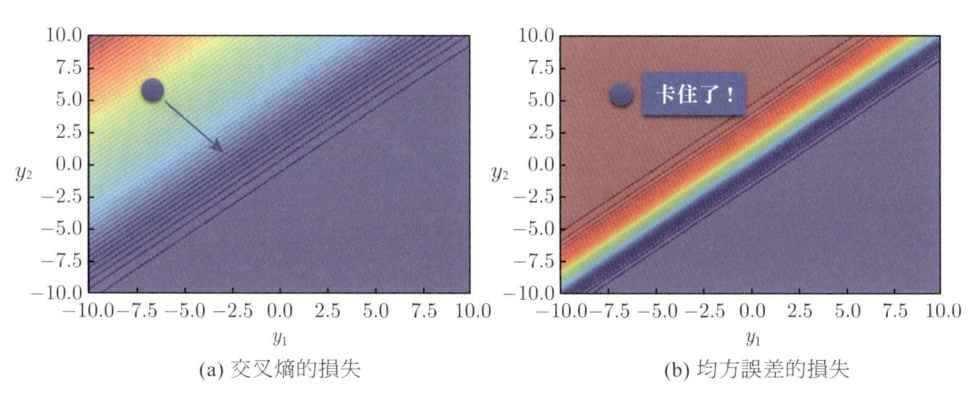

(a) 交叉熵的損失　　　　　　(b) 均方誤差的損失

▲ 圖 3.36 均方誤差、交叉熵最佳化對比

3.7　批次正規化

誤差表面如果很崎嶇，則會比較難以訓練。能不能直接改變誤差表面的「地貌」，「把山鏟平」，讓它變得比較好訓練呢？**批次正規化**（Batch

Normalization，BN）就是其中一個「把山剷平」的想法。不要小看最佳化這個問題，有時候就算誤差表面是凸形的，也不一定很好訓練。如圖 3.37 所示，假設兩個參數對損失的斜率差別非常大，在 w_1 這個方向上，斜率變化很小；而在 w_2 這個方向上，斜率變化很大。

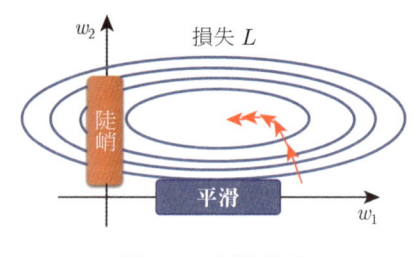

▲ 圖 3.37 訓練的問題

如果是固定的學習率，則可能很難得到好的結果，進而需要自適應的學習率、Adam 等比較高階的最佳化方法，才能夠得到好的結果。我們也可以換個角度，直接修改難以訓練的誤差表面，看能不能改得好做一點。在做這件事之前，第一個要問的問題就是：w_1 和 w_2 斜率差很多的這種狀況，到底是從什麼地方來的？

圖 3.38 是一個非常簡單的模型，輸入是 x_1 和 x_2，對應的參數為 w_1 和 w_2，它是一個線性模型，沒有激勵函式。計算 $\hat{y}$ 和 y 之間的差距並當作 e，把所有訓練資料 e 加起來就是損失，然後最小化損失。

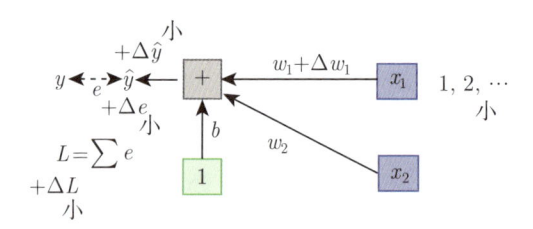

▲ 圖 3.38 簡單的線性模型

什麼樣的狀況會產生像上面這樣不太好訓練的誤差表面？在對 w_1 做一個小小的改變時，比如加上 Δw_1，L 也會有改變，具體如下：當 w_1 改變的時候，就改變了 y，y 改變的時候就改變了 e，接下來就改變了 L。

什麼時候 w_1 的改變會對 L 的影響很小（即它在誤差表面上的斜率會很小）呢？一種可能性是，當輸入很小的時候，x_1 的值在不同的訓練樣本裡面的值都很小（因為 x_1 是直接乘以 w_1）。如果 x_1 的值都很小，那麼當 w_1 有變化的時候，它對 y 的影響就是小的，因而對 e 的影響也是小的，進而對 L 的影響是小的。

反之，如圖 3.39 所示，假設 x_2 的值都很大，當 w_2 有一個小小的變化時，雖然這個變化可能很小，但因為它乘以值很大的 x_2，所以 y 的變化就很大，因而 e 的變化就很大，L 的變化也會很大。這導致我們在 w 這個方向上變化的時候，只要把 w 改變一點點，誤差表面就會有很大的變化。在這個線性模型中，當輸入的特徵每一個維度的值的範圍差距很大的時候，就可能產生像這樣的誤差表面，即產生不同方向的斜率非常不同、坡度也非常不同的誤差表面。怎麼辦呢？有沒有可能給特徵的不同維度設定同樣的數值範圍？如果可以給不同的維度設定同樣的數值範圍，也許就可以建構比較好的誤差表面，讓訓練變得比較容易一點。方法其實有很多，這些不同的方法統稱為**特徵正規化**（**feature normalization**）。

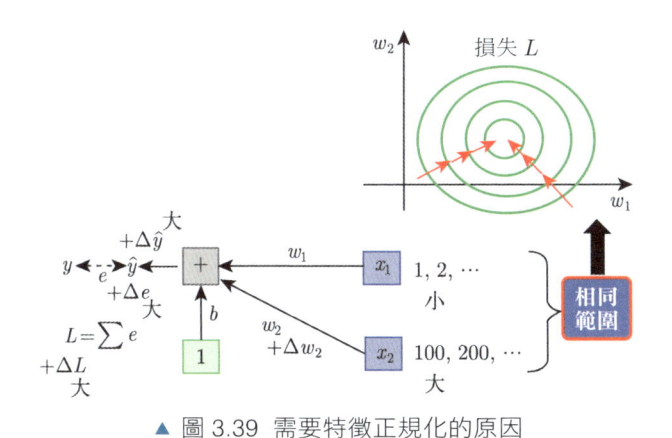

▲ 圖 3.39 需要特徵正規化的原因

以下所講的方法只是特徵正規化的一種可能性，即 Z 值正規化（Z-score normalization），如圖 3.40，也稱為標準化（standardization）。它並不是特徵正規化的全部，假設 $\bm{x}^1 \sim \bm{x}^R$ 是所有訓練資料的特徵向量。把所有訓練資料的特徵向量，全部都集合起來。向量 $\bm{x}^1$ 裡面的 x_1^1 代表 $\bm{x}^1$ 的第一個元素，x_1^2 代

表 x^2 的第一個元素，以此類推。將不同特徵向量的同一個維度裡面的數值取出來，對於每個維度 i，計算它們的**平均值（mean）** m_i 和**標準差（standard deviation）** σ_i。接下來就可以做一種正規化：

$$\tilde{x}_i^r \leftarrow \frac{x_i^r - m_i}{\sigma_i} \tag{3.31}$$

把這邊的某個數值 x_i，減掉這個維度算出來的平均值，再除以這個維度，算出來標準差，得到新的數值 $\tilde{x}_i$。得到新的數值以後，再把新的數值加回去。

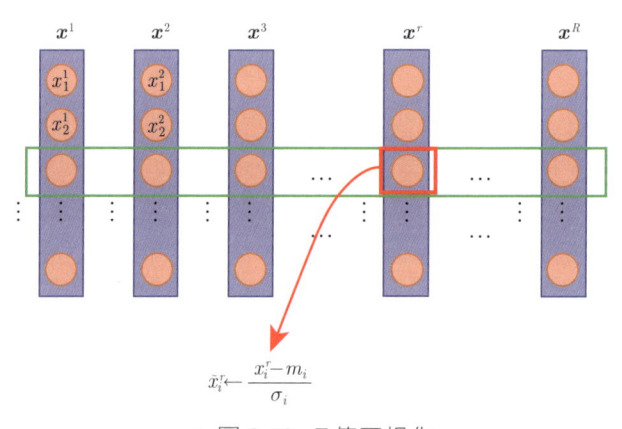

▲ 圖 3.40 Z 值正規化

正規化有個好處：做完正規化以後，這個維度裡的數值的平均值為 0、變異數為 1，所以這些數值的分布都會在 0 上下；對每一個維度都做同樣的正規化，所有特徵向量的不同維度裡的數值都在 0 上下，這樣就有可能建構一個比較好的誤差表面。像這樣的特徵正規化往往對訓練有幫助，可以在梯度下降的時候使損失收斂更快一點，進而使訓練更順利一點。

3.7.1 放入深度神經網路

假設 $\tilde{x}$ 代表正規化的特徵向量，把它放到深度神經網路裡面，去做接下來的計算和訓練。如圖 3.41 所示，$\tilde{x}^1$ 通過第一層得到 z^1，有可能透過激勵函

式（可以是 sigmoid 函式或 ReLU），再得到 a^1，接著再通過下一層等等。對每個 $\tilde{x}$ 都做類似的事情。

雖然 $\tilde{x}^1$ 已經做了正規化，但是在通過 W^1 以後，沒有做正規化。如果 $\tilde{x}^1$ 通過 W^1 得到 z^1，而 z^1 的不同維度間，數值的分布仍然有很大的差異，訓練 W^2 第二層的參數也會有困難。對於 W^2，a 或 z 其實也是一種特徵，也應該對這些特徵做正規化。如果選擇 sigmoid 函式，比較推薦對 z 做特徵正規化，因為 sigmoid 函式在 0 附近的斜率比較大。如果對 z 做特徵正規化，則把所有的值都挪到 0 附近，到時候算梯度的時候，算出來的值會比較大。如果使用別的激勵函式，可能對正規化 a 也會有好的結果。一般而言，特徵正規化要放在激勵函式之前，不過放在之後也是可以的，在實現上並沒有太大的差別。

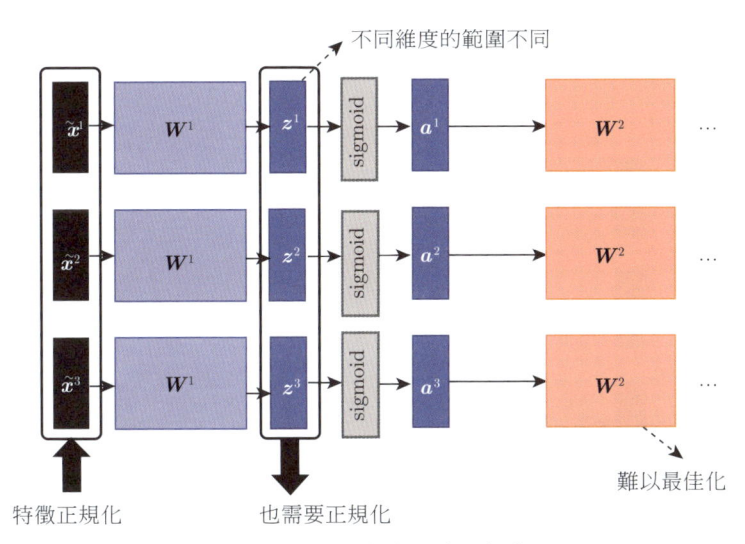

▲ 圖 3.41 深度學習的正規化

如何對 z 做特徵正規化？z 可以看成另外一種特徵。首先計算 z^1、z^2、z^3 的平均值，即

$$\mu = \frac{1}{3}\sum_{i=1}^{3} z^i \tag{3.32}$$

接下來計算標準差，即

$$\sigma = \sqrt{\frac{1}{3}\sum_{i=1}^{3}(z^i - \mu)^2} \tag{3.33}$$

注意，公式 (3.33) 中的平方是指對每一個元素都做平方，開根號指的是對向量裡面的每一個元素開根號。

最後，根據計算出的 μ 和 σ 對特徵 z 進行正規化，即

$$\tilde{z}^i = \frac{z^i - \mu}{\sigma} \tag{3.34}$$

其中，分數線代表每個元素逐一相除，即分子分母兩個向量中的對應元素相除。

正規化的過程如圖 3.42 所示。

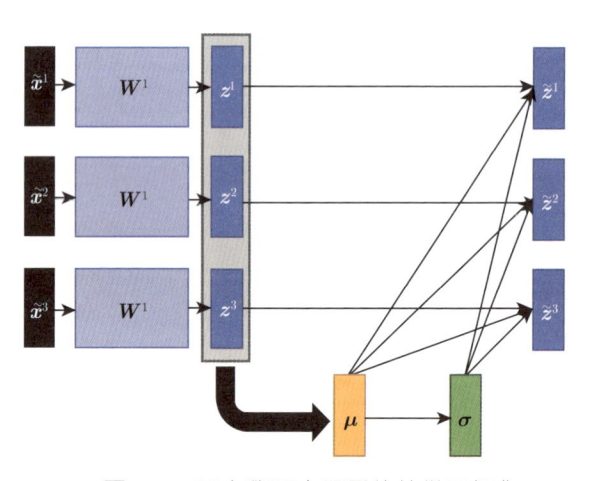

▲ 圖 3.42 深度學習中間層的特徵正規化

如圖 3.43 所示，接下來可以透過激勵函式得到其他向量，μ 和 σ 都是根據 z^1、z^2、z^3 計算出來的。改變 z^1 的值，a^1 的值就會改變，μ 和 σ 也會改變。μ 和 σ 改變後，z^2、a^2、z^3、a^3 的值就會改變。之前的 $\tilde{x}_1$、$\tilde{x}_2$、$\tilde{x}_3$ 是獨立分開處理的，但是在做特徵正規化以後，這三個樣本變得彼此關聯了。所以在做特徵正規化的時候，可以把整個過程當作網路的一部分，即有一個比較大的

網路，該網路有一組輸入，用這堆輸入在這個網路裡面計算出 μ 和 σ，產生一組輸出。

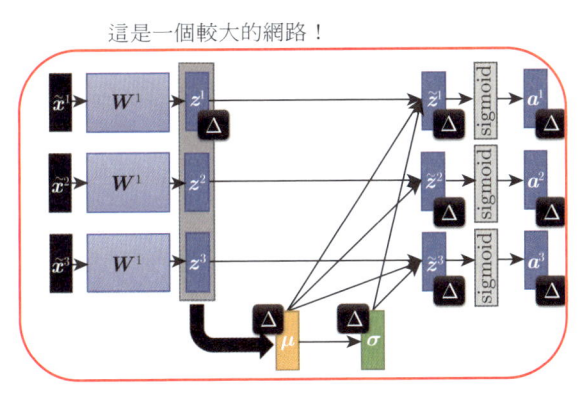

▲ 圖 3.43 批次正規化可以理解為網路的一部分

此時會有一個問題：因為訓練資料非常多，現在一個資料集可能有上百萬筆資料，GPU 無法同時載入整個資料集的資料。因此，在實作的時候，我們不會讓這個網路考慮整個訓練資料裡面的所有樣本，而是只考慮一個批次裡面的樣本。比如將批次量設為 64，這個網路就把 64 筆資料讀進去，計算這 64 筆資料的 μ 和 σ，對這 64 筆資料做正規化。因為在實際實作的時候，只對一個批次裡面的資料做正規化，所以稱為批次正規化。一定要有一個夠大的批次，才能算得出 μ 和 σ。批次正規化適用於批次量比較大的情況，批次量如果比較大，也許這個批次裡面的資料就足以表示整個資料集的分布。這時候就不需要對整個資料集做特徵正規化，而可以只在一個批次上做特徵正規化作為近似。

在做批次正規化的時候，如圖 3.44 所示，往往還會執行如下操作：

$$\hat{z}^i = \gamma \odot \tilde{z}^i + \beta \tag{3.35}$$

其中，$\odot$ 代表每個元素逐一相乘。可以將 β 和 γ 想像成網路參數，它們需要另外訓練。

Q 為什麼要加上 β 和 γ 呢？

A 做正規化以後，$\hat{z}$ 的平均值一定是零，這會給網路帶來一些限制，這些限制可能會產生負面的影響，所以需要把 β 和 γ 加上，讓網路隱藏層的輸出平均值不是零。可以讓網路透過學習 β 和 γ 來調整一下輸出的分布，進而調整 $\hat{z}$ 的分布。

Q 批次正規化是為了讓每一個不同維度裡的資料的取值範圍相同，如果把 γ 和 β 加上，這樣不同維度的分布範圍不就又都不一樣了嗎？

A 有可能，但實際上在訓練的時候，γ 的初始值都設為 1，所以 γ 是值都為 1 的向量。β 是值全都是 0 的向量，即零向量。網路在一開始訓練的時候，每一個維度的分布是比較接近的，也許訓練到後面，找到一個比較好的誤差表面、走到一個比較好的地方以後，再把 γ 和 β 慢慢地加進去比較好，加上了 γ 和 β 的批次正規化往往對訓練是有幫助的。

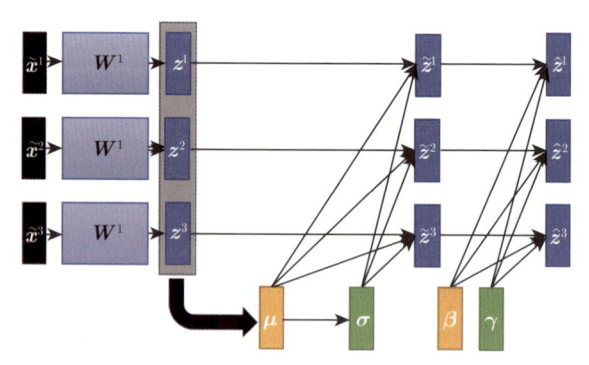

▲ 圖 3.44 加上了 γ 和 β 的批次正規化

3.7.2　測試時的批次正規化

測試有時候又稱為**推斷**（inference）。批次正規化在測試的時候會有什麼樣的問題呢？在測試的時候，我們會一次得到所有的測試資料，因此確實也可以在測試資料上建構一個個的批次。但若要做一個真正的線上應用，比如批次量設為 64，則一定要等 64 筆資料都載入進來，才做一次運算，這顯然是不行的。

但是在做批次正規化的時候，μ 和 σ 是用一個批次的資料算出來的。如果在測試的時候，根本就沒有批次，如何計算 μ 和 σ 呢？批次正規化在測試的時候，並不需要做什麼特別的處理，PyTorch 已經處理好了。在訓練的時候，如果進行了批次正規化，那麼，每一個批次算出來的 μ 和 σ，都會被拿來算**移動平均值**（moving average）。假設現在有各個批次算出來的 $\mu^1, \mu^2, \mu^3, \cdots, \mu^t$，則可以計算移動平均值，即

$$\bar{\mu} \leftarrow p\bar{\mu} + (1-p)\mu^t \tag{3.36}$$

其中，$\bar{\mu}$ 是 μ 的平均值；p 是因數，它既是一個常數，也是一個超參數，需要調整。在 PyTorch 中，p 為 0.1。計算移動平均值以更新 μ 的平均值。最後在測試的時候，就不用算批次裡面的 μ 和 σ 了。因為在測試的時候，沒有批次，可以直接拿 $\bar{\mu}$ 和 $\bar{\sigma}$ 取代原來的 μ 和 σ，如圖 3.45 所示，這就是批次正規化在測試時的運作方式。

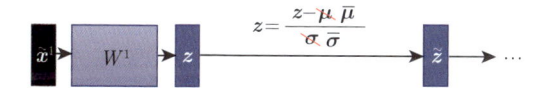

▲ 圖 3.45 測試時的批次正規化

圖 3.46 是批次正規化原始文獻中的實作結果，橫軸代表訓練過程，縱軸代表驗證集上的準確度。黑色虛線是沒有做批次正規化的結果，用的是 Inception 網路（一種以 CNN 為基礎的網路）。做了批次正規化的情況用紅色虛線表示，其訓練速度顯然比黑色虛線的情況快很多。雖然只要給模型足夠的訓練時間，它們最後都會收斂到差不多的準確度；但是紅色虛線在比較短的時間內收斂到同樣的準確度。藍色菱形代表有幾個點的準確度是一樣的。粉紅色的線是 sigmoid 函式，但我們一般選擇 ReLU，因為 sigmoid 函式的訓練比較困難。這裡想要強調的是，就算加了批次正規化，sigmoid 函式也還是可以訓練的。在這個實驗中，sigmoid 函式如果不加批次正規化，根本就訓練不起來。藍色實線和藍色虛線的情況把學習率設得比較大，其中 x5 代表學習率變成原來的 5 倍，x30 代表學習率變成原來的 30 倍。如果做批次正規化，誤差表面會比較平滑，比較容易訓練，因此可以把學習率設大一點。

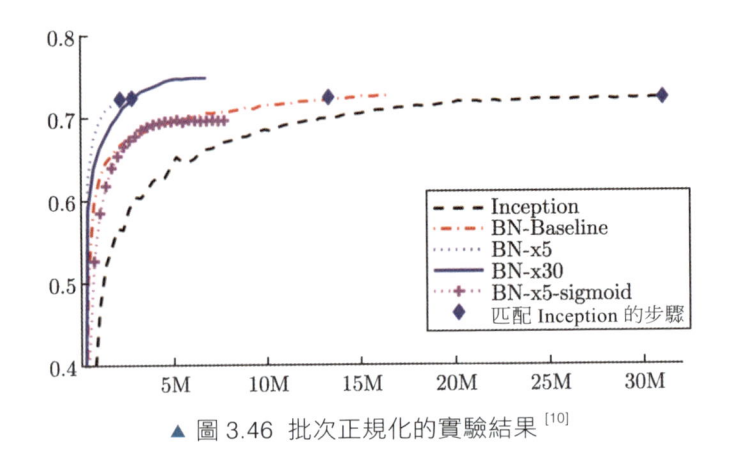

▲ 圖 3.46 批次正規化的實驗結果 [10]

3.7.3 內部共變量偏移

　　接下來的問題就是，批次正規化為什麼會有幫助？批次正規化的原始文獻提出了**內部共變量偏移（internal covariate shift）**的概念。如圖 3.47 所示，假設網路有很多層，x 通過第一層後得到 a，a 通過第二層後得到 b；計算出梯度以後，把 A 更新成 A'，把 B 更新成 B'。筆者認為，我們在計算從 B 更新到 B' 的梯度時，前一層的參數是 A，或者說前一層的輸出是 a。當前層在從 A 更新到 A' 的時候，輸出就從 a 變成 a'。但是我們在計算這個梯度的時候，是根據 a 算出來的，所以這個更新的方向也許適合用在 a，但不適合用在 a'。因為我們每次都做批次正規化，這會讓 a 和 a' 的分布比較接近，也許這樣就會對訓練有所幫助。但是論文「How Does Batch Normalization Help Optimization?」[11] 認為內部共變量偏移有問題。這篇論文從不同的角度說明了內部共變量偏移不一定是訓練網路時的問題。批次正規化會比較好，不一定是因為它解決了內部共變量偏移的問題。這篇論文列舉了很多實作，比如比較了訓練時 a 的分布變化，發現不管有沒有做批次正規化，a 的分布變化都不大。就算 a 的分布變化很大，對訓練也沒有太大的影響。我們發現，不管是根據 a 算出來的梯度，還是根據 a' 算出來的梯度，方向居然差不多。內部共變量偏移可能不是訓練網路時最主要的問題，並且可能也不是批次正規化變好的關鍵。

> 訓練集樣本和預測集樣本分布不一致的問題就稱為共變量偏移，內部共變量偏移是批次正規化的提出者自己發明的。

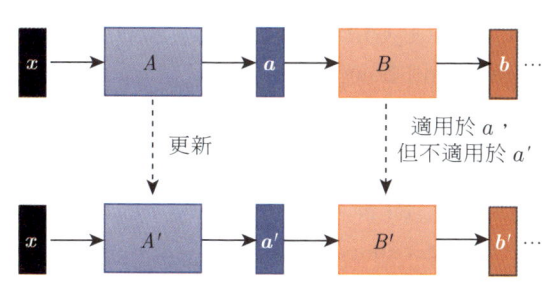

▲ 圖 3.47　內部共變量偏移範例

為什麼批次正規化會比較好呢？論文「How Does Batch Normalization Help Optimization?」[11] 從實作和理論上說明批次正規化至少可以改變誤差表面，讓誤差表面比較不崎嶇。讓網路的誤差表面變得比較不崎嶇還有很多其他的方法，這篇論文就嘗試了一些其他的方法，發現跟批次正規化表現差不多，甚至還稍微好一點，這篇論文的作者也覺得批次正規化是一種偶然的發現。其實批次正規化不是唯一的正規化，還有很多其他的正規化方法，比如 batch renormalization[12]、layer normalization（LN）[13]、instance normalization（IN）[14]、group normalization（GN）[15]、weight normalization（WN）[16]、spectrum normalization（SN）[17] 等。

參考資料

[1]　KESKAR N S, MUDIGERE D, NOCEDAL J, et al. On large-batch training for deep learning: Generalization gap and sharp minima[EB/OL]. arXiv: 1609.04836.

[2]　GUPTA V, SERRANO S A, DECOSTE D. Stochastic weight averaging in parallel: Large-batch training that generalizes well[EB/OL]. arXiv: 2001.02312.

[3]　YOU Y, GITMAN I, GINSBURG B. Large batch training of convolutional networks[EB/OL]. arXiv: 1708.03888.

[4] YOU Y, LI J, REDDI S, et al. Large batch optimization for deep learning: Training BERT in 76 minutes[EB/OL]. arXiv: 1904.00962.

[5] AKIBA T, SUZUKI S, FUKUDA K. Extremely large minibatch SGD: Training ResNet-50 on imagenet in 15 minutes[EB/OL]. arXiv: 1711.04325.

[6] GOYAL P, DOLLÁR P, GIRSHICK R, et al. Accurate, large minibatch SGD: Training ImageNet in 1 hour[EB/OL]. arXiv: 1706.02677.

[7] KINGMA D P, BA J. Adam: A method for stochastic optimization[EB/OL]. arXiv: 1412.6980.

[8] HE K, ZHANG X, REN S, et al. Deep residual learning for image recognition[C]//Proceedings of the IEEE Conference on Computer Vision and Pattern Recognition. 2016: 770-778.

[9] LIU L, JIANG H, HE P, et al. On the variance of the adaptive learning rate and beyond[EB/OL]. arXiv: 1908.03265.

[10] IOFFE S, SZEGEDY C. Batch normalization: Accelerating deep network training by reducing internal covariate shift[J]. Proceedings of Machine Learning Research, 2015, 37: 448-456.

[11] SANTURKAR S, TSIPRAS D, ILYAS A, et al. How does batch normalization help optimization?[C]//Advances in Neural Information Processing Systems, 2018.

[12] IOFFE S. Batch renormalization: Towards reducing minibatch dependence in batch-normalized models[C]//Advances in Neural Information Processing Systems, 2017.

[13] BA J L, KIROS J R, HINTON G E. Layer normalization[EB/OL]. arXiv: 1607.06450.

[14] ULYANOV D, VEDALDI A, LEMPITSKY V. Instance normalization: The missing ingredient for fast stylization[EB/OL]. arXiv: 1607.08022.

[15] WU Y, HE K. Group normalization[C]//Proceedings of the European Conference on Computer Vision. 2018: 3-19.

[16] SALIMANS T, KINGMA D P. Weight normalization: A simple reparameterization to accelerate training of deep neural networks[C]//Advances in Neural Information Processing Systems, 2016.

[17] YOSHIDA Y, MIYATO T. Spectral norm regularization for improving the generalizability of deep learning[EB/OL]. arXiv: 1705.10941.

Chapter 04

卷積神經網路

本章從卷積神經網路開始，探討神經網路的架構設計。卷積神經網路是一種非常典型的網路架構，常用於圖片分類等任務。透過卷積神經網路，我們可以知道網路架構如何設計，以及為什麼合理的網路架構可以最佳化神經網路的表現。

所謂圖片分類，就是給機器一幅圖片，由機器去判斷這幅圖片裡面有什麼樣的東西 —— 是貓還是狗、是飛機還是汽車。怎麼把圖片當作模型的輸入呢？對於機器，圖片可以描述為三維張量（張量可以想像成維度大於 2 的矩陣）。一幅圖片就是一個三維的張量，其中一維的大小是圖片的寬，另一維的大小是圖片的高，還有一維的大小是圖片的**通道（channel）**數目。

> **Q** 什麼是通道？
>
> **A** 彩色圖片的每個像素都可以描述為紅色（red）、綠色（green）、藍色（blue）的組合，這 3 種顏色就稱為圖片的 3 個色彩通道。這種顏色描述方式稱為 RGB 色彩模型，常用於在螢幕上顯示顏色。

神經網路的輸入往往是向量，因此，在將代表圖片的三維張量輸入神經網路之前，需要先將它「拉直」，如圖 4.1 所示。在這個例子中，張量有 $100\times100\times3$ 個數字，所以一幅圖片由 $100\times100\times3$ 個數字組成，把這些數字排成一排，就是一個巨大的向量。這個向量可以作為神經網路的輸入，而這個向量的每一維裡面的數值則是某個像素在某一通道下的顏色強度。

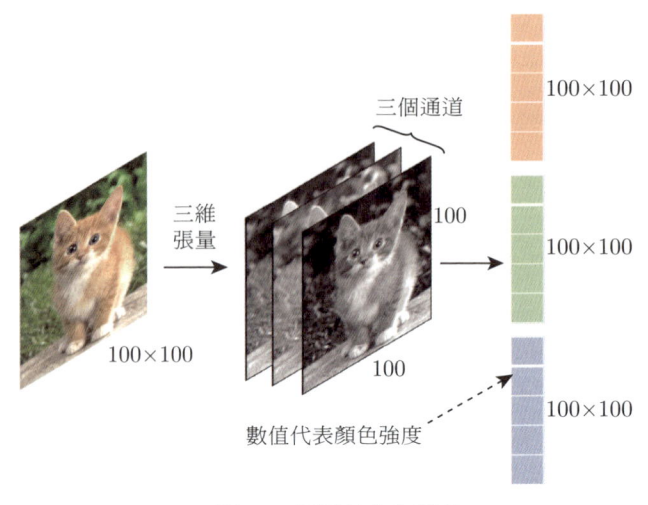

▲ 圖 4.1 把圖片作為輸入

> 圖片有大有小,而且不是所有圖片的尺寸都是一樣的。常見的處理方式是把所有圖片先調整成相同的尺寸,再輸入圖片的辨識系統。在下面的討論中,預設輸入的圖片尺寸已固定為 100 像素 ×100 像素。

　　如圖 4.2 所示,如果把向量當作全連接網路的輸入,則輸入的特徵向量(feature vector)的長度就是 $100\times100\times3$。這是一個非常長的向量。由於每個神經元與輸入向量中的每個數值間都需要一個權重,因此當輸入的向量長度是 $100\times100\times3$ 且第 1 層有 1000 個神經元時,第 1 層就需要 $1000\times100\times100\times3 = 3\times10^7$ 個權重,數量巨大。更多的參數為模型帶來了更大的彈性和更強的能力,但也提高了過擬合的風險。模型的彈性越大,就越容易過擬合。為了避免過擬合,在做圖片辨識的時候,考慮到圖片本身的特性,並不一定需要全連接,即不需要每個神經元與輸入向量中的每個數值間都有一個權重。接下來我們針對圖片辨識任務,對圖片本身的特性進行一些觀察。

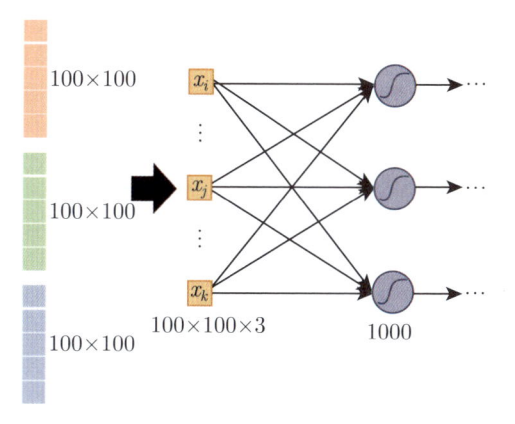

▲ 圖 4.2 全連接網路

　　模型的輸出應該是什麼呢？模型的目標是分類，因此可將不同的分類結果表示成不同的獨熱向量 y'。在這個獨熱向量裡面，對應類別的值為 1，其餘值為 0。例如，我們規定向量中的某些維度代表狗、貓、樹等分類結果，若分類結果為貓，則貓所對應的維度的數值就是 1，其他東西所對應的維度的數值就是 0，如圖 4.3 所示。獨熱向量 y' 的長度決定了模型可以辨識出多少不同種類的東西。如果獨熱向量 y' 的長度是 5，則代表模型可以辨識出 5 種不同的東西。現在比較強的圖片辨識系統往往可以辨識出 1000 種以上，甚至上萬種不同的東西。如果希望圖片辨識系統可以辨識上萬種東西，則標籤就是維度上萬的獨熱向量。模型的輸出透過 softmax 函式以後，得到 $\hat{y}$。我們希望 y' 和 $\hat{y}$ 的交叉熵越小越好。

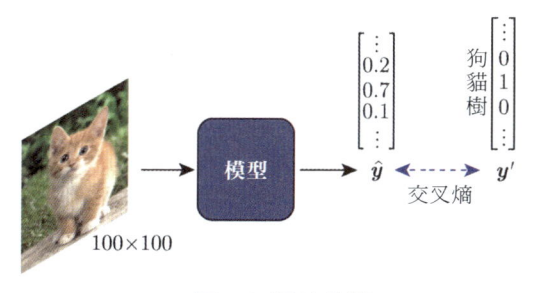

▲ 圖 4.3 圖片分類

4.1 觀察 1：檢測模式不需要整幅圖片

假設我們的任務是讓神經網路辨識出圖片中的動物。對於一個圖片辨識的類神經網路裡面的神經元而言，它要做的就是檢測圖片裡面有沒有出現一些特別重要的模式（pattern），這些模式分別代表不同的物體。比如有三個神經元分別看到鳥嘴、眼睛、鳥爪 3 個模式，這代表類神經網路看到了一隻鳥，如圖 4.4 所示。

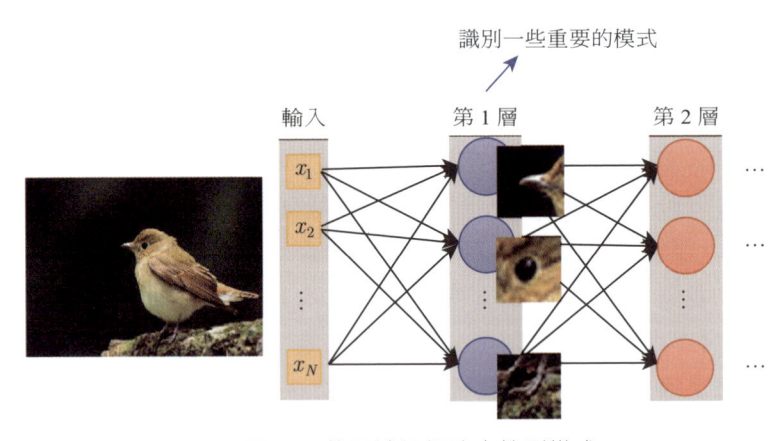

▲ 圖 4.4 使用神經網路來檢測模式

人們在判斷一種物體的時候，往往也是抓最重要的特徵。看到這些特徵以後，從直覺上就會自認為看到了某種物體。對於機器，也許這是一種有效的判斷圖片中是何物體的方法。但假設用神經元來判斷某種模式是否出現，也許並不需要每個神經元都去看一幅完整的圖片。因為不需要看整幅完整的圖片就能判斷重要的模式（比如鳥嘴、眼睛、鳥爪）是否出現，如圖 4.5 所示，要想知道圖片中有沒有一個鳥嘴，只需要看一個非常小的範圍。這些神經元不需要把整幅圖片當作輸入，而只需要把圖片的一小部分當作輸入，就足以檢測某些特別關鍵的模式是否出現，這是第 1 個觀察。

輸入　第1層　　　　第2層

神經元不需要看整幅圖片

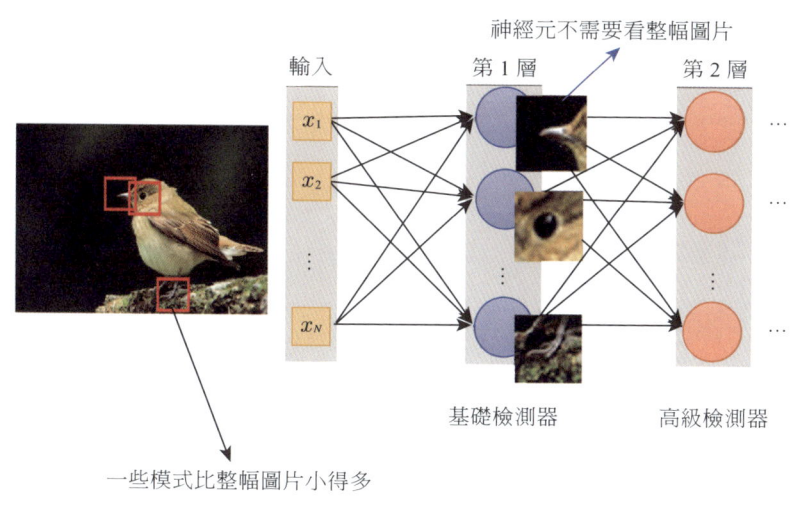

x_1

x_2

x_N

基礎檢測器　　高級檢測器

一些模式比整幅圖片小得多

▲ 圖 4.5　檢測模式不需要整幅圖片

4.2　簡化 1：感知域

　　根據觀察 1 可以做第 1 個簡化，卷積神經網路會設定一個區域，即**感知域**（**receptive field**），每個神經元都只關心自己的感知域裡面發生的事情，感知域的尺寸是由我們自己決定的。比如在圖 4.6 中，藍色神經元的守備範圍就是紅色正方體框的感知域。這個感知域裡面有 3×3×3 個數值。藍色神經元只需要關心這個小的範圍，而不需要在意整幅圖片裡面有什麼，僅僅留意自己的感知域裡面發生的事情就好。這個神經元會把 3×3×3 個數值「拉直」成一個長度是 3×3×3 = 27 維的向量，再把這個 27 維的向量作為神經元的輸入。這個神經元會給這個 27 維向量的每一個維度賦予一個權重，所以這個神經元有 3×3×3 = 27 個權重，再加上偏差（bias），得到輸出，輸出則被送入下一層的神經元當作輸入。

　　如圖 4.7 所示，藍色神經元看左上角這個範圍，這是它的感知域。黃色神經元看右下角這個範圍。圖 4.7 中的每一個紅色正方體框代表 3×3×3 的範圍，右下角的紅色正方體框是黃色神經元的感知域。感知域彼此之間可以重疊，比如綠色神經元的感知域跟藍色神經元和黃色神經元的感知域都有一些重

疊。我們沒有辦法檢測所有的模式，所以同一範圍可以有多個不同的神經元，即多個神經元可以守備同一個感知域。

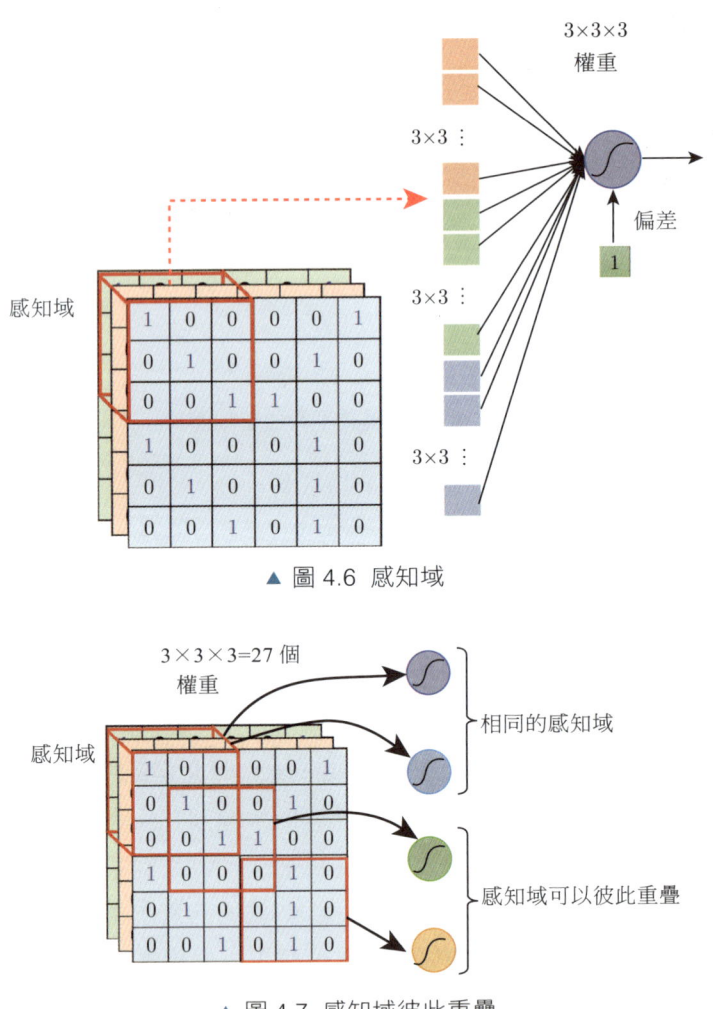

▲ 圖 4.6 感知域

▲ 圖 4.7 感知域彼此重疊

感知域有大有小，因為模式有的比較大，有的則比較小。有的模式也許在 3×3 的範圍內就可以被檢測出來，而有的模式也許需要 11×11 的範圍才能被檢測出來。此外，感知域可以只考慮某些通道。目前 RGB 色彩模型的三個通道都需要考慮，但也許有些模式只在紅色或藍色通道中才會出現，即有的神經元可以只考慮一個通道。後面在介紹網路壓縮時（見第 17 章），會講到這

種網路架構。感知域不僅可以是正方形的,例如 3×3、11×11,也可以是長方形的,你完全可以根據自己對問題的瞭解來設計感知域。雖然感知域可以任意設計,但下面我們要向大家講一下最經典的感知域安排方式。

> **Q 感知域一定要相連嗎?**
>
> **A** 感知域不一定要相連,理論上可以有一個神經元的感知域就是圖片的左上角和右上角。想一想,會不會有什麼模式也要看一幅圖片的左上角和右下角才能夠找到呢?如果沒有,這種感知域就沒什麼用。假設要檢測某種模式,這種模式就出現在整幅圖片中的某個位置,而不是分成好幾部分並出現在圖片中不同的位置。所以通常的感知域都是相連的,但如果要設計很奇怪的感知域去解決很特別的問題,也是完全可以的,這都由我們自己決定。

一般在做圖片辨識的時候,可能不會覺得有些模式只出現在某個通道裡面,所以會看全部的通道。既然會看全部的通道,因此在描述一個感知域的時候,只講它的高和寬,不講它的深度,因為它的深度就等於通道數,高和寬乘起來叫作核大小。圖 4.8 中的核大小就是 3×3。在圖片辨識中,一般核大小不會設太大,3×3 的核大小就足夠了,7×7、9×9 算是比較大的核大小。如果核大小都是 3×3,則意味著在做圖片辨識的時候,重要的模式都只在 3×3 這麼小的範圍內就可以被檢測出來。但有些模式也許很大,在 3×3 的範圍內沒辦法檢測出來。常見的感知域設定方式就是指定核大小為 3×3。

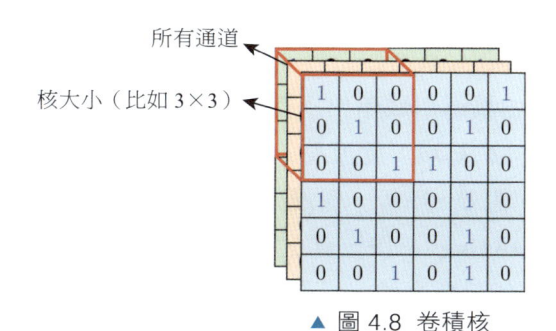

▲ 圖 4.8 卷積核

同一個感知域一般會有一組神經元去守備，比如用 64 個或 128 個神經元去守備一個感知域的範圍。到目前為止，我們講的都是一個感知域，接下來介紹各個不同感知域之間的關係。我們把圖 4.8 左上角的感知域往右移一些，就可以建構出一個新的守備範圍，即新的感知域。移動的量稱為**步幅**（stride），在圖 4.9 中的，步幅就等於 2。步幅是一個超參數，需要人為調整。因為我們希望感知域和感知域之間有重疊，所以步幅往往不會設定得太大，一般設為 1 或 2。

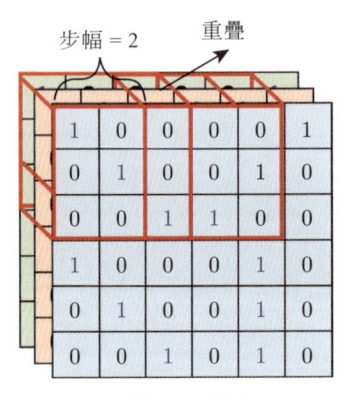

▲ 圖 4.9 步幅

Q 為什麼希望感知域之間是有重疊的？

A 假設感知域之間完全沒有重疊，如果有一個模式正好出現在兩個感知域的交界處，則不會有任何神經元去檢測它，這個模式可能會遺失，所以我們希望感知域彼此之間有高度的重疊。

接下來考慮一個問題：如果感知域超出了圖片的範圍，該怎麼辦呢？如果不在超出圖片的範圍「擺」感知域，就沒有神經元去檢測出現在邊界的模式，這樣就會漏掉圖片邊界的地方，所以一般邊界的地方也會考慮。如圖 4.10 所示，超出範圍就做**填充**（padding），填充就是補值，一般使用零填充（zero padding），超出範圍就補 0。如果感知域有一部分超出圖片的範圍，就當裡面的值都是 0。其實也有別的補值方法，比如補整幅圖片裡面所有值的平均值，或者把位於邊界的數字拿出來補沒有值的地方。

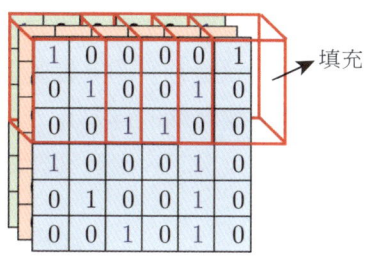

▲ 圖 4.10 填充

除了水平方向上的移動之外，也有垂直方向上的移動。我們將垂直方向上的步幅也設為 2，如圖 4.11 所示，按照這種方式掃過整幅圖片，所以整幅圖片裡面的每一個地方都會被某個感知域覆蓋。也就是說，對於圖片裡面的每個位置，都有一群神經元在檢測那個地方有沒有出現某些模式。這是第 1 個簡化。

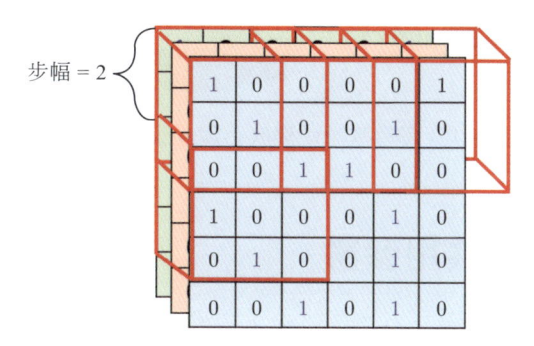

▲ 圖 4.11 垂直方向上的移動

4.3 觀察 2：同樣的模式可能出現在圖片的不同區域

以鳥嘴模式為例，它可能出現在圖片的左上角，也可能出現在圖片的中間，同樣的模式出現在圖片的不同區域不是什麼太大的問題。如圖 4.12 所示，出現在圖片左上角的鳥嘴一定會落在某個感知域裡面。因為感知域是覆蓋整個圖片的，所以圖片裡的所有地方都在某個神經元的守備範圍內。假設在某個感知域裡面，有一個神經元的工作就是檢測鳥嘴，那麼鳥嘴就會被檢測出來。所以就算鳥嘴出現在圖片的中間也沒有關係。假設其中有一個神經元可以

檢測鳥嘴，則鳥嘴即便出現在圖片的中間，也會被檢測出來。但這些檢測鳥嘴的神經元做的事情是一樣的，只是它們的守備範圍不一樣。既然如此，也就沒必要每個守備範圍都放一個檢測鳥嘴的神經元。如果不同的守備範圍都要有一個檢測鳥嘴的神經元，參數就太多了，因此需要做出相關的簡化。

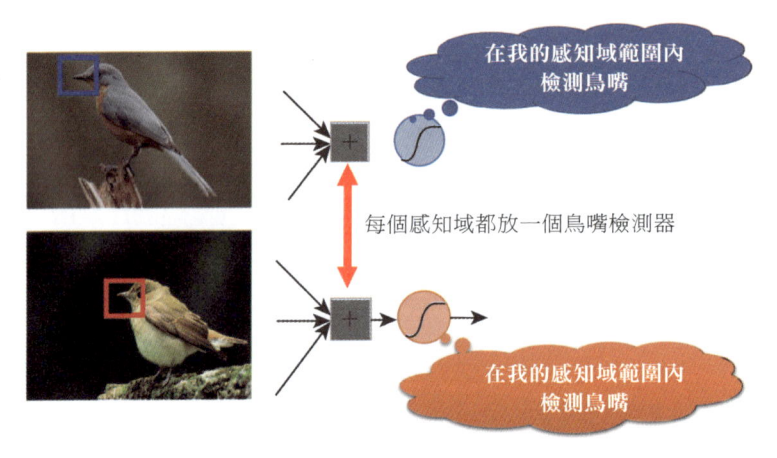

▲ 圖 4.12 每個感知域都放一個鳥嘴檢測器

4.4 簡化 2：共用參數

在提出簡化技巧之前，我們先舉個類似的例子。就像教務處希望可以推大型的課程一樣，假設每個院系都需要深度學習相關的課程，則沒必要在每個院系都開設「機器學習」這門課，而是可以開一個比較大型的課程，讓所有院系的人都學這門課。如果放在影像處理上，則可以讓不同感知域的神經元共用參數，也就是做**參數共享**（**parameter sharing**），如圖 4.13 所示。所謂參數共享，就是讓兩個神經元的權重完全一樣。

4.4 簡化 2：共用參數

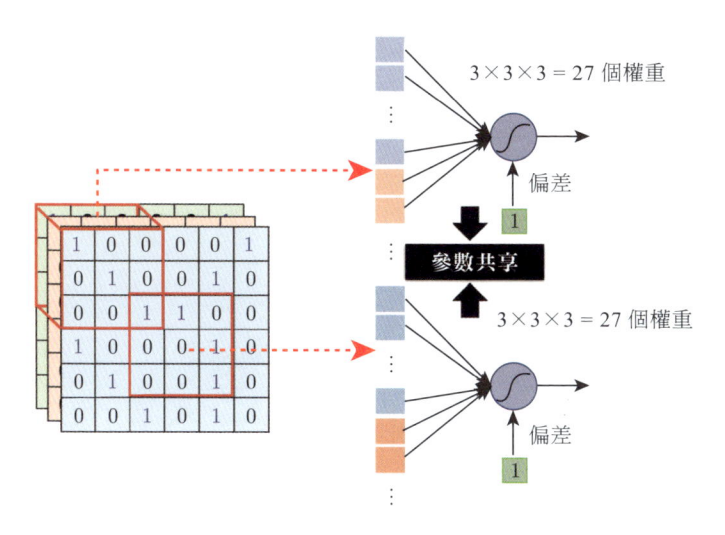

▲ 圖 4.13 參數共享

　　如圖 4.14 所示，顏色相同的權重完全是一樣的，比如上面神經元的第 1 個權重是 w_1，下面神經元的第 1 個權重也是 w_1，它們是同一個權重，用同一種顏色（黃色）來表示。上面神經元與下面神經元守備的感知域是不一樣的，但它們的參數是相同的。雖然兩個神經元的參數一模一樣，但它們的輸出不會永遠都一樣，因為它們的輸入是不一樣的，它們的守備範圍也是不一樣的。上面神經元的輸入是 $x_1, x_2, \cdots$，下面神經元的輸入是 $x'_1, x'_2, \cdots$。上面神經元的輸出為

$$\sigma\left(w_1 x_1 + w_2 x_2 + \cdots + 1\right) \tag{4.1}$$

下面神經元的輸出為

$$\sigma\left(w_1 x'_1 + w_2 x'_2 + \cdots + 1\right) \tag{4.2}$$

　　因為輸入不一樣，所以就算兩個神經元共用參數，它們的輸出也不會是一樣的。這是第 2 個簡化，旨在讓一些神經元共用參數，共用的方式則完全可以自行決定。接下來介紹圖片辨識方面常見的共用方式是如何設定的。

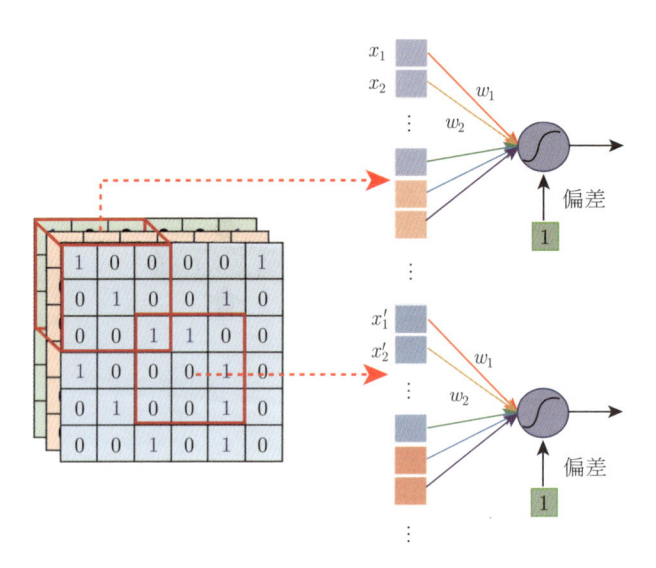

▲ 圖 4.14 兩個神經元共用參數

　　如圖 4.15 所示，每個感知域都有一組神經元負責守備，比如 64 個神經元，它們彼此之間可以共用參數。在圖 4.16 中，使用相同顏色的神經元共用一樣的參數，所以每個感知域都只有一組參數。也就是說，上面感知域的第 1 個神經元和下面感知域的第 1 個神經元共用參數，上面感知域的第 2 個神經元則和下面感知域的第 2 個神經元共用參數，以此類推，只不過每個感知域都只有一組參數而已，這些參數稱為**過濾器**（**filter**）。

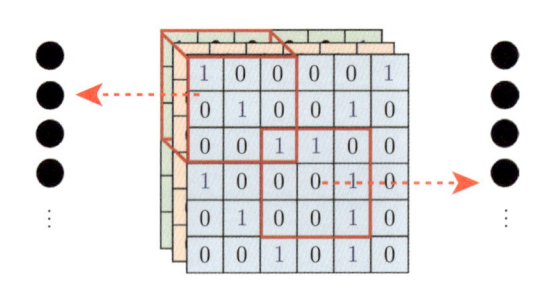

▲ 圖 4.15 守備感知域的神經元

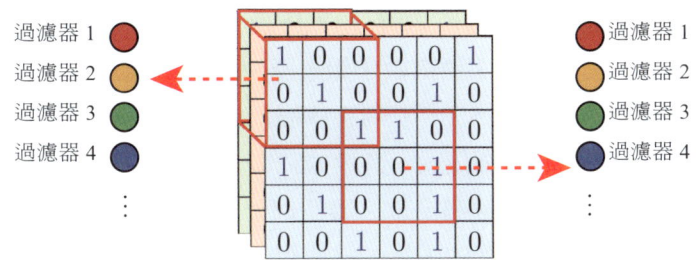

▲ 圖 4.16 多個神經元共用參數

4.5 簡化 1 和簡化 2 的總結

如圖 4.17 所示，全連接網路彈性最大。全連接網路可以決定看整幅圖片還是只看一個範圍，如果只看一個範圍，則可以把很多權重設成 0。**全連接層**（**fully-connected layer**）可以自行決定看整幅圖片還是只看一個小的範圍，但在加上感知域的概念以後，就只能看一個小的範圍，網路的彈性將變小。參數共享則進一步限制了網路的彈性。本來在學習的時候，每個神經元可以各自有不同的參數。但在加入參數共享以後，有些神經元無論如何參數都要一模一樣，這又增加了對神經元的限制。而感知域加上參數共享就是**卷積層**（**convolutional layer**），用到卷積層的網路就叫卷積神經網路。卷積神經網路的偏差比較大。但模型偏差大不一定是壞事，因為當模型偏差大而彈性較低時，比較不容易過擬合。全連接層可以做各式各樣的事情，它雖然有各式各樣的變化，但可能沒有辦法在任何特定的任務上都表現良好。卷積層是專門為圖片設計的，感知域、參數共享也是為圖片設計的。卷積神經網路雖然模型偏差很大，但用在與圖片相關的任務上不成問題。

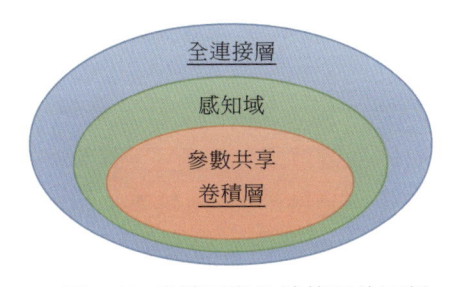

▲ 圖 4.17 卷積層與全連接層的關係

接下來介紹卷積神經網路。如圖 4.18 所示，卷積層裡面有很多過濾器，這些過濾器的大小是 3×3× 通道數。如果圖片是彩色的，則通道數為 3。如果圖片是黑白的，則通道數為 1。一個卷積層裡面有一組過濾器，這些過濾器的作用是去圖片裡面檢測某種模式。該模式只有在 3×3× 通道數這個小的範圍內，才能夠被這些過濾器檢測出來。舉個例子，假設通道數為 1，即圖片是黑白的。過濾器就是一個一個的張量，這些張量裡面的數值就是模型裡面的參數。過濾器裡面的數值其實是未知的，但是它們可以透過學習找出來。假設這些過濾器裡面的數值已經找出來了，如圖 4.19 所示。

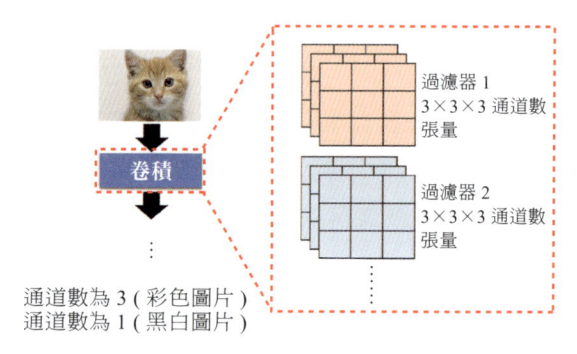

▲ 圖 4.18 卷積層中的過濾器

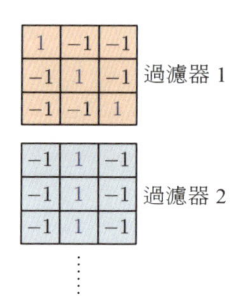

▲ 圖 4.19 過濾器範例

圖 4.20 中的矩陣代表一幅 6×6 的圖片。先把過濾器放在圖片的左上角，再把過濾器裡面所有的 9 個值跟左上角所示範圍內的 9 個值對應相乘再相加，結果是 3（這個過程也就是做內積）。接下來設定步幅，把過濾器往右移或往下移，重複幾次，可得到模式檢測的結果，圖 4.20 中的步幅為 1。使用

過濾器 1 檢測模式時，如果出現圖片 3×3 範圍內對角線都是 1 這種模式，則輸出的數值會最大。輸出裡面左上角和左下角的值最大，所以左上角和左下角有出現對角線都是 1 的模式。這是第 1 個過濾器。

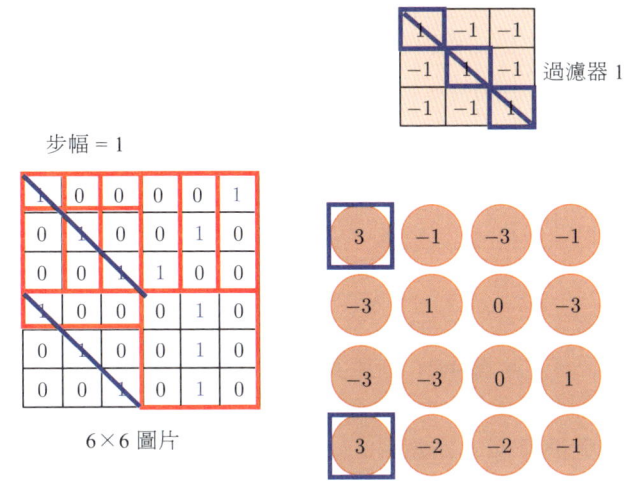

▲ 圖 4.20 使用過濾器檢測模式

　　接下來對每個過濾器執行重複的過程，如圖 4.21 所示。假設有第 2 個過濾器，用來檢測圖片 3×3 範圍內中間一列都為 1 的模式。用第 2 個過濾器從圖片左上角掃起，得到一個數值，往右移一個步幅，再得到一個數值，再往右移一個步幅，再得到一個數值。重複同樣的操作，直到把整幅圖片都掃完，得到另外一組數值。每個過濾器都會給我們一組數值，紅色的過濾器給我們一組數值，藍色的過濾器給我們另外一組數值。如果有 64 個過濾器，就可以得到 64 組數值。這組數值稱為**特徵映射**（feature map）。當一幅圖片透過一個卷積層裡面一系列過濾器的時候，就會產生一個特徵映射。假設卷積層裡面有 64 個過濾器，產生的特徵映射就有 64 個。特徵映射可以看成另外一幅新的圖片，只是這幅圖片的通道數不是 3，而是 64，每個通道對應一個過濾器。本來一幅圖片有 3 個通道，透過一個卷積層後，就變成了一幅新的、有 64 個通道的圖片。

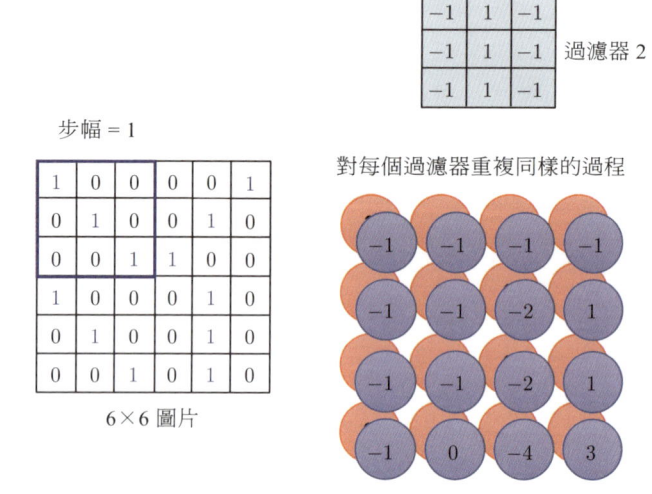

▲ 圖 4.21 使用多個過濾器檢測模式

　　卷積層可以疊很多層，如圖 4.22 所示，第 2 個卷積層裡面也有一組過濾器，每個過濾器的大小為 3×3。過濾器的高度必須設為 64，因為過濾器的高度就是它所要處理的圖片的通道數。如果輸入的圖片是黑白的，則通道數為 1，過濾器的高度就是 1。如果輸入的圖片是彩色的，則通道數為 3，過濾器的高度就是 3。對於第 2 個卷積層，它的輸入也是一幅圖片，這幅圖片的通道數為 64。64 是前一個卷積層的過濾器數目，前一個卷積層的過濾器數目是 64，所以輸出以後就是 64 個通道。第 2 個卷積層如果想要把這幅圖片當作輸入，過濾器的高度就必須是 64。

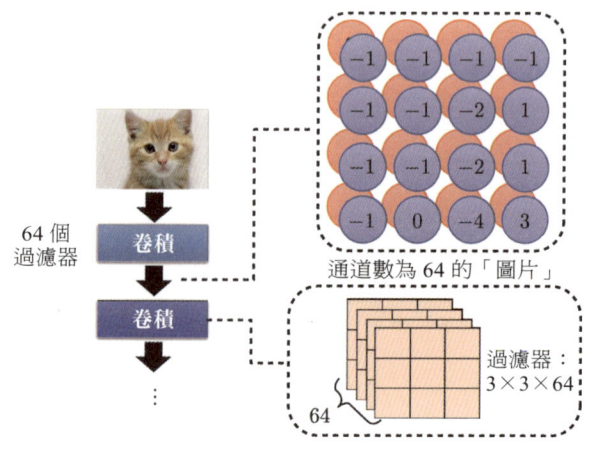

▲ 圖 4.22 對圖片進行卷積

> **Q** 如果過濾器的大小一直設為 **3×3**，會不會導致網路沒有辦法看到比較大範圍的模式呢？
>
> **A** 不會。如圖 4.23 所示，如果第 2 個卷積層中的過濾器也被設成 3×3 的大小，那麼當我們看第 1 個卷積層輸出的特徵映射的 3×3 範圍時，就相當於在原來的圖片上考慮一個 5×5 的範圍。雖然過濾器只有 3×3 的大小，但它在圖片上考慮的範圍是比較大的 5×5。網路疊得越深，同樣是 3×3 大小的過濾器，它看的範圍就會越來越大。所以，只要網路夠深，就不用怕檢測不到比較大範圍的模式。

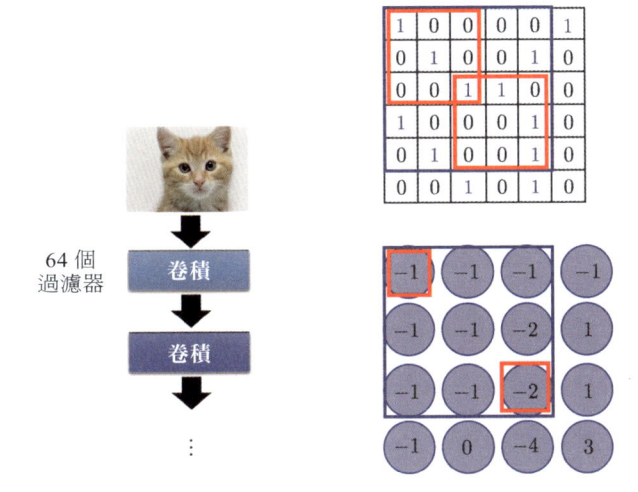

▲ 圖 4.23 網路越深，可以檢測的模式越大

剛才講了兩個版本的故事，這兩個版本的故事一模一樣。第 1 個版本的故事裡面說到了一些神經元，這些神經元會共用一些參數，這些共用的參數就是第 2 個版本的故事裡面的過濾器。如圖 4.24 所示，這組參數有 3×3×3 = 27 個，即過濾器裡面有 3×3×3 = 27 個數值，這裡還特別用不同的顏色把這些數值圈了起來，這些數值就是權重。為了簡化，我們去掉了偏差。神經元是有偏差的，過濾器也是有偏差的。在實作中，卷積神經網路的過濾器通常也是有偏差的。

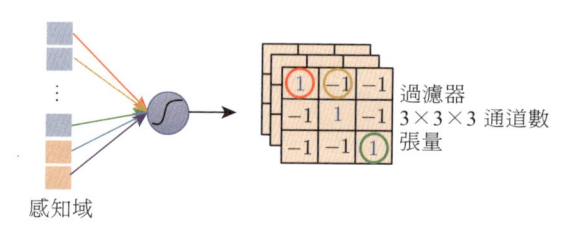

▲ 圖 4.24 共用參數範例

如圖 4.25 所示，在第 1 個版本的故事裡面，不同的神經元可以共用權重，去守備不同的範圍。而共用權重其實就是用過濾器掃過一幅圖片，這個過程就是卷積。這就是卷積層名字的由來。用過濾器掃過圖片就相當於不同的感知域神經元可以共用參數，這組共用的參數正是過濾器。

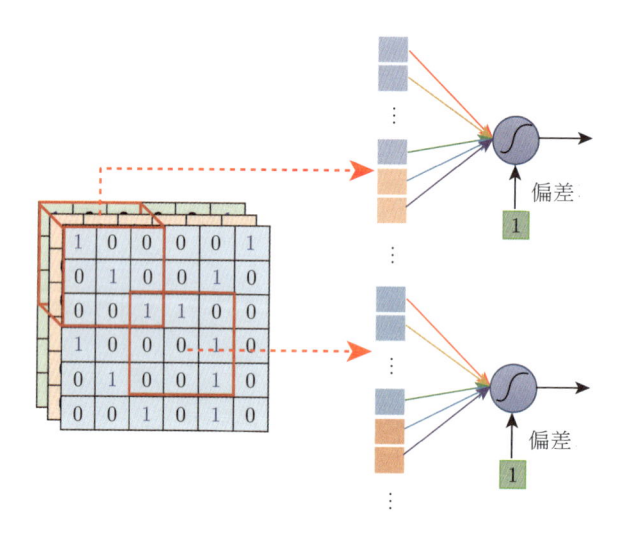

▲ 圖 4.25 從不同的角度瞭解參數共享

4.6 觀察 3：降取樣不影響模式檢測

對一幅比較大的圖片做**降取樣**（**downsampling**），把圖片的偶數列和奇數行都拿掉，圖片變成原來的 1/4，但這不會影響圖片的辨識。如圖 4.26 所示，把一幅大的鳥的圖片縮小，縮小後的圖片還是一隻鳥。

鳥

▲ 圖 4.26 降取樣示意

4.7 簡化 3：池化

　　根據觀察 3，池化被用到了圖片辨識中。池化沒有參數，所以它不是一個層，它裡面沒有權重，也沒有要學習的東西。池化比較像 sigmoid 函式、ReLU 等激勵函式。因為裡面沒有要學習的參數，所以池化就是一個運算子（operator），其行為都是固定好的，不需要根據資料學任何東西。每個過濾器都產生一組數值，在要做池化的時候，把這些數值分組，可以 2×2 = 4 個一組（見圖 4.27），也可以 3×3 = 9 個一組或 4×4 = 16 個一組。池化有很多不同的版本，以**最大池化（max pooling）**為例。最大池化從每一組裡面選一個代表，所選的代表就是該組中最大的那個數值，如圖 4.28 所示。除了最大池化，還有**平均池化（mean pooling）**，即取每一組的平均值。

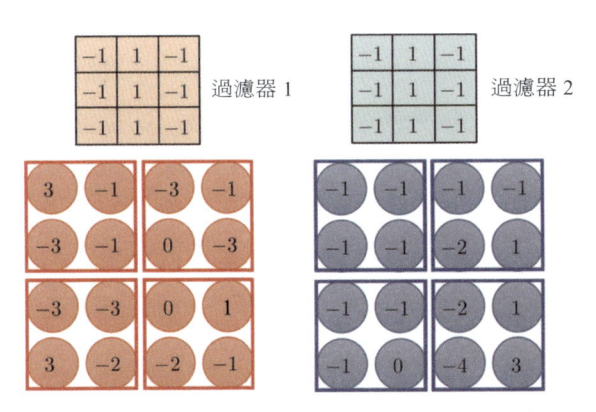

▲ 圖 4.27 將數值分組（2×2 = 4 個為一組）

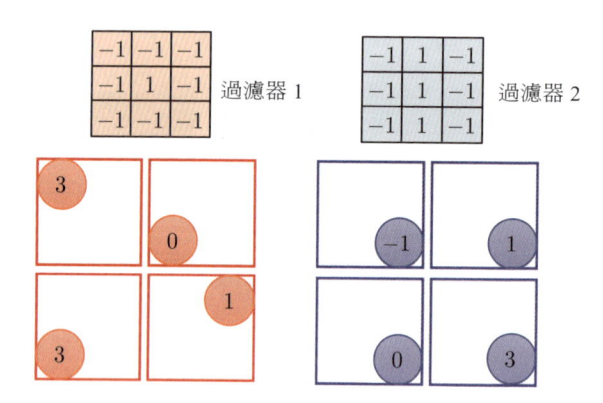

▲ 圖 4.28 最大池化的執行結果

　　做完卷積以後，往往後面還會搭配池化（池化會把圖片變小）。此外，我們還會得到一幅圖片，這幅圖片裡面有很多的通道。做完池化以後，這幅圖片的通道不變。如圖 4.29 所示，在剛才的例子裡面，本來 4×4 的圖片，如果把輸出的數值分組（2×2 = 4 個為一組），則 4×4 的圖片就會變成 2×2 的圖片，這就是池化所做的事情。在實作中，通常將卷積和池化交替使用，可以先做幾次卷積，再做一次池化，比如兩次卷積、一次池化。不過池化對模型的效能（performance）可能會帶來一些損害。假設要檢測的是非常微細的東西，隨便做降取樣，效能可能會稍微變差一點。所以近年來，圖片辨識網路的設計往往也開始把池化丟掉，做這種全卷積的神經網路，整個網路裡面都是卷積，完全不用池化。池化最主要的作用是減少運算量，透過降取樣把圖片變小，就可以減少運算量。隨著近年來運算能力越來越強，如果運算資源足夠支撐不做池化的架構，很多網路的架構設計往往就不做池化，而是嘗試從頭到尾使用全卷積，看看做不做得起來，能不能做得更好。

4.7 簡化3：池化

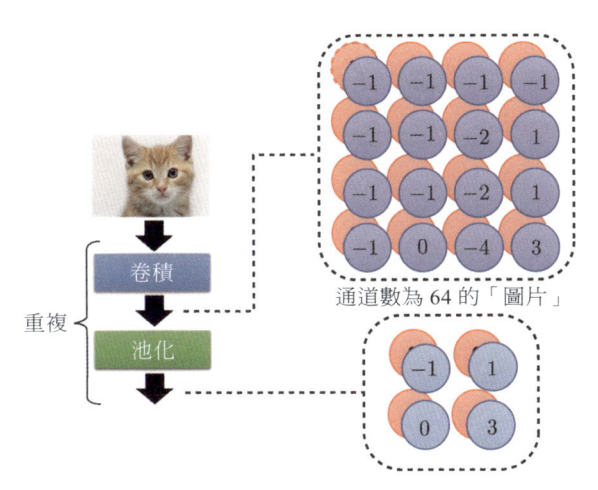

▲ 圖 4.29 重複使用卷積和池化

一般的架構就是卷積加池化，池化可有可無，很多人可能會選擇不用池化。如圖 4.30 所示，如果做完幾次卷積和池化以後，先把池化的輸出扁平化（flatten），再把這個向量輸入全連接層，則最終還要透過 softmax 來得到圖片辨識結果。這就是一個經典的圖片辨識網路，裡面有卷積、池化和扁平化，最後透過幾個全連接層或 softmax 得到圖片辨識結果。

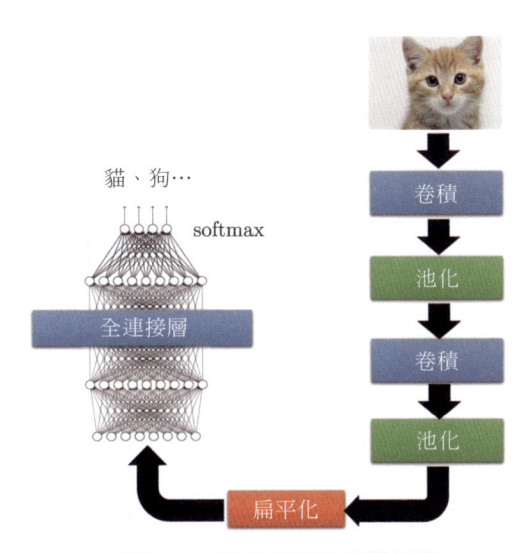

▲ 圖 4.30 經典的圖片辨識網路

> 扁平化就是把圖片裡面本來排成矩陣形式的資料「拉直」，即把所有的數值排成一個向量。

4.8 卷積神經網路的應用：下圍棋

除了圖片辨識以外，卷積神經網路的另一個常見應用是下圍棋。下圍棋其實是一個分類的問題，網路的輸入是棋盤上黑子和白子的位置，輸出就是下一步應該落子的位置。棋盤上有 19×19 個位置，可以把一個棋盤表示成一個 19×19 維的向量。在這個向量裡面，如果某個位置有一個黑子，這個位置就填 1；如果有一個白子，就填 –1；如果沒有棋子，就填 0。不一定黑子填 1，白子填 –1，沒有棋子就填 0，這只是一種可能的表示方式。透過把棋盤表示成一個向量，就可以知道棋盤上的盤勢。把這個向量輸到一個網路裡面，下圍棋就可以看成一個分類的問題（因為可以透過網路來預測下一步應該落子的最佳位置，所以下圍棋就是一個有 19×19 個類別的分類問題），網路會輸出 19×19 個類別中的最好類別，據此選擇下一步落子的位置。這個問題可以用一個全連接網路來解決，但用卷積神經網路效果更好（見圖 4.31）。

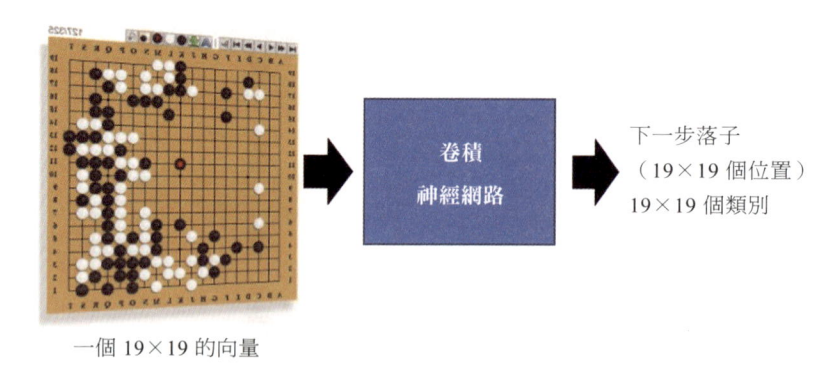

▲ 圖 4.31 使用卷積神經網路下圍棋

Q 為什麼卷積神經網路可以用於下圍棋？

A 首先，一個棋盤可以看作一幅解析度為 19×19 的圖片。圖片一般很大，100×100 解析度的圖片就已經算很小的圖片了，但棋盤是一幅更小的圖片，它的解析度只有 19×19。這幅圖片裡面的每個像素代表棋盤上一個可以落子的位置。圖片的通道一般就是 R、G、B 三個通道。而在戰勝人類棋手的 AlphaGo 的原始論文裡面，每個像素都用 48 個通道來描述，即對於棋盤上的每個位置，都有 48 個數字來描述其發生的事情[1]。48 個數字是由圍棋高手設計出來的，包括這個位置是不是要被「叫吃」了、這個位置周圍有沒有顏色不一樣的棋子等等。所以，當我們用 48 個數字來描述棋盤上的一個位置時，這個棋盤就是一幅 19×19 解析度且通道數為 48 的圖片。卷積神經網路是為圖片設計的。如果一個問題和圖片沒有共同的特性，就不該用卷積神經網路。既然下圍棋可以用卷積神經網路，這意味著圍棋和圖片有共同的特性。圖片上的第 1 個觀察是，只需要看小範圍就可以知道很多重要的模式。下圍棋也是一樣的，如圖 4.32 所示，不用看整個棋盤的盤勢，我們就知道發生了什麼事（白子被黑子圍住了）。接下來，黑子如果放在被圍住的白子的下面，就可以把白子提走。只有在白子的下面放另一個白子，被圍住的白子才不會被提走。其實，AlphaGo 的第 1 層的過濾器大小就是 5×5，顯然地，設計這個網路的人覺得棋盤上很多重要的模式，也許看 5×5 的範圍就可以知道。圖片上的第 2 個觀察是，同樣的模式可能會出現在不同的位置，下圍棋也是一樣的。如圖 4.33 所示，這種「叫吃」的模式可以出現在棋盤上的任何位置，既可以出現在左上角，也可以出現在右下角。由此可見，圖片和圍棋有很多共同點。

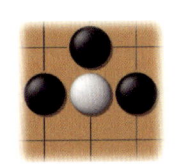

▲ 圖 4.32 圍棋的模式

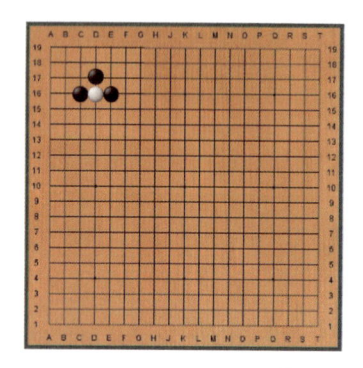

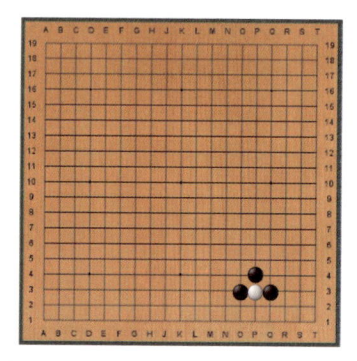

▲ 圖 4.33 叫吃的模式

在進行影像處理的時候都會做池化，一幅圖片在做降取樣以後，並不會影響我們對圖片中物體的判斷。但池化對於下圍棋這種精細的任務並不實用，下圍棋時，隨便拿掉一行或一列棋子，整個棋局就會不一樣。AlphaGo 的原始論文在正文裡面沒有提具體採用了何種網路架構，而是在附件中介紹了這個細節。AlphaGo 把棋盤看作一幅 $19 \times 19 \times 48$ 大小的圖片。接下來做零填充。過濾器的大小是 5×5，共有 $k = 192$ 個過濾器。k 的值是試出來的，設計者也試了 128、256 等值，發現 192 的效果最好。這是第 1 層，步幅為 1，且使用了 ReLU。第 2 ～ 12 層也都有零填充。核心大小都是 3×3，一樣是 k 個過濾器，也就是每一層都有 192 個過濾器，步幅為 1。這樣疊了很多層以後，考慮到這是一個分類的問題，且最後加上了一個 softmax 函式，因此沒有使用池化，所以這是一個很好的設計類神經網路的例子。下圍棋的時候不適合用池化，這提醒我們要想清楚，在使用一個網路架構的時候，這個網路架構到底代表什麼意思，它適不適合用在這個任務上。

卷積神經網路除了下圍棋、進行圖片辨識以外，近年來也被用在語音和文字處理上。比如，論文「Convolutional Neural Networks for Speech Recognition」[2] 將卷積神經網路應用到了語音上，論文「UNITN: Training Deep Convolutional Neural Network for Twitter Sentiment Classification」[3] 則將卷積神經網路應用到了文字處理上。如果想把卷積神經網路用在語音和文字處理上，就要對感知域和參數共享進行重新設計，還要考慮語音和文字與圖片不同的特性。不要以

為適用於圖片的卷積神經網路直接套用到語音上也會奏效。要想清楚語音有什麼樣的特性，以及怎麼設計合適的感知域。

其實，卷積神經網路不能處理圖片放大、縮小或旋轉的問題。假設給卷積神經網路看的狗的圖片大小都相同，那麼它可以辨識這是一隻狗。當把這幅圖片放大後，它可能就辨識不出這是一隻狗了。卷積神經網路就是這麼「笨」，對它來說，放大前後的圖片是不同的。雖然這兩幅圖片的內容一模一樣，但是如果把它們「拉直」成向量，裡面的數值就是不一樣的。假設圖片裡面的物體都比較小，當卷積神經網路在某種大小的圖片上學會做圖片辨識後，我們把物體放大，卷積神經網路的效能就會下降不少，卷積神經網路並沒有我們想像的那麼強。因此在做圖片辨識的時候，往往要做資料增強。所謂資料增強，就是從訓練用的圖片裡面截一小塊出來放大，讓卷積神經網路看不同大小的模式，以及將圖片旋轉，讓卷積神經網路看某個物體旋轉後是什麼樣子。卷積神經網路不能處理圖片縮放（scaling）和旋轉（rotation）的問題，但 Spatial Transformer Layer 網路架構可以解決這個問題。

參考資料

[1] SILVER D, HUANG A, MADDISON C J, et al. Mastering the game of go with deep neural networks and tree search[J]. Nature, 2016, 529(7587): 484-489.

[2] ABDEL-HAMID O, MOHAMED A R, JIANG H, et al. Convolutional neural networks for speech recognition[J]. IEEE/ACM Transactions on Audio, Speech, and Language Processing, 2014, 22(10): 1533-1545.

[3] SEVERYN A, MOSCHITTI A. UNITN: Training deep convolutional neural network for twitter sentiment classification[C]//Proceedings of the 9th International Workshop on Semantic Evaluation. 2015: 464-469.

Chapter 05

遞迴神經網路

遞迴神經網路（Recurrent Neural Network，RNN）是深度學習領域裡一種非常經典的網路結構，在現實生活中有著廣泛的應用。以填槽（slot filling）為例，如圖 5.1 所示，假設訂票系統聽到用戶說：「我想在 6 月 1 日抵達上海」。系統有一些槽：目的地和到達時間。系統需要自動知道用戶所說的每一個詞屬於哪個槽，比如「上海」屬於目的地槽，「6 月 1 日」屬於到達時間槽。

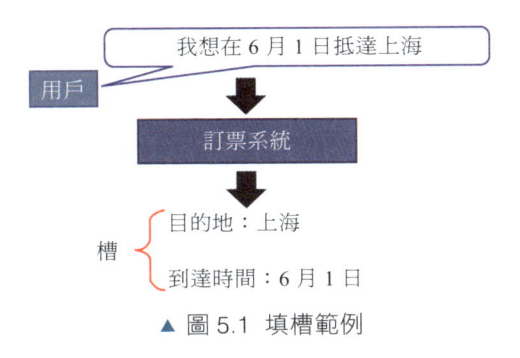

▲ 圖 5.1 填槽範例

這個問題可以使用一個前饋神經網路（feedforward neural network）來解決，如圖 5.2 所示，輸入是一個詞「上海」，把「上海」變成一個向量，輸入這個神經網路。要把一個詞輸入一個神經網路，就必須先把它變成一個向量。

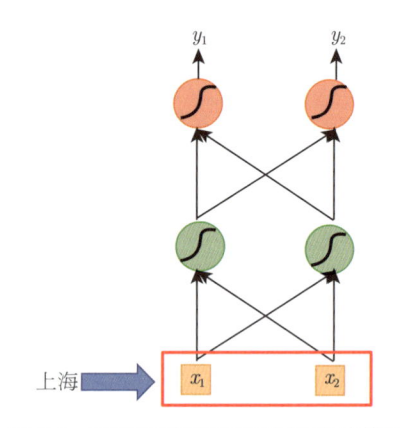

▲ 圖 5.2 使用前饋神經網路解決填槽問題

5.1 獨熱編碼

假設詞典中有 5 個詞 —— apple、bag、cat、dog、elephant，見公式 (5.1)。向量的大小等於詞典的大小。每一個維度對應詞典中的一個詞。對應詞的維度為 1，其他的為 0：

$$\begin{aligned}
\text{apple} &= [1,0,0,0,0] \\
\text{bag} &= [0,1,0,0,0] \\
\text{cat} &= [0,0,1,0,0] \\
\text{dog} &= [0,0,0,1,0] \\
\text{elephant} &= [0,0,0,0,1]
\end{aligned} \tag{5.1}$$

如果只用獨熱編碼來描述一個詞，就會產生一些問題，因為可能有很多模型沒有見過的詞。需要在獨熱編碼裡面多加維度，用一個維度代表 other，如圖 5.3(a) 所示，將不在詞表中的詞（比如 pig 和 cow）歸類到 other 裡面。我們可以用每一個詞的字母來表示這個詞的一個向量，以 apple 為例，apple 裡面出現了 app、ple、ppl。在 apple 的這個向量裡面，對應到 app、ple、ppl 的維度就是 1，其他的都為 0，如圖 5.3(b) 所示。

(a) 用 other 表示非詞表中的詞　　(b) 詞雜湊

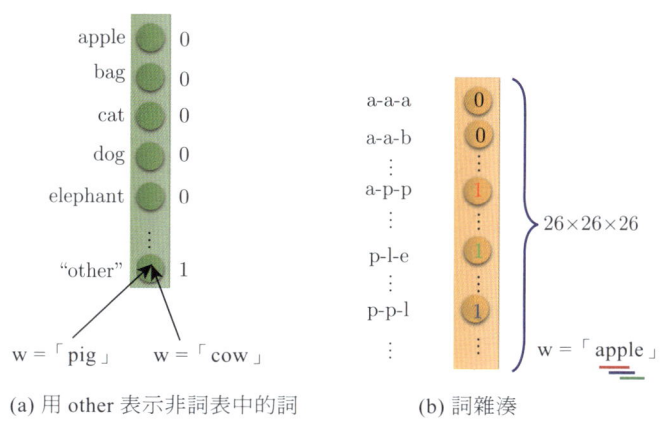

▲ 圖 5.3 另一種編碼方法

假設把詞表示為一個向量，再把這個向量輸入前饋神經網路。在該任務中，輸出是一個機率分布，該機率分布代表輸入的詞屬於每一個槽的機率，比如「上海」屬於目的地槽的機率和「上海」屬於出發地槽的機率，如圖 5.4 所示。但是前饋神經網路會有問題，如圖 5.5 所示，假設用戶 1 說「在 6 月 1 日抵達上海」，用戶 2 說「在 6 月 1 日離開上海」，這時候，「上海」就變成了出發地。但是對於神經網路，輸入一樣的內容，輸出就也應該是一樣的內容。在這裡，輸入「上海」，輸出要麼讓目的地機率最高，要麼讓出發地機率最高。不能一會兒讓出發地機率最高，一會兒又讓目的地機率最高。在這種情況下，如果神經網路有記憶力，記得看過「抵達」（在看到「上海」之前），或者記得它已經看過「離開」（在看到「上海」之前），那麼透過記憶力，神經網路就可以根據上下文產生不同的輸出。

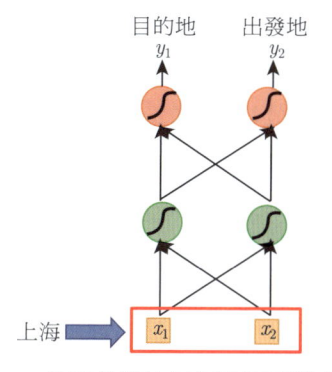

▲ 圖 5.4 使用前饋神經網路預測機率分布

```
         ┌─在  6月 1日 抵達  上海─┐
 用戶 1   └──┬──┬──┬──┬────┬──┘
            ↓   ↓   ↓   ↓     ↓
          other 時間 時間 other 目的地


         ┌─在  6月 1日 離開  上海─┐
 用戶 2   └──┬──┬──┬──┬────┬──┘
            ↓   ↓   ↓   ↓     ↓
          other 時間 時間 other 出發地
```

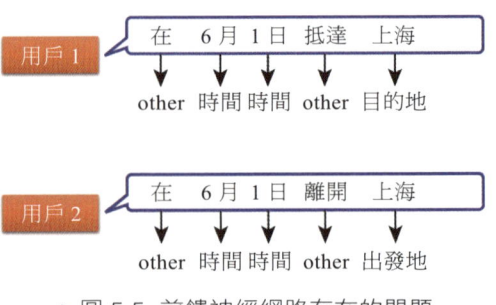

▲ 圖 5.5 前饋神經網路存在的問題

5.2 什麼是 RNN

　　RNN 是一種有記憶的神經網路。在 RNN 裡面，每一次隱藏層的神經元產生輸出時，輸出就會被存到記憶元（memory cell）裡，圖 5.6(a) 中的藍色方塊表示記憶元。下一次有輸入時，這些神經元不僅會考慮輸入 x_1 和 x_2，還會考慮存到記憶元裡的值。除了 x_1 和 x_2，存在記憶元裡的值 a_1 和 a_2 也會影響神經網路的輸出。

> 記憶元簡稱單元（cell），記憶元的值也可稱為隱藏狀態（hidden state）。

　　舉個例子，假設圖 5.6(b) 中的遞迴神經網路的所有權重都是 1，且所有的神經元沒有任何的偏差。為了便於計算，假設所有的激勵函式都是線性的，輸入是序列 $[1,1]^T,[1,1]^T,[2,2]^T,\cdots$，所有的權重都是 1。把這個序列輸入遞迴神經網路裡面會發生什麼事呢？在使用遞迴神經網路的時候，必須給記憶元設定初始值，假設初始值都為 0。輸入第一個 $[1,1]^T$，對於左邊的神經元（第一個隱藏層），除了接收到輸入的 $[1,1]^T$ 之外，還接收到了記憶元，輸出為 2。同理，右邊神經元的輸出為 2，第二層神經元的輸出為 4。

　　接下來，遞迴神經網路會將綠色神經元的輸出存到記憶元裡，所以記憶元裡的值被更新為 2。如圖 5.6(c) 所示，輸入 $[1,1]^T$，於是綠色神經元的輸入為 $[1,1]^T$ 和 $[2,2]^T$，輸出為 $[6,6]^T$，第二層神經元的輸出為 $[12,12]^T$。由此可見，遞迴神經網路有記憶元，就算輸入相同，輸出也可能不一樣。

如圖 5.6(d) 所示，將 $[6,6]^T$ 存到記憶元裡，接下來的輸入是 $[2,2]^T$，輸出為 $[16,16]^T$，第二層神經元的輸出為 $[32,32]^T$。遞迴神經網路會考慮序列的順序，將輸入序列調換順序之後，輸出將不同。

> 因為目前時刻的隱藏狀態使用與上一時刻隱藏狀態相同的定義，所以隱藏狀態的計算是重複發生的循環（recurrent），基於循環計算的隱藏狀態神經網路稱為遞迴神經網路。

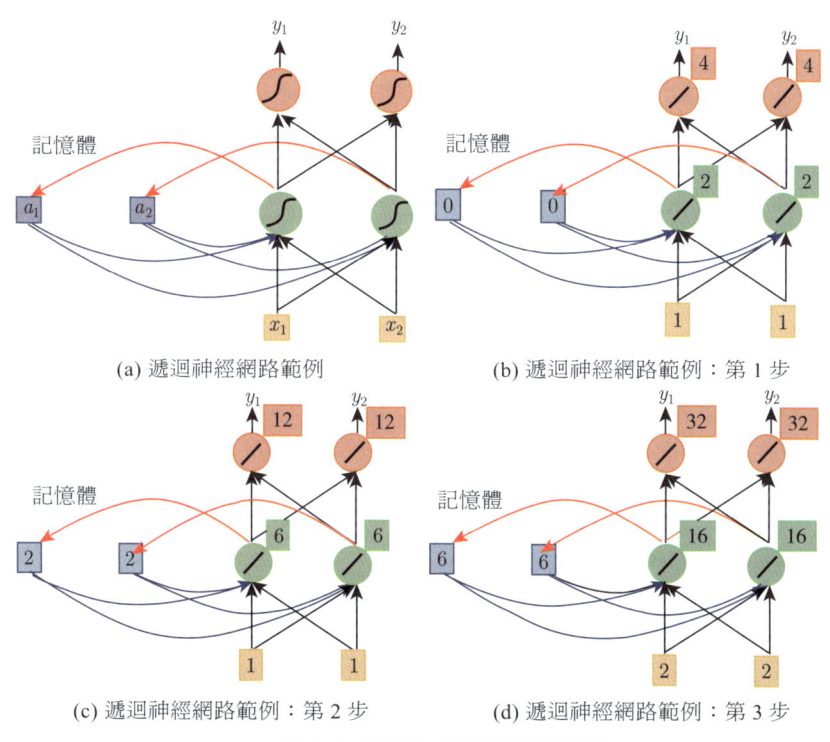

(a) 遞迴神經網路範例
(b) 遞迴神經網路範例：第 1 步
(c) 遞迴神經網路範例：第 2 步
(d) 遞迴神經網路範例：第 3 步

▲ 圖 5.6 遞迴神經網路運算範例

5.3 RNN 架構

使用遞迴神經網路處理填槽的過程如圖 5.7 所示。用戶如果說：「我想在 6 月 1 日抵達上海」，「抵達」就變成了一個向量被輸入神經網路，神經網路的

隱藏層的輸出為向量 a_1，a_1 產生「抵達」屬於每一個填槽的機率 y_1。接下來 a_1 會被存到記憶元裡，「上海」變為輸入，隱藏層會同時考慮「上海」這個輸入和存在記憶元裡的 a_1，得到 a_2。根據 a_2 得到 y_2，y_2 是「上海」屬於每一個填槽的機率。

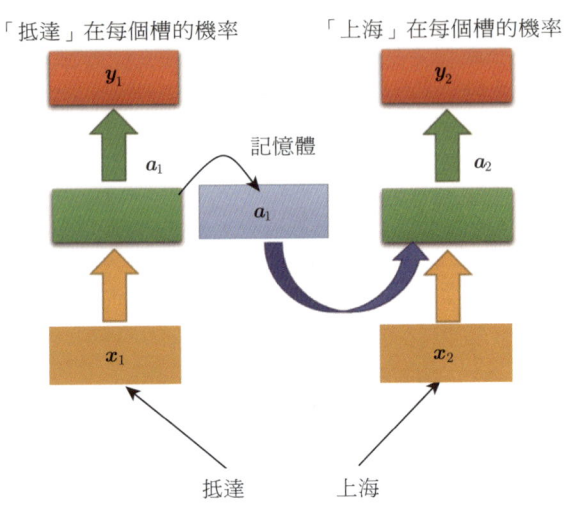

▲ 圖 5.7 使用遞迴神經網路處理填槽的過程

> 圖 5.7 中不是三個網路，而是同一個網路在三個不同的時間點被使用了三次，同樣的權重用同樣的顏色來表示。

有了記憶元以後，輸入同一個詞，希望輸出不同的問題就有可能得到解決。如圖 5.8 所示，同樣是輸入「上海」這個詞，但因為左側「上海」前接了「離開」，右側「上海」前接了「抵達」，「離開」和「抵達」的向量不一樣，隱藏層的輸出不同，所以存在記憶元裡的值也會不同。雖然 x_2 的值是一樣的，但因為存在記憶元裡的值不同，所以隱藏層的輸出不同，最後的輸出也就會不一樣。

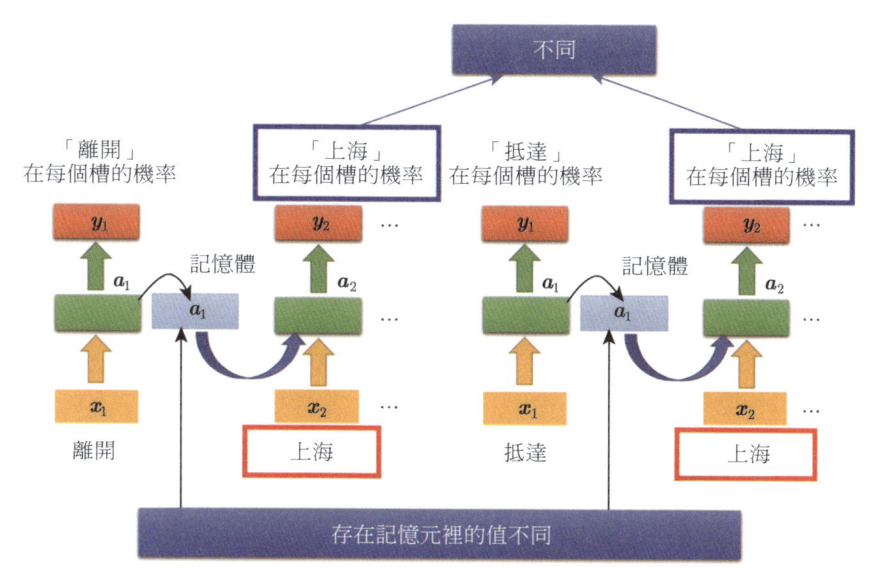

▲ 圖 5.8 輸入相同，輸出不同

5.4 其他 RNN

遞迴神經網路的架構可以任意設計，之前提到的 RNN 只有一個隱藏層，但 RNN 也可以是深層的。比如，x_t 輸入網路之後，先通過一個隱藏層，再通過另一個隱藏層，以此類推，在通過很多的隱藏層之後，才得到最後的輸出。每一個隱藏層的輸出都會被存在記憶元裡，到了下一個時間點，每一個隱藏層會把前一個時刻存的值再讀出來，以此類推，最後得到輸出，這個過程會一直持續下去，如圖 5.9 所示。

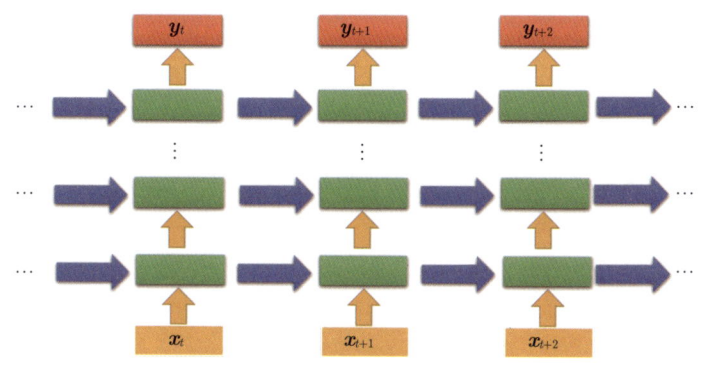

▲ 圖 5.9 深層的遞迴神經網路

5.4.1 Elman 網路和 Jordan 網路

遞迴神經網路有不同的變化，比如 Elman 網路和 Jordan 網路，如圖 5.10 所示。剛才講的是簡單遞迴網路（Simple Recurrent Network，SRN），Elman 網路是簡單遞迴網路的一種，它把隱藏層的值存起來，並在下一個時間點讀出來。而 Jordan 網路存的是整個網路輸出的值，它會把輸出值在下一個時間點讀進來，並把輸出存到記憶元裡。Elman 網路沒有目標，很難說它能學到什麼隱藏層資訊（學到什麼都存到記憶元裡）；但 Jordan 網路有目標，它很清楚記憶元裡存了什麼東西。

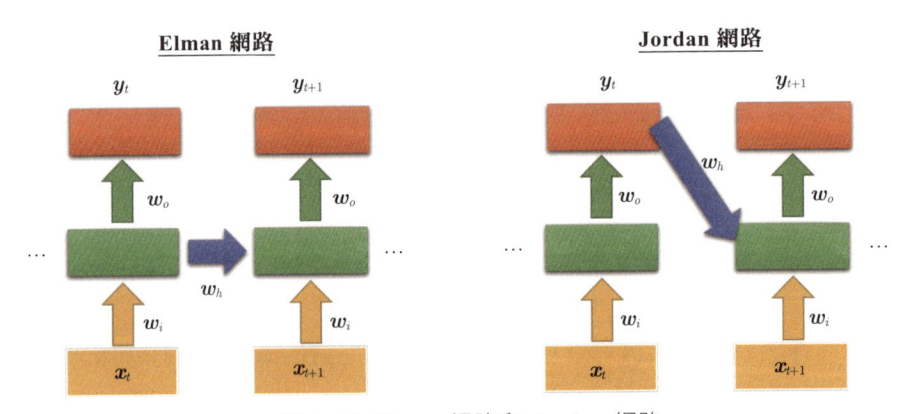

▲ 圖 5.10 Elman 網路和 Jordan 網路

5.4.2 雙向遞迴神經網路

遞迴神經網路還可以是雙向。為 RNN 輸入一個句子，RNN 將從句首一直讀到句尾。如圖 5.11 所示，假設句子裡的每一個詞用 x_t 表示，可以先讀 x_t，再讀 x_{t+1} 和 x_{t+2}。但讀取方向也可以反過來，先讀 x_{t+2}，再讀 x_{t+1} 和 x_t。我們在訓練一個正向的遞迴神經網路的同時，也可以訓練一個逆向的遞迴神經網路，然後把這兩個遞迴神經網路的隱藏層拿出來，接給一個輸出層，得到最後的 y_t。以此類推，產生 y_{t+1} 和 y_{t+2}。雙向遞迴神經網路（Bidirectional Recurrent Neural Network，Bi-RNN）的優點是，神經元在產生輸出的時候，看的範圍是比較廣的。如果只有正向的遞迴神經網路，那麼在產生 y_{t+1} 的時

候，神經元就只看過從 x_1 到 x_{t+1} 的輸入。但雙向遞迴神經網路在產生 y_{t+1} 的時候，神經元不只看過從 x_1 到 x_{t+1} 的輸入，也看到從句尾到 x_{t+1} 的輸入，相當於看過整個輸入序列。假設考慮的是填槽，網路就等於在看了整個句子後，才決定每一個詞的槽，這比只看句子的一半可以得到更好的效能。

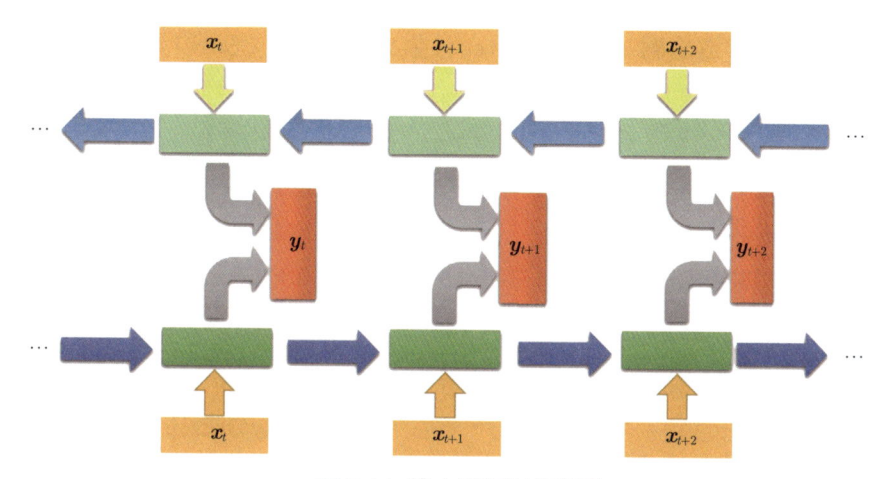

▲ 圖 5.11 雙向遞迴神經網路

5.4.3 LSTM

之前提到的記憶元最簡單，可以隨時把值存到記憶元裡，也可以把值從記憶元裡讀出來。最常用的記憶元模型稱為**長短期記憶（Long Short-Term Memory，LSTM）**。LSTM 的結構（如圖 5.12 所示）比較複雜，有以下三個**閘（gate）**。

當外界某個神經元的輸出想要被寫到記憶元裡的時候，就必須透過一個**輸入閘（input gate）**，輸入閘打開的時候才能把值寫到記憶元裡。如果把輸入閘關起來，就沒有辦法把值寫進去。輸入閘的開關時機是神經網路自己學到的，神經網路可以自己學到什麼時候要把輸入閘打開，以及什麼時候要把輸入閘關起來。

輸出的地方有一個**輸出閘**（output gate），輸出閘決定外界其他的神經元能否從這個記憶元裡把值讀出來。輸出閘關閉的時候，是沒有辦法把值讀出來的，輸出閘打開的時候才可以把值讀出來。跟輸入閘一樣，輸出閘什麼時候打開，什麼時候關閉，也是神經網路自己學到的。

LSTM 還有**遺忘閘**（forget gate），遺忘閘決定什麼時候記憶元要把過去記得的東西忘掉。遺忘閘什麼時候把存在記憶元裡的值忘掉，什麼時候把存在記憶元裡的值繼續保留下來，也是神經網路自己學到的。整個 LSTM 有 4 個輸入、一個輸出。在這 4 個輸入中，一個輸入是想要存在記憶元裡的值（但不一定能存進去），其他三個輸入分別是操控輸入閘的訊號、操控輸出閘的訊號、操控遺忘閘的訊號。

> 遞迴神經網路的記憶元裡的值，只要有新的輸入進來，舊的值就會被遺忘掉，這個記憶週期是非常短的。但如果是 LSTM，則記憶週期會更長一些，只要遺忘閘不決定忘記，值就會被存起來。

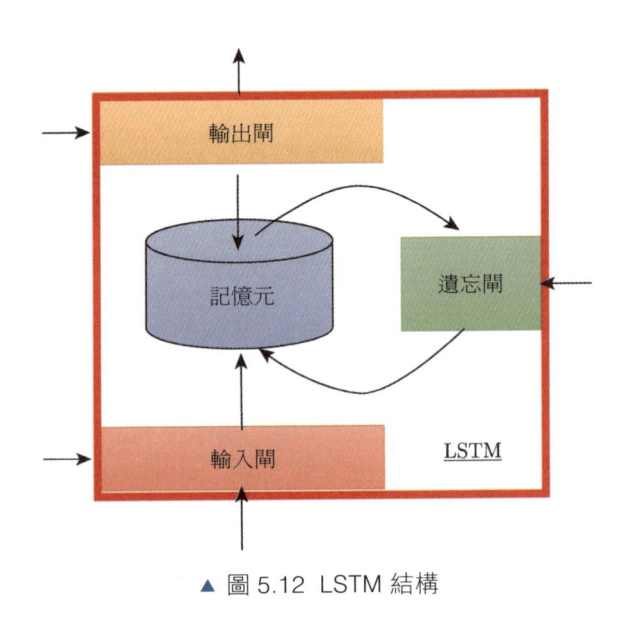

▲ 圖 5.12 LSTM 結構

記憶元對應的計算公式為

$$c' = g(z)f(z_i) + cf(z_f) \tag{5.2}$$

如圖 5.13 所示，假設要被存到記憶元裡的輸入為 z，操控輸入閘的訊號為 z_i，操控遺忘閘的訊號為 z_f，操控輸出閘的訊號為 z_o，輸出記為 a。假設在有這 4 個輸入之前，記憶元裡已經保存了值 c。輸出 a 會是什麼樣子？把 z 透過激勵函式得到 $g(z)$，把 z_i 透過另一個激勵函式得到 $f(z_i)$（激勵函式通常會選擇 sigmoid 函式，因為 sigmoid 函式的值介於 0 和 1 之間，進而代表了這個閘被打開的程度）。如果 f 的輸出是 1，則表示閘處於完全打開狀態；如果 f 的輸出是 0，則表示閘處於完全關閉狀態。

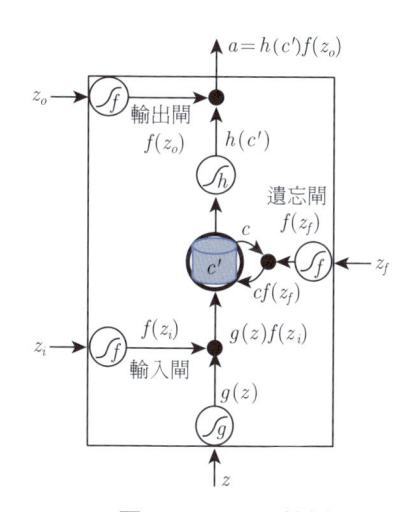

▲ 圖 5.13 LSTM 範例

接下來，把 $g(z)$ 乘以 $f(z_i)$，得到 $g(z)f(z_i)$。對於遺忘閘的 z_f，也透過 sigmoid 函式得到 $f(z_f)$。把存到記憶元裡的值 c 乘以 $f(z_f)$，得到 $cf(z_f)$。將它們加起來，得到 $c' = g(z)f(z_i) + cf(z_f)$，$c'$ 就是重新存到記憶元裡的值。所以根據目前的運算，$f(z_i)$ 控制著 $g(z)$。如果 $f(z_i)$ 為 0，則 $g(z)f(z_i)$ 為 0，就好像沒有輸入一樣。如果 $f(z_i)$ 為 1，就等於把 $g(z)$ 當作輸入。$f(z_f)$ 決定了是否把存在記憶元裡的值洗掉，如果 $f(z_f)$ 為 1，遺忘閘開啟，這時 c 會直接通過，之前的值仍然記得。如果 $f(z_f)$ 為 0，遺忘閘關閉，則 $cf(z_f)$ 為 0。把這

兩個值加起來，寫到記憶元裡，得到 c'。遺忘閘的開和關跟直覺是相反的，遺忘閘打開的時候代表記得，遺忘閘關閉的時候代表遺忘。把 c' 透過 sigmoid 函式，得到 $h(c')$，將 $h(c')$ 乘以 $f(z_o)$，得到 $a = h(c')f(z_o)$。輸出閘受 $f(z_o)$ 操控，$f(z_o)$ 為 1，說明 $h(c')$ 能通過；$f(z_o)$ 為 0，說明記憶元裡的值沒有辦法通過輸出閘被讀取出來。

5.4.4 LSTM 舉例

考慮如圖 5.14 所示的 LSTM，網路裡面只有一個 LSTM 記憶元，輸入都是三維的向量，輸出都是一維的向量。三維的輸入向量與輸出和記憶元的關係如下：當 x_2 的值是 1 時，x_1 的值就會被加到記憶元裡；當 x_2 的值是 -1 時，就重置記憶元；只有當 x_3 的值為 1 時，才會把輸出閘打開，也才能看到輸出，看到記憶元裡的值。

假設原來存到記憶元裡的值是 0，當第 2 個時刻的 x_2 是 1 時，3 會被存到記憶元裡。因為第 4 個時刻的 x_2 為 1，所以 4 會被加到記憶元裡。第 6 個時刻的 x_3 為 1，7 被輸出。第 7 個時刻的 x_2 為 -1，記憶元裡的值會被洗掉變為 0。第 8 個時刻的 x_2 為 1，所以把 6 存進去，又因為第 9 個時刻 x_3 為 1，所以把 6 輸出。

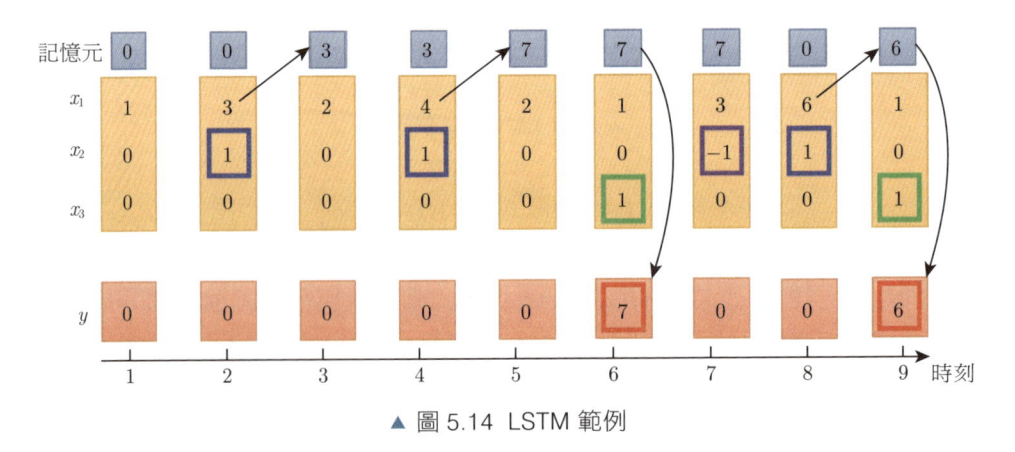

▲ 圖 5.14 LSTM 範例

5.4.5 LSTM 運算範例

圖 5.15 是 LSTM 運算的例子。網路的 4 個輸入標量分別是 x_1、x_2、x_3 及偏差各自與權重的積之和。假設這些值是已知的，在實際運算之前，先根據輸入，分析可能得到的結果。觀察圖 5.15 底部，對於外界傳入的單元，因為 x_1 乘以 1，其他的都乘以 0，所以直接把 x_1 當作輸入。在通過輸入閘時，將 x_2 乘以 100，將偏差乘以 -10。如果 x_2 沒有值，輸入閘通常是關閉的（偏差等於 -10，因為 -10 透過 sigmoid 函式之後會接近 0，代表輸入閘是關閉的）。若 x_2 的值大於 1，結果將是一個正值，輸入閘打開。遺忘閘通常是打開的，因為偏差等於 10，只有當 x_2 是一個很大的負值時，遺忘閘才會關起來。輸出閘通常是關閉的，因為偏差是一個很大的負值。若 x_3 是一個很大的正值，壓過了偏差，輸出閘就會打開。

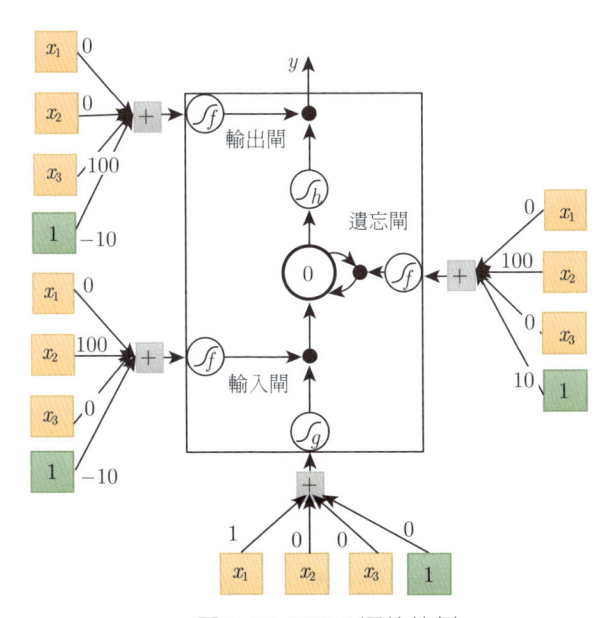

▲ 圖 5.15 LSTM 運算範例

接下來，實際輸入一下看看結果。為了簡化計算，假設 g 和 h 都是線性的（用斜線表示）。存到記憶元裡的初始值是 0，如圖 5.16 所示，網路輸入第一個向量 $[3,1,0]^T$，網路輸入 $3 \times 1 = 3$，值為 3。輸入閘被打開（輸入閘約等於 1）。

$g(z)f(z_i) = 3$。遺忘閘也被打開（遺忘閘約等於 1）。因為 $0 \times 1 + 3 = 3$，所以存到記憶元裡的值為 3。輸出閘關閉，3 無法通過，輸出值為 0。

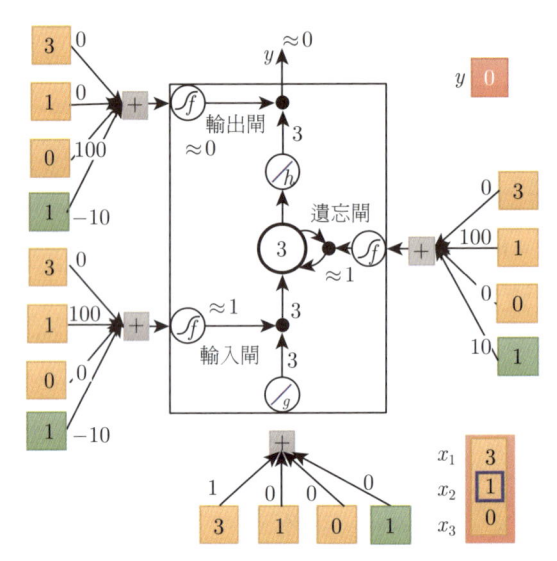

▲ 圖 5.16 LSTM 運算範例：第 1 步

接下來輸入 $[4,1,0]^T$，如圖 5.17 所示，傳入輸入的值為 4，輸入閘會被打開，遺忘閘也會打開，所以記憶元裡存的值為 7（3 + 4 = 7）。輸出閘仍然是關閉的，所以 7 沒有辦法被輸出，整個記憶元的輸出為 0。

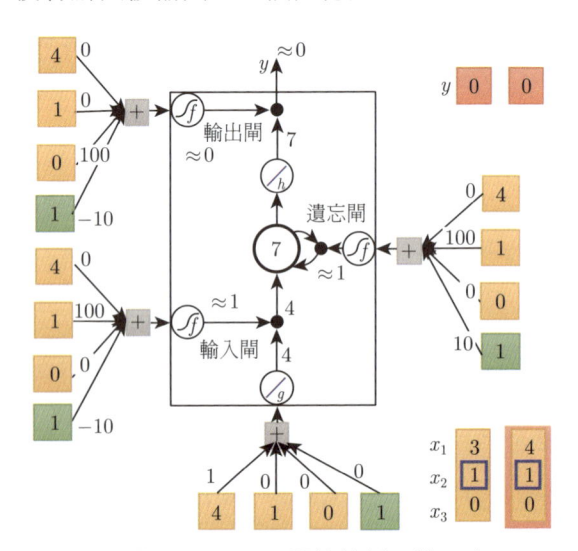

▲ 圖 5.17 LSTM 運算範例：第 2 步

接下來輸入 $[2,0,0]^T$，如圖 5.18 所示，傳入輸入的值為 2，輸入閘關閉，輸入被輸入閘擋住（0×2 = 0），遺忘閘打開。記憶元裡的值還是 7（1×7 + 0 = 7）。輸出閘仍然關閉，所以沒有辦法輸出，整個輸出仍然為 0。

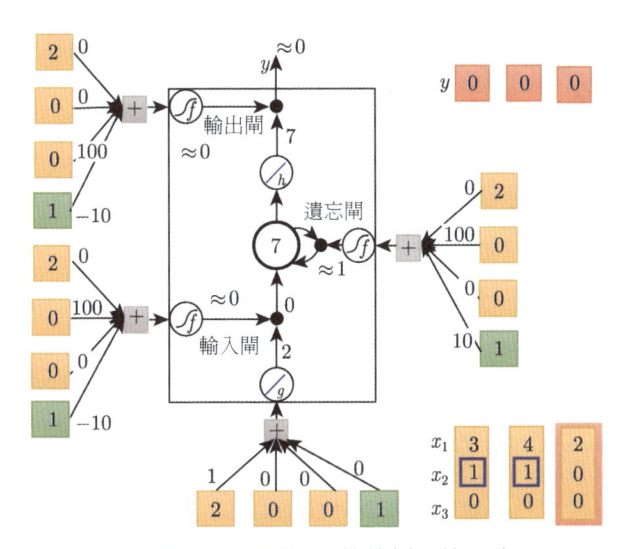

▲ 圖 5.18 LSTM 運算範例：第 3 步

接下來輸入 $[1,0,1]^T$，如圖 5.19 所示，傳入輸入的值為 1，輸入閘關閉，遺忘閘打開，記憶元裡存的值不變，輸出閘打開，整個輸出為 7，記憶元裡存的 7 被讀取出來。

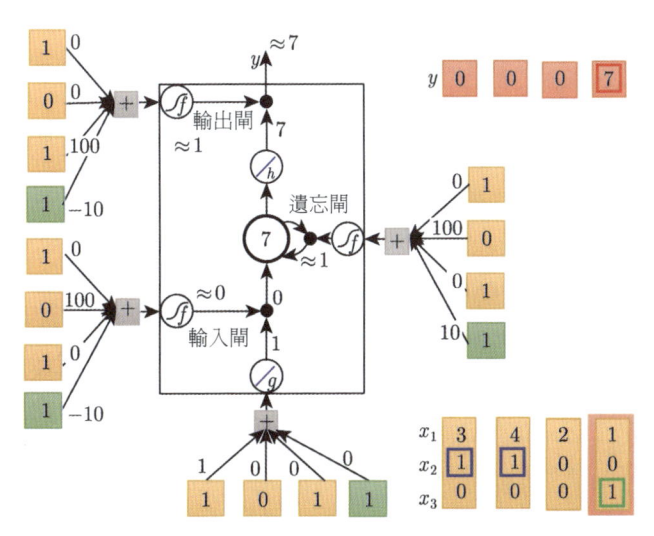

▲ 圖 5.19 LSTM 運算範例：第 4 步

最後輸入 $[3,-1,0]^T$，如圖 5.20 所示，傳入輸入的值為 3，輸入閘關閉，遺忘閘關閉，記憶元裡的值會被洗掉變為 0，輸出閘關閉，所以整個輸出為 0。

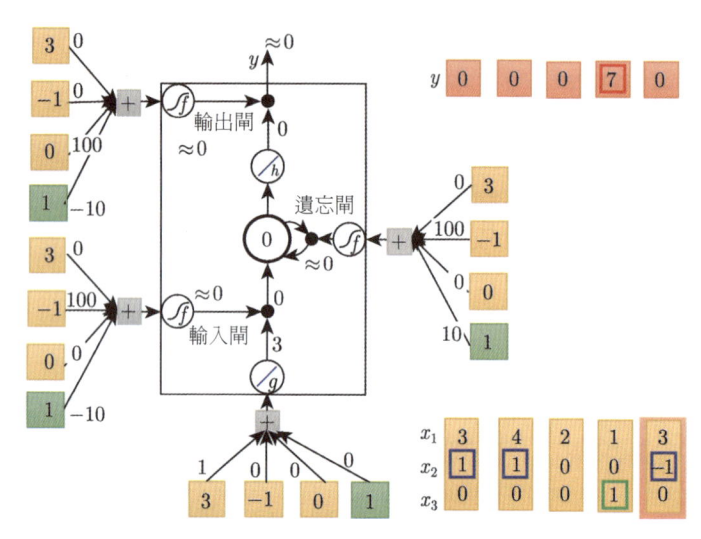

▲ 圖 5.20 LSTM 運算範例：第 5 步

5.5 LSTM 網路原理

普通的神經網路有很多的神經元，我們可以把輸入乘以不同的權重並當作不同神經元的輸入，每一個神經元都是一個函式，輸入一個值，然後輸出另一個值。但如果是 LSTM 的話，我們可以把 LSTM 想像成一個神經元，如圖 5.21 所示。要用一個 LSTM 的神經元，其實就是將原來簡單的神經元換成 LSTM。

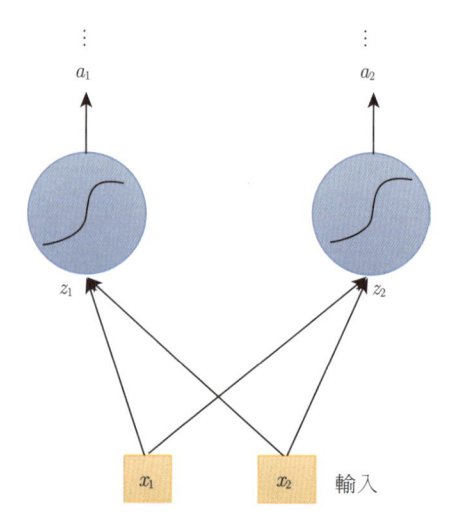

▲ 圖 5.21 把 LSTM 想像成一個神經元

5.5 LSTM 網路原理

如圖 5.22 所示，為了簡化，假設隱藏層只有兩個神經元，將輸入 x_1 和 x_2 乘以不同的權重並當作 LSTM 不同的輸入。輸入（x_1 和 x_2）被乘以不同的權重以操控輸出閘、輸入閘底部輸入和遺忘閘。第二個 LSTM 也是一樣的。所以 LSTM 有 4 個輸入和一個輸出，對於 LSTM 來說，這 4 個輸入是不一樣的。在普通的神經網路裡，一個輸入對應一個輸出。所以如果 LSTM 網路和普通網路擁有相同數量的神經元，則 LSTM 網路需要的參數量是普通神經網路的 4 倍。

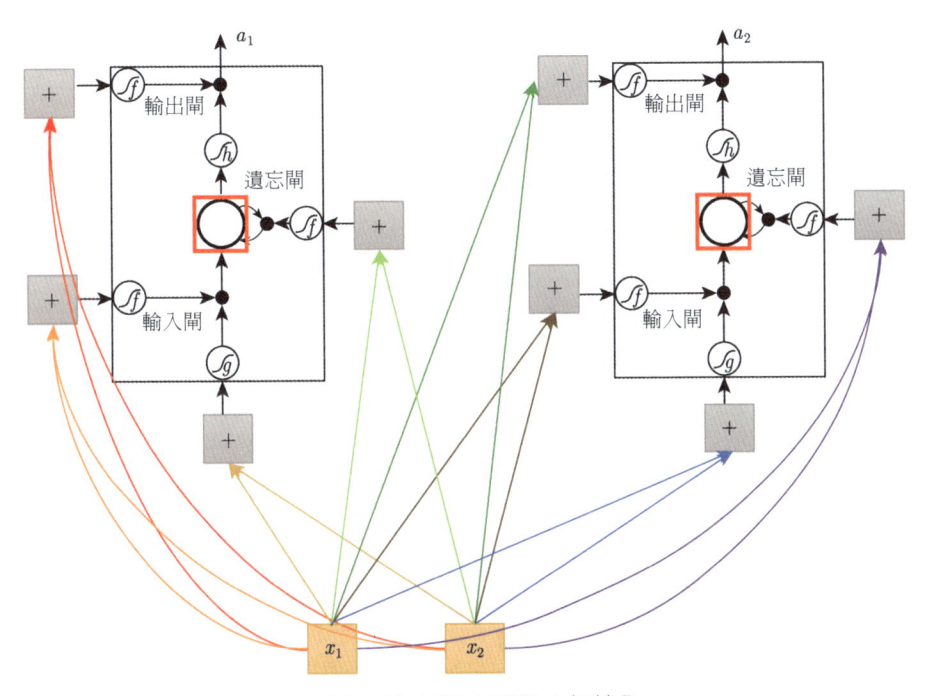

▲ 圖 5.22 LSTM 需要 4 個輸入

如圖 5.23 所示，假設有一整排的 LSTM，這些 LSTM 各存了一個值，所有的值接起來就成了一個向量，記為 c_{t-1}（一個值就代表一個維度）。在時間點 t，輸入向量 x_t，這個向量首先會乘以一個矩陣（應用線性變換），變成向量 z，向量 z 的維度就代表了操控每一個 LSTM 的輸入。向量 z 的維數正好就是 LSTM 的數量。z 的第一維輸入第一個單元。向量 x_t 接下來執行另一個變換，得到向量 z_i，z_i 的維度也與單元的數量相同，z_i 的每一個維度都會操控

輸入閘。遺忘閘和輸出閘也都一樣，不再贅述。對向量 x_t 執行 4 個不同的變換，得到 4 個不同的向量，這 4 個向量的維度與單元的數量相同。將這 4 個向量合起來，就可以操控這些記憶元。

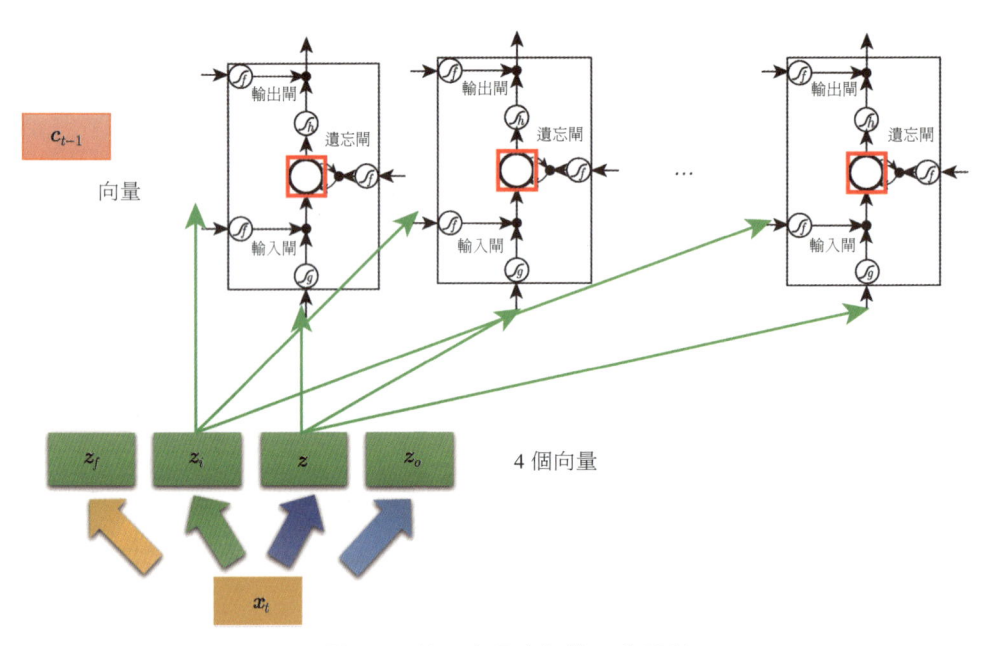

▲ 圖 5.23 輸入向量與記憶元的關係

如圖 5.24 所示，輸入分別是 z_f、z_i、z、z_o（它們都是向量），輸入單元的值其實是向量的一個維度，因為每一個單元輸入的維度都是不一樣的，所以每一個單元輸入的值也都是不一樣的。所有單元可以一起參與運算。z_i 透過激勵函式與 z 相乘，z_f 透過激勵函式與之前存到單元裡的值相乘，然後將 z 和 z_i 相乘的值加上 z_f 和 c_{t-1} 相乘的值，z_o 透過激勵函式的結果得以輸出，再與之前相加的結果相乘，最後得到輸出 y_t。

5.5 LSTM 網路原理

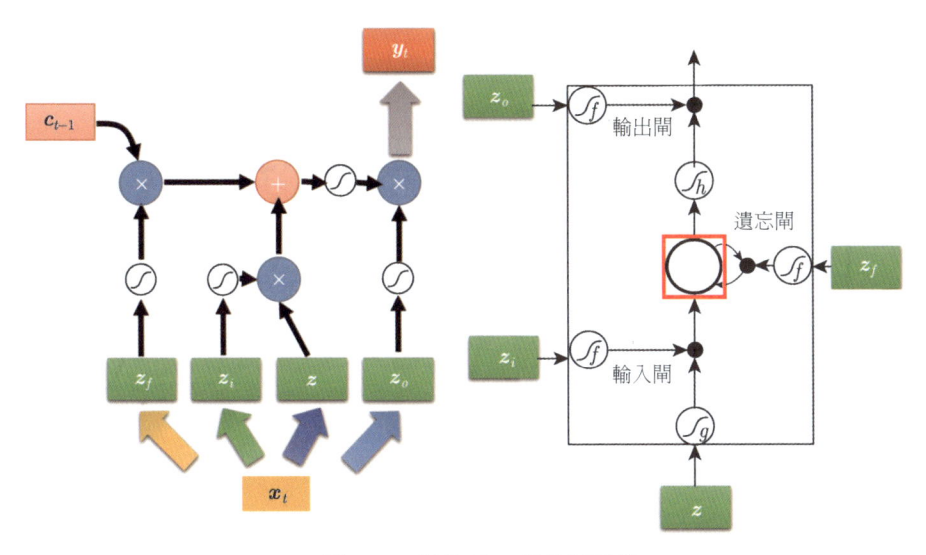

▲ 圖 5.24 記憶元一起參與運算

之前那個相加以後的結果就是記憶元裡存放的值 c_t，反覆執行這個過程，在下一個時間點輸入 x_{t+1}，把 z 跟輸入閘相乘，把遺忘閘的值跟記憶元裡的值相乘，再將前面的兩個值相加，乘以輸出閘的值，得到下一個時間點的輸出 y_{t+1}。但這還不是 LSTM 網路的最終形態，真正的 LSTM 網路會把上一個時間點的輸出接進來，當作下一個時間點的輸入，即下一個時間點在操控這些閘的值時，不僅看那個時間點的輸入 x_{t+1}，還看前一個時間點的輸出 h_t。其實不僅如此，還會添加 peephole 連接，如圖 5.25 所示。peephole 連接就是把存在記憶元裡的值也考慮進來。在操控 LSTM 的 4 個閘時，需要同時考慮 x_{t+1}、h_t、c_t，先將這三個向量並在一起執行不同的變換，得到 4 個不同的向量，之後再操控 LSTM。

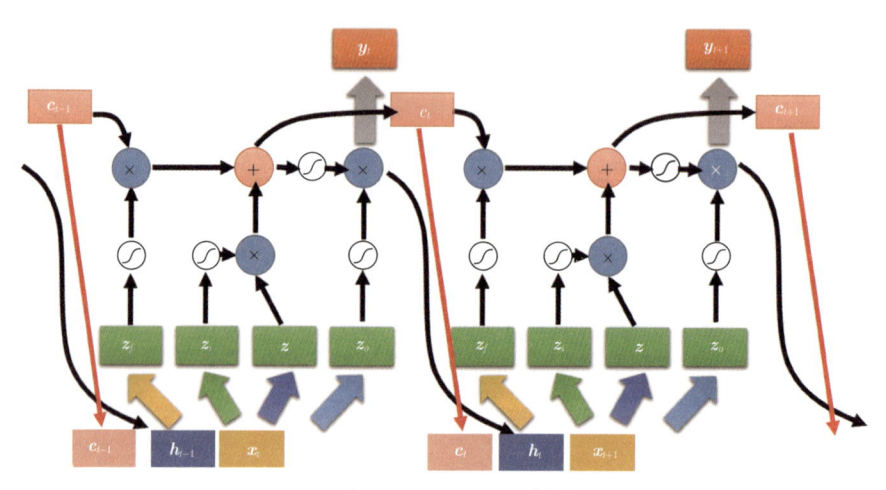

▲ 圖 5.25 peephole 連接

LSTM 網路通常不只有一層，圖 5.26 展示了多層 LSTM 網路。一般在講到 RNN 的時候，其實指的就是 LSTM 網路。

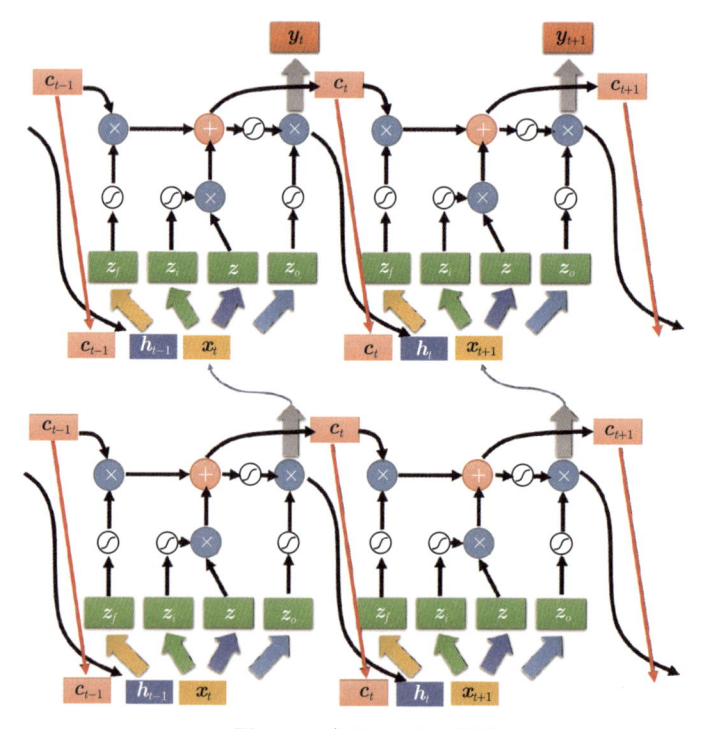

▲ 圖 5.26 多層 LSTM 網路

閘控遞迴單元（Gated Recurrent Unit，GRU）是 LSTM 稍微簡化後的版本，它只有兩個閘。雖然少了一個閘，但 GRU 的效能與 LSTM 差不多，且參數更少，比較不容易過擬合。

5.6　RNN 的學習方式

RNN 為了進行學習，需要定義一個**損失函式**（**loss function**）來評估模型的好壞，並選一個參數讓損失最小。以填槽為例，如圖 5.27 所示，給定一些句子，要給句子一些標籤，告訴機器「arrive」屬於 other 槽，「Shanghai」屬於目的地槽，「on」屬於 other 槽，「June」和「1st」屬於時間槽。當把「arrive」這個詞輸入遞迴神經網路的時候，遞迴神經網路會得到一個輸出 y_1。接下來 y_1 會透過參考向量（reference vector）計算它的交叉熵。我們期望如果輸入的是「arrive」，則參考向量應該對應到 other 槽的維度，其他的維度值為 0。參考向量的長度等於槽的數量。如果有 40 個槽，則參考向量的維度為 40。輸入「Shanghai」之後，因為「Shanghai」屬於目的地槽，所以在將 x_2 輸入後，y_2 跟參考向量越近越好。y_2 的參考向量對應到目的地槽的維度值為 1，其他值為 0。注意，在輸入 x_2 之前，一定要輸入 x_1（在輸入「Shanghai」之前先輸入「arrive」），不然就不知道存到記憶元裡的值是多少。所以在訓練的時候，不能把這些詞的序列打散來看，而應當作一個整體來看。輸入「on」，參考向量對應到 other 槽的維度值為 1，其他值為 0。RNN 的損失函式的輸出和參考向量的交叉熵的和就是要最小化的物件。

▲ 圖 5.27 RNN 計算損失示意

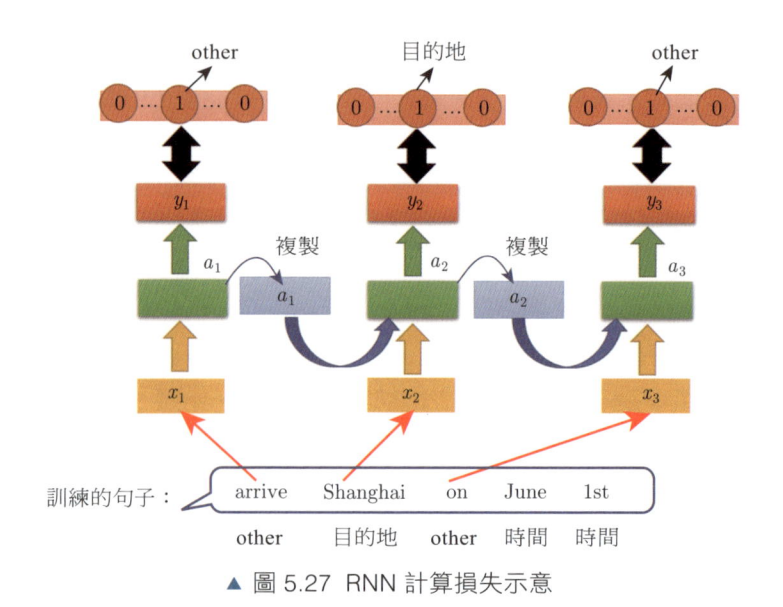

　　有了損失函式以後，訓練也用梯度下降來實現。換言之，定義了損失函式 L，更新計算其對 w 的偏導數以後，再用梯度下降法更新裡面的參數。梯度下降用在前饋神經網路裡的演算法稱為反向傳播。在遞迴神經網路中，為了計算方便，人們提出了反向傳播的進階版──**越時反向傳播**（**BackPropagation Through Time**，**BPTT**）。BPTT 與反向傳播十分相似，只是遞迴神經網路運作在時間序列上，所以 BPTT 需要考慮時間上的資訊，如圖 5.28 所示。

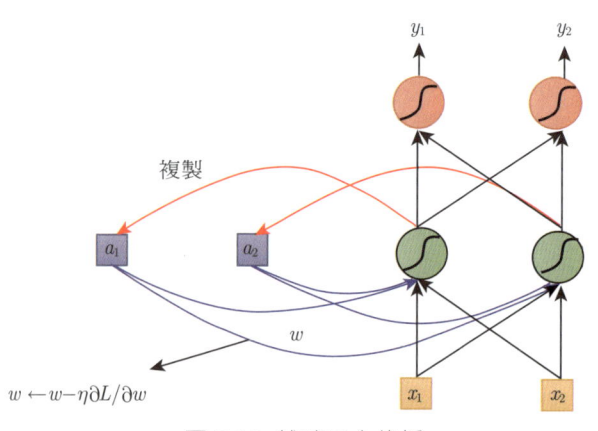

▲ 圖 5.28 越時反向傳播

RNN 的訓練比較困難，如圖 5.29 所示。一般而言，在訓練的時候，期待學習曲線是藍色線，縱軸是總損失（total loss），橫軸是回合的數量。我們希望隨著回合越來越多，參數不斷被更新，損失慢慢下降，最後趨於收斂。但遺憾的是，在訓練遞迴神經網路的時候，有時候會看到像綠色線那樣劇烈變化的情況，我們會覺得程式有問題。

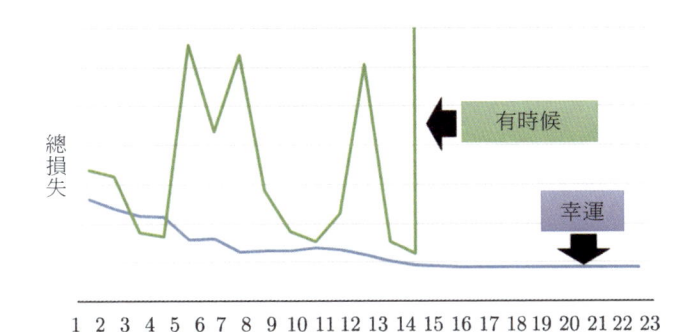

▲ 圖 5.29 訓練 RNN 時的學習曲線

RNN 的誤差表面呈現了總損失的變化情況。誤差表面有些地方非常平坦，有些地方非常陡峭，如圖 5.30 所示。這會造成什麼樣的問題呢？假設我們將橙色點當作初始點，用梯度下降調整、更新參數，我們可能會跳上一個懸崖（紅色點），這時候損失會劇烈振盪。有時候，我們可能會遇到更糟糕的狀況，就好比一腳踩到了懸崖邊（藍色點），懸崖上的梯度很大，而之前的梯度很小，所以我們可能已經把學習率調得比較大。突然增大的梯度乘上已經很大的學習率，參數就更新得過多了。

裁剪（clipping）可以解決該問題。當梯度大於某個閾值的時候，不要讓它超出那個閾值，比如當梯度大於 15 時，讓梯度等於 15 結束。因為梯度不會太大，所以在裁剪的時候，就算踩到了懸崖邊，也還可以繼續進行 RNN 的訓練，如圖 5.30 中的綠色點所示。

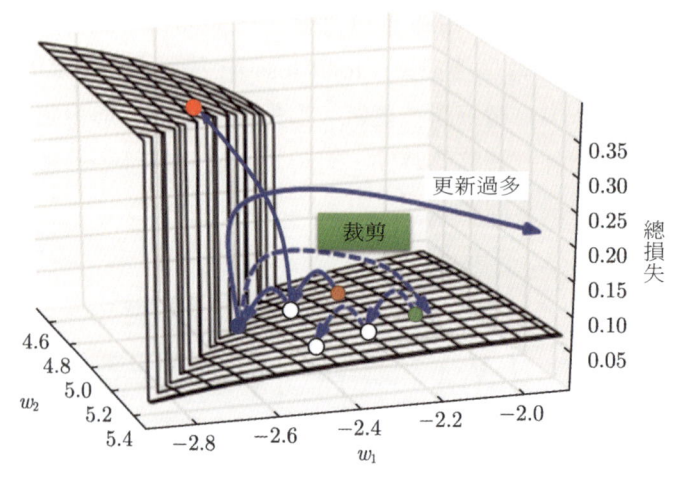

▲ 圖 5.30 RNN 訓練中的裁剪技巧

梯度消失（**vanishing gradient**）問題多因為 sigmoid 函式，但 RNN 具有很平滑的誤差表面並不是梯度消失，因為把 sigmoid 函式換成 ReLU 後，RNN 效能通常是比較差的。激勵函式不是關鍵。

還有更直觀的方法可以得知一個梯度的大小：對某個參數做小小的變化，看網路輸出的變化有多大，就可以測出這個參數的梯度大小，如圖 5.31 所示。舉個很簡單的例子，只考慮一個神經元，這個神經元是線性的。輸入沒有偏差，輸入的權重是 1，輸出的權重也是 1，轉移的權重是 w（也就是說，從記憶元接到神經元的輸入的權重是 w）。

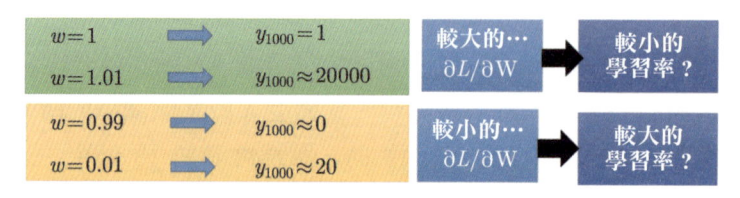

▲ 圖 5.31 參數變化對網路輸出的影響

如圖 5.32 所示的神經網路中，輸入是 $[1,0,0,0]^T$，最後一個時間點的輸出（y_{1000}）是 w^{999}。假設 w 是要學習的參數，我們想要知道它的梯度，不妨改變 w，看看對神經元的輸出會有多大的影響。先假設 $w=1$，$y_{1000}=1$；再假設

$w = 1.01$，$y_{1000} \approx 20000$。w 雖然只有一點點的變化，但對輸出的影響是非常大的。所以 w 有很大的梯度。有很大的梯度也沒關係，把學習率設小一點就好了。若把 w 設為 0.99，則 $y_{1000} \approx 0$。若把 w 設為 0.01，則 $y_{1000} \approx 0$。也就是說，在 1 這個地方梯度很大，但在 0.99 這個地方梯度突然變得非常小，這時候需要一個很大的學習率。設定學習率很麻煩，因為誤差表面很崎嶇，梯度時大時小，在非常小的區域內，梯度有很多的變化。從這個例子可以看出，RNN 訓練問題其實來自在轉移同樣的權重時，RNN 在依照時間反覆使用權重。所以 w 的變化有可能不造成任何影響，而一旦造成影響，影響就會很大，梯度會很大或很小。RNN 不好訓練並非因為激勵函式，而是因為同樣的權重在不同的時間點被反覆使用。

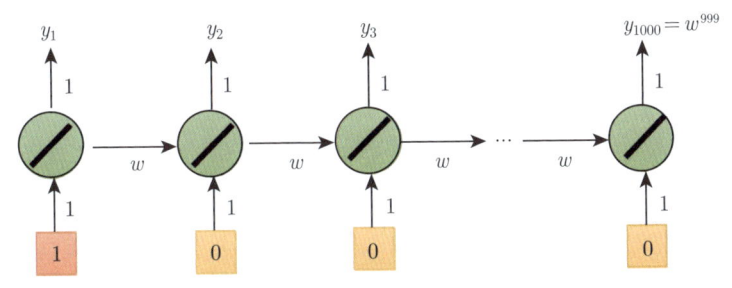

▲ 圖 5.32 RNN 難以訓練的原因

5.7 如何解決 RNN 的梯度消失或梯度爆炸問題

有什麼樣的技巧可以解決這個問題呢？被廣泛使用的技巧是使用 LSTM 網路。使用 LSTM 網路可以讓誤差表面不那麼平坦。它會把那些平坦的地方拿掉，解決梯度消失的問題，但使用 LSTM 網路解決不了**梯度爆炸（gradient exploding）**的問題。有些地方還是非常崎嶇，並且有些地方仍然變化非常劇烈，但不會有特別平坦的地方。如果 LSTM 網路的誤差表面在大部分地方的變化很劇烈，可以把學習率設定得小一點，以保證在學習率很小的情況下進行訓練。

> **Q 為什麼 LSTM 網路可以解決梯度消失的問題，並避免梯度特別小呢？為什麼把 RNN 換成 LSTM 網路？**
>
> **A** LSTM 網路可以解決梯度消失的問題。RNN 和 LSTM 網路在面對記憶元的時候，所處理的操作其實是不一樣的。在 RNN 中，在每一個時間點，神經元的輸出都要存到記憶元裡，記憶元裡的值會被覆蓋掉。但在 LSTM 網路中不是這樣，而是把原來記憶元裡的值乘以另一個值，再與輸入的值相加並將結果存到單元裡面，即記憶和輸入是相加的。LSTM 網路區別於 RNN 的是，如果權重可以影響到記憶元裡的值，則一旦發生影響，影響就會永遠存在，而 RNN 在每個時刻的值都會被覆蓋掉，所以只要這個影響被覆蓋掉，它就消失了。在 LSTM 網路中，除非遺忘閘要把記憶元裡的值「清洗」掉，否則記憶元一旦有變，就只把新的值加進來，而不會把原來的值「清洗」掉，所以不會有梯度消失的問題。

遺忘閘可能會把記憶元裡的值「清洗」掉。其實，LSTM 網路的第一個版本就是為了解決梯度消失的問題，因而沒有遺忘閘，遺忘閘是後來才加進去的。甚至有人認為，在訓練 LSTM 網路的時候，要給遺忘閘特別大的偏差，以確保遺忘閘在大多數情況下是開啟的，而只有在少數情況下是關閉的。

LSTM 有三個閘，而 GRU 只有兩個閘，所以 GRU 需要的參數是比較少的。因為需要的參數比較少，所以 GRU 網路在訓練的時候是比較健壯的。在訓練 LSTM 網路的時候，過擬合的情況很嚴重，可以試一下 GRU 網路。GRU 奉行的原則是「舊的不去，新的不來」。它會把輸入閘和遺忘閘連動起來，也就是說，當輸入閘打開的時候，遺忘閘會自動關閉（格式化存在記憶元裡的值）；而遺忘閘沒有格式化記憶元裡的值時，輸入閘就會被關起來。也就是說，要把記憶元裡的值洗掉，才能把新的值放進來。

其實還有其他技術可以解決梯度消失的問題，比如順時針遞迴神經網路（clockwise RNN）[1] 或結構約束的遞迴網路（Structurally Constrained Recurrent Network，SCRN）[2] 等等。

論文「A Simple Way to Initialize Recurrent Networks of Rectified Linear Units」[3] 採用了不同的做法。一般的 RNN 用單位矩陣（identity matrix）來初始化轉移權重和 ReLU，以得到更好的效能。如果用一般的訓練方法隨機初始化權重，那麼 ReLU 跟 sigmoid 函式相比，使用 sigmoid 函式效能會比較好。但如果使用了單位矩陣，則使用 ReLU 效能會比較好。

5.8　RNN 的其他應用

填槽的例子假設輸入和輸出的數量是一樣的，也就是說，輸入了幾個詞，就給幾個槽標籤。

5.8.1　多對一序列

如果輸入是一個序列，則輸出是一個向量。**情感分析**（sentiment analysis）是典型的應用，如圖 5.33 所示。某公司想要知道自己的產品在網上的評價是正面的還是負面的，可能會寫一個爬蟲，把跟產品有關的文章都爬取下來。一篇一篇地看太累了，可以採用機器學習的方法，透過學習一個**分類器**（classifier）來判斷文章的影響是正面的還是負面的。以電影為例，情感分析就是給機器看很多的文章，機器需要自動判斷哪些文章的影響是正面的，而哪些文章的影響是負面的。機器可以學習一個遞迴神經網路，輸入是一個序列。這個遞迴神經網路會把這個序列讀一遍，並在最後一個時間點，把隱藏層拿出來，再透過幾個變換，就可以得到最後的情感分析結果。

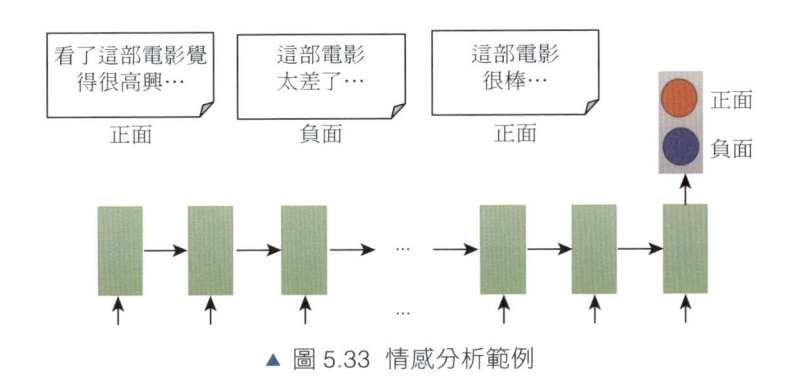

▲ 圖 5.33　情感分析範例

> 情感分析是一個分類問題，但因為輸入是序列，所以我們用 RNN 來處理。

可以用 RNN 來進行關鍵術語抽取（key term extraction）。關鍵術語抽取的意思就是給機器看一篇文章，機器要能夠預測出這篇文章裡都有哪些關鍵字。如圖 5.34 所示，如果能夠收集到一些訓練資料（即一些帶有標籤的文件），就把這些訓練資料當作輸入，通過嵌入層，用 RNN 將它們讀一遍，把出現在最後一個時間點的輸出拿過來計算注意力，可以把這樣的資訊抽取出來，再輸入前饋神經網路，進而得到最後的輸出。

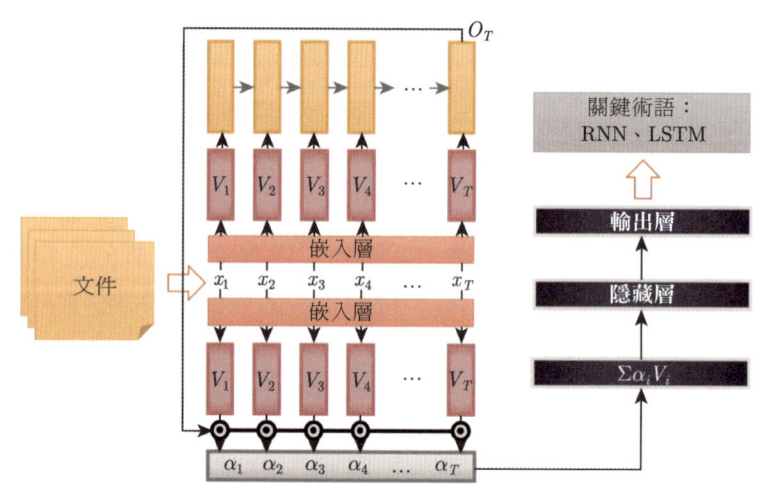

▲ 圖 5.34 關鍵術語抽取

5.8.2 多對多序列

RNN 也可以處理多對多的問題，比如輸入和輸出都是序列，但輸出序列比輸入序列短。如圖 5.35 所示，在語音辨識任務中，輸入是聲音序列，一句話就是一段聲音訊號。通常情況下，處理聲音訊號的方式就是每隔一小段時間用向量來表示一次目前的聲音訊號。這一小段時間是很短的（比如 0.01 秒）。輸出是一個字元序列。

如果是之前提到的 RNN（填槽的 RNN），對於這一串輸入，充其量只能告訴我們每一個向量對應哪一個字元。對於中文的語音辨識，輸出目標理論上就是這個所有可能的中文漢字，假設我們考慮的漢字共有 8000 個，那麼 RNN 分類器的數量就是 8000。每一個向量屬於一個字元。每一個輸入對應的時間間隔很小（0.01 秒），所以很多個向量會對應到同一個字元。辨識結果為「好好好棒棒棒棒棒」，進一步採用修剪（trimming）的方式把重複的漢字拿掉，於是變成「好棒」。但這樣做會有一個嚴重的問題：無法辨識出「好棒棒」這樣的表達。

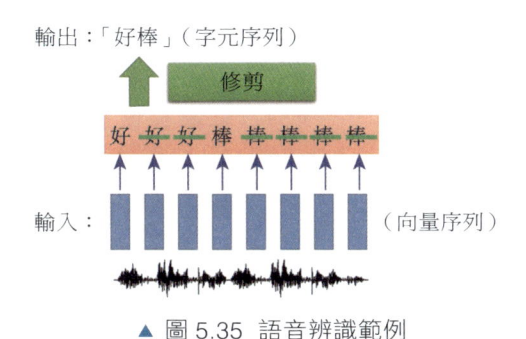

▲ 圖 5.35 語音辨識範例

我們需要把「好棒」和「好棒棒」區別分開，怎麼辦？有一招叫連接時序分類（Connectionist Temporal Classification，CTC），如圖 5.36 所示，在輸出時，不只輸出所有中文字元，還輸出符號「null」（圖 5.36 中的 φ），null 代表沒有任何東西。輸入一個聲音特徵序列，輸出是「好 null null 棒 null null null null」，把「null」拿掉，輸出就變成「好棒」。輸入另一個聲音特徵序列，輸出是「好 null null 棒 null 棒 null null」，把「null」拿掉，輸出就變成「好棒棒」。這樣就可以解決疊字的問題了。

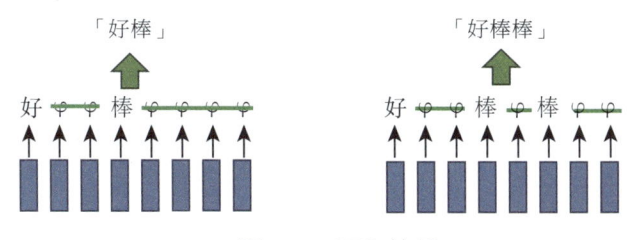

▲ 圖 5.36 CTC 技巧

CTC 怎麼訓練呢？如圖 5.37 所示，在訓練 CTC 的時候，訓練資料會告訴我們這些聲音特徵應該對應到這個字元序列，但不會告訴我們「好」對應第幾個字元到第幾個字元。怎麼辦呢？可以窮舉所有可能的對齊。簡單來說，我們不知道「好」對應哪幾個字元，也不知道「棒」對應哪幾個字元。假設所有的狀況都是可能的。可能是「好 null 棒 null null null」，也可能是「好 null null 棒 null null」，還可能是「好 null null null 棒 null」。我們假設全部都是對的，一起訓練。窮舉所有的可能性，可能性太多了。

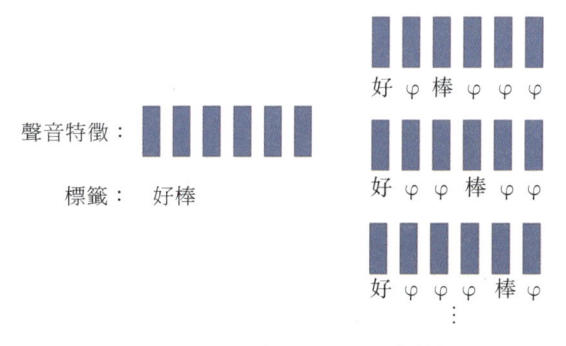

聲音特徵：

標籤： 好棒

好 φ 棒 φ φ φ

好 φ φ 棒 φ

好 φ φ φ 棒 φ

▲ 圖 5.37 CTC 訓練

在做英文辨識的時候，RNN 輸出目標就是字元（英文的字母 + 空白）。直接輸出字母，然後，如果字母之間有邊界，就自動插入空白。如圖 5.38 所示，第 1 幀輸出 H，第 2 幀輸出 null，第 3 幀輸出 null，第 4 幀輸出 I 等等。如果看到的輸出是這樣子，把「null」拿掉，辨識結果就是「HIS FRIEND'S」。我們不需要告訴機器「HIS」是一個單字，「FRIEND'S」也是一個單字，機器透過訓練資料會自己學到這些。如果用 CTC 來做語音辨識，那麼即使某個單字在訓練資料中從來沒有出現過（比如英文中的人名或地名），機器也仍有機會把它辨識出來。

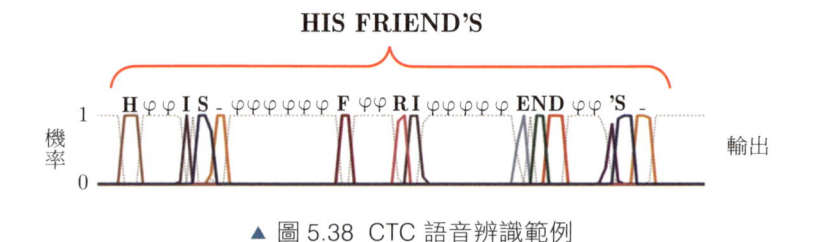

HIS FRIEND'S

H φ φ I S _ φ φ φ φ φ φ F φ R I φ φ φ φ φ END φ φ 'S _

機率

輸出

▲ 圖 5.38 CTC 語音辨識範例

5.8.3 序列到序列

RNN 的另一個應用是**序列到序列**（Sequence-to-Sequence，Seq2Seq）學習。在 Seq2Seq 學習中，RNN 的輸入和輸出都是序列（但它們的長度是不一樣的）。剛才在使用 CTC 技巧時，輸入比較長，輸出比較短。下面我們要考慮的是不確定輸入和輸出相比，哪個比較長，哪個比較短。以機器翻譯（machine translation）為例，輸入英文單字序列，輸出為對應的中文字元序列。英文單字序列和中文字元序列的長短是未知的。

假設輸入「機器學習」，然後用 RNN 讀一遍，那麼在最後一個時間點，記憶元裡就儲存了所有輸入序列的資訊，如圖 5.39 所示。

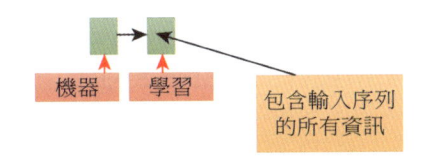

▲ 圖 5.39 記憶元儲存了輸入序列的所有資訊

接下來，讓機器輸出字元「機」，機器會把之前輸出的字元當作輸入，再把記憶元裡的值讀進來，於是輸出「器」。那麼「機」這個字元是怎麼連接到這個地方的呢？這牽涉很多的技巧。在下一個時間點輸入「器」，輸出「學」，然後輸出「習」，就這樣一直輸出下去，如圖 5.40 所示。

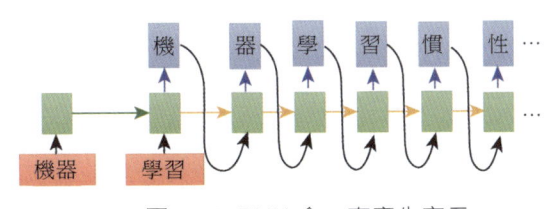

▲ 圖 5.40 RNN 會一直產生字元

要怎麼做才能阻止 RNN 產生字元呢？答案是添加截止符號，如規定遇到符號「===」，RNN 就停止產生字元，如圖 5.41 所示。有沒有可能直接輸入某種語言的聲音訊號，輸出另一種語言的文字呢？我們完全不做語音辨識，而是

直接把英文的聲音訊號輸入這個模型，看它能不能輸出正確的中文。這居然行得通。假設要把閩南語轉成英文，但是閩南語的語音辨識系統不好做，因為閩南語根本就沒有標準的文字系統。在訓練閩南語轉英文語音辨識系統的時候，只需要收集閩南語的聲音訊號和相關的英文翻譯結果就可以了，不需要閩南語的語音辨識結果，也不需要知道閩南語的文字。

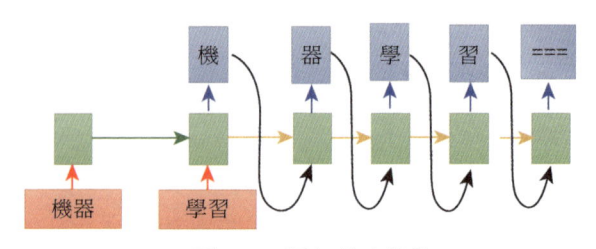

▲ 圖 5.41 添加截止符號

Seq2Seq 技術還用在語法解析（syntactic parsing）。語法解析就是讓機器看一個句子，得到句子結構樹。如圖 5.42 所示，只要把樹狀圖描述成一個序列，比如「John has a dog.」，Seq2Seq 技術將直接學習一個 Seq2Seq 模型，輸出直接就是語法解析樹。LSTM 的輸出序列符合文法結構，左、右括號都有。

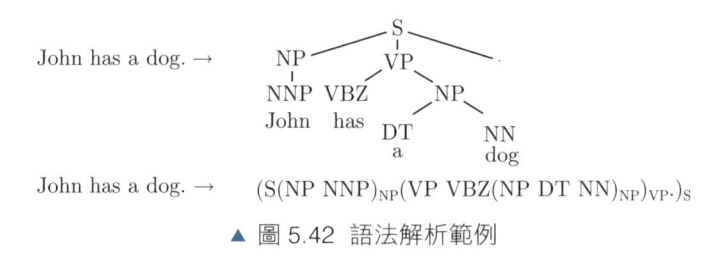

John has a dog. →

John has a dog. → (S(NP NNP)$_{NP}$(VP VBZ(NP DT NN)$_{NP}$)$_{VP}$.)$_S$

▲ 圖 5.42 語法解析範例

要將一個文件表示成一個向量，如圖 5.43 所示，可以採用**詞袋**（**Bag-of-Words**，**BoW**）的方法，但往往會忽略單字順序資訊。舉個例子，有一個單字序列是「white blood cells destroying an infection」，另一個單字序列是「an infection destroying white blood cells」，這兩句話的意思完全相反。但如果我們用詞袋的方法來描述的話，它們的詞袋完全一樣。裡面有一模一樣的 6 個單字，因為單字的順序不一樣，所以句子的意思也不一樣，一個是正面的，另一個是反面的。

在考慮單字順序資訊的情況下，可以用 Seq2Seq 自編碼器把一個文件轉成一個向量。

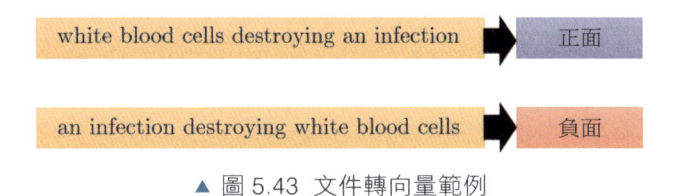

▲ 圖 5.43 文件轉向量範例

參考資料

[1] KOUTNIK J, GREFF K, GOMEZ F, et al. A clockwork RNN[J]. Proceedings of Machine Learning Research, 2014, 32(2): 1863-1871.

[2] MIKOLOV T, JOULIN A, CHOPRA S, et al. Learning longer memory in recurrent neural networks[EB/OL]. arXiv: 1412.7753.

[3] LE Q V, JAITLY N, HINTON G E. A simple way to initialize recurrent networks of rectified linear units[EB/OL]. arXiv: 1504.00941.

Chapter 06 自注意力機制

講完了卷積神經網路以後，下面講另一種常見的網路架構 —— **自注意力模型**（self- attention model）。到目前為止，不管是在預測觀看人數的問題上，還是在影像處理問題上，網路的輸入都是一個向量。如圖 6.1 所示，輸入可以看作一個向量。如果是迴歸問題，則輸出是一個純量；如果是分類問題，則輸出是一個類別。

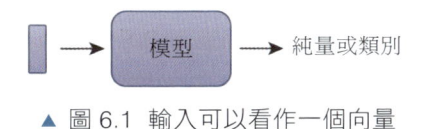

▲ 圖 6.1 輸入可以看作一個向量

6.1 輸入是向量序列的情況

在進行圖片辨識的時候，假設輸入的圖片在大小上都是一樣的。但如果問題變得複雜，如圖 6.2 所示，輸入是一組向量，並且輸入的向量的數量會改變，即每次輸入模型的向量序列的長度都不一樣，這時候應該怎麼處理呢？下面我們透過具體的例子來講解處理方法。

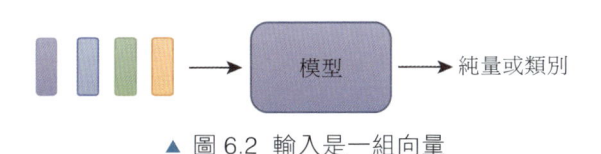

▲ 圖 6.2 輸入是一組向量

第一個例子是文字處理，假設輸入是一個句子，每一個句子的長度都不一樣（每個句子裡面詞彙的數量都不一樣）。如果把一個句子裡的每一個詞都描述成一個向量，用向量來表示這個句子，模型的輸入就是一個向量序列，而且這個向量序列的大小每次都不一樣（句子的長度不一樣，向量序列的大小就不一樣）。

將詞彙表示成向量的最簡單做法是利用獨熱編碼，建立一個很長的向量，這個向量的長度等於世界上現存詞彙的數量。假設英文有 10 萬個詞彙，則建立一個 10 萬維的向量，每一個維度對應一個詞，如公式 (6.1) 所示。但是這種表示方法有一個非常嚴重的問題，就是需要假設所有的詞彼此之間是沒有關係的。cat 和 dog 都是動物，它們應該比較像；cat 是動物，apple 是植物，它們應該比較不像。但這從獨熱向量中看不出來，因為裡面沒有任何語意資訊。

$$\text{apple} = [1, 0, 0, 0, 0, \cdots]$$
$$\text{bag} = [0, 1, 0, 0, 0, \cdots]$$
$$\text{cat} = [0, 0, 1, 0, 0, \cdots] \quad (6.1)$$
$$\text{dog} = [0, 0, 0, 1, 0, \cdots]$$
$$\text{elephant} = [0, 0, 0, 0, 1, \cdots]$$

除了獨熱編碼，也可以使用**詞嵌入（word embedding）**將詞彙表示成向量。詞嵌入使用一個向量來表示一個詞，而這個向量是包含語意資訊的。如圖 6.3 所示，如果把詞嵌入畫出來，則所有的動物可能聚成一團，所有的植物可能聚成一團，所有的動詞可能聚成一團等等。詞嵌入會將每一個詞用一個向量來表示，一個句子就是一組長度不一的向量。

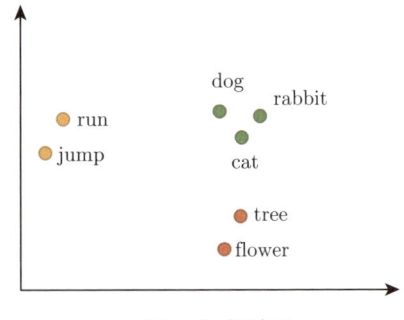

▲ 圖 6.3 詞嵌入

接下來舉一些把一個向量序列當作輸入的例子。如圖 6.4 所示，一段聲音訊號其實就是一組向量。為一段聲音訊號取一個範圍，我們將這個範圍稱作一個視窗（window），把視窗裡面的資訊描述成一個向量，這個向量稱為一幀（frame）。通常窗口的長度是 25 毫秒。為了描述一整段的聲音訊號，我們會把視窗往右移一點，通常移動的步幅是 10 毫秒。

> **Q** 為什麼視窗的長度是 25 毫秒，而視窗移動的步幅是 10 毫秒？
> **A** 已經有人嘗試了大量可能的值，發現這樣得到的結果往往最理想。

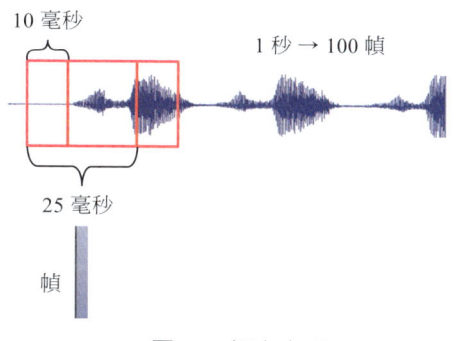

▲ 圖 6.4 語音處理

總之，一段聲音訊號就是一組向量，又因為每一個視窗都只移動 10 毫秒，所以一秒的聲音訊號有 100 個向量，一分鐘的聲音訊號就有 $100 \times 60 = 6000$ 個向量。語音其實很複雜，一小段聲音訊號裡包含的資訊量非常可觀。

聲音訊號是一組向量，圖（graph）也是一組向量。社交網路是一個圖，在社交網路中，每一個節點就是一個人。每一個節點可以看作一個向量。每一個人的簡介裡的資訊（性別、年齡、工作等）也都可以用一個向量來表示。

藥物發現（drug discovery）跟圖有關，如圖 6.5 所示，一個分子可以看作一個圖。如果把一個分子當作模型的輸入，則分子上的每一個球就是一個原子，每個原子就是一個向量。每個原子可以用獨熱向量來表示，氫原子 H、碳原子 C、氧原子 O 的獨熱向量表示為

$$H: [1,0,0,0,0,\cdots]$$
$$C: [0,1,0,0,0,\cdots] \quad (6.2)$$
$$O: [0,0,1,0,0,\cdots]$$

如果用獨熱向量來表示每一個原子，那麼一個分子就是一個圖，它由一組向量組成。

獨熱向量

▲ 圖 6.5 藥物發現

6.1.1 類型 1：輸入與輸出數量相同

模型的輸入是一組向量，可以是文字，也可以是語音，還可以是圖。輸出則有三種可能，第一種可能是，每一個向量都有一個對應的標籤。如圖 6.6 所示，當模型看到輸入是 4 個向量的時候，它就輸出 4 個標籤。如果是迴歸問題，則每個標籤是一個數值；如果是分類問題，則每個標籤是一個類別。但是在類型 1 的問題裡面，輸入和輸出的長度是一樣的。我們不需要為模型需要輸出多少標籤和純量而煩惱。輸入是 4 個向量，輸出就是 4 個純量。這是第一種類型。

▲ 圖 6.6 類型 1：輸入與輸出數量相同

什麼樣的應用會用到第一種類型的輸出呢？舉個例子，如圖 6.7 所示，對於文字處理，假設我們要做的是**詞性標註（Part-Of-Speech tagging，POS tagging）**。機器會自動決定每一個詞的詞性，並判斷它是名詞、動詞，還是形容詞等等。這個任務並不是很容易就能完成的。假設現在有一個句子：I saw a saw。這句話的意思是「我看到一個鋸子」。機器需要知道第一個 saw 是動詞，第二個 saw 是名詞，輸入的每一個詞都要有一個對應的輸出的詞性。這屬於第一種類型的輸出。

再舉個例子，對於語音辨識，一段聲音訊號裡有一組向量。每一個向量都決定了它屬於哪一個音標。這不是真正的語音辨識，而是語音辨識的簡化版。對於社交網路，模型要決定每一個節點都有什麼樣的特性，比如某個人會不會買某個商品，這樣我們才知道要不要推薦該商品給他。

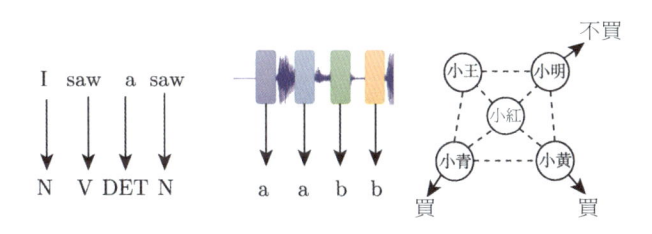

▲ 圖 6.7 類型 1 應用的例子

6.1.2　類型 2：輸入是一個序列，輸出是一個標籤

第二種可能的輸出如圖 6.8 所示，整個序列只需要輸出一個標籤。

▲ 圖 6.8 類型 2：輸入是一個序列，輸出是一個標籤

舉個例子，如圖 6.9 所示，輸入是文字。情感分析就是給機器看一段話，模型需要決定這段話是積極的（positive）還是消極的（negative）。情感分析很有應用價值，假設某公司開發的一個產品上線了，想要知道網友的評價，但又不可能逐條分析網友的留言。利用情感分析就可以讓機器自動判別當一條評

論提到這個產品的時候，影響是積極的還是消極的，這樣就可以知道該產品在網友心中的真實情況。給定一個句子，只需要一個標籤（積極的或消極的）。再比如語音辨識，機器先聽一段聲音，再判斷是誰講的。對於圖，則可以給定一個分子，預測該分子的親水性。

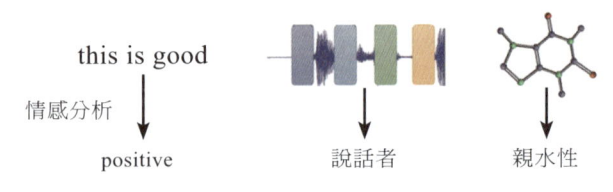

▲ 圖 6.9 類型 2 的應用例子

6.1.3 類型 3：序列到序列任務

最後一種可能是，我們不知道應該輸出多少個標籤，機器需要自己決定輸出多少個標籤。如圖 6.10 所示，輸入是 N 個向量，輸出可能是 N' 個標籤，而 N' 的值是由機器自己決定的。這種任務又稱序列到序列任務。如果輸入和輸出是不同的語言，不同語言的詞彙數量本來就不可能一樣。而對於真正的語音辨識，則是輸入一句話，輸出一段文字，因此語音辨識其實也是序列到序列任務。

▲ 圖 6.10 類型 3：序列到序列任務

6.2 自注意力機制的運作原理

我們先講第一種類型：輸入和輸出數量一樣多的狀況，以序列標註（sequence labeling）為例。序列標註要給序列裡的每一個向量分配一個標籤。要怎麼解決序列標註的問題呢？直覺是使用全連接網路。如圖 6.11 所示（圖中使用 FC 代表全連接網路），雖然輸入是一個向量的序列，但我們可以

將其逐一擊破，把每一個向量分別輸入全連接網路，得到輸出。這種做法有非常大的弊端，以詞性標註為例，給機器一個句子：I saw a saw。對於全連接網路，這個句子中的兩個 saw 一模一樣，它們是同一個詞。既然全連接網路的輸入是同一個詞，它就沒有理由輸出不同的內容。但實際上，我們期待對於第一個 saw 輸出動詞，對於第二個 saw 輸出名詞。全連接網路無法做到這件事。有沒有可能讓全連接網路考慮更多的資訊，比如上下文資訊呢？這是有可能的，如圖 6.12 所示，把每個向量的前後幾個向量都「串」起來，一起輸入全連接網路就可以了。

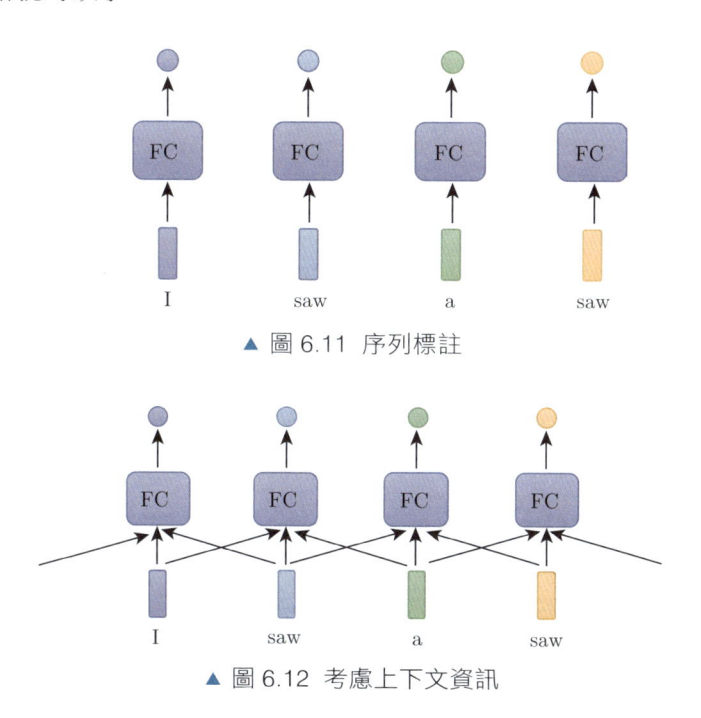

▲ 圖 6.11 序列標註

▲ 圖 6.12 考慮上下文資訊

在語音辨識中，不能只看一幀就判斷該幀屬於哪一個音標，而應該看該幀及其前後 5 個幀（共 11 個幀）來決定它屬於哪一個音標。可以給全連接網路整個視窗的資訊，並讓它考慮一些上下文資訊，即與該向量相鄰的其他向量的資訊，如圖 6.13 所示。但這種方法是有極限的，有的任務不是考慮一個視窗就可以完成的，而是要考慮整個序列才能夠完成，怎麼辦呢？有人簡單地認為，使視窗大一點，大到把整個序列蓋住，就可以了。但序列是有長有短的，

輸入模型的序列的長度每次都可能不一樣。如果想讓一個視窗把整個序列蓋住，可能就要統計一下訓練資料，看看訓練資料裡最長序列的長度。視窗需要比最長的序列還長，才可能把整個序列蓋住。這麼大的視窗意味著全連接網路需要非常多的參數，不僅運算量很大，還容易過擬合。如果想要更好地考慮整個輸入序列的資訊，就要用到自注意力模型。

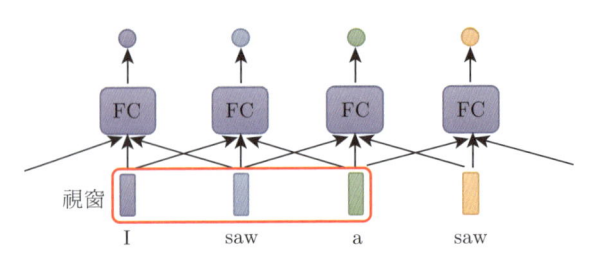

▲ 圖 6.13 使用視窗來考慮上下文資訊

　　自注意力模型的運作方式如圖 6.14 所示，自注意力模型會考慮整個序列的資料，輸入幾個向量，它就輸出幾個向量。以圖 6.14 為例，輸入是 4 個向量，輸出也是 4 個向量。而輸出的 4 個向量都是在考慮整個序列後才得到的，它們不是普通的向量。接下來把考慮了整個句子的向量輸入全連接網路，得到輸出。全連接網路不是只考慮一個非常小的範圍或一個小的視窗，而是考慮整個序列的資訊，進而決定應該輸出什麼樣的結果，這就是自注意力模型。

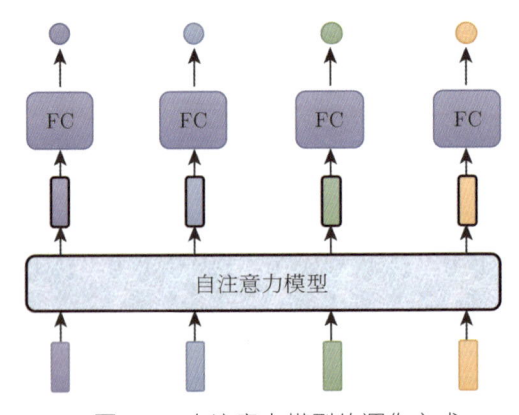

▲ 圖 6.14 自注意力模型的運作方式

自注意力模型不是只能用一次，而是可以疊加很多次。如圖 6.15 所示，自注意力模型的輸出在透過全連接網路以後，得到全連接網路的輸出。全連接網路的輸出被再一次輸入自注意力模型，重新考慮整個輸入序列，將得到的資料登錄另一個全連接網路，並得到最終的結果。全連接網路和自注意力模型可以交替使用。全連接網路專注於處理某個位置的資訊，自注意力模型則把整個序列資訊再處理一次。有關自注意力最知名的論文是「Attention Is All You Need」[1]。在這篇論文裡面，Google 提出了 Transformer 網路架構。其中最重要的模組是自注意力模組。還有很多更早的論文提出過類似於自注意力的架構，比如 Self-Matching。

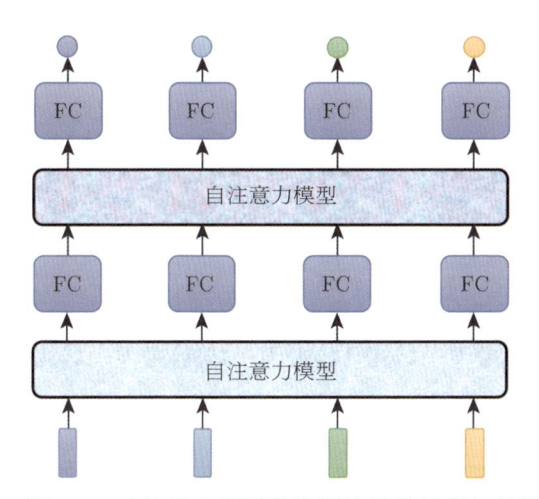

▲ 圖 6.15 自注意力模型與全連接網路的疊加使用

自注意力模型的運作過程如圖 6.16 所示，輸入是一組向量，這組向量可能是整個網路的輸入，也可能是某個隱藏層的輸出，所以不用 x 來表示，而用 a 來表示，代表它們有可能在前面已經做過一些處理，是某個隱藏層的輸出。輸入一組向量 a，自注意力模型將輸出一組向量 b，其中的每個向量都是在考慮了所有的輸入向量以後才產生出來的。換言之，b^1、b^2、b^3、b^4 是在考慮了整個輸入序列 a^1、a^2、a^3、a^4 之後才產生出來的。

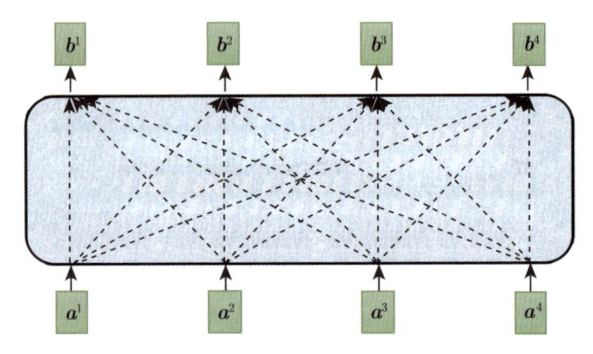

▲ 圖 6.16 自注意力模型的運作過程

接下來介紹向量 b^1 產生的過程,向量 b^2、b^3、b^4 產生的過程以此類推。怎麼產生向量 b^1 呢?如圖 6.17 所示,第一個步驟是根據 a^1 找出輸入序列裡面與 a^1 相關的其他向量。自注意力的目的是考慮整個序列,但是又不希望把整個序列所有的資訊包含在一個視窗裡面。所以有一個特別的機制,這個機制旨在根據向量 a^1 找出整個很長的序列裡面哪些部分是重要的,而哪些部分跟判斷 a^1 屬於哪個標籤有關。每一個向量與 a^1 的關聯程度可以用 α 來表示。自注意力模組如何自動決定兩個向量之間的關聯性呢?給它兩個向量 a^1 和 a^4,怎麼計算 α 呢?我們需要有一個計算注意力的模組。

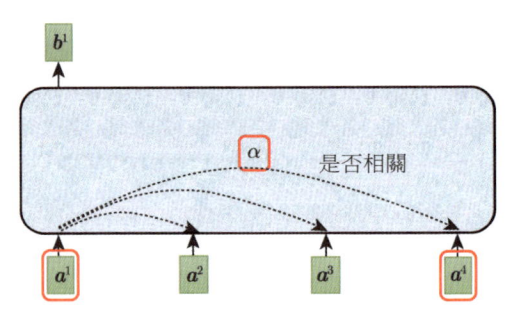

▲ 圖 6.17 向量 b^1 產生的過程

計算注意力的模組使用兩個向量作為輸入,直接輸出 α,α 可以當作兩個向量的關聯程度。實際上要怎麼計算 α 呢?比較常見的做法是計算內積(dot product)。如圖 6.18(a) 所示,把輸入的兩個向量分別乘以兩個不同的矩陣,左邊這個向量乘以矩陣 W^q,右邊這個向量乘以矩陣 W^k,得到兩個向量 q 和

k，再對 q 和 k 計算內積，先進行逐元素（element-wise）相乘，再把結果全部加起來，就得到了純量（scalar）α，這是一種計算 α 的方式。

其實還有其他的計算方式，比如相加，如圖 6.18(b) 所示。先使兩個向量透過 W^q、W^k，得到 q 和 k，但不對它們計算內積，而是把 q 和 k「串」起來並「丟」給一個 tanh 函式，再乘以矩陣 W，得到 α。總之，有非常多不同的方法可以計算注意力，也就是計算向量的關聯程度 α。但是在接下來的內容中，我們只用內積，這是目前最常用的方法，也是用在 Transformer 中的方法。

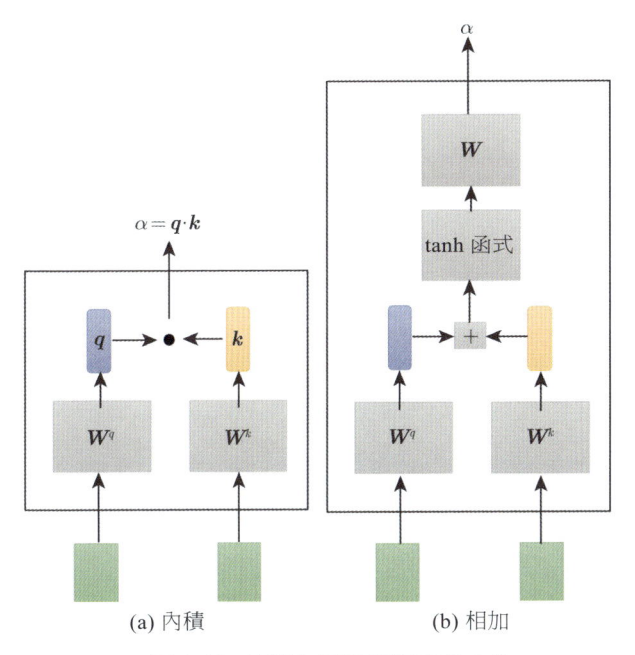

(a) 內積　　(b) 相加

▲ 圖 6.18 計算向量關聯程度的方法

那麼如何套用在自注意力模型裡面呢？自注意力模型一般採用查詢 – 鍵 – 值（Query-Key-Value，QKV）模式，分別計算 a^1 與 a^2、a^3、a^4 之間的相關性（即關聯程度）α。如圖 6.19 所示，將 a^1 乘以 W^q，得到 q^1。向量 q 稱為查詢（query），它類似於我們使用搜尋引擎搜尋相關文章時使用的關鍵字。

接下來將 a^2、a^3、a^4 乘以 W^k，得到向量 k，向量 k 稱為鍵（key）。對查詢 q^1 和鍵 k^2 計算內積（inner-product），得到 $\alpha_{1,2}$。$\alpha_{1,2}$ 代表當查詢是 q^1 提

供的,而鍵是 k^2 提供的時候,q^1 和 k^2 之間的關聯性。關聯性 α 也稱為注意力分數。計算 q^1 與 k^2 的內積也就是計算 a^1 與 a^2 的注意力分數。在計算出 a^1 與 a^2 的關聯性之後,還需要計算 a^1 與 a^3、a^4 的關聯性。將 a^3 乘以 W^k,得到鍵 k^3;將 a^4 乘以 W^k,得到鍵 k^4;再對鍵 k^3 和查詢 q^1 計算內積,得到 a^1 與 a^3 之間的關聯性,即 a^1 和 a^3 的注意力分數。對 k^4 和 q^1 計算內積,得到 $\alpha_{1,4}$,此為 a^1 和 a^4 之間的關聯性。

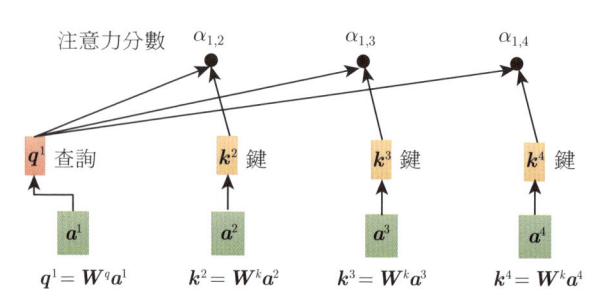

▲ 圖 6.19 在自注意力機制中使用內積

如圖 6.20 所示,一般在實作的時候,a^1 跟自身也有關聯性。將 a^1 乘以 W^k,得到 k^1,即可用 q^1 和 k^1 來計算 a^1 與自身的關聯性。在計算出 a^1 與每一個向量的關聯性以後,對所有的關聯性執行 softmax 操作,如公式 (6.3) 所示。對 α 全部取 e 的指數,再把指數的值全部加起來做正規化(normalize),得到 α'。這裡的 softmax 操作與分類任務中的 softmax 操作一模一樣。

$$\alpha'_{1,i} = \frac{\exp(\alpha_{1,i})}{\sum_j \exp(\alpha_{1,j})} \tag{6.3}$$

本來有一組 α,透過 softmax 操作便得到一組 α'。

Q 為什麼要用 softmax 函式?

A 不一定要用 softmax 函式,也可以用別的激勵函式,比如 ReLU。有人嘗試使用 ReLU,發現結果比使用 softmax 函式還要好一點。所以不一定要用 softmax 函式,我們可以嘗試其他激勵函式,看能不能得到比 softmax 函式更好的結果。

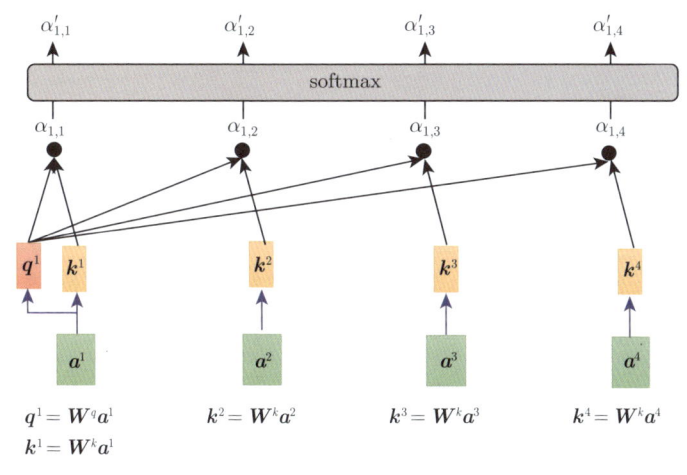

▲ 圖 6.20 添加 softmax 函式

在得到 α' 以後，根據 α' 從序列裡面抽取出重要的資訊。如圖 6.21 所示，根據 α 可知哪些向量跟 a^1 最有關係，接下來即可根據關聯性（即注意力分數）抽取重要的資訊。將向量 $a^1 \sim a^4$ 分別乘以 $\boldsymbol{W}^v$，得到新的向量 $\boldsymbol{v}^1$、$\boldsymbol{v}^2$、$\boldsymbol{v}^3$ 和 $\boldsymbol{v}^4$。將其中的每一個向量分別乘以注意力分數 α'，再把結果加起來：

$$\boldsymbol{b}^1 = \sum_i \alpha'_{1,i} \boldsymbol{v}^i \qquad (6.4)$$

如果 a^1 和 a^2 的關聯性很強，即 $\alpha'_{1,2}$ 的值很大；那麼在做加權和（weighted sum）以後，得到的 $\boldsymbol{b}^1$ 就可能會比較接近 $\boldsymbol{v}^2$，所以誰的注意力分數最大，誰的 $\boldsymbol{v}$ 就會主導（dominant）抽取結果。同理，我們可以計算出 $\boldsymbol{b}^2 \sim \boldsymbol{b}^4$。

剛才講了自注意力模型的運作過程，接下來從矩陣乘法的角度重新講一次自注意力模型的運作過程，如圖 6.22 所示。現在已經知道 $\boldsymbol{a}^1 \sim \boldsymbol{a}^4$ 的每一個 $\boldsymbol{a}$ 都要分別產生 $\boldsymbol{q}$、$\boldsymbol{k}$ 和 $\boldsymbol{v}$，如 $\boldsymbol{a}^1$ 要產生 $\boldsymbol{q}^1$、$\boldsymbol{k}^1$、$\boldsymbol{v}^1$，$\boldsymbol{a}^2$ 要產生 $\boldsymbol{q}^2$、$\boldsymbol{k}^2$、$\boldsymbol{v}^2$，以此類推。如果要用矩陣運算表示這個操作，則每一個 $\boldsymbol{a}^i$ 都需要乘以矩陣 $\boldsymbol{W}^q$ 以得到 $\boldsymbol{q}^i$，這些不同的 $\boldsymbol{a}$ 可以合起來當作一個矩陣。什麼意思呢？將 $\boldsymbol{a}^1$ 乘以 $\boldsymbol{W}^q$ 得到 $\boldsymbol{q}^1$，將 $\boldsymbol{a}^2$ 乘以 $\boldsymbol{W}^q$ 得到 $\boldsymbol{q}^2$，以此類推。把 $\boldsymbol{a}^1 \sim \boldsymbol{a}^4$ 拼起來，結果可以看作矩陣 $\boldsymbol{I}$，矩陣 $\boldsymbol{I}$ 有 4 列，其中的每一列就是自注意力模型的輸入。把矩陣 $\boldsymbol{I}$ 乘以矩陣 $\boldsymbol{W}^q$，得到 $\boldsymbol{Q}$。$\boldsymbol{W}^q$ 是網路的參數，$\boldsymbol{Q}$ 中的 4 列則是 $\boldsymbol{q}^1 \sim \boldsymbol{q}^4$。

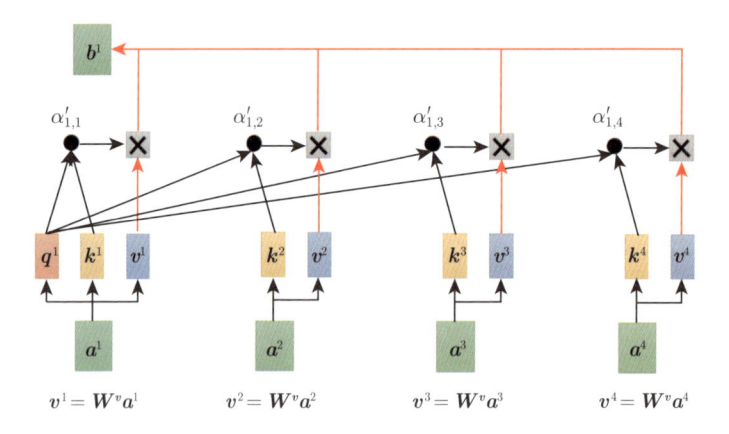

▲ 圖 6.21 根據 α' 從序列中抽取出重要的資訊

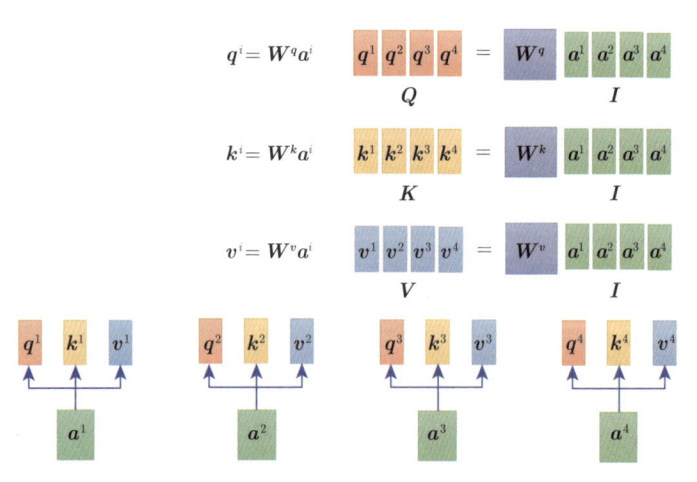

▲ 圖 6.22 從矩陣乘法的角度瞭解自注意力模型的運作過程

  產生 k 和 v 的操作跟 q 一模一樣，將 a 乘以 W^k 就會得到鍵 k。把 I 乘以矩陣 W^k 就會得到矩陣 K。K 中的 4 列就是 4 個鍵 $k^1 \sim k^4$。將 I 乘以矩陣 W^v 就會得到矩陣 V。矩陣 V 中的 4 列就是 4 個向量 $v^1 \sim v^4$。因此，把輸入的向量序列分別乘以三個不同的矩陣，便可得到 q、k 和 v。

  下一步是對每一個 q 和每一個 k 計算內積，得到注意力分數。如圖 6.23 所示，先計算 q^1 的注意力分數。

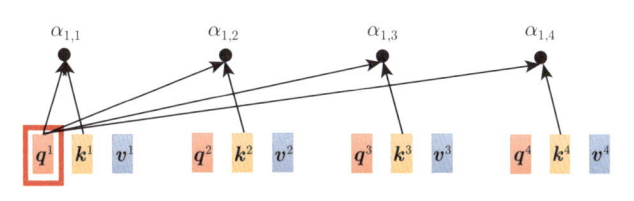

▲ 圖 6.23 計算 q^1 的注意力分數

如圖 6.24 所示，如果從矩陣操作的角度來看注意力分數計算這個操作，過程如下：求對 q^1 和 k^1 的內積，得到 $\alpha_{1,1}$，同理，$\alpha_{1,2}$ 是 q^1 和 k^2 的內積，$\alpha_{1,3}$ 是 q^1 和 k^3 的內積，$\alpha_{1,4}$ 是 q^1 和 k^4 的內積。合併以上操作可以看作矩陣和向量相乘。也就是說，q^1 乘 k^1、q^1 乘 k^2、q^1 乘 k^3、q^1 乘 k^4 可以看作把 $(k^1)^T \sim (k^4)^T$ 合併當作一個矩陣的 4 列，再把這個矩陣乘以 q^1，得到注意力分數矩陣，其中的每一列都是注意力分數，即 $\alpha_{1,1} \sim \alpha_{1,4}$。

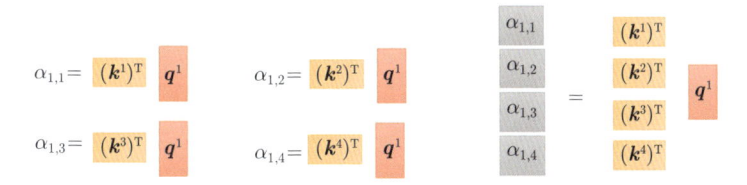

▲ 圖 6.24 從矩陣操作的角度瞭解注意力分數的計算過程

如圖 6.25 所示，不只 q^1 要對 $k^1 \sim k^4$ 計算注意力分數，q^2 也要對 $k^1 \sim k^4$ 計算注意力分數。將 q^2 也乘以 $k^1 \sim k^4$，得到 $\alpha_{2,1} \sim \alpha_{2,4}$。同理，將 q^3 乘以 $k^1 \sim k^4$，得到 $\alpha_{3,1} \sim \alpha_{3,4}$；將 q^4 乘以 $k^1 \sim k^4$，得到 $\alpha_{4,1} \sim \alpha_{4,4}$。

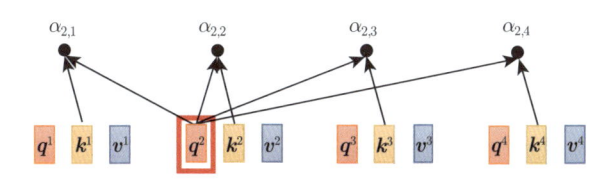

▲ 圖 6.25 計算 q^2 的注意力分數

如圖 6.26 所示，透過對兩個矩陣進行相乘就可以得到注意力分數。其中一個矩陣的列就是 k，即 $k^1 \sim k^4$；另一個矩陣的列就是 q，即 $q^1 \sim q^4$。把 k 所形成的矩陣 K^T 乘以 q 所形成的矩陣 Q，就得到了注意力分數。假設 K 中

的行是 $k^1 \sim k^4$，在相乘的時候，對矩陣 K 做一下轉置，得到 K^T，將 K^T 乘以 Q 就得到矩陣 A，A 裡面就是 Q 和 K 之間的注意力分數。對注意力分數做正規化（normalization），比如使用 softmax 函式，對 A 中的每一行執行 softmax 操作，使每一行裡的值相加結果為 1。softmax 函式不是唯一的選項，也可以選擇其他的函式，比如 ReLU。由於在對 α 執行 softmax 操作以後，得到的值不同於 α 的原始值，所以用 A' 來表示執行 softmax 操作後的結果。

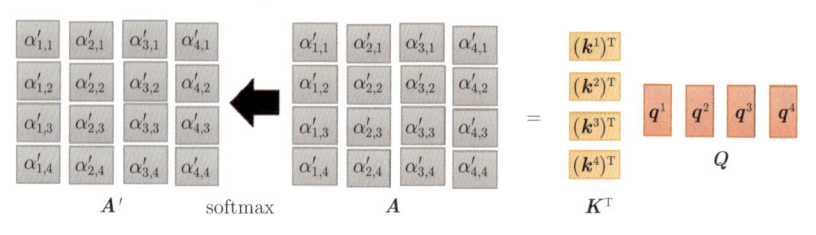

▲ 圖 6.26 注意力分數的計算過程

如圖 6.27 所示，計算出 A' 以後，需要把 $v^1 \sim v^4$ 乘以對應的 α，將結果相加以得到 b。具體操作如下：把 $v^1 \sim v^4$ 當成矩陣 V 的 4 個行加以合併，再把 A' 的第一行乘以 V，就得到了 b^1，把 A' 的第二行乘以 V，就得到了 b^2，以此類推。把矩陣 A' 乘以矩陣 V，得到矩陣 O。矩陣 O 裡的每一行就是自注意力模型的輸出 $b^1 \sim b^4$。所以整個自注意力模型的運作過程如下：先產生 q、k 和 v，再根據 q 找出相關的位置，最後對 v 做加權和，這一系列操作就是一連串矩陣的乘法。

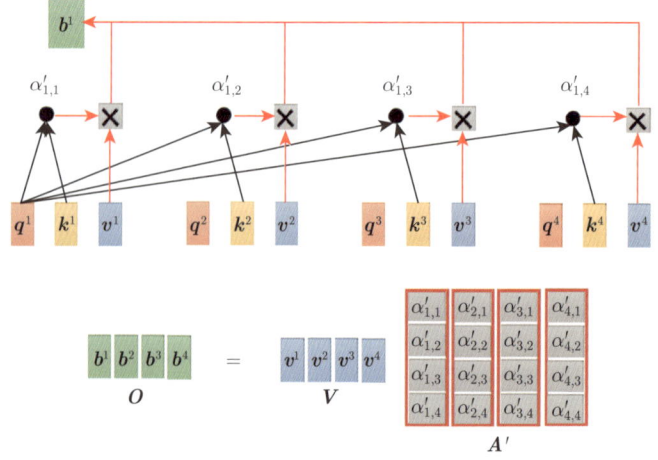

▲ 圖 6.27 自注意力模型的輸出 $b^1 \sim b^4$ 的計算過程

如圖 6.28 所示，自注意力模型的輸入是一組向量，將這組向量拼起來可以得到矩陣 I。將 I 分別乘以三個矩陣 W^q、W^k、W^v，得到另外三個矩陣 Q、K、V。將 Q 乘以 K^T，得到矩陣 A。對 A 做一些處理，得到 A'，A' 稱為注意力矩陣（attention matrix）。將 A' 乘以 V，得到自注意力層的輸出 O。自注意力層的操作較為複雜，但自注意力層中需要學習的參數只有 W^q、W^k、W^v。W^q、W^k、W^v 是未知的，需要透過訓練資料進行學習。其他的操作都沒有未知的參數，也就不需要透過訓練資料進行學習。

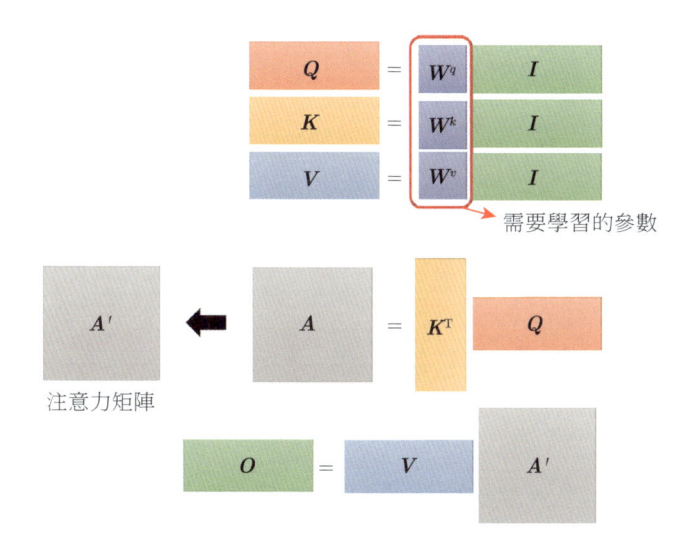

▲ 圖 6.28 從矩陣乘法的角度瞭解注意力

6.3 多頭自注意力

多頭自注意力（**multi-head self-attention**）是自注意力的高階版本。多頭自注意力的應用是非常廣泛的，一些任務，比如翻譯、語音辨識，用比較多的頭可以得到比較好的結果。至於需要用多少個頭，則又是另外一個超參數。為什麼需要比較多的頭呢？在使用自注意力計算相關性的時候，就是用 q 去找相關的 k。但相關有很多種不同的形式，也許可以有多個 q，不同的 q 負責不同種類的相關性，這就是多頭注意力。如圖 6.29 所示，先把 a 乘以一個矩陣，得到 q；再把 q 乘以另外兩個矩陣，分別得到 q^1、q^2。$q^{i,1}$ 和 $q^{i,2}$ 代表有

兩個頭，i 代表的是位置，1 和 2 代表這個位置的第幾個 q，這裡因為有兩種不同的相關性，所以需要產生兩種不同的頭來找兩種不同的相關性。既然 q 有兩個，k 也需要有兩個，v 也需要有兩個。怎麼從 q 得到 q^1、q^2，又怎麼從 k 得到 k^1、k^2，以及怎麼從 v 得到 v^1、v^2 呢？其實就是把 q、k、v 分別乘以兩個矩陣，得到不同的頭。對另一個位置做同樣的事情，另一個位置在輸入 a 以後，也會得到兩個 q、兩個 k、兩個 v。

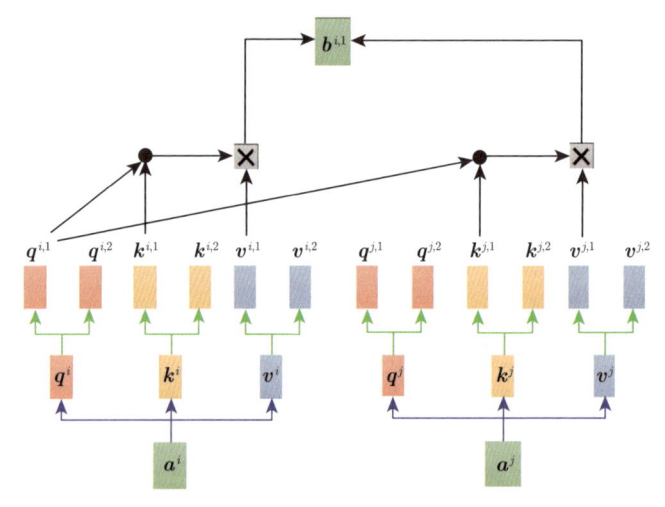

▲ 圖 6.29 多頭自注意力的計算過程

接下來怎麼實作自注意力呢？跟之前講的操作一模一樣，只是現在 1 所代表那一類的一起做，2 所代表那一類的一起做。也就是說，q^1 在計算注意力分數的時候，就不要管 k^2 了，只管 k^1 就好。$q^{i,1}$ 在分別與 $k^{i,1}$、$k^{j,1}$ 計算注意力分數，做加權和的時候，也不要管 v^2 了，只管 $v^{i,1}$ 和 $v^{j,1}$ 就好，把注意力分數乘以 $v^{i,1}$ 和 $v^{j,1}$，再相加，得到 $b^{i,1}$，這裡只用了其中一個頭。

如圖 6.30 所示，我們可以使用另一個頭做相同的事情。q^2 只針對 k^2 計算注意力，在做加權和的時候，只對 v^2 做加權和，得到 $b^{i,2}$。如果有多個頭，如 8 個頭、16 個頭，操作也是一樣的。

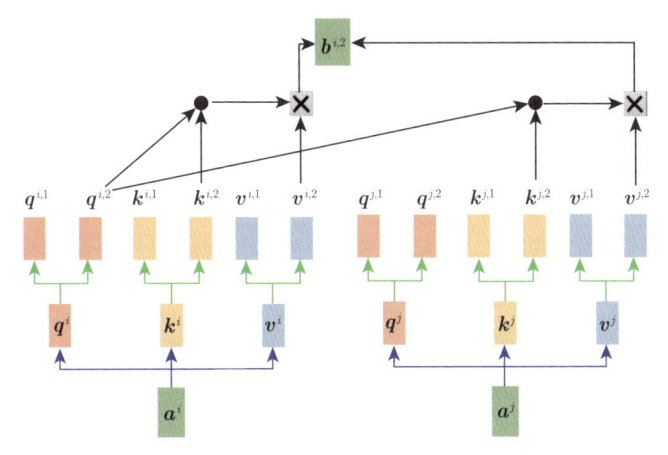

▲ 圖 6.30 多頭自注意力的另一個頭的計算過程

如圖 6.31 所示，得到 $b^{i,1}$ 和 $b^{i,2}$ 後，把 $b^{i,1}$ 和 $b^{i,2}$ 合併，先透過一個變換（即乘以一個矩陣，得到 b^i），再送到下一層，這就是自注意力的變化 —— 多頭自注意力。

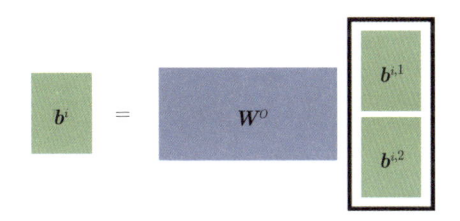

▲ 圖 6.31 從矩陣乘法的角度來瞭解多頭自注意力

6.4 位置編碼

到目前為止，自注意力層少了一個也許很重要的資訊，即位置資訊。對一個自注意力層而言，每一個輸入是出現在序列的最前面還是最後面？這方面沒有相關的資訊。有人可能會問，輸入不是有位置 1～4 嗎？其實，1～4 是作圖的時候為了幫助大家瞭解才使用的編號。對自注意力而言，位置 1、位置 2、位置 3 和位置 4 沒有任何差別，這 4 個位置的操作一模一樣。q^1 和 q^4 的距離並不是特別遠，q^2 和 q^3 的距離也不是特別近，所有位置之間的距離都是

Chapter 06 自注意力機制

一樣的,沒有誰在整個序列的最前面,也沒有誰在整個序列的最後面。於是出現一個問題,位置資訊被忽略了,而有時候位置資訊很重要。舉個例子,在做詞性標註的時候,我們知道動詞比較不容易出現在句首,如果某個詞彙被放在句首,那麼它是動詞的可能性就比較小。

在實作自注意力的時候,如果覺得位置資訊很重要,就要用到**位置編碼**(**positional encoding**)。如圖 6.32 所示,位置編碼為每一個位置設定一個向量,即位置向量(positional vector)。位置向量用 e^i 來表示,上標 i 代表位置,不同的位置就有不同的向量,且都有一個專屬的 e。把 e 加到 a^i 上面就可以了,這相當於提供位置資訊。如果看到 a^i 被加上 e^i,就可以判定現在出現的位置應該是在 i 這個位置。

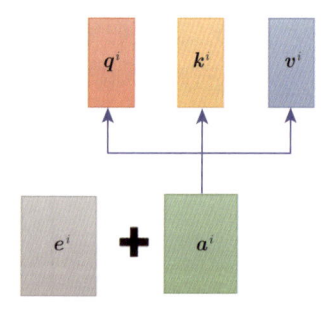

▲ 圖 6.32 位置編碼

最早關於 Transformer 的論文「Attention Is All You Need」[1] 中用的 e^i 如圖 6.33 所示。圖 6.33 中的每一列就代表一個 e,第一個位置就是 e^1,第二個位置就是 e^2,第三個位置就是 e^3,以此類推。每一個位置的 a 都有一個專屬的 e。這個位置向量是人為設定的。人為設定的向量有很多問題,比如在設定這個向量的時候向量長度只定到 128,但序列的長度是 129,怎麼辦呢?在「Attention Is All You Need」中,位置向量是透過正弦函式和餘弦函式產生的,這避免了人為設定固定長度向量的尷尬。

Q 為什麼要透過正弦函式和餘弦函式產生位置向量,還有其他選擇嗎?

A 不一定要透過正弦函式和餘弦函式來產生位置向量。此外,也不一定人為設定位置向量。位置編碼仍然是一個尚待研究的問題,位置編碼甚至可以透過從資料學習而得到。有關位置編碼的更多資訊可以參考論文「Learning to Encode Position for Transformer with Continuous Dynamical Model」[2],該論文不僅比較了不同的位置編碼方法,還提出了新的位置編碼方法。

每一列代表一個位置向量 e^i

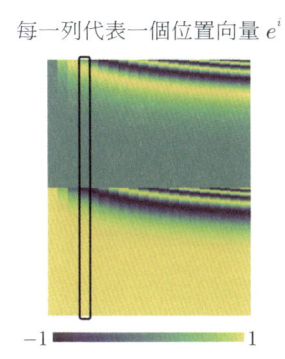

▲ 圖 6.33 Transformer 中的自注意力

　　如圖 6.34(a) 所示,最早的位置編碼是用正弦函式產生的,圖 6.34(a) 中的每一列代表一個位置向量。如圖 6.34(b) 所示,位置編碼還可以使用遞迴神經網路來產生。總之,位置編碼可透過各種不同的方法來產生。目前還不知道哪一種方法最好,這是一個尚待研究的問題。不用糾結為什麼正弦函式最好,我們永遠可以提出新的位置編碼方法。

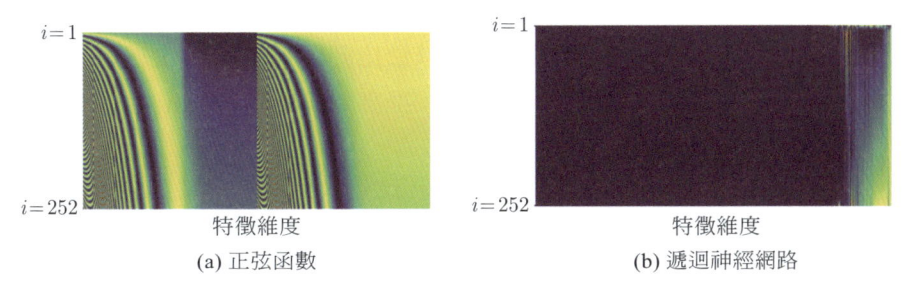

(a) 正弦函數

(b) 遞迴神經網路

▲ 圖 6.34 產生位置編碼的兩種方法

6.5 截斷自注意力

自注意力的應用很廣泛，在**自然語言處理**（Natural Language Processing，NLP）領域，除了 Transformer，BERT 也用到了自注意力，所以大家對自注意力在自然語言處理領域的應用較為熟悉，但自注意力並非只能用在自然語言處理問題上，它還可以用在很多其他的問題上。比如在做語音處理的時候，也可以用自注意力，並且在將自注意力用於語音處理時，還可以對自注意力做一些小小的改動。

舉個例子，如果把一段聲音訊號表示成一組向量，則這組向量可能會非常長。因為其中的每一個向量只代表 10 毫秒的聲音訊號，所以如果是 1 秒的聲音訊號，就需要 100 個向量，5 秒的聲音訊號就需要 500 個向量。我們隨便講一句話，就需要幾千個向量。一段聲音訊號在透過向量序列進行描述的時候，這個向量序列將非常長。在計算注意力矩陣的時候，計算複雜度（complexity）是向量序列長度的平方。假設向量序列長度為 L，則計算注意力矩陣 A' 需要做 $L \times L$ 次內積，如果 L 的值很大，計算量就會很可觀，並且需要很大的記憶體才能把注意力矩陣存下來。所以在做語音辨識的時候，我們講一句話，這句話產生的注意力矩陣可能會非常大，大到不容易處理、不容易訓練。

截斷自注意力（truncated self-attention）可以處理向量序列過長的問題，如圖 6.35 所示，截斷自注意力在做自注意力的時候不會看一整句話，而是只看一個小的範圍，這個範圍是人為設定的。在做語音辨識的時候，如果要辨識某個位置有什麼樣的音標，以及這個位置有什麼樣的內容，那麼只要看這句話及其前後一定範圍內的資訊，就可以做出判斷。在做自注意力的時候，也許沒必要讓自注意力考慮整個句子，以提高運算的速度。這就是截斷自注意力。

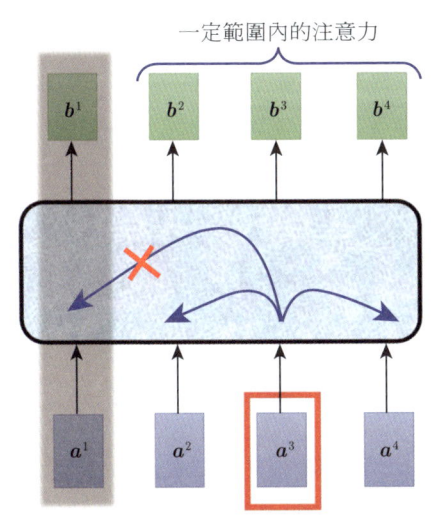

▲ 圖 6.35 截斷自注意力

6.6 對比自注意力與卷積神經網路

　　自注意力還可以用在圖片上。到目前為止，在提到自注意力的時候，自注意力適用於輸入是一組向量的情形。一幅圖片可以看作一個向量序列。如圖 6.36 所示，一幅解析度為 5×10 的圖片可以表示成一個大小為 5×10×3 的張量，其中的 3 代表通道數，每一個位置的像素可看作一個三維的向量，整幅圖片有 5×10 個向量。換個角度看圖片，圖片其實也是一個向量序列，因此完全可以用自注意力來處理。關於自注意力在圖片上的應用，可以參考「Self-Attention Generative Adversarial Networks」[3] 和「End-to-End Object Detection with Transformers」[4] 這兩篇論文。

▲ 圖 6.36 使用自注意力處理圖片 [5]

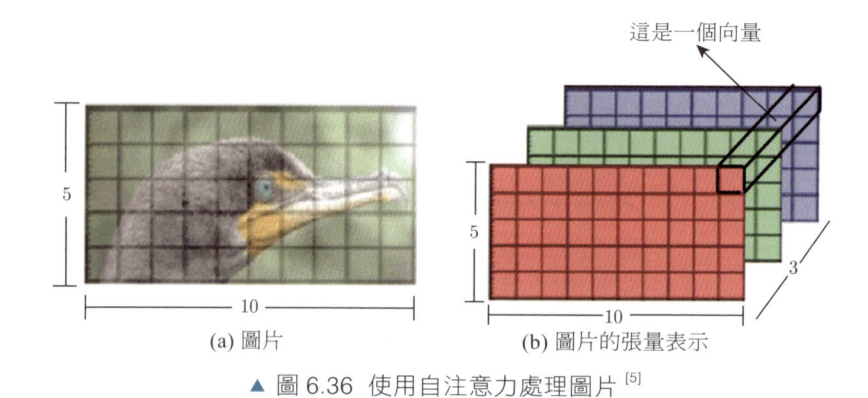

　　自注意力跟卷積神經網路之間有什麼樣的差異或關聯呢？如圖 6.37(a) 所示，用自注意力來處理一幅圖片，假設紅框內的「1」是要考慮的像素，它會產生查詢，其他像素產生鍵。在做內積的時候，考慮的不是一個小的範圍，而是整幅圖片的資訊。如圖 6.37(b) 所示，在做卷積神經網路的時候，卷積神經網路會「畫」出一個感知域，只考慮感知域範圍內的資訊。透過比較卷積神經網路和自注意力，我們發現，卷積神經網路可以看作一種簡化版的自注意力，因為在做卷積神經網路的時候，只考慮感知域範圍內的資訊；而自注意力會考慮整幅圖片的資訊。在卷積神經網路中，我們需要劃定感知域。每一個神經元只考慮感知域範圍內的資訊，而感知域的大小是由人決定的。用自注意力找出相關的像素，就好像感知域是自動學出來的，網路自行決定感知域的大小。網路決定了以哪些像素為中心，哪些像素是真正需要考慮的，而哪些像素是相關的。關於自注意力跟卷積神經網路的關係，可以參考論文「On the Relationship between Self-attention and Convolutional Layers」[6]，這篇論文用數學的方式嚴謹地告訴我們，卷積神經網路就是自注意力的特例。

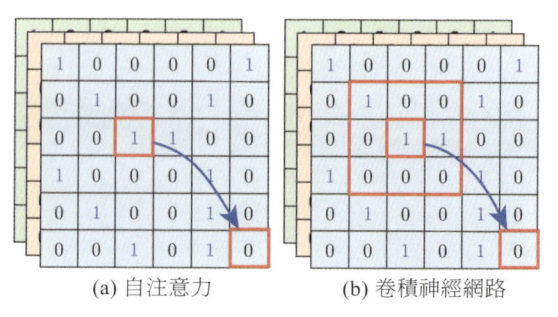

▲ 圖 6.37 自注意力和卷積神經網路的區別

只要設定合適的參數，自注意力就可以做到跟卷積神經網路一樣的效果。卷積神經網路的函式集（function set）與自注意力的函式集的關係如圖 6.38 所示。自注意力是更靈活的卷積神經網路，而卷積神經網路是受限制的自注意力。

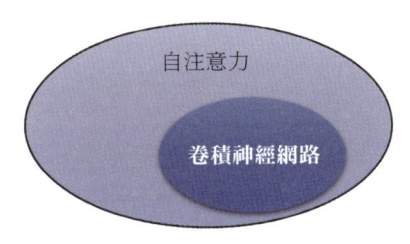

▲ 圖 6.38 卷積神經網路的函式集與自注意力的函式集的關係

更彈性的模型需要更多的資料，如果資料不夠，就有可能過擬合。受限制的模型則適合在資料少的時候使用，並且可能不會過擬合。如果限制設計得好，也許會有不錯的結果。Google 的論文「An Image is Worth 16×16 Words: Transformers for Image Recognition at Scale」[7] 把自注意力應用在了圖片上，一幅圖片被分割為 16×16 個圖片塊（patch），每一個圖片塊可以想像成一個字（word）。因為自注意力通常用在自然語言處理上，所以我們可以想像每一個圖片塊就是一個字。如圖 6.39 所示，橫軸是訓練樣本的數量，資料量比較小的設定有 1000 萬幅圖片，資料量比較大的設定有 3 億幅圖片。在這個實驗中，自注意力是淺藍色線，卷積神經網路是深灰色線。隨著資料量越來越大，自注意力的結果越來越好。最終在資料量最大的時候，自注意力可以超過卷積神經網路，但在資料量小的時候，卷積神經網路可以比自注意力得到更好的結果。自注意力的彈性比較大，所以需要比較多的訓練資料，訓練資料少的時候就會過擬合。而卷積神經網路的彈性比較小，在訓練資料少的時候反而結果比較好。當訓練資料多的時候，卷積神經網路沒有辦法從更大量的訓練資料中得到好處。這就是自注意力和卷積神經網路的區別。

Q 在自注意力和卷積神經網路之間應該選哪一個？

A 事實上，它們可以一起用，比如 Conformer 就同時使用了自注意力和卷積神經網路。

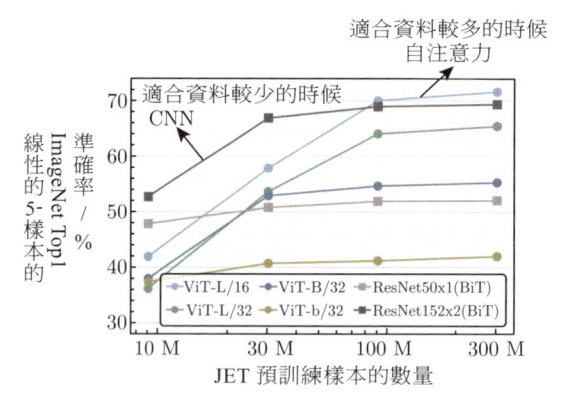

▲ 圖 6.39 自注意力與卷積神經網路對比 [7]

6.7 對比自注意力與遞迴神經網路

目前，遞迴神經網路的角色很大一部分可以用自注意力來取代。但遞迴神經網路跟自注意力一樣，也要處理輸入是一個序列的情況。如圖 6.40(b) 所示，遞迴神經網路裡有一個輸入序列、一個隱向量、一個遞迴神經網路的區塊（block）。遞迴神經網路的區塊接收記憶的向量，輸出一個東西，這個東西被輸入全連接網路以進行預測。

> 遞迴神經網路中的隱向量儲存了歷史資訊，可以看作一種記憶（memory）。

接下來，當把第 2 個向量作為輸入的時候，前一個時間點輸出的結果也會輸入遞迴神經網路，產生新的向量，再輸入全連接網路。當把第 3 個向量作為輸入的時候，第 3 個向量和前一個時間點的輸出一起被輸入遞迴神經網路並產生新的輸出。當把第 4 個向量作為輸入的時候，將第 4 個向量和前一個時間點產生的輸出一併處理，得到新的輸出並再次透過全連接網路，這就是遞迴神經網路。

6.7 對比自注意力與遞迴神經網路

遞迴神經網路的輸入是一個向量序列。如圖 6.40(a) 所示，自注意力模型的輸出也是一個向量序列，其中的每一個向量都考慮了整個輸入序列，再輸入全連接網路進行處理。遞迴神經網路也輸出一組向量，這組向量被輸入全連接網路做進一步的處理。

自注意力和遞迴神經網路有一個顯而易見的不同之處：自注意力的每一個向量都考慮了整個輸入序列，而遞迴神經網路的每一個向量只考慮左邊已經輸入的向量，而沒有考慮右邊的向量。但遞迴神經網路也可以是雙向的，如果使用 Bi-RNN，則每一個隱藏狀態的輸出也可以看作考慮了整個輸入序列。

對比自注意力模型的輸出和遞迴神經網路的輸出。就算是雙向遞迴神經網路，也還是與自注意力模型有一些差別的。如圖 6.40(b) 所示，對於遞迴神經網路，如果最右邊黃色的向量要考慮最左邊的輸入，則必須把最左邊的輸入存到記憶裡才能不被遺忘，並且直至帶到最右邊，才能夠在最後一個時間點被考慮，但只要自注意力模型輸出的查詢和鍵匹配（match），自注意力模型就可以輕易地從整個序列上非常遠的向量中抽取資訊。

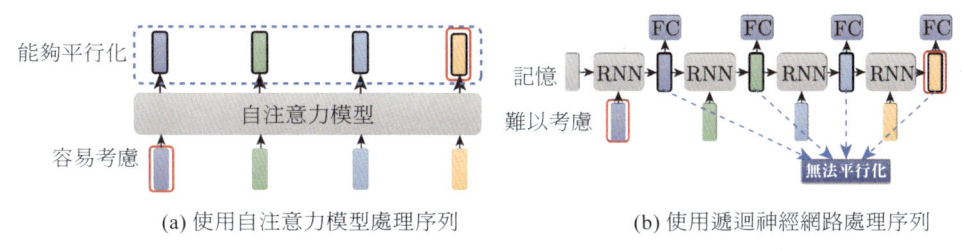

(a) 使用自注意力模型處理序列　　　　(b) 使用遞迴神經網路處理序列

▲ 圖 6.40　對比自注意力模型和遞迴神經網路

自注意力和遞迴神經網路還有另一個更主要的不同之處：遞迴神經網路在輸入和輸出均為序列的時候，是沒有辦法對它們進行平行化的。比如計算第二個輸出的向量，不僅需要第二個輸入的向量，還需要前一個時間點的輸出向量。當輸入是一組向量、輸出是另一組向量的時候，遞迴神經網路無法平行處理所有的輸出，但自注意力可以。輸入一組向量，自注意力模型輸出的時候，每一個向量都是同時平行產生的，自注意力比遞迴神經網路的運算速度更快。很多應用已經把遞迴神經網路的架構逐漸改成自注意力的架構了。如果想要進

一步瞭解遞迴神經網路和自注意力的關係，可以閱讀論文「Transformers are RNNs: Fast Autoregressive Transformers with Linear Attention」[8]。

圖也可以看作一組向量，既然是一組向量，也就可以用自注意力來處理。但在把自注意力用在圖上面時，有些地方會不一樣。圖中的每一個節點（node）可以表示成一個向量。但圖中不僅有節點的資訊，還有邊（edge）的資訊，用於表示某些節點間是有關聯的。之前在做自注意力的時候，所謂的關聯性是網路自己找出來的。現在既然有了圖的資訊，關聯性就不需要機器自動找出來，圖中的邊已經暗示了節點和節點之間的關聯性。所以當把自注意力用在圖上面的時候，我們可以在計算注意力矩陣的時候，只計算有邊相連的節點。

舉個例子，如圖 6.41 所示，節點 1 只和節點 5、6、8 相連，因此只需要計算節點 1 和節點 5、節點 6、節點 8 之間的注意力分數；節點 2 只和節點 3 相連，因此只需要計算節點 2 和節點 3 之間的注意力分數，以此類推。如果兩個節點不相連，這兩個節點之間就沒有關係。既然沒有關係，也就不需要再計算注意力分數，直接將其設為 0 即可。因為圖往往是根據某些領域知識構建出來的，所以從領域知識可知這兩個向量之間沒有關聯，於是也就沒有必要再用機器去學習這件事情。當把自注意力按照這種限制用在圖上面的時候，其實使用的就是一種圖神經網路。

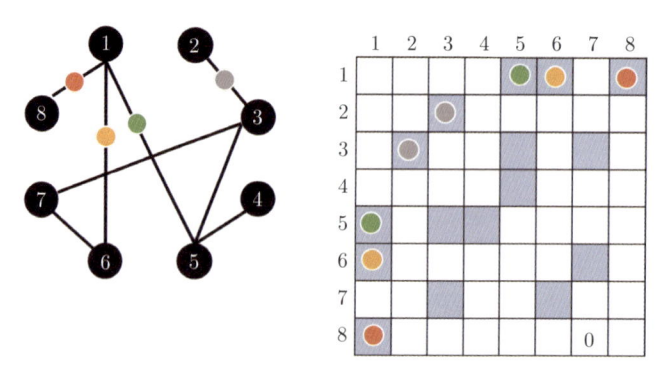

▲ 圖 6.41 自注意力在圖上的應用

自注意力有非常多的變化，論文「Long Range Arena: A Benchmark for Efficient Transformers」[9] 比較了自注意力的各種不同的變化。自注意力最大的問題是運算量非常大，如何減少自注意力的運算量是未來研究的重點方向。自注意力最早被用在 Transformer 上，所以很多人在講 Transformer 的時候，其實指的是自注意力。有人認為廣義的 Transformer 指的就是自注意力，所以後來自注意力的各種變化都以 -former 結尾，比如 Linformer[10]、Performer[11]、Reformer[12] 等。這些新的變化往往比原來的 Transformer 效能差一點，但速度比較快。論文「Efficient Transformers: A Survey」[13] 介紹了自注意力的各種變化。

參考資料

[1] VASWANI A, SHAZEER N, PARMAR N, et al. Attention is all you need[C]//Advances in Neural Information Processing Systems, 2017.

[2] LIU X, YU H F, DHILLON I S, et al. Learning to encode position for transformer with continuous dynamical model[J]. Proceedings of Machine Learning Research, 2020, 119: 6327-6335.

[3] ZHANG H, GOODFELLOW I, METAXAS D, et al. Self-attention generative adversarial networks[J]. Proceedings of Machine Learning Research, 2019, 97: 7354-7363.

[4] CARION N, MASSA F, SYNNAEVE G, et al. End-to-end object detection with transformers[C]//European Conference on Computer Vision. 2020: 213-229.

[5] SINGH B P. Imaging applications of charge coupled devices (CCDs) for cherenkov telescope[EB/OL]. ResearchGate: BARC/ApSD/1022.

[6] CORDONNIER J B, LOUKAS A, JAGGI M. On the relationship between self-attention and convolutional layers[EB/OL]. arXiv: 1911.03584.

[7] DOSOVITSKIY A, BEYER L, KOLESNIKOV A, et al. An image is worth 16×16 words: Transformers for image recognition at scale[EB/OL]. arXiv: 2010.11929.

[8] KATHAROPOULOS A, VYAS A, PAPPAS N, et al. Transformers are RNNs: Fast autoregressive transformers with linear attention[J]. Proceedings of Machine Learning Research, 2020, 119: 5156-5165.

[9] TAY Y, DEHGHANI M, ABNAR S, et al. Long range arena: A benchmark for efficient transformers[EB/OL]. arXiv: 2011.04006.

[10] WANG S, LI B Z, KHABSA M, et al. Linformer: Self-attention with linear complexity[EB/OL]. arXiv: 2006.04768.

[11] CHOROMANSKI K, LIKHOSHERSTOV V, DOHAN D, et al. Rethinking attention with performers[EB/OL]. arXiv: 2009.14794.

[12] KITAEV N, KAISER Ł, LEVSKAYA A. Reformer: The efficient transformer[EB/OL]. arXiv: 2001.04451.

[13] TAY Y, DEHGHANI M, BAHRI D, et al. Efficient transformers: A survey[J]. ACM Computing Surveys, 2022, 55(6): 1-28.

Chapter 07

Transformer

　　Transformer 是基於自注意力的序列到序列模型，與基於遞迴神經網路的序列到序列模型不同，Transformer 支持平行運算。本章將從兩方面介紹 Transformer，一方面介紹 Transformer 的結構，即編碼器和解碼器以及編碼器 – 解碼器注意力；另一方面介紹 Transformer 的訓練過程以及序列到序列模型的訓練技巧。

7.1　序列到序列模型

　　序列到序列模型的輸入和輸出都是序列，輸入序列與輸出序列在長度上的關係分兩種情況。第一種情況是，輸入序列和輸出序列的長度一樣；第二種情況是，機器決定輸出序列的長度。序列到序列模型有廣泛的應用，我們透過這些應用可以更清楚地瞭解序列到序列模型。

7.1.1　語音辨識、機器翻譯與語音翻譯

　　序列到序列模型的常見應用如圖 7.1 所示。

- 語音辨識：輸入是一段聲音訊號，輸出是語音辨識的結果，即輸入的這段聲音訊號所對應的文字。我們用圓圈來代表文字，比如每個圓圈代表中文裡的一個漢字。輸入和輸出在長度上有一些關係，但沒有絕對的關係。輸入的長度是 T，我們無法根據 T 得到輸出的長度 N。輸出的長度

其實可以由機器自己決定，機器聽這段聲音訊號的內容，並決定輸出的語音辨識結果。

- 機器翻譯：輸入是一種語言的句子，輸出是另一種語言的句子。輸入句子的長度是 N。輸出句子的長度是 N'。輸入「機器學習」，輸出是「machine learning」。N 和 N' 之間的關係由機器決定。
- 語音翻譯：對機器說一句話，比如「machine learning」，機器直接把聽到的英文翻譯成中文。

> **Q** 既然把語音辨識系統和機器翻譯系統連接起來就能達到語音翻譯的效果，為什麼還要做語音翻譯呢？
>
> **A** 世界上的很多語言是沒有文字的，無法做語音辨識，因此需要對這些語言做語音翻譯，直接把它們翻譯成文字。

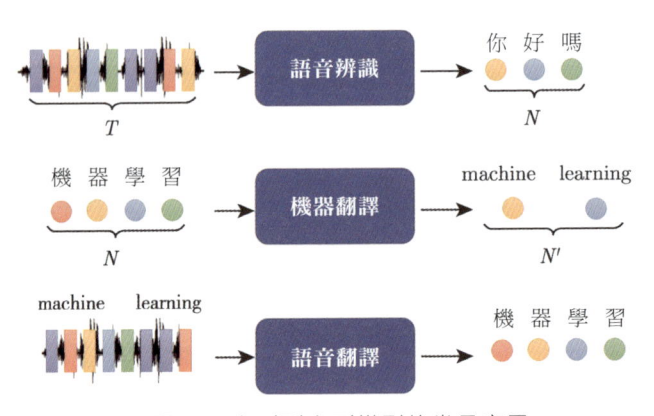

▲ 圖 7.1 序列到序列模型的常見應用

以台語的語音辨識為例，台語有很多方言詞彙，寫出來不一定能看懂。對機器講一句台語，我們希望機器直接輸出同樣意思的華語。我們可以訓練一個神經網路，輸入一種語言的聲音訊號，輸出另一種語言的文字，該神經網路需要學習台語的聲音訊號和華語之間的對應關係。YouTube 上有很多劇集使用了台語語音、華語字幕，只要下載這些台語語音和華語字幕，就可以找到台語的聲音訊號和華語之間的對應關係，並訓練一個模型來做台語的語音辨識：輸

入台語，輸出華語。這裡有一些問題，比如劇集中有很多雜訊、音樂，而且字幕不一定能跟聲音對應起來。可以忽略這些問題，直接訓練一個模型，輸入是聲音訊號，輸出是華語，如此訓練就有可能做出一個台語的語音辨識系統。

7.1.2　語音合成

輸入文字，輸出聲音訊號，這是一種語音合成（Text-To-Speech，TTS）技術。以台語的語音合成為例，所使用的模型先把華語轉成台語的拼音，再把台語的拼音轉成聲音訊號。將台語的拼音轉成聲音訊號是透過序列到序列模型來實作。

7.1.3　聊天機器人

除了語音，文字也廣泛地使用了序列到序列模型，比如用序列到序列模型訓練一個聊天機器人。因為聊天機器人的輸入和輸出都是文字，而文字是一個向量序列，所以可以用序列到序列模型訓練一個聊天機器人。我們可以收集大量人的對話（如電視劇、電影的臺詞）。如圖 7.2 所示，假設在這些對話裡出現了一個人說「Hi.」，另一個人說「Hello! How are you today?」，我們就可以教機器，當看到輸入是「Hi.」時，輸出就要跟「Hello! How are you today?」越接近越好。

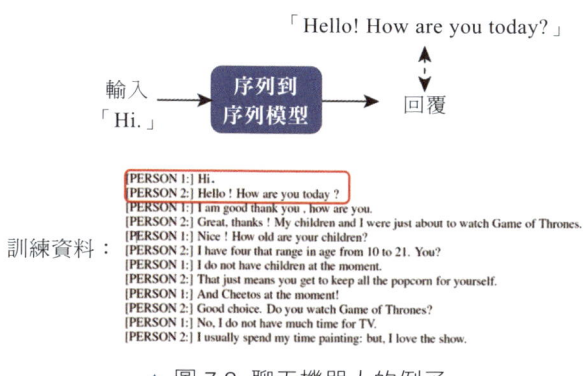

▲ 圖 7.2 聊天機器人的例子

7.1.4 問答任務

序列到序列模型在自然語言處理領域的應用很廣泛,而很多自然語言處理任務都可以看成問答(Question Answering,QA)任務,舉例如下。

- 翻譯。機器讀的是一個英文句子,問題是這個英文句子的德文翻譯是什麼,輸出的答案是德文。
- 自動做摘要。給機器讀一篇很長的文章,讓它把文章的重點找出來,即給機器一段文字,問題是這段文字的摘要是什麼。
- 情感分析。機器要自動判斷一個句子背後的情緒是正面的還是負面的。如果把情感分析看成問答任務,則問題是給定的句子背後的情緒是正面還是負面的,我們希望機器給出答案。

因此,各式各樣的自然語言處理問題往往可以看作問答題,而問答題可以用序列到序列模型來解。序列到序列模型的輸入是一篇文章和一個問題,輸出則是問題的答案。問題加文章合起來是一段很長的文字,答案是一段文字。只要輸入是一個序列,輸出也是一個序列,序列到序列模型就可以解。雖然各式各樣的自然語言處理問題都能用序列到序列模型來解,但是對大多數自然語言處理任務或語音相關任務而言,往往為這些任務訂製模型會得到更好的結果。序列到序列模型就像瑞士刀,瑞士刀可以解決各式各樣的問題,削蘋果可以用瑞士刀,切菜也可以用瑞士刀,儘管瑞士刀不一定是最好用的。因此,針對各種不同任務訂製的模型往往比只用序列到序列模型的效果好。Google Pixel 4 手機用於語音辨識的模型就不是序列到序列模型,而是 RNN-Transducer 模型,該模型是專為語音的某些特性而設計的,表現更好。

7.1.5 語法分析

很多問題都可以用序列到序列模型來解,以語法分析(syntactic parsing)為例,如圖 7.3 所示,輸入一段文字,比如「deep learning is very powerful」,機器將產生語法的分析樹,即語法樹(syntactic tree)。語法樹告訴我們,deep 和 learning 合起來是一個名詞片語(NP),very 加 powerful 合起來是一個形

容詞片語（ADJV），形容詞片語和 is 合起來是一個動詞片語（VP），動詞片語加名詞片語合起來是一個句子（S）。

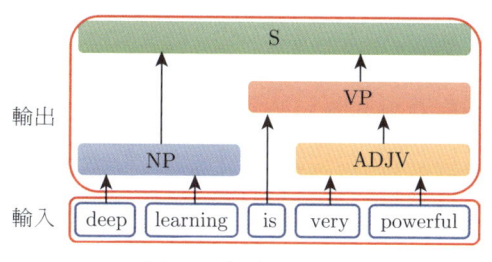

▲ 圖 7.3 語法分析範例

在語法分析任務中，輸入是一段文字，輸出是一個樹狀的結構，而一個樹狀的結構可以看成一個序列，如圖 7.4 所示。在把樹狀的結構轉成一個序列以後，我們就可以用序列到序列模型來做語法分析，細節可參考論文「Grammar as a Foreign Language」[1]。這篇論文的發表時間是 2015 年年底，當時序列到序列模型還不流行，主要用在翻譯。正因為如此，這篇論文把語法分析看成一個翻譯問題，而把語法當作另一種語言直接套用。

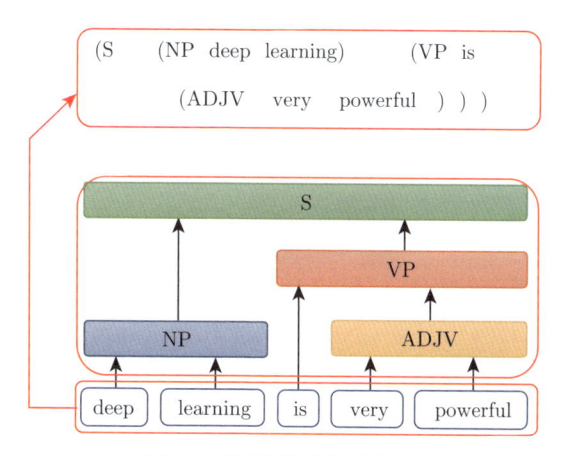

▲ 圖 7.4 樹狀結構對應的序列

7.1.6 多標籤分類

多標籤分類（multi-label classification）問題也可以用序列到序列模型來解。多元分類與多標籤分類不同。如圖 7.5 所示，在做文章分類的時候，同一

篇文章可能屬於多個類別，比如文章 1 屬於類別 1 和類別 3，文章 3 屬於類別 3、類別 9 和類別 17。

> 多元分類（multi-class classification）是指分類的類別數大於 2，而多標籤分類是指同一個東西可以屬於多個類別。

▲ 圖 7.5 多標籤分類的例子

　　多標籤分類問題不能直接當作多元分類問題來解。比如把這些文章輸入一個分類器，分類器只會輸出分數最高的答案，也可以設定一個閾值（threshold），輸出分數排在前幾名的答案。對於多標籤分類，這種方法是不可行的，因為每篇文章對應的類別的數量根本不一樣，因此需要使用序列到序列模型，如圖 7.6 所示，輸入一篇文章，輸出就是類別，機器決定輸出類別的數量。這種看起來跟序列到序列模型無關的問題也可以用序列到序列模型來解，比如目標檢測問題就可以用序列到序列模型來解，詳見論文「End-to-End Object Detection with Transformers」[2]。

▲ 圖 7.6 使用序列到序列模型來解多標籤分類問題

7.2 Transformer 結構

　　一般的序列到序列模型可以分解成編碼器和解碼器，如圖 7.7 所示。編碼器負責處理輸入序列，再把處理好的結果輸入解碼器，由解碼器決定輸出序列。

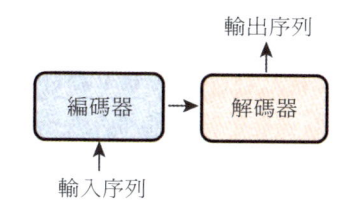

▲ 圖 7.7 序列到序列模型的結構

序列到序列模型的起源其實非常早，早在 2014 年 9 月，就有一篇有關將序列到序列模型用在翻譯上的論文，名為「Sequence to Sequence Learning with Neural Networks」[3]。序列到序列模型的典型代表就是 Transformer，如圖 7.8 所示。

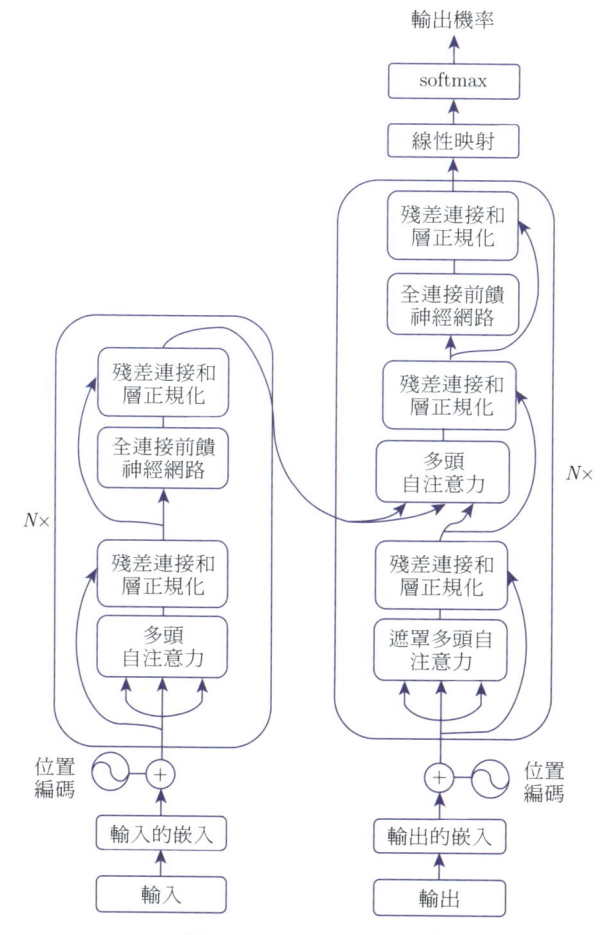

▲ 圖 7.8 Transformer 結構

7.3 Transformer 編碼器

如圖 7.9 所示，為編碼器輸入一排向量，編碼器將輸出另一排向量。自注意力、遞迴神經網路、卷積神經網路都能輸入一排向量，輸出另一排向量。Transformer 編碼器使用的是自注意力，輸入一組向量，輸出另一組數量相同的向量。

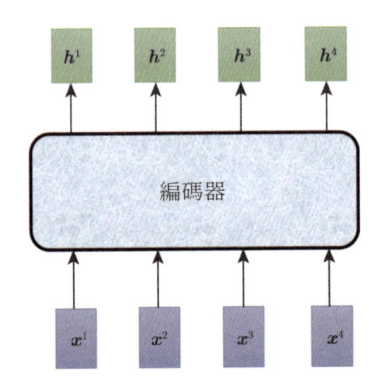

▲ 圖 7.9 Transformer 編碼器的功能

如圖 7.10 所示，編碼器內部有很多的區塊（block），每一個區塊都能輸入一組向量，輸出另一組向量。輸入一組向量到第一個區塊，第一個區塊輸出另一組向量，以此類推，最後一個區塊輸出最終的向量序列。

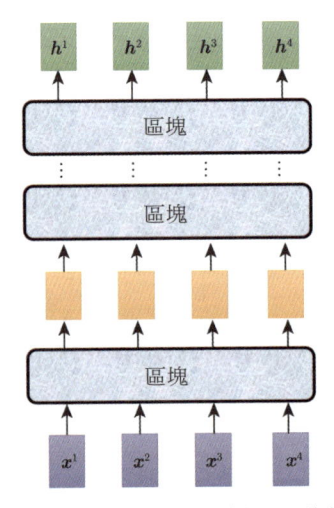

▲ 圖 7.10 Transformer 編碼器的結構

7.3 Transformer 編碼器

Transformer 編碼器的每個區塊並不是神經網路的一層。區塊的結構如圖 7.11 所示。在每個區塊裡面，輸入一組向量後做自注意力，考慮整個序列的資訊，輸出另一組向量。接下來這組向量會被輸入全連接網路，輸出另一組向量，這一組向量就是區塊的輸出。

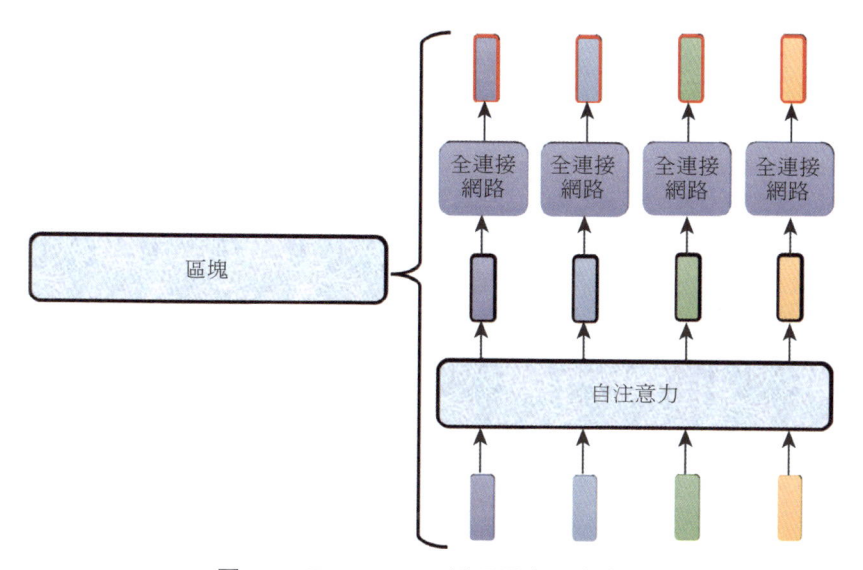

▲ 圖 7.11 Transformer 編碼器中區塊的結構

Transformer 加入了**殘差連接（residual connection）**的設計，如圖 7.12 所示，將最左邊的向量 b 輸入自注意力層，得到向量 a，再將輸出向量 a 加上輸入向量 b，得到新的輸出。得到殘差結果以後，再做層正規化（layer normalization）。層正規化不需要考慮批次的資訊，而批次正規化需要考慮批次的資訊。層正規化能輸入一個向量，輸出另一個向量。層正規化會計算輸入向量的均值和標準差。

批次正規化是對不同樣本、不同特徵的同一個維度計算均值和標準差，而層正規化是對同一個特徵、同一個樣本裡面不同的維度計算均值和標準差，接著做正規化。將輸入向量 x 裡面的每一個維度減掉均值 m，再除以標準差 σ，得到的 x' 就是層正規化的輸出，如公式 (7.1) 所示。得到層正規化的輸出以後，將其作為全連接網路的輸入。輸入全連接網路的還有一個殘差連接，把

全連接網路的輸入和輸出加起來，得到新的輸出。對殘差的結果再做一次層正規化，得到的輸出才是 Transformer 編碼器裡面一個區塊的輸出。

$$x'_i = \frac{x_i - m}{\sigma} \tag{7.1}$$

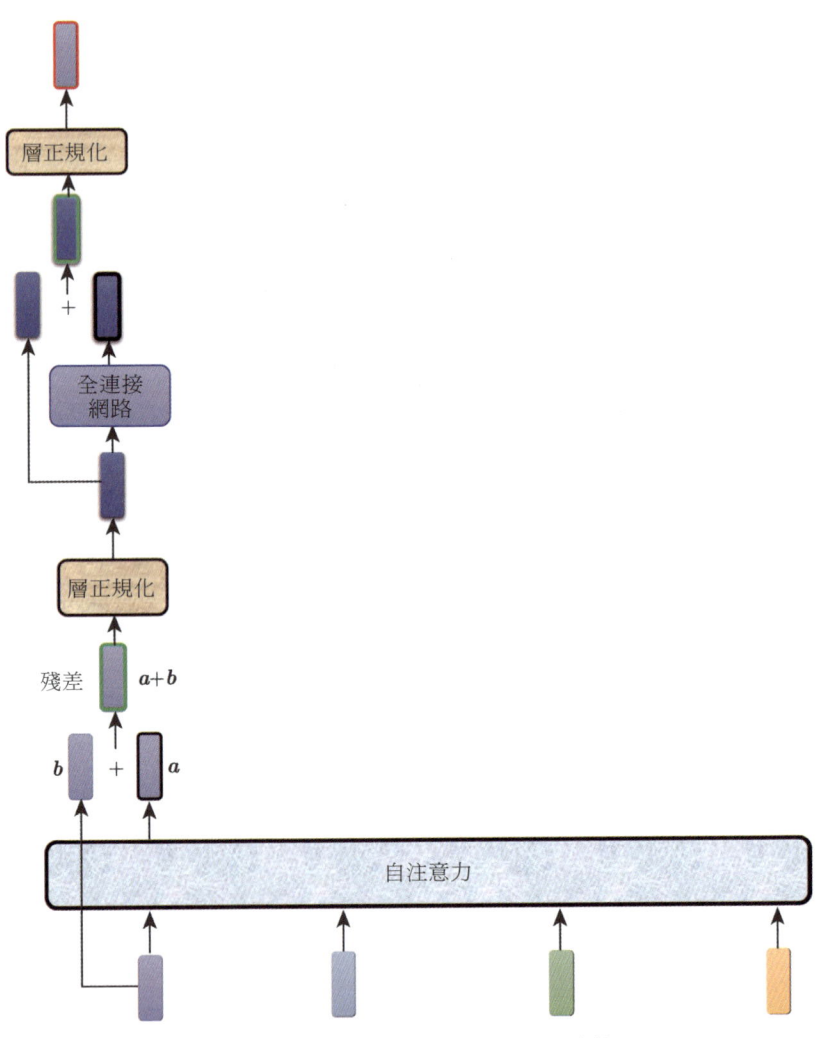

▲ 圖 7.12 Transformer 中的殘差連接

圖 7.13 是 Transformer 編碼器的詳細結構，其中的「$N\times$」表示共執行 N 次。首先，在輸入的地方需要加上位置編碼。因為只用自注意力，沒有位

置資訊,所以需要加上位置編碼。多頭自注意力就是自注意力的區塊。經過自注意力後,還要加上殘差連接和層正規化。接下來經過全連接前饋神經網路,並做一次殘差連接和層正規化,才能得到一個區塊的輸出,這個區塊會重複 N 次。Transformer 編碼器其實不一定非得這樣設計,論文「On Layer Normalization in the Transformer Architecture」[4] 提出了另一種設計,結果比原來的設計更好。原始的 Transformer 結構並不是最佳的設計,我們可以思考一下,看看有沒有更好的設計。

> **Q 為什麼 Transformer 使用層正規化,而不使用批次正規化?**
>
> **A** 論文「PowerNorm: Rethinking Batch Normalization in Transformers」[5] 解釋了在 Transformers 裡面使用批次正規化不如使用層正規化的原因,並提出了能量正規化(power normalization)。能量正規化跟層正規化效能差不多,甚至還要好一點。

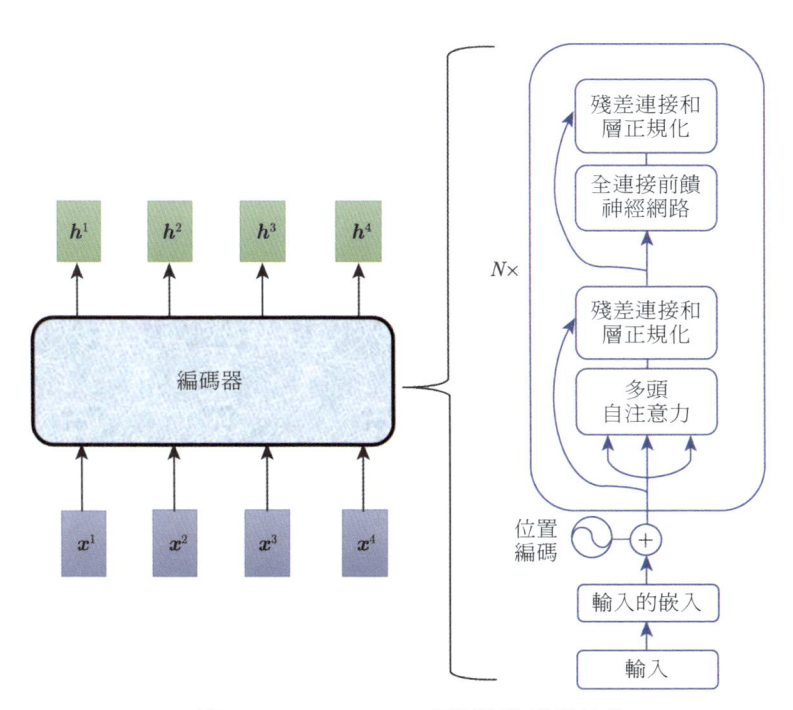

▲ 圖 7.13 Transformer 編碼器的詳細結構

7.4 Transformer 解碼器

比較常見的 Transformer 解碼器是自迴歸（autoregressive）解碼器。

7.4.1 自迴歸解碼器

以語音辨識為例，輸入一段聲音，輸出一串文字。如圖 7.14 所示，把一段聲音（「機器學習」）輸入編碼器，輸出是一排向量，接下來解碼器產生語音辨識的結果。解碼器把編碼器的輸出先「讀」進去，要讓解碼器產生輸出，就得給它一個代表開始的特殊符號 <BOS>，這是一個特殊的**符記（token）**。在機器學習裡面（假設要處理的是中文），每一個符記都可以用一個獨熱向量來表示。獨熱向量的其中一維是 1，其他維都是 0。<BOS> 作為符記也用獨熱向量來表示。接下來解碼器會輸出一個向量，該向量的長度跟詞表的大小是一樣的。在產生這個向量之前，與做分類一樣，也是先執行 softmax 操作。這個向量裡面的分數遵從一個分布，全部加起來是 1。這個向量會給每個漢字一個分數，分數最高的漢字就是最終的輸出。「機」的分數最高，所以「機」是解碼器的第一個輸出。

> **Q 解碼器輸出的單位是什麼？**
>
> **A** 假設做的是中文語音辨識，則解碼器輸出的是中文。詞表的大小可能就是中文裡常用漢字的數量（普通人可能認得四五千個漢字），而解碼器能夠輸出最常用的兩三千個漢字就已經很好了，將它們列在詞表中即可。不同的語言輸出的單位也不一樣，這取決於對語言的瞭解。比如英語，字母作為單位可能太小了，有人可能會選擇輸出英文單詞，英文單詞是用空白進行間隔的。但如果將英文單詞當作輸出又太多了，有些方法可以把英語中的詞根、詞綴切出來，將詞根、詞綴當作單位。中文將漢字當作單位，向量的長度等於機器可以輸出的漢字的數量。每個漢字都對應向量中的一個數值。

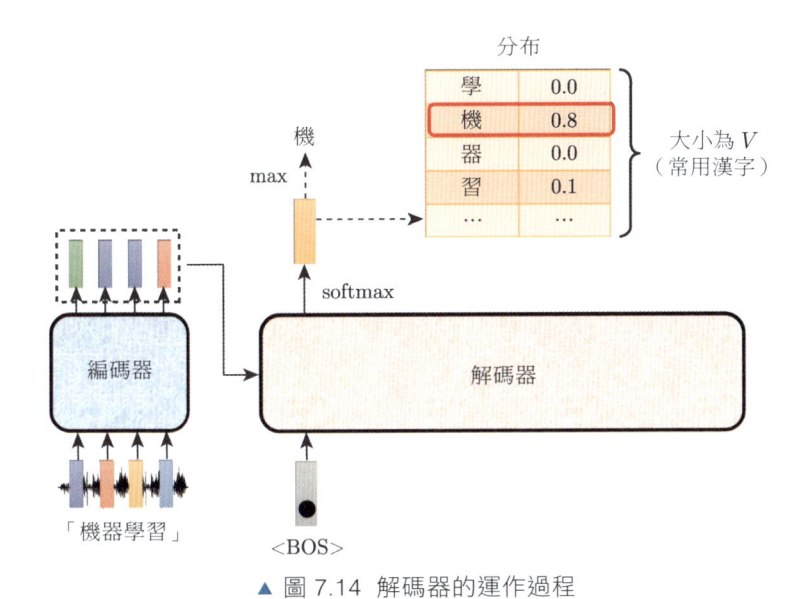

7.4 Transformer 解碼器

▲ 圖 7.14 解碼器的運作過程

如圖 7.15 所示，接下來把「機」作為解碼器新的輸入。現在有了兩個輸入 —— 特殊符號 <BOS> 和「機」，解碼器輸出一個藍色的向量。在這個藍色的向量裡，每個漢字都有一個分數，假設「器」的分數最高，「器」就是輸出。解碼器接下來將「器」作為輸入，因為看到了 <BOS>、「機」和「器」，於是可能輸出「學」。解碼器看到 <BOS>、「機」、「器」、「學」，繼續輸出一個向量。這個向量裡面「習」的分數最高，所以輸出「習」。這個過程將反覆地持續下去。

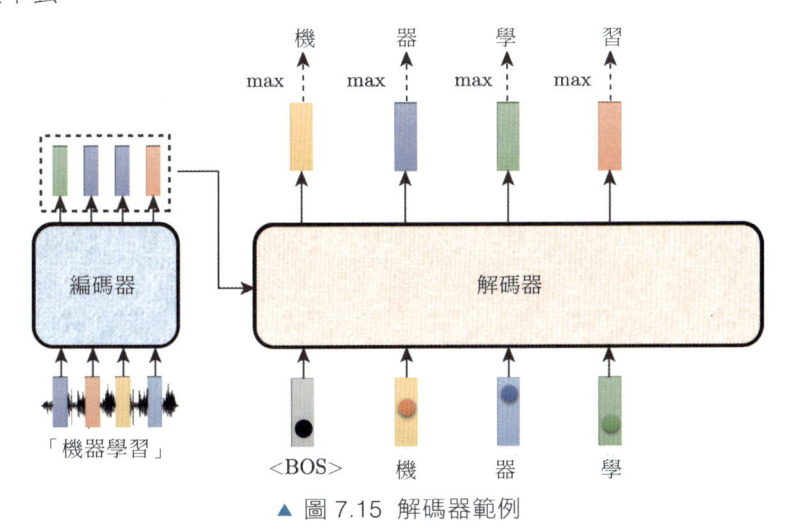

▲ 圖 7.15 解碼器範例

解碼器的輸入是它在前一個時間點的輸出,它會把自己的輸出作為接下來的輸入,因此當解碼器產生一個句子的時候,它有可能看到錯誤的內容。如圖 7.16 所示,如果解碼器有語音辨識錯誤,比如把機器的「器」辨識成天氣的「氣」,那麼接下來解碼器就會根據錯誤的辨識結果產生輸出,造成錯誤傳播(error propagation)問題,一步錯步步錯,進而可能無法再產生正確的結果。

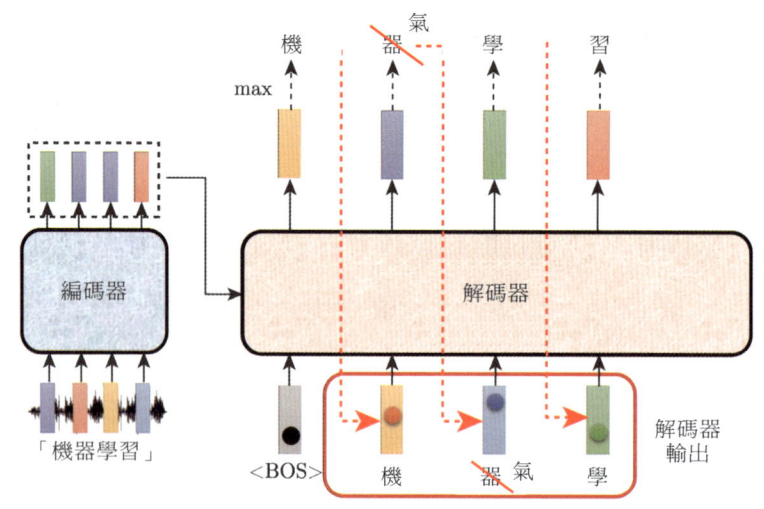

▲ 圖 7.16 解碼器的錯誤傳播問題

Transformer 解碼器的詳細結構如圖 7.17 所示。類似於編碼器,解碼器也有多頭注意力、殘差連接和層正規化,以及全連接前饋神經網路。解碼器在最後會執行 softmax 操作,以使其輸出變成機率。此外,解碼器還使用了遮罩多頭自注意力,遮罩多頭自注意力可以透過一個**遮罩(mask)**來阻止每個位置選擇其後面的輸入資訊。

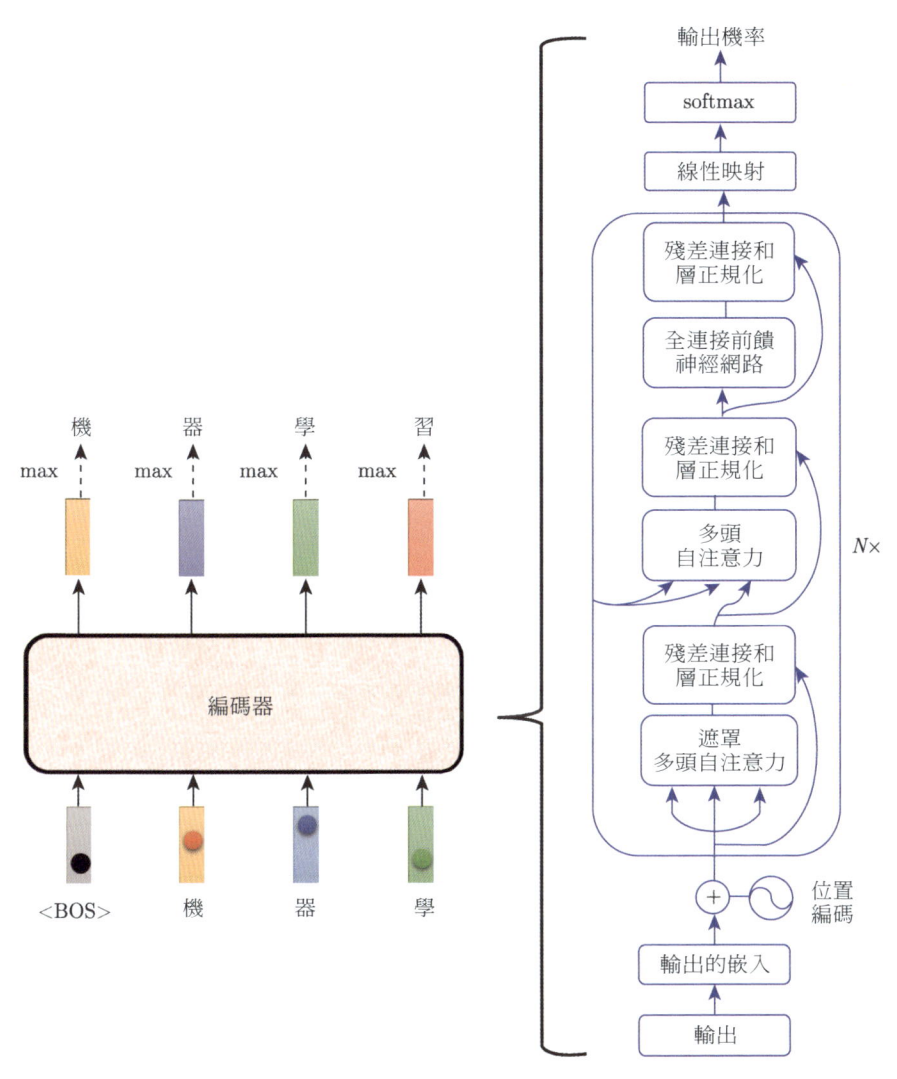

▲ 圖 7.17 Transformer 解碼器的詳細結構

　　如圖 7.18 所示，一般的自注意力能輸入一排向量，輸出另一排向量，這一排向量中的每個向量都要看過完整的輸入後才能決定。例如，必須根據 $a^1 \sim a^4$ 的所有資訊來輸出 b^1。遮罩多頭自注意力則不再看右邊的部分，如圖 7.19 所示，在產生 b^1 的時候，只考慮 a^1 的資訊，不再考慮 a^2、a^3、a^4 的資訊。在產生 b^2 的時候，只考慮 a^1、a^2 的資訊，不再考慮 a^3、a^4 的資訊。在

產生 b^3 的時候，只考慮 a^1、a^2、a^3 的資訊，不再考慮 a^4 的資訊。只有在產生 b^4 的時候，才考慮整個輸入序列的資訊。

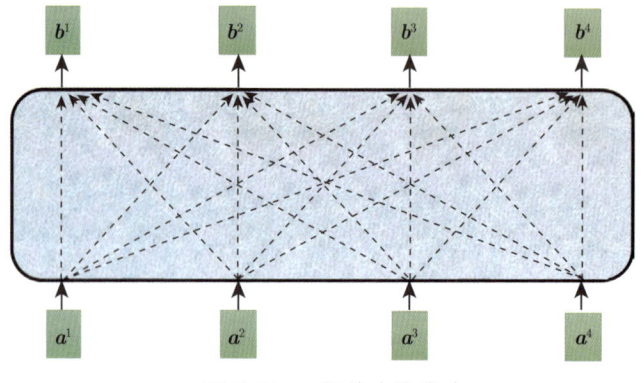

▲ 圖 7.18 一般的自注意力

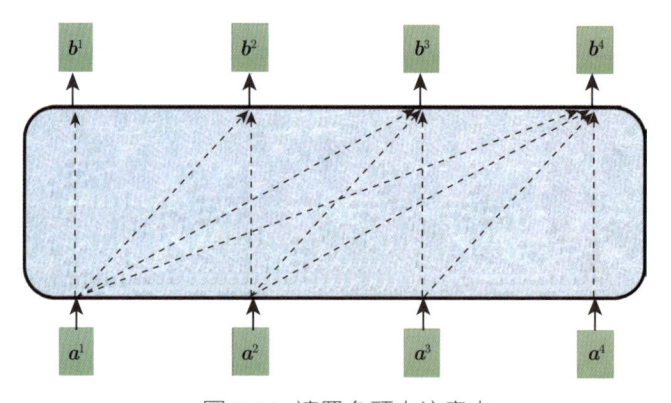

▲ 圖 7.19 遮罩多頭自注意力

一般的自注意力產生 b^2 的過程如圖 7.20 所示。遮罩多頭自注意力產生 b^2 的過程如圖 7.21 所示，我們只拿 q^2 和 k^1、k^2 計算注意力，最後只計算 v^1 和 v^2 的加權和。不管 a^2 右邊的部分，只考慮 a^1、a^2、q^1、q^2、k^1、k^2。在輸出 b^2 的時候，只考慮 a^1 和 a^2，不考慮 a^3 和 a^4。

7.4 Transformer 解碼器

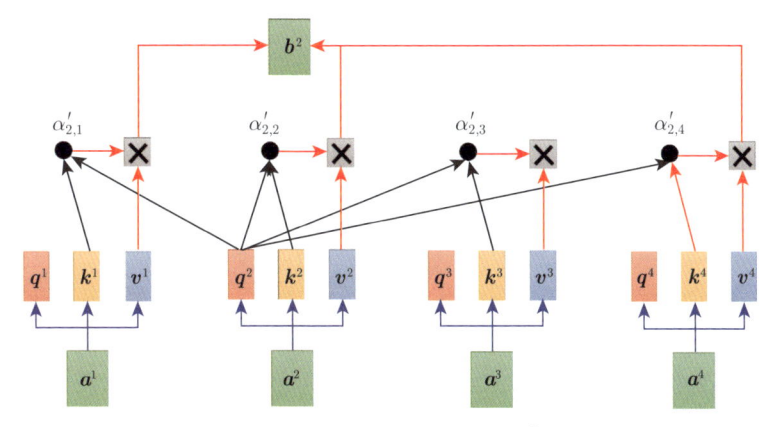

▲ 圖 7.20 一般的自注意力產生 b^2 的過程

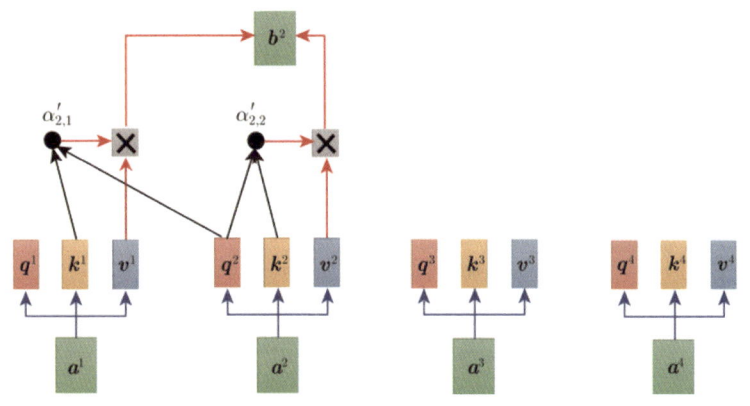

▲ 圖 7.21 遮罩多頭自注意力產生 b^2 的過程

Q 為什麼要在自注意力中添加遮罩？

A 一開始，解碼器的輸出是一個一個產生的，所以先有 a^1，再有 a^2，接下來是 a^3，最後是 a^4。這跟原來的自注意力不一樣，在原來的自注意力中，會一次將 a^1 ～ a^4 輸入模型，編碼器也一次讀進 a^1 ～ a^4。但是對於解碼器而言，先有 a^1，才有 a^2，後面才有 a^3 和 a^4。所以實際上當我們有 a^2 想要計算 b^2 的時候，a^3 和 a^4 是沒有的，所以無法考慮 a^3 和 a^4。解碼器的輸出是一個一個產生的，只能考慮左邊已有的部分，而沒有辦法考慮右邊的部分。

瞭解解碼器的運作方式後，接下來還有一個非常關鍵的問題：在實際應用中，輸入長度和輸出長度的關係是非常複雜的，我們無法從輸入序列的長度知道輸出序列的長度，因此解碼器必須決定輸出序列的長度。給定一個輸入序列，機器可以自己學到輸出序列的長度。但在目前的解碼器運作機制下，機器不知道什麼時候應該停下來。如圖 7.22 所示，機器在輸出「習」以後，仍繼續重複一模一樣的過程，把「習」當作輸入，解碼器可能就會輸出「慣」一直持續下去，停不下來。

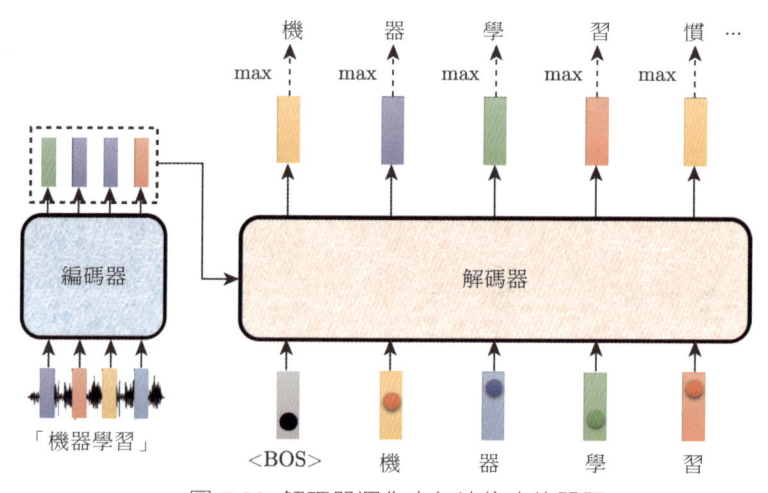

▲ 圖 7.22 解碼器運作中無法停止的問題

如圖 7.23 所示，要讓解碼器停止運作，就需要特別準備一個符記 <EOS>。輸出「習」以後，把「習」當作解碼器的輸入，解碼器看到 <BOS>、「機」、「器」、「學」、「習」以後，所產生向量裡面 <EOS> 的機率最大，於是輸出 <EOS>，整個解碼器產生序列的過程結束。

▲ 圖 7.23 添加 <EOS> 符記

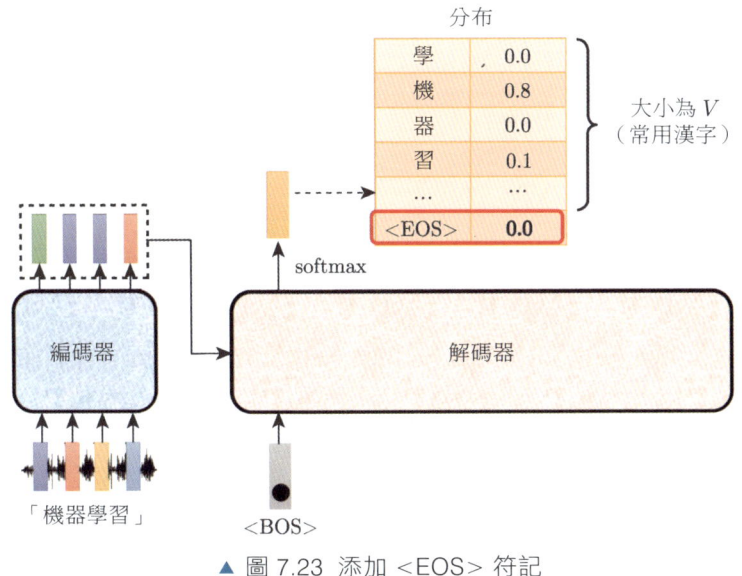

7.4.2 非自迴歸解碼器

如圖 7.24 所示，對於自迴歸解碼器先輸入 <BOS>，輸出 w_1，再把 w_1 當作輸入，輸出 w_2，直到輸出 <EOS> 為止。假設產生的是中文句子，非自迴歸解碼器不是一次產生一個漢字，而是一次把整個句子都產生出來。非自迴歸解碼器可能接收一整組 <BOS> 符記，一次產生一組符記。比如輸入 4 個 <BOS> 符記給非自迴歸解碼器，將產生 4 個中文漢字。因為輸出的長度是未知的，所以輸入非自迴歸解碼器的 <BOS> 的數量也是未知的，怎麼辦呢？

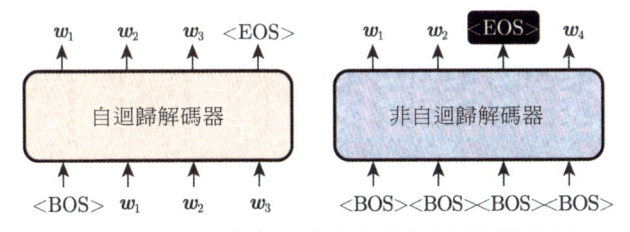

▲ 圖 7.24 自迴歸解碼器與非自迴歸解碼器對比

可以用分類器來解決這個問題。用分類器接收編碼器的輸入，輸出一個數字，該數字代表解碼器應該輸出的長度。比如分類器輸出 4，非自迴歸解碼器就會接收 4 個 <BOS> 符記，產生 4 個漢字。

也可以輸入一組 <BOS> 符記到編碼器。假設輸出的句子長度有上限，如絕對不會超過 300 個漢字。給編碼器輸入 300 個 <BOS>，於是就會輸出 300 個漢字，<EOS> 右邊的輸出可以忽略。

非自迴歸解碼器有很多優點。其中一個優點是平行化。自迴歸解碼器在輸出句子的時候是一個漢字一個漢字產生的，假設要輸出長度為 100 個漢字的句子，就需要做 100 次解碼。但是非自迴歸解碼器不管句子的長度如何，都是一次產生完整的句子。所以非自迴歸解碼器在速度上比自迴歸解碼器快。非自迴歸解碼器的想法是在有了 Transformer 以後，根據這種自注意力的解碼器而產生的。以前如果用 LSTM 或 RNN，給它一排 <BOS>，則無法同時產生全部的輸出，輸出也是一個一個產生的。

非自迴歸解碼器的另一個優點是能夠控制輸出的長度。在語音合成領域，非自迴歸解碼器十分常用。非自迴歸解碼器可以用一個分類器決定輸出的長度。在做語音合成的時候，如果想讓系統講話速度快一點，就把分類器輸出的長度除以 2，系統講話速度就會提高一倍。如果想要講話放慢速度，就把分類器輸出的長度乘以 2，系統講話速度就會減慢 50%。因此，非自迴歸解碼器可以控制解碼器輸出的長度，做出種種變化。

平行化是非自迴歸解碼器最大的優勢，但非自迴歸解碼器的效能往往不如自迴歸解碼器。有很多研究試圖讓非自迴歸解碼器的效能越來越好，去逼近自迴歸解碼器。要讓非自迴歸解碼器的效能像自迴歸解碼器一樣好，就必須使用非常多的技巧。

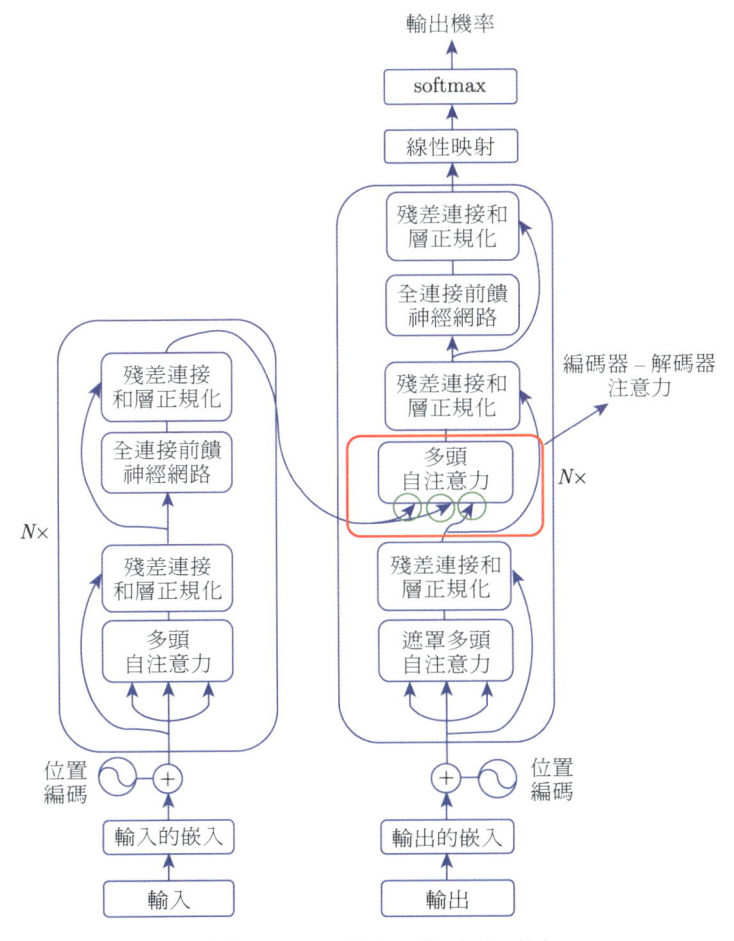

7.5 編碼器 —— 解碼器注意力

編碼器和解碼器透過編碼器 – 解碼器注意力（encoder-decoder attention）傳遞資訊，編碼器 – 解碼器注意力是連接編碼器和解碼器的橋樑。如圖 7.25 所示，解碼器中編碼器 – 解碼器注意力的鍵和值來自編碼器的輸出，查詢來自解碼器中前一個層的輸出。

▲ 圖 7.25 編碼器 – 解碼器注意力

下面介紹編碼器－解碼器注意力實際的運作過程。如圖 7.26 所示，編碼器能輸入一排向量，輸出另一排向量 a^1、a^2、a^3。解碼器會先讀取到 <BOS>，經由遮罩多頭自注意力得到一個向量。然後將這個向量乘以一個矩陣，再做一個變換（transform），得到一個查詢 q。a^1、a^2、a^3 也相關地產生鍵 k^1、k^2、k^3。用 q 和 k^1、k^2、k^3 去計算注意力分數，得到 α_1、α_2、α_3。接下來執行 softmax 操作，得到 α_1'、α_2'、α_3'。透過公式 (7.2)，可得加權和 v。

$$v = \alpha_1' \times v^1 + \alpha_2' \times v^2 + \alpha_3' \times v^3 \tag{7.2}$$

接下來 v 被輸入全連接網路，這個步驟的 q 來自解碼器，k 和 v 來自編碼器，這一步就叫編碼器－解碼器注意力，所以解碼器就是憑藉著產生一個 q，去編碼器中將資訊抽取出來，當作接下來的解碼器的全連接網路的輸入。

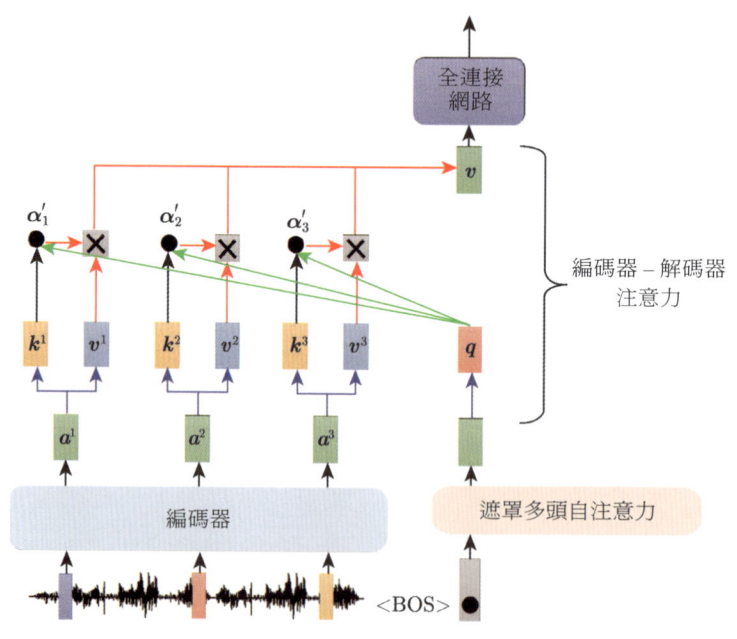

▲ 圖 7.26 編碼器－解碼器注意力的運作過程

如圖 7.27 所示，假設產生「機」，輸入 <BOS> 和「機」，產生一個向量。對這個向量進行線性變換，得到一個查詢 q'。用 q' 和 k^1、k^2、k^3 去計算

注意力分數。接著用注意力分數與 v^1、v^2、v^3 求加權和，得到 v'，最後交給全連接網路處理。

編碼器和解碼器都有很多層，在原始論文中，解碼器拿編碼器最後一層的輸出作為輸入。但不一定非要這樣做，詳見論文「Rethinking and Improving Natural Language Generation with Layer-Wise Multi-View Decoding」[6]。

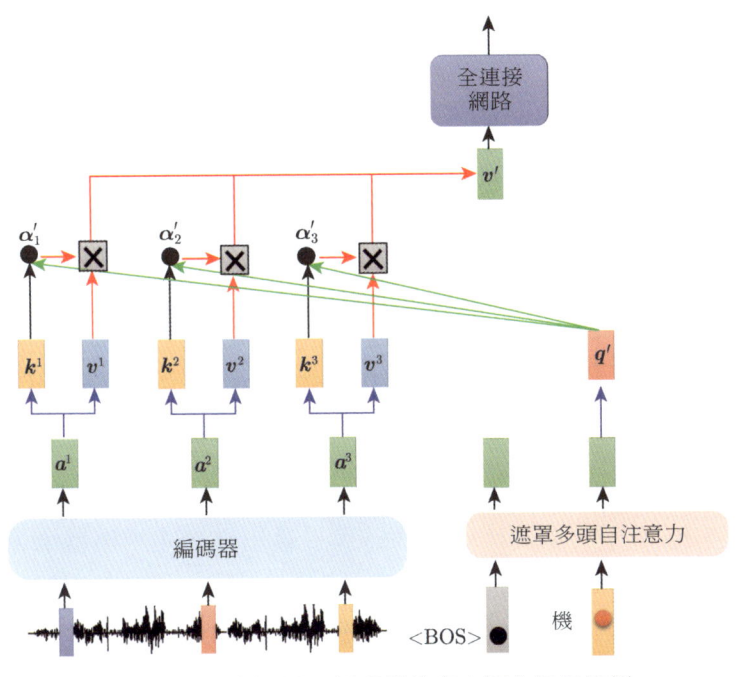

▲ 圖 7.27 編碼器－解碼器注意力運作過程範例

7.6 Transformer 的訓練過程

如圖 7.28 所示，Transformer 應該能針對輸入的「機器學習」聲音訊號輸出「機器學習」這 4 個字。當把 <BOS> 輸入編碼器的時候，編碼器的第一個輸出應該和「機」越接近越好；解碼器的輸出是一個機率分布，這個機率分布應該和「機」的獨熱向量越接近越好。為此，計算**標準答案（ground truth）**和分布之間的交叉熵，我們希望該交叉熵的值越小越好。每次解碼器在產生一

個字的時候，就相當於做了一次分類。假設要考慮的中文漢字有 4000 個，則需要解決 4000 個類別的分類問題。

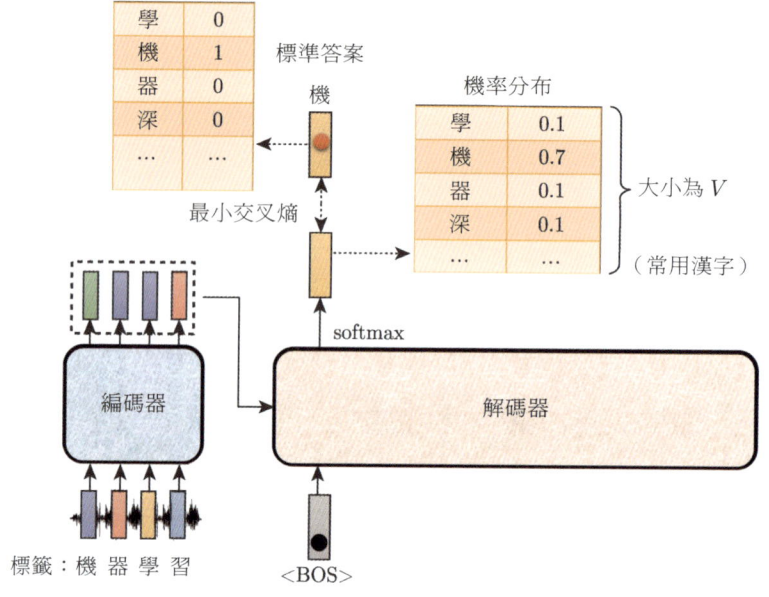

▲ 圖 7.28 Transformer 的訓練過程

如圖 7.29 所示，在實際訓練的時候，輸出應該是「機器學習」。編碼器第 1～4 次的輸出應該分別是「機」、「器」、「學」、「習」這 4 個中文漢字的獨熱向量，答案和這 4 個漢字的獨熱向量越接近越好。每一個輸出和對應的標準答案都有一個交叉熵。圖 7.29 涉及 4 次分類，希望這些分類問題的交叉熵總和越小越好。解碼器輸出的並非只有「機器學習」這 4 個字，還有 <EOS>。所以解碼器的最終第 5 個位置輸出的向量跟 <EOS> 的獨熱向量的交叉熵越小越好。把標準答案提供給解碼器，我們希望解碼器的輸出跟標準答案越接近越好。在訓練時告訴解碼器，在已經有 <BOS>、「機」的情況下輸出「器」，在已經有 <BOS>、「機」、「器」的情況下輸出「學」，在已經有 <BOS>、「機」、「器」、「學」的情況下輸出「習」，在已經有 <BOS>、「機」、「器」、「學」、「習」的情況下輸出 <EOS>。這種在訓練解碼器的情況下在輸入時就提供標準答案的做法稱為教師強制（teacher forcing）。

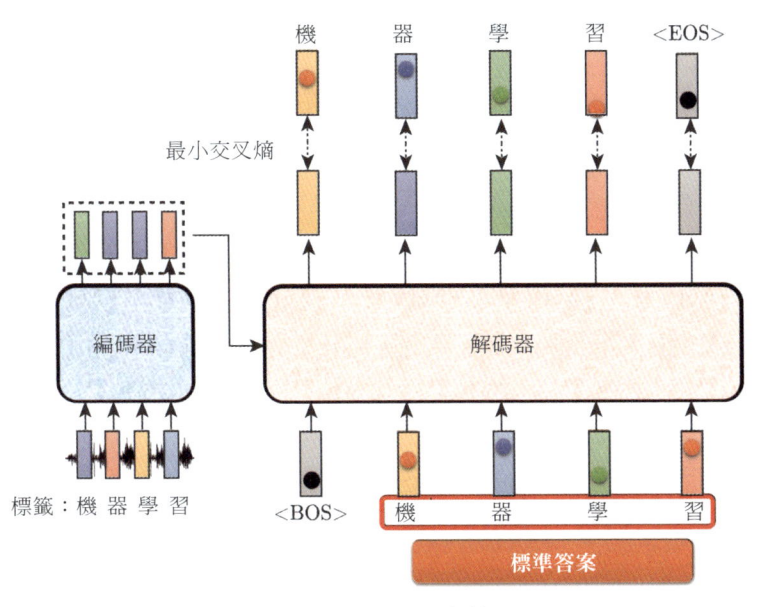

▲ 圖 7.29 教師強制

7.7 序列到序列模型訓練常用技巧

本節介紹訓練序列到序列模型的一些技巧。

7.7.1 複製機制

第一個技巧是複製機制（copy mechanism）。對很多任務而言，解碼器沒有必要自己創造輸出，而是可以從輸入中複製一些東西。以聊天機器人為例，用戶對機器說：「你好，我是庫洛洛」。機器應該回答：「庫洛洛你好，很高興認識你」。機器其實沒有必要創造「庫洛洛」這個詞，「庫洛洛」對機器來說一定會是一個非常怪異的詞，它可能很難在訓練資料裡面出現，所以不太可能正確地產生輸出。但是假設機器在學習的時候，學到的並不是如何產生「庫洛洛」，而是在看到輸入的時候說「我是×××」，於是就直接把「×××」複製出來，說「××× 你好」。這種訓練比較容易，顯然也比較有可能得到正確的結果，所以複製對於對話任務可能是一種有用的技術。機器只需要複述自己

聽不懂的話，而不需要重新創造這段文字，機器要學的是如何從用戶的輸入中複製一些詞彙當作輸出。

對於摘要任務，我們可能更需要複製的技巧。做摘要需要收集大量的文章，每篇文章都有摘要。為了訓練機器產生合理的句子，通常需要準備幾百萬篇文章。我們在做摘要的時候，很多詞就是直接從原來的文章裡面複製過來的，所以對摘要任務而言，從文章裡面直接複製一些資訊出來是一項很關鍵的能力，最早擁有從輸入中複製東西這種能力的模型是指標網路（pointer network），後來出現了複製網路（copy network）。複製網路是指標網路的變化。

7.7.2 引導注意力

序列到序列模型有時候會產生莫名其妙的結果。以語音合成為例，讓機器念 4 次「發財」可能沒有問題；但如果讓機器只念一次「發財」，機器就有可能把「發」省略掉而只念「財」。也許在訓練資料裡面，這種非常短的句子很少，所以機器無法處理這種非常短的句子。語音辨識、語音合成這類任務最適合使用引導注意力。引導注意力要求機器在計算注意力時遵循固定的模式。對於語音合成或語音辨識，我們想像中的注意力應該由左至右。如圖 7.30 所示，紅色的曲線代表注意力分數，分數越高代表注意力越大。以語音合成為例，輸入是一串文字，在合成聲音的時候，顯然是從左念到右。所以機器應該先看最左邊輸入的詞產生聲音，再看中間的詞產生聲音，最後看右邊的詞產生聲音。如果機器先看最右邊，再看最左邊，最後隨機看整個句子，那麼，這樣的注意力顯然是有問題的，沒有辦法合成好的結果。如果對問題本身就已經有一定的瞭解，知道對於像語音合成這樣的問題，注意力的位置都應該由左至右，不如就直接把這個限制放在訓練裡面。

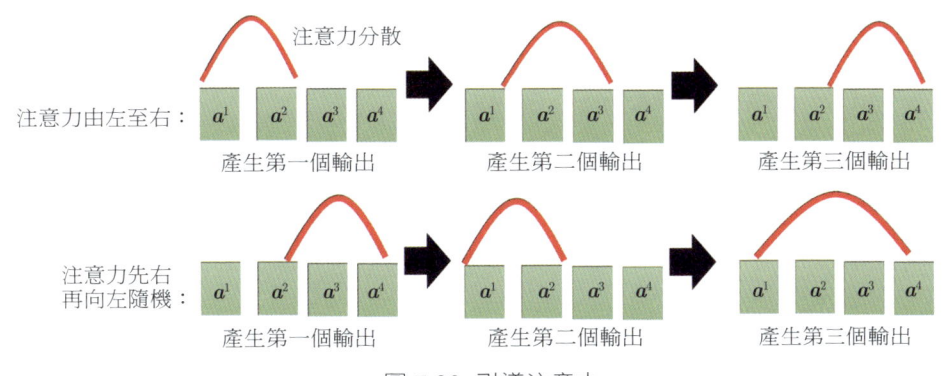

▲ 圖 7.30 引導注意力

7.7.3 定向搜尋

如圖 7.31 所示，假設解碼器只能產生兩個字母 A 和 B，詞表 $\mathcal{V} = \{A, B\}$，解碼器需要從 A、B 中選擇。解碼器每次都是選分數最高的那個。假設 A 的分數是 0.6，B 的分數是 0.4，解碼器就會輸出 A。接下來假設 B 的分數是 0.6，A 的分數是 0.4，解碼器就會輸出 B。把 B 當作輸入，現在輸入是 A、B，接下來 A 的分數是 0.4，B 的分數是 0.6，解碼器就會輸出 B。因此最終的輸出就是 A、B、B。這種每次都找分數最高的符記當作輸出的方法稱為**貪心搜尋**（greedy search），又稱為**貪心解碼**（greedy decoding）。圖 7.31 中的紅色路徑就是透過貪心解碼得到的。

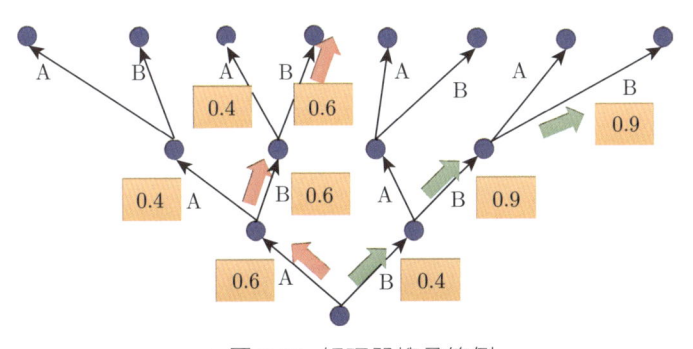

▲ 圖 7.31 解碼器搜尋範例

但貪心搜尋不一定是最好的方法，第一步可以先稍微捨棄一點東西，第一步時雖然 B 是 0.4，但先選 B。選了 B，第二步時 B 的可能性就大增，變成 0.9。到第三步時，B 的可能性也是 0.9。圖 7.31 中的綠色路徑雖然第一步選了一個較差的輸出，但接下來的結果是好的。比較紅色路徑與綠色路徑，紅色路徑一開始比較好，但最終結果比較差；綠色路徑一開始比較差，但最終結果其實比較好。

如何找到最好的結果是一個值得考慮的問題。窮舉搜尋（exhaustive search）是最容易想到的方法，但實際上我們沒有辦法窮舉所有可能的路徑，因為每一個轉折點的選擇太多了。對中文而言，中文有幾千個常用漢字，所以樹狀結構的每一個分叉都有幾千條可能的路徑，走兩三步以後，就無法窮舉了。

接下來介紹**定向搜尋**（**beam search**），定向搜尋經常也稱為束搜尋、集束搜尋或柱搜尋。定向搜尋的思維是用一種比較有效的方法來找近似解，但在某些情況下效果不好，詳見論文「The Curious Case Of Neural Text Degeneration」[7]。假設要做的事情是完成句子，也就是機器先讀一個句子，再把這個句子的後半段補全。如果用定向搜尋，就會發現機器在不斷地講重複的話。如果不用定向搜尋，增加一些隨機性，雖然結果不一定完全好，但看起來至少是比較正常的句子。有時候對解碼器來說，沒有找出分數最高的路徑，反而結果是比較好的，這要看任務本身的特性。假設任務的答案非常明確，比如語音辨識，對於一句話，辨識的結果就只有一種可能。對這種任務而言，通常定向搜尋就會比較有幫助。但如果任務需要機器發揮一點創造力，定向搜尋就不適合了。

7.7.4　加入雜訊

在做語音合成的時候，將雜訊加入解碼器是完全違背正常的機器學習的做法。在訓練的時候加入雜訊，是為了讓機器看到更多不同的可能性，進而使得模型比較健壯，並能夠對抗它在測試的時候沒有遇過的狀況。但在測試的時候居然還要加入一些雜訊，這會不會把測試弄得更加困難、結果更差？語音合成神奇的地方是，模型訓練好以後，在測試的時候要加入一些雜訊，這樣合成

出來的聲音才會好。用正常的解碼方法產生的聲音聽不太出來是人聲，產生比較好的聲音是需要一些隨機性的。對於語音合成或完成句子的任務，解碼器找出的最好結果不一定是人類覺得最好的結果，反而可能是一些奇怪的結果。加入一些隨機性會使結果比較好。

7.7.5 使用增強式學習訓練

接下來還有另外一個問題，評估標準用的是 BLEU（BiLingual Evaluation Understudy）分數。BLEU 雖然最先用於評估機器翻譯的結果，但現在已經被廣泛用於評估許多應用輸出序列的品質。解碼器先產生一個完整的句子，再拿它跟正確的句子做比較，算出 BLEU 分數。在訓練的時候，每個詞都是分開考慮的，最小化的是交叉熵，最小化交叉熵不一定可以最大化 BLEU 分數。但在做驗證的時候，並不是挑交叉熵最小的模型，而是挑 BLEU 分數最高的模型。一種可能的想法是，將訓練損失設定成 BLEU 分數乘以一個負號，最小化損失等同於最大化 BLEU 分數。但 BLEU 分數很複雜，若計算兩個句子之間的 BLEU 分數，則損失根本無法做微分。我們之所以採用交叉熵，並且將每個漢字分開來算，是因為這樣才有辦法處理。遇到最佳化無法解決的問題時，可以使用增強式學習訓練。具體來講，當遇到無法最佳化的損失函式時，就把損失函式當成增強式學習的獎勵，而把解碼器當成 agent，詳見論文「Sequence Level Training with Recurrent Neural Networks」[8]。

7.7.6 計畫取樣

如圖 7.32 所示，在測試的時候，解碼器看到的是自身的輸出，因此它會看到一些錯的東西。但在訓練的時候，解碼器看到的是完全正確的東西，這種不一致現象叫作曝光偏差（exposure bias）。

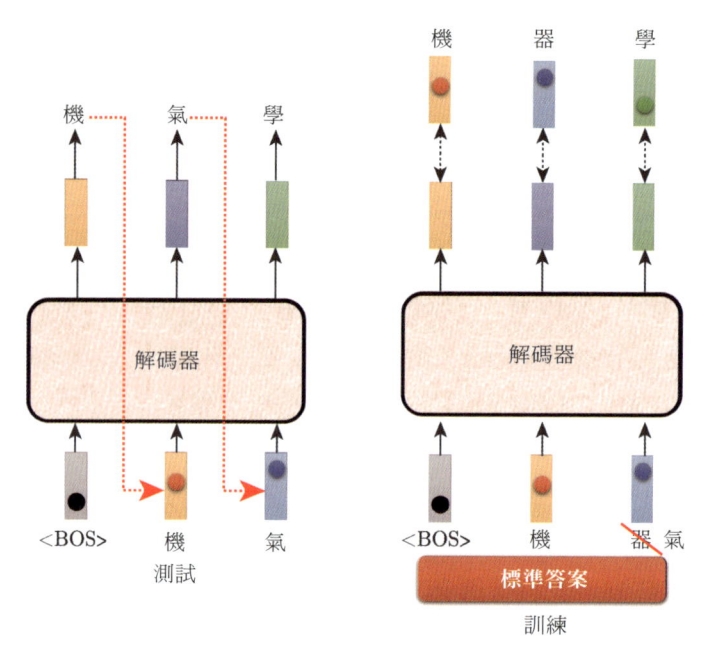

▲ 圖 7.32 曝光偏差

假設解碼器在訓練的時候永遠只看過正確的東西，在測試的時候，只要有一步錯，就會步步錯。解碼器從來沒有看過錯的東西，它看到錯的東西會非常驚奇，接下來產生的結果可能都是錯的。一個可以思考的方向是，給解碼器的輸入加入一些錯的東西，它反而學得更好，這一技巧被稱為**計畫取樣**（**scheduled sampling**）[9]。計畫取樣不是學習率調整。計畫取樣很早就有了。在還沒有 Transformer 而只有 LSTM 的時候，就已經有計畫取樣了。但是計畫取樣會損害 Transformer 的平行化能力，因此 Transformer 的計畫取樣另有招數，詳見論文「Scheduled Sampling for Transformers」[10] 和「Parallel Scheduled Sampling」[11]。

參考資料

[1]　VINYALS O, KAISER Ł, KOO T, et al. Grammar as a foreign language[C]//Advances in Neural Information Processing Systems, 2015.

[2] CARION N, MASSA F, SYNNAEVE G, et al. End-to-end object detection with transformers[C]//European Conference on Computer Vision. 2020: 213-229.

[3] SUTSKEVER I, VINYALS O, LE Q V. Sequence to sequence learning with neural networks[C]//Advances in Neural Information Processing Systems, 2014.

[4] XIONG R, YANG Y, HE D, et al. On layer normalization in the transformer architecture[J]. Proceedings of Machine Learning Research, 2020, 119: 10524-10533.

[5] SHEN S, YAO Z, GHOLAMI A, et al. Powernorm: Rethinking batch normalization in transformers[J]. Proceedings of Machine Learning Research, 2020, 119: 8741-8751.

[6] LIU F, REN X, ZHAO G, et al. Rethinking and improving natural language generation with layerwise multi-view decoding[EB/OL]. arXiv: 2005.08081.

[7] HOLTZMAN A, BUYS J, DU L, et al. The curious case of neural text degeneration[EB/OL]. arXiv: 1904.09751.

[8] RANZATO M A, CHOPRA S, AULI M, et al. Sequence level training with recurrent neural networks[EB/OL]. arXiv: 1511.06732.

[9] BENGIO S, VINYALS O, JAITLY N, et al. Scheduled sampling for sequence prediction with recurrent neural networks[C]//Advances in Neural Information Processing Systems, 2015.

[10] MIHAYLOVA T, MARTINS A F. Scheduled sampling for transformers[EB/OL]. arXiv: 1906.07651.

[11] DUCKWORTH D, NEELAKANTAN A, GOODRICH B, et al. Parallel scheduled sampling[EB/OL]. arXiv: 1906.04331.

Chapter 08

生成模型

　　越來越多的生成式軟體在極大程度上改變了我們的生活。例如，我們可以透過一張照片，讓軟體自動產生一段音樂，或是讓軟體自動產生一段影片。本章具體介紹它們背後的基礎模型 —— **生成模型**（generative model）。

8.1　生成對抗網路

　　到目前為止，我們學習到的網路在本質上都是一個函式，即提供一個輸入，網路就可以輸出一個結果。此外，前幾章已經介紹了各式各樣的網路，它們可以應對不同類型的輸入和輸出。例如，當輸入是一張圖片時，可以使用卷積神經網路等模型進行處理；當輸入是序列資料時，可以使用以遞迴神經網路架構為基礎的模型進行處理，其中輸出既可以是數值、類別，也可以是一個序列。這些網路已經可以解決我們日常會遇到的大多數問題。

8.1.1　生成器

　　與先前介紹的模型所不同的是，生成模型中的網路會被當作**生成器**（generator）使用。具體來說，在輸入時會將一個隨機變數 z 與原始輸入 x 一併輸入模型，這個變數是從隨機分布中取樣得到的。輸入時可以採用向量拼接的方式將 x 和 z 一併輸入，或在 x 和 z 長度一樣時，將它們的和作為輸入。變數 z 的特別之處在於其非固定性，即每一次我們使用網路時，

都會從一個隨機分布中取樣得到一個新的 z。通常，我們對該隨機分布的要求是，它必須足夠簡單，可以較為容易地進行取樣，或者可以直接寫出該隨機分布的函式，如**高斯分布**（Gaussian distribution）、**均勻分布**（uniform distribution）等。所以每次在輸入 x 的同時，我們都從隨機分布中取樣得到 z，得到最終的輸出 y。隨著取樣得到的 z 的不同，我們得到的輸出 y 也會不一樣。同理，對於網路來說，其輸出也不再固定，而變成一個複雜的分布。我們將這種可以輸出一個複雜分布的網路稱為生成器，如圖 8.1 所示。

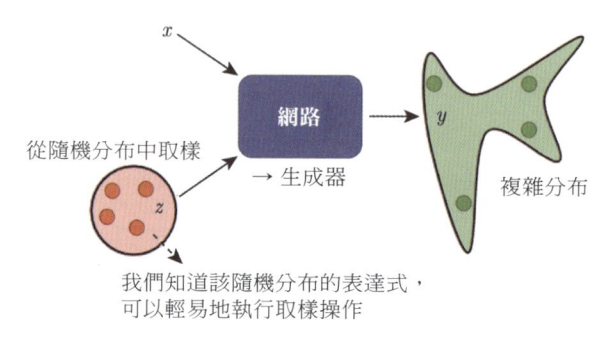

▲ 圖 8.1　生成器示意圖

如何訓練這個生成器呢？思考一下，我們為什麼訓練生成器，又為什麼需要輸出一個分布呢？下面介紹一個影片預測的例子，給模型一個影片短片，讓它預測接下來發生的事情。影片環境是《小精靈》遊戲，預測下一幀的遊戲畫面，如圖 8.2 所示。

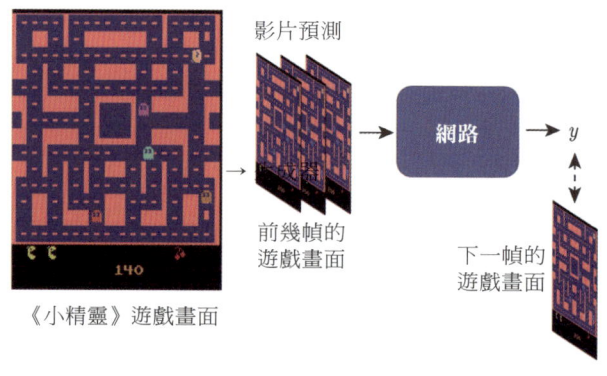

▲ 圖 8.2　影片預測 ── 以《小精靈》遊戲為例

為了預測下一幀的遊戲畫面，我們只需要給網路輸入前幾幀的遊戲畫面。而要得到這樣的訓練資料，只需要在玩《小精靈》遊戲的同時進行錄製。訓練網路，讓網路的輸出 y 與真實圖片越接近越好。當然在實作中，為了保證訓練高效率，我們會將每一幀的遊戲畫面分割為很多塊作為輸入，同時分別進行預測。接下來為了簡化，假設網路是一次輸入整個遊戲畫面的。如果使用前幾章介紹的基於監督式學習的訓練方法，則得到的結果可能會十分模糊，遊戲中的角色甚至可能消失或出現殘影，如圖 8.3 所示。

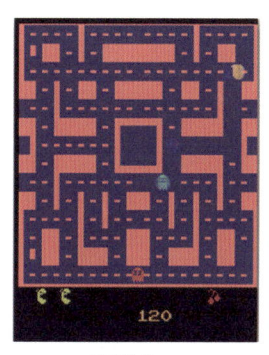

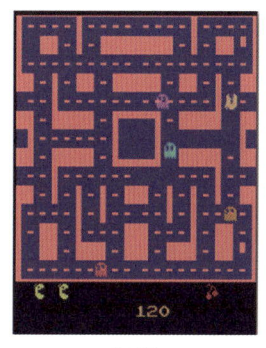

預測值 1　　　　　　預測值 2

▲ 圖 8.3 基於監督式學習的《小精靈》遊戲的預測值

造成該問題的原因是，監督式學習中的訓練資料對於同樣的轉角同時儲存了角色向左轉和角色向右轉兩種輸出。在訓練的時候，對於一條向左轉的訓練資料，網路得到的指示就是要學會代表遊戲角色向左轉的輸出。同理，對於一條向右轉的訓練資料，網路得到的指示就是學會代表遊戲角色向右轉的輸出。但實際上這兩種資料可能會被同時訓練，網路「兩面討好」，就會得到一個錯誤的結果 —— 向左轉是對的，向右轉也是對的。

應該如何解決這個問題呢？答案是讓網路有機率地輸出一切可能的結果，或者說輸出一個機率分布，而不是進行原來的單一輸出，如圖 8.4 所示。當給網路一個隨機分布時，網路的輸入會加上一個 z，這時輸出就變成了一個非固定的分布，其中包含了向左轉和向右轉的可能。舉例來說，假設選擇的 z 服從一個二項分布，即只能取 0 或 1 並且兩種可能各占 50%。網路就可以在 z 取樣到 1 的時候就向左轉，取樣到 0 的時候就向右轉，這樣問題就解決了。

回到生成器的討論中，我們什麼時候需要這類生成模型呢？答案是當我們的任務需要「創造性」的輸出，或者我們想知道一個可以輸出多種可能性的模型，且這些輸出都是對的模型的時候。這可以類比為讓很多人一起處理一個開放式的問題，或是腦力激盪，大家的回答五花八門，但都是正確的。所以也可以理解為生成模型讓模型有了創造力。再舉兩個更具體的例子。對於畫圖，假設畫一個紅眼睛的角色，每個人可能畫出來的或者心中想的都不一樣。對於聊天機器人，它也需要有創造力。比如我們問聊天機器人：「你知道有哪些童話故事嗎？」，聊天機器人會回答《安徒生童話》、《格林童話》等，沒有標準的答案。所以對於生成模型來說，它需要能夠輸出一個分布，或者說多個答案。在生成模型中，非常知名的就是**生成對抗網路**（Generative Adversarial Network，GAN）。

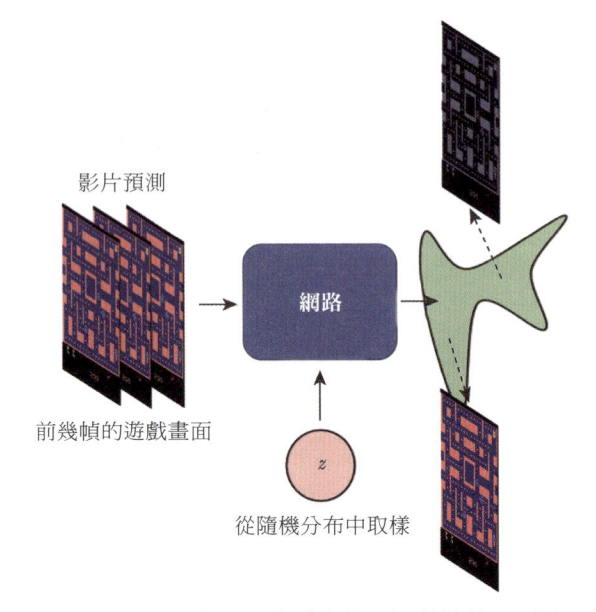

▲ 圖 8.4 基於生成模型的《小精靈》遊戲的預測結果

下面我們透過讓機器產生動畫人物的臉部來具體地介紹 GAN。**無限制生成**（unconditional generation）不需要原始輸入 x，與無限制生成相對的就是需要原始輸入 x 的**條件型生成**（conditional generation）。如圖 8.5 所示，對於無限制的 GAN，它的唯一輸入就是 z，這裡假設 z 為取樣自常態分布的向量。它通常是一個低維的向量，例如 50 維或 100 維。

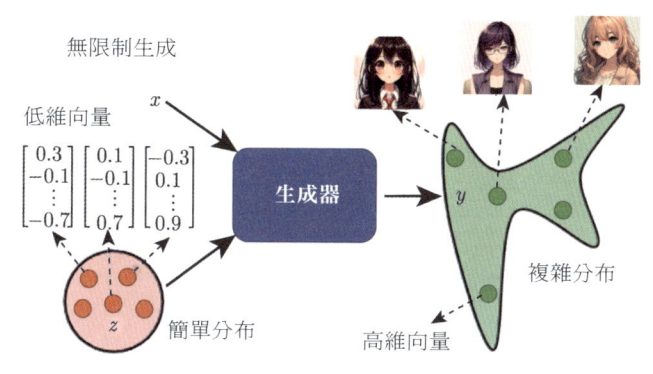

▲ 圖 8.5 基於無限制生成的 GAN

首先從常態分布中取樣得到向量 z，將其輸入生成器，生成器會給出一個對應的輸出 —— 動漫人物的臉。我們聚焦一下生成器輸出一個動漫人物的臉的過程。其實很簡單，一張圖片就是一個高維的向量，所以生成器實際上做的事情就是輸出一個高維的向量，比如一張 64×64 像素的圖片（如果是彩色的，那麼輸出就是一張 64×64 像素 3 通道的圖片）。當輸入的向量 z 不同時，生成器的輸出就會跟著改變，所以我們從常態分布中取樣出不同的 z，得到的輸出 y 也會不同，動漫人臉的照片也將不同。當然，我們也可以選擇其他的分布，但是根據經驗，分布之間的差異可能並不是非常大。大家可以搜尋一些文獻，並且嘗試去探討不同分布之間的差異。這裡選擇常態分布是因為這種分布簡單且常見，而且生成器自己會想方設法把這種簡單的分布對應到另一種更複雜的分布。後續討論都以常態分布為前提。

8.1.2 判別器

在 GAN 中，除了訓練生成器以外，還需要訓練**判別器**（**discriminator**），它通常也是一個神經網路。判別器能輸入一張圖片，輸出一個純量，這個純量越大，就代表現在輸入的圖片越接近真實動漫人物的臉，如圖 8.6 所示。對於圖 8.6 中的動漫人物頭像，輸出就是 1。這裡假設 1 是最大的值，畫得很好的動漫圖片輸出就是 1，不知道在畫什麼就輸出 0.5，再差一些就輸出 0.1 等等。判別器可以用卷積神經網路，也可以用 Transformer，只要能夠產生我們

想要的輸出即可。當然對於這個例子，因為輸入是一張圖片，所以選擇卷積神經網路，因為卷積神經網路在處理圖片上有非常大的優勢。

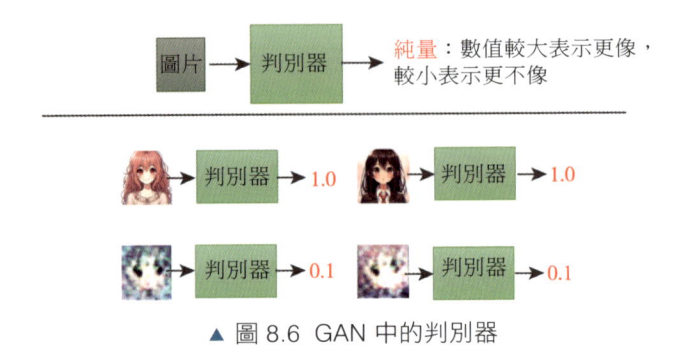

▲ 圖 8.6 GAN 中的判別器

　　回到動漫人物圖片的例子，生成器學習畫出動漫人物的過程如圖 8.7 所示。首先，第一代生成器的參數幾乎是完全隨機的，所以它根本就不知道要怎麼畫動漫人物，生成器畫出來的東西就是一些莫名其妙的雜訊。判別器學習的目標是成功分辨生成器輸出的動漫圖片，圖 8.7 展示了這個過程。例如，第一代判別器判斷一張圖片是不是真實圖片的依據是看圖片中有沒有眼睛，則第二代生成器就需要輸出有眼睛的圖片，嘗試騙過第一代判別器。同時，判別器也會進化，它會試圖分辨新的生成圖片與真實圖片之間的差異。假設第二代判別器透過有沒有嘴巴來辨識真假，那麼第三代生成器會想辦法騙過第二代判別器，把嘴巴加上去。當然，判別器也會逐漸進步，越來越嚴苛，「逼迫」生成器產生的圖片越來越像動漫人物。生成器和判別器彼此之間是一種互動、促進關係。最終，生成器會學會畫出動漫人物，而判別器也會學會分辨真假圖片，這就是 GAN 的訓練過程。

　　GAN 的概念最早出現在 2014 年的一篇文章中，這篇文章的作者把生成器和判別器當作敵我雙方，認為生成器和判別器之間存在對抗的關係，所以就用了「對抗」（adversarial）這個詞，這只是一種擬人的說法而已。但其實我們也可以把它們想像為亦敵亦友的關係，畢竟它們一直在更新，旨在提升自身，超越對方。

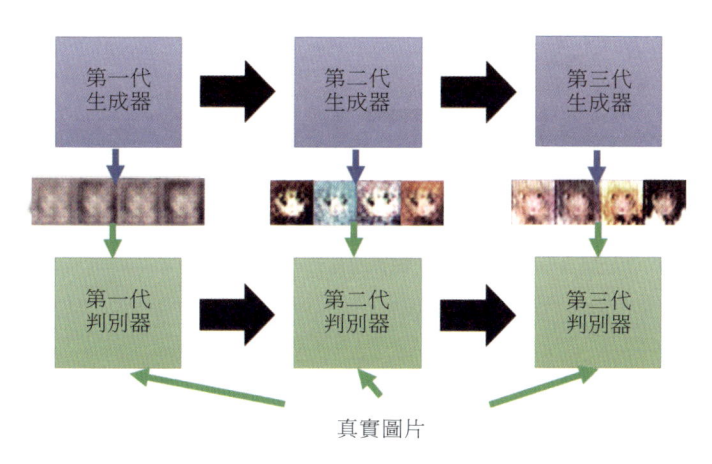

▲ 圖 8.7　GAN 的訓練過程

8.2　生成器與判別器的訓練過程

　　下面我們從演算法角度解釋生成器和判別器是如何運作的，如圖 8.8 所示。生成器和判別器是兩個網路，在訓練前需要分別進行參數的初始化。訓練的第一步是固定生成器，只訓練判別器。因為生成器的初始參數是隨機初始化的，所以它什麼都沒有學習到，輸入一系列取樣得到的向量給它，它的輸出一定是些隨機、混亂的圖片，與真實的動漫人物頭像完全不同。我們有一個包含很多動漫人物頭像的圖像資料庫，可透過網路爬取等方法得到。從這個圖像資料庫中取樣一些動漫人物頭像出來，與生成器產生的結果進行對比，進而訓練判別器。判別器的訓練目標是要分辨真正的動漫人物與生成器產生的動漫人物。對於判別器來說，這就是一個分類或迴歸問題。如果當作分類問題，就把真正的圖片當作類別 1，而把生成器產生的圖片當作類別 2，然後訓練一個分類器。如果當作迴歸問題，判別器看到真實圖片就要輸出 1，看到生成器產生的圖片就要輸出 0，並且為每一個圖片進行 0～1 的評分。總之，判別器需要學著分辨真實圖片和生成器產生的圖片。

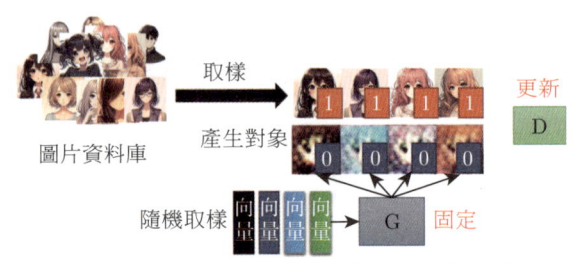

▲ 圖 8.8 GAN 演算法的第一步

　　訓練完判別器以後，固定判別器，訓練生成器，如圖 8.9 所示。訓練生成器的目的就是讓生成器想辦法騙過判別器，因為在前一步中，判別器已經學會了分辨圖片。生成器如果可以騙過判別器，那麼生成器產生的圖片就可以以假亂真。具體操作如下：首先為生成器輸入一個向量，它可以從我們之前介紹的高斯分布中取樣，並產生一張圖片。接下來將這張圖片輸入判別器，判別器會對這張圖片評分。這裡的判別器是固定的，它只需要給更「真」的圖片打出更高的分數即可。訓練生成器的目標就是讓圖片更加真實，也就是提高分數。

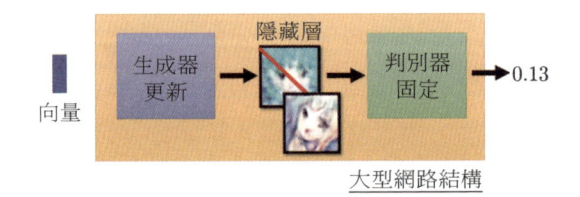

▲ 圖 8.9 GAN 演算法的第二步

　　真實場景中的生成器和判別器都是有很多層的神經網路，我們通常將兩者一起當作一個比較大的網路來看待，但是不會調整判別器部分的模型參數。因為如果可以調整它，那麼我們完全可以直接調整最後的輸出層，將偏差設為很大的值，但這達不到我們想要的效果。我們只能訓練產生的部分，訓練方法與前幾章介紹的網路訓練方法基本一致，只是我們希望最佳化目標越大越好，這與我們之前希望損失越小越好不同。當然，我們也可以直接在最佳化目標前加負號，將其當作損失看待，這樣就變成了以讓損失變小為目標。另一種方法是，我們可以使用梯度上升進行最佳化，取代之前的梯度下降最佳化演算法。

我們總結一下 GAN 演算法的兩個關鍵步驟：固定生成器，訓練判別器；固定判別器，訓練生成器。接下來就是重複以上的訓練，訓練完判別器，就固定判別器，訓練生成器；訓練完生成器，就用生成器產生更多的新圖片，給判別器做訓練用；訓練完判別器，再訓練生成器，就這樣重複下去。當其中一個進行訓練的時候，另一個就固定住，期待它們都可以在自己的目標上達到最佳效果，如圖 8.10 所示。

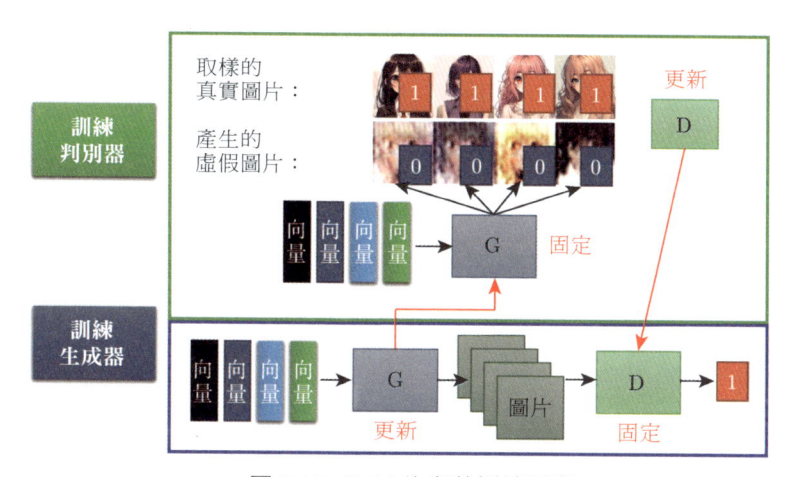

▲ 圖 8.10 GAN 的完整訓練過程

8.3　GAN 的應用案例

下面介紹 GAN 的一些應用案例。首先介紹 GAN 產生動漫人物人臉的例子，如圖 8.11 所示，這些分別是訓練 100 輪、1000 輪、2000 輪、5000 輪、10000 輪、20000 輪和 50000 輪的結果。可以看到，訓練到 100 輪時，產生的圖片還比較模糊；訓練到 1000 輪時，出現了眼睛；訓練到 2000 輪時，嘴巴產生出來了；訓練到 5000 輪時，已經開始有一點人臉的輪廓了，並且機器學到了動漫人物大眼睛的特徵；訓練到 10000 輪時，外部輪廓已經可以明顯感覺到了，只是還有些模糊；訓練 20000 輪後產生的圖片完全可以以假亂真，訓練 50000 輪後產生的圖片已經十分逼真。

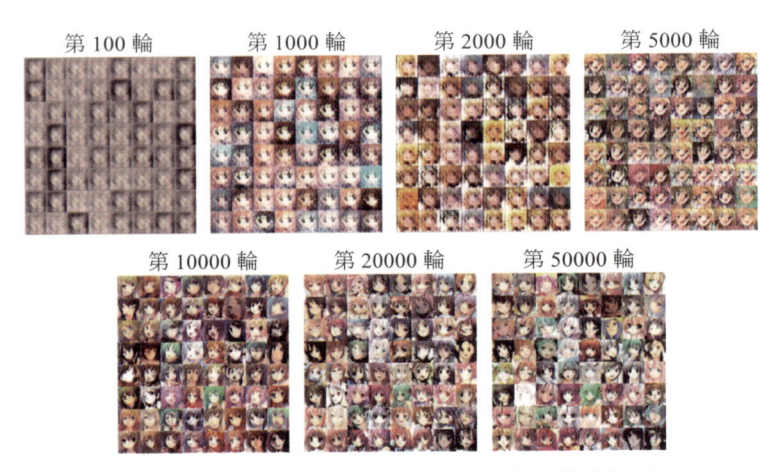

▲ 圖 8.11 GAN 產生動漫人物人臉的視覺化效果

　　除了產生動漫人物的人臉以外，當然也可以產生真實的人臉，如圖 8.12 所示。產生高解析人臉的技術叫作**漸進式 GAN（progressive GAN）**，圖 8.12 是由機器產生的人臉。我們可以使用 GAN 產生我們從來沒有看過的人臉，如圖 8.13 所示。舉例來說，先前我們介紹的 GAN 中的生成器，就是輸入一個向量，輸出一張圖片。此外，我們還可以對輸入的向量做內差，在輸出部分，我們會看到兩張圖片之間連續的變化。比如輸入一個向量，透過 GAN 產生一個表情看起來非常嚴肅的男人；同時輸入另一個向量，透過 GAN 產生一個微笑著的女人。輸入介於這兩個向量之間的數值向量，我們就可以看到這個男人逐漸笑了起來。再比如，輸入一個向量，產生一個往左看的人；同時輸入另一個向量，產生一個往右看的人，在這兩個向量之間做內差，機器並不會傻傻地將兩張圖片重疊在一起，而是產生一張正面的人臉。神奇的是，我們在訓練的時候其實並沒有輸入正面的人臉，但機器可以自己學到，只要對這兩張圖片做內差，就可以得到一張正面的人臉。

▲ 圖 8.12 漸進式 GAN 產生人臉的效果

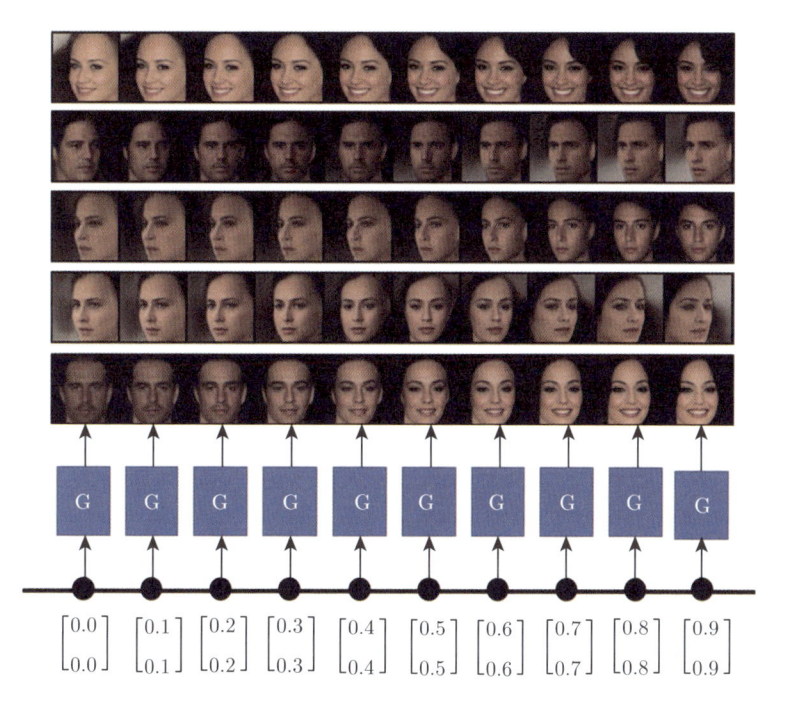

▲ 圖 8.13 GAN 產生連續人臉的過程（圖中的 G 代表生成器）

不過，如果我們不加約束，GAN 就會產生一些很奇怪的圖片。比如，使用 BigGAN 演算法 [1] 會產生一個左右不對稱的玻璃杯子，甚至產生一個網球狗，如圖 8.14 所示。

▲ 圖 8.14 GAN 產生不符合常理的視覺化例子

8.4 GAN 的理論介紹

本節將從理論層面介紹 GAN，說明為什麼生成器與判別器的互動可以產生人臉圖片。首先，我們需要瞭解訓練的目標是什麼。在訓練網路時，我們需要確定一個損失函式，然後使用梯度下降策略來調整網路參數，並使設定的損失函式的值最小或最大。生成器的輸入是一系列從分布中取樣得到的向量，生成器的輸出是一個比較複雜的分布，如圖 8.15 所示，我們稱之為 P_G。我們還有一些原始資料，這些原始資料本身會形成另一個分布，我們稱之為 P_{data}。訓練的目標是使 P_G 和 P_{data} 盡可能相似。

$$G^* = \arg\min_{G} \text{Div}(P_G, P_{\text{data}})$$

P_G 和 P_{data} 之間的差異

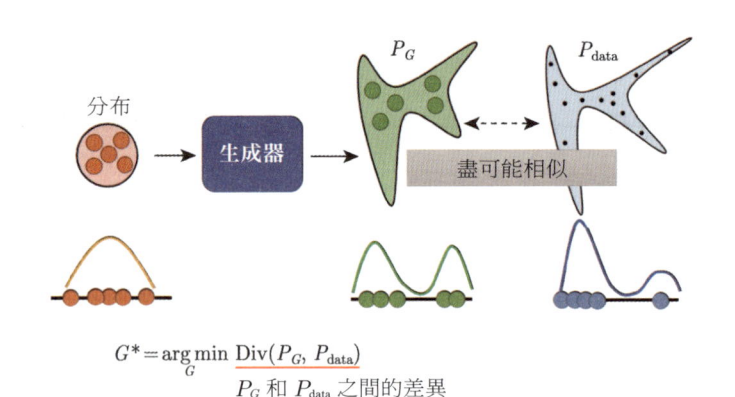

▲ 圖 8.15 GAN 的訓練目標

我們再舉一個一維的簡單例子來說明 P_G 和 P_{data}。假設生成器的輸入是一維向量，見圖 8.15 中的橙色曲線；生成器的輸出也是一維向量，見圖 8.15 中的綠色曲線；真正的資料同樣是一維向量，見圖 8.15 中的藍色曲線。若每次輸入 5 個點，則每一個點的位置會隨著訓練次數而改變，進而產生一個新的分布。可能本來所有的點都集中在中間，但是透過生成器，在經過很複雜的訓練後，這些點就分散在兩邊。P_{data} 就是真正資料的分布，在實際應用中，真正資料的分布可能更極端，比如左邊的資料比較多，右邊的資料比較少。我們希望 P_G 和 P_{data} 越接近越好。圖 8.15 中的公式表達的是這兩個分布之間的差異，它可以視為這兩個分布之間的某種距離，距離越大，就代表這兩個分布越不像；距離越小，則代表這兩個分布越接近。差異是衡量兩個分布之間相似度的一個

指標。我們現在的目標就是訓練一組生成器模型中的網路參數，使得產生的 P_G 和 P_{data} 之間的差異越小越好，這個最佳化生成器名為 G^*。

訓練生成器的過程與訓練卷積神經網路等簡單網路的過程非常像，相較於之前的找一組參數來最小化損失函式，我們現在其實也定義了生成器的損失函式，即 P_G 和 P_{data} 之間的差異。對於一般的神經網路，損失函式是可以計算的，但是對於生成器的差異，我們應該怎麼處理呢？計算連續的差異（如 KL 散度和 JS 散度）是很複雜的，在實際離散的資料中，我們或許無法計算對應的積分。

對於 GAN，只要我們知道怎樣從 P_G 和 P_{data} 中取樣，就可以計算得到差異，而不需要知道實際的公式。例如，在對圖庫進行隨機取樣時，就會得到 P_{data}。對於生成器，則需要使我們之前從常態分布中取樣出來的向量透過生成器產生一系列的圖片，這些圖片就是 P_G 取樣出來的結果。我們既可以從 P_G 中取樣，也可以從 P_{data} 中取樣。接下來，我們將介紹如何在只做以上取樣的前提下（也就是在不知道 P_G 和 P_{data} 的定義及公式的情況下），估算差異。這需要依靠判別器的力量。

回顧判別器的訓練方式。首先，我們有一系列的真實資料，也就是從 P_{data} 取樣得到的資料。同時，我們還有一系列的生成資料，也就是從 P_G 取樣得到的資料。根據真實資料和生成資料，我們訓練一個判別器，訓練目標是使機器看到真實資料就給出比較高的分數，而看到生成資料就給出比較低的分數。我們可以把這當成一個最佳化問題，具體來說，我們需要訓練一個判別器，它可以最大化一個目標函式，這個目標函式如圖 8.16 所示，其中一些 y 是從 P_{data} 中取樣得到的，也就是真實資料，將真實資料輸入判別器，得到一個分數。另一方面，還有一些 y 來自生成器，是從 P_G 中取樣得到的，將這些產生的資料輸入判別器，同樣得到一個分數，我們可以由此計算 $\log(1 - D(Y))$。

我們希望目標函式 V 越大越好，其中 y 如果是從 P_{data} 取樣得到的真實資料，它就要越大越好；而如果 y 是從 P_G 取樣得到的生成資料，它就要越小越

好。GAN 提出之初，將這個過程寫成這樣其實還有一個理由，就是為了讓判別器和二元分類產生聯繫，因為這個目標函式本身就是一個交叉熵乘以一個負號。訓練分類器時的操作就是最小化交叉熵，所以當我們最大化目標函式的時候，其實等同於最小化交叉熵，也就等同於訓練一個分類器。實際要做的事情就是把圖 8.16 中的藍色的星星 —— 從 P_{data} 取樣得到的真實資料當作類別 1，而把從 P_G 取樣得到的生成資料當作類別 2。有兩個類別的資料後，訓練一個二元分類的分類器，就等同解決了這個最佳化問題，而圖 8.16 中紅框裡面的數值本身就和 JS 散度有關。或許原始的 GAN 論文是從二元分類出發的，一開始就把判別器寫成了二元分類的分類器，然後才有了這樣的目標函式，經過一番推導後，發現這個目標函式的最大值和 JS 散度是相關的。

$$G^* = \arg\min_G \text{Div}(P_G, P_{\text{data}})$$

★：從 P_{data} 取樣得到的資料　★：從 P_G 取樣得到的資料

類別 1　訓練　　判別器

類別 2

訓練：$D^* = \arg\max_D V(D, G)$　　　訓練一個二分類的分類器

對於判別器的目標函式

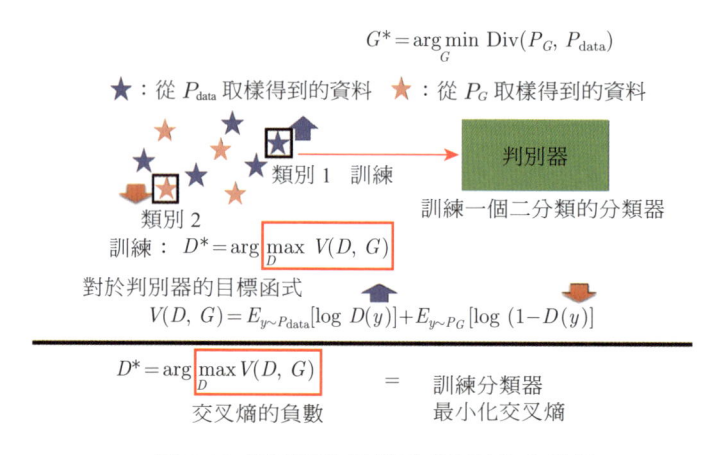

$$V(D, G) = E_{y \sim P_{\text{data}}}[\log D(y)] + E_{y \sim P_G}[\log (1 - D(y))]$$

$D^* = \arg\max_D V(D, G)$　　=　訓練分類器

交叉熵的負數　　　　　　　　　最小化交叉熵

▲ 圖 8.16　判別器的目標函式和最佳化過程

當然，我們還是需要直觀地瞭解一下為什麼目標函式的值會和散度有關。假設 P_G 和 P_{data} 的差距很小，如圖 8.16 所示，藍色的星星和紅色的星星混在一起。在這裡，判別器就是在訓練一個 0/1 分類的分類器，因為這兩組資料的差距很小，所以在解決這個最佳化問題時，很難讓目標函式 V 達到最大值。但是當兩組資料的差距很大時，也就是藍色的星星和紅色的星星並沒有混在一起，就可以很輕易地把它們分開。當判別器可以輕易地把它們分開的時候，目標函式就可以變得很大。所以當兩組資料的差距很大時，目標函式的最大值就可以很大。當然這裡面有很多的假設，例如假設判別器的分類能力為無限強。

我們再來看看計算生成器 + 判別器的過程，我們的目標是要找到一個生成器來最小化兩個分布 P_G 和 P_data 之間的差異。這個差異可以透過使用訓練好的判別器來最大化它的目標函式來實現。同時進行最小化和最大化的過程（稱為 MinMax 操作）就像生成器和判別器進行互動和相互「欺騙」的過程。注意，這裡的差異函式不一定使用 KL 或 JS 函式，而是可以嘗試不同的函式來得到不同的差異衡量指標。

8.5　WGAN 演算法

因為要執行 MinMax 操作，所以 GAN 很不好訓練。我們接下來介紹一個 GAN 訓練的小技巧，它就是著名的 **Wasserstein GAN（WGAN）**[2]。在介紹 WGAN 之前，我們先來分析一下 JS 散度有什麼問題。JS 散度的兩個輸入 P_G 和 P_data 之間的重疊部分往往非常小。這其實也是可以預料到的，從不同的角度來看，圖片其實是高維空間裡低維的流形，因為在高維空間中隨便取樣一個點，通常沒有辦法構成一個人物的頭像，所以人物頭像的分布，在高維空間中其實是非常狹窄的。換個角度解釋，以二維空間為例，圖片的分布可能就是二維空間裡的一條線。也就是說，P_G 和 P_data 是二維空間中的兩條直線。而除非二維空間中的兩條直線剛好重合，否則它們相交的範圍幾乎可以忽略。再換個角度解釋，我們從來都不知道 P_G 和 P_data 的具體分布，因為它們源於取樣，所以也許它們有非常小的重疊分布範圍。如果取樣的點不夠多，就算這兩個分布實際上很相似，它們也很難有任何重疊的部分。

JS 散度的侷限性會對 JS 散度造成以下問題。首先，對於兩個沒有重疊的分布，JS 散度的值都為 $\log 2$，與具體的分布無關。就算兩個分布都是直線，但它們的距離不一樣，得到的 JS 散度就都會是 $\log 2$，如圖 8.17 所示。所以 JS 散度並不能很好地反映兩個分布之間的差異。其次，對於兩個有重疊的分布，JS 散度也不一定能夠很好地反映這兩個分布之間的差異。因為 JS 散度的值是有上限的，所以當兩個分布的重疊部分很大時，JS 散度無法區分不同分布之間的差異。既然從 JS 散度中看不出來分布之間的差異，那麼在訓練的時

候，我們就很難知道生成器有沒有進步，進而也就很難知道判別器有沒有進步。我們需要一個更好的指標來衡量兩個分布之間的差異。

如果兩個分布不重疊，JS 散度就是 log 2

P_{G_0} ←→ P_{data} P_{G_1} ←→ P_{data} ... $P_{G_{100}}$ P_{data}

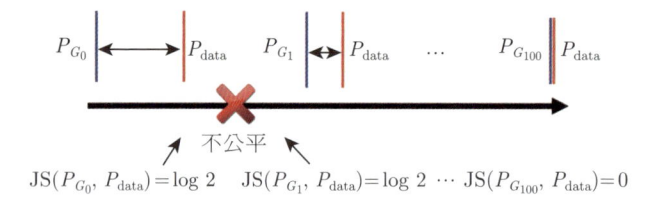

↗ 不公平 ↖

$\text{JS}(P_{G_0}, P_{\text{data}}) = \log 2$ $\text{JS}(P_{G_1}, P_{\text{data}}) = \log 2$ ... $\text{JS}(P_{G_{100}}, P_{\text{data}}) = 0$

▲ 圖 8.17 JS 散度的侷限性

當使用 JS 散度訓練一個二元分類的分類器，以分辨真實圖片和產生的虛假圖片時，就會發現實際上準確率都是 100%。原因在於取樣的圖片根本就沒有幾張，對於判別器來說，取樣的 256 張真實圖片和 256 張虛假圖片可以直接用「死記硬背」的方法區分開。所以實際上如果用二元分類的分類器訓練判別器，辨識準確率都會是 100%。過去，尤其在還沒有 WGAN 這樣的技術時，訓練 GAN 就像拆盲盒──每更新幾次生成器後，就把圖片列印出來看看。我們大可一邊吃飯，一邊看圖片產生結果，記憶體報錯了就重新再來，過去訓練 GAN 非常辛苦。這也不像我們在訓練普通神經網路的時候，有損失函式會隨著訓練慢慢變小，當我們看到損失慢慢變小時，就可以放心地認為網路仍在訓練。但是對於 GAN 而言，我們根本就沒有這樣的指標。所以我們需要一個更好的指標來衡量兩個分布之間的差異，否則就得用人眼看，一旦發現結果不好，就重新用一組超參數調整網路。

既然是 JS 散度的問題，換一種衡量兩個分布之間的相似度的方式，不就可以解決這個問題了嗎？於是就有了使用 Wasserstein 距離的想法。Wasserstein 距離背後的思維如下，假設兩個分布分別為 P 和 Q，我們想要知道這兩個分布之間的差異。想像我們有一台推土機，它可以把 P 這邊的土堆挪到 Q 這邊，那麼推土機平均走的距離就是 Wasserstein 距離。在這個例子中，我們假設 P 集中在一個點，Q 集中在另一個點，對推土機而言，假設它要把 P 這邊的土堆挪到 Q 這邊，那麼它要走的平均距離就是 d，P 和 Q 的

Wasserstein 距離就是 d。但如果 P 和 Q 不是集中在一個點,而是分布在一個區域內,則需要考慮所有的可能性,也就是所有的走法,然後看走的平均距離是多少,走的這個平均距離就是 Wasserstein 距離。Wasserstein 距離也稱為推土機距離(Earth Mover's Distance,EMD)。Wasserstein 距離的定義如圖 8.18 所示。

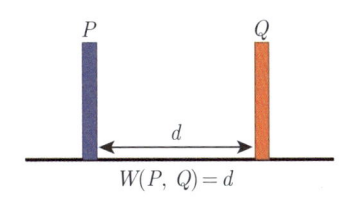

▲ 圖 8.18 Wasserstein 距離的定義

對於更複雜的分布,算 Wasserstein 距離就有點困難了。如圖 8.19 所示,假設兩個分布分別是 P 和 Q,我們要把 P 變成 Q,怎麼做呢?我們可以把 P 這邊的土堆挪到 Q 這邊,也可以反過來把 Q 這邊的土堆挪到 P 這邊。所以當我們考慮比較複雜的分布時,計算距離就有很多不同的方法,即不同的「移動」方式,從中計算出來的距離(即推土機平均走的距離)也就不一樣。在圖 8.19 中,對於左邊這個例子,推土機平均走的距離比較短;右邊這個例子因為「捨近求遠」,所以推土機平均走的距離比較長。分布 P 和 Q 的 Wasserstein 距離會有很多不同的值嗎?這樣有很多不同的值,我們就不知道到底要將其中的哪個值當作 Wasserstein 距離了。為了讓 Wasserstein 距離只有一個值,我們將距離定義為窮舉所有的「移動」方式,然後看哪一種方式可以讓平均距離最小,那個最小的平均距離才是 Wasserstein 距離。所以其實計算 Wasserstein 距離挺麻煩的,因為還要解決一個最佳化問題。

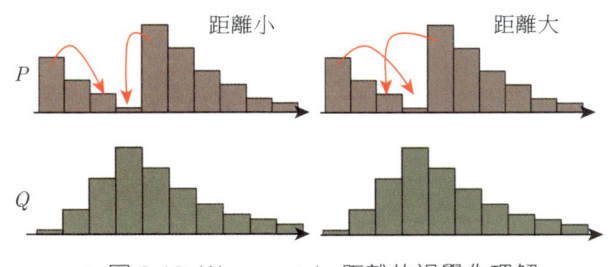

▲ 圖 8.19 Wasserstein 距離的視覺化理解

我們這裡先避開這個問題，看看使用 Wasserstein 距離有什麼好處。如圖 8.20 所示，假設兩個分布 P_G 和 P_data 之間的距離是 d_0，那麼在這個例子中，Wasserstein 距離算出來就是 d_0。同樣地，假設兩個分布 P_G 和 P_data 之間的距離是 d_1，那麼在這個例子中，Wasserstein 距離就是 d_1。假設 d_1 小於 d_0，則 d_1 的 Wasserstein 距離就會小於 d_0 的 Wasserstein 距離，所以 Wasserstein 距離可以很好地反映兩個分布之間的差異。在圖 8.20 中，從左到右，生成器越來越進步，但是如果同時觀察判別器，就會發現觀察不到任何規律。因為對於判別器而言，幾乎每一個例子算出來的 JS 散度都是 $\log 2$，判別器根本就看不出來這邊的分布有沒有變好。但是如果換成 Wasserstein 距離，從左到右，生成器越來越好。所以 Wasserstein 距離越小，對應的生成器就越好。這就是我們使用 Wasserstein 距離的原因。換一種計算差異的方式，就可以避免 JS 距離有可能帶來的問題。

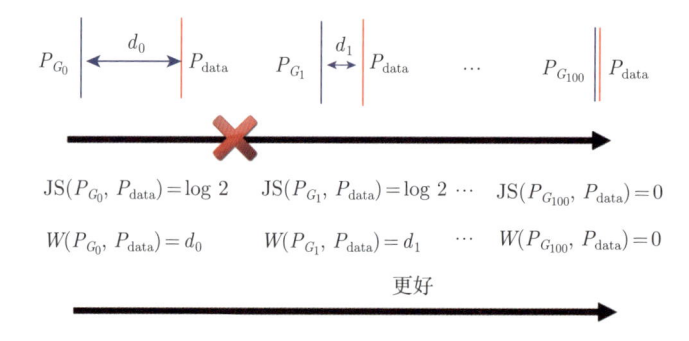

▲ 圖 8.20 Wasserstein 距離與 JS 距離的對比

下面再舉一個演化的例子 —— 人類眼睛的形成。人類的眼睛是非常複雜的，由其他原始的眼睛演化而來。比如，一些細胞具有感光的能力，它們可以看作最原始的眼睛。這些最原始的眼睛是怎麼變成了最複雜的眼睛呢？一般認為，感光細胞在皮膚上經過一系列的突變後，會產生更多的感光細胞，中間有很多連續的步驟。舉例來說，感光細胞可能會出現在一個比較凹陷的地方，皮膚凹陷下去，然後慢慢地把凹陷的地方保護住並在裡面存放一些液體，最後就變成了人類的眼睛。這是一個連續的過程，也是一個從簡單到複雜的過程。當

使用 Wasserstein 距離來衡量分布之間的差異時，其實就製造了類似的效果。本來兩個分布 P_{G_0} 和 P_data 之間距離非常遙遠，想要一步從開頭就直接跳到結尾是非常困難的。但如果使用 Wasserstein 距離，就可以讓 P_{G_0} 和 P_data 慢慢挪近到一起，使它們之間的距離變小一點，再變小一點，最後對齊。這就是我們使用 Wasserstein 距離的原因，因為它可以讓我們的生成器一步一步地變好，而不是一下子就變好。

WGAN 實際上就是用 Wasserstein 距離取代 JS 距離。接下來的問題是，Wasserstein 距離如何計算呢？Wasserstein 距離的計算是一個最佳化的問題，如圖 8.21 所示。這裡簡化過程，直接給出解決方案，也就是解圖 8.21 中最大化問題的解，解出來以後，得到的值就是 P_{G_0} 和 P_data 的 Wasserstein 距離。觀察圖 8.21 中的公式，我們要找一個函式 D，函式 D 可以想像成一個神經網路，這個神經網路的輸入是 x，輸出是 $D(x)$。如果 x 是從 P_data 取樣得到的，則計算它的期望 $E_{x \sim P_\text{data}}$；如果 x 是從 P_G 取樣得到的，則計算它的期望 $E_{x \sim P_G}$，然後加上一個負號。如果 x 是從 P_data 取樣得到的，則判別器的輸出越大越好；如果 x 是從 P_G 取樣得到的，那麼從生成器取樣得到的輸出應該越小越好。

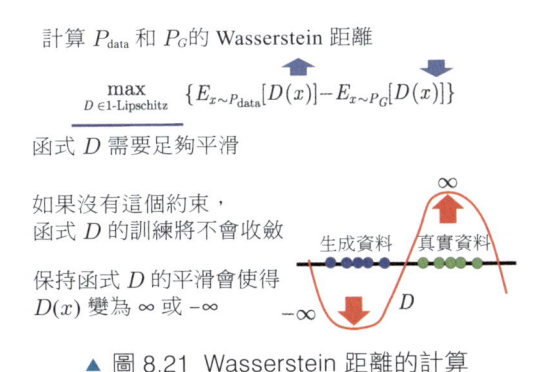

計算 P_data 和 P_G 的 Wasserstein 距離

$$\max_{D \in \text{1-Lipschitz}} \{E_{x \sim P_\text{data}}[D(x)] - E_{x \sim P_G}[D(x)]\}$$

函式 D 需要足夠平滑

如果沒有這個約束，函式 D 的訓練將不會收斂

保持函式 D 的平滑會使得 $D(x)$ 變為 ∞ 或 $-\infty$

▲ 圖 8.21 Wasserstein 距離的計算

此外，還有另外一個限制。函式 D 必須是一個 1-Lipschitz 的函式。可以想像，如果一個函式的斜率有上限（足夠平滑，變化不劇烈），則這個函式就是 1-Lipschitz 的函式。如果沒有這個限制，只看大括號裡面的值，顯然左邊的值越大越好，右邊的值越小越好。當藍色的點和綠色的點（也就是真實圖片

和產生的虛假圖片）沒有重疊的時候，我們可以讓左邊的值無限大，而讓右邊的值無限小，這樣目標函式就可以無限大。此時，整個訓練過程根本沒有辦法收斂。所以我們必須加上這個限制，讓這個函式是一個 1-Lipschitz 的函式，這樣左邊的值無法無限大，右邊的值無法無限小，目標函式就可以收斂了。當判別器足夠平滑的時候，假設真實資料和生成資料的分布之間距離比較近，那就沒有辦法讓真實資料的期望非常大，同時產生的值非常小了。因為如果讓真實資料的期望非常大，同時產生的值非常小，它們之間的差距很大，判別器的更新變化就會很劇烈，它也就不平滑了，也就不是 1-Lipschitz 的函式了。

接下來的問題就是，如何確保判別器一定符合 1-Lipschitz 函式的限制呢？其實 WGAN 剛提出的時候，也沒有什麼好的想法。最早的一篇關於 WGAN 的文章做了一個比較粗糙的處理，就是在訓練網路時，把判別器的參數限制在一個範圍內，如果超出這個範圍，就把梯度下降更新後的權重設為這個範圍的邊界值。其實這種方法並不一定真的能夠讓判別器變成 1-Lipschitz 的函式。雖然可以讓判別器變得平滑，但是它並沒有真的去解這個最佳化問題，也沒有真的讓判別器符合這個限制。

於是後來就有了一些其他的方法，比如 Improved WGAN[3]，它使用了**梯度懲罰（gradient penalty）**，進而讓判別器變成了 1-Lipschitz 的函式。具體來說，如圖 8.22 所示，假設藍色區域是真實資料的分布，橙色區域是生成資料的分布，在真實資料這邊取樣一個資料點，在生成資料這邊取樣另一個資料點，然後在這兩個資料點之間取樣第三個資料點，計算第三個資料點的梯度，使之接近 1。這相當於在判別器的目標函式裡加上一個懲罰項——用判別器的梯度的範數減去 1 的平方，這個懲罰項的係數是一個超參數，這個超參數可以讓判別器變得平滑。此外，也可以將判別器的參數限制在一個範圍內，使其變成 1-Lipschitz 的函式，這叫作譜正則化。總之，這些方法都可以讓判別器變成 1-Lipschitz 的函式，但這些方法都有一個問題，就是它們都在判別器的目標函式裡加了一個懲罰項，而這個懲罰項的係數是一個超參數。

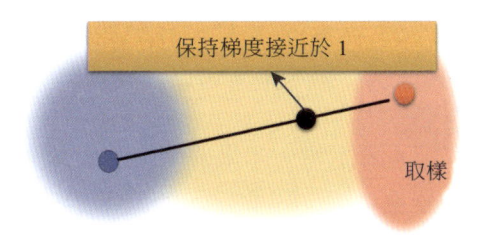

▲ 圖 8.22　Improved WGAN 的梯度懲罰

8.6　GAN 訓練的困難點與技巧

　　GAN 以很難訓練而聞名，本節介紹其中的一些原因和訓練 GAN 的小技巧。首先，我們回顧一下判別器和生成器都在做些什麼。判別器旨在分辨真實圖片與生成器產生的虛假圖片，而生成器要做的事情就是產生虛假圖片來騙過判別器。事實上，生成器和判別器互相砥礪才能共同成長，如圖 8.23 所示。因為如果判別器太強了，生成器就很難騙過它，進而很難產生逼真的圖片；而如果生成器太強了，判別器就很難分辨出真實圖片和虛假圖片。只要其中一方發生問題停止訓練，另一方就會跟著停止訓練。假設在訓練判別器的時候一下子沒有訓練好，則判別器沒有辦法分辨真實圖片與虛假圖片之間的差異，同時生成器也就失去了前進的目標，沒有辦法再進步。於是判別器也會跟著停下來。這也是 GAN 很難訓練的原因，生成器和判別器必須同時訓練，而且必須同時訓練到一個比較好的狀態。

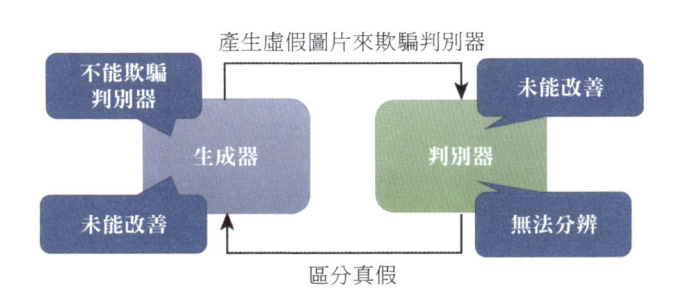

▲ 圖 8.23　GAN 訓練的困難點

GAN 的訓練不是一件容易的事情，有一些訓練 GAN 的小技巧，如 Soumith、DCGAN[4]、BigGAN 等。讀者可以查閱相關文獻進行嘗試。

訓練 GAN 產生文字十分困難。如果要產生一段文字，則需要一個序列到序列模型，其中的解碼器會產生一段文字，如圖 8.24 所示。這個序列到序列模型就是我們的生成器。著名的 Transformer 是一個解碼器，它在 GAN 中也扮演生成器的角色，負責產生我們想要的內容，比如一段文字。這個序列產生 GAN 和原來的用在圖片中的 GAN 有什麼不同呢？從最高層次來看，就演算法來講，它們並沒有太大的不同。因為本質上都是訓練一個判別器，判別器把這段文字讀進去，並判斷這段文字是真正的文字還是機器產生出來的文字。解碼器就是想辦法騙過判別器，生成器就是想辦法騙過判別器。我們要調整生成器的參數，想辦法讓判別器覺得生成器產生出來的文字是真正的文字。對於序列到序列模型，真正的困難點在於，如果要用梯度下降去訓練解碼器，想讓判別器輸出的得分越高越好，就會發現這很難做到。思考一下，假設我們改變了解碼器的參數，當這個生成器（也就是解碼器）的參數有一點小小的變化時，到底對判別器的輸出會有什麼樣的影響呢？如果解碼器的參數有一點小小的變化，那麼輸出的分布也會有一點小小的變化，但這個變化很小，對輸出的詞元不會有很大的影響。

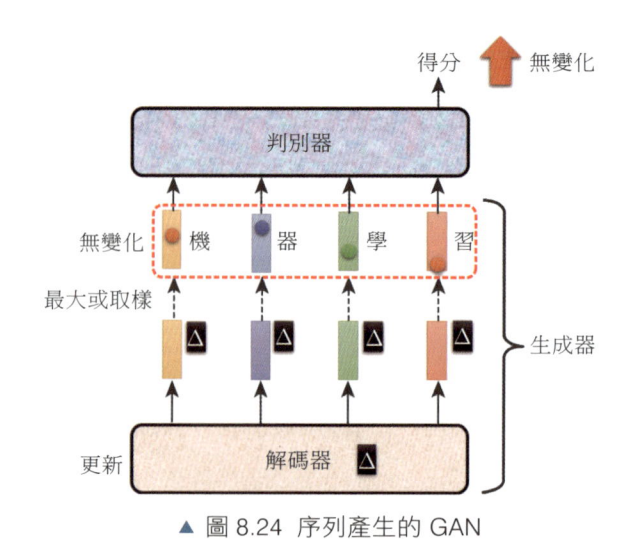

▲ 圖 8.24 序列產生的 GAN

詞元就是產生這個序列的單位。假設在產生一個中文句子的時候，我們每次產生一個漢字，那麼漢字就是詞元。在處理英文句子的時候，每次產生一個英文字母，英文字母就是詞元。這個單位由我們自己定義。假設一次產生一個英文單字，英文單字之間是用空格分開的，那麼英文單字就是此時的詞元。

回到剛才的討論，假設輸出的分布只有一點小小的變化，並且在取最大值的時候，或者說在找得分最高的那個詞元的時候，你會發現得分最高的那個詞元沒有發生改變。輸出的分布只有一點小小的變化，所以得分最高的那個詞元還是同一個詞元。對於判別器來說，輸出的得分沒有改變，判別器的輸出也不會改變，所以根本沒有辦法算微分，也就根本沒有辦法做梯度下降。當然，就算不能做梯度下降，我們也還是可以用增強式學習的方法來訓練生成器，但是增強式學習本身以難以訓練而聞名，GAN 也以難以訓練而聞名，合在一起就更加難以訓練了。所以要用 GAN 產生一段文字，在過去一直被認為是一個非常大的難題。有很長一段時間，沒有人能夠成功地把生成器訓練起來產生文字。

直到 ScratchGAN 出現，情況才有所好轉。ScratchGAN 不需要**預訓練**（**pre-training**），可以直接從隨機的初始化參數開始，訓練生成器，然後讓生成器產生文字。方法是調節超參數，並且加上一些訓練技巧，就可以從零開始訓練生成器。其間，我們需要使用 SeqGAN-step 技術，並且將訓練批大小設定得很大，然後要用增強式學習的方法，調整一下增強式學習的參數，同時加一些正則化等技巧，這樣就可以真的把 GAN 訓練起來，讓它產生文字。

此外，生成模型不僅有 GAN，還有 VAE、流模型等，這些模型都有各自的優缺點。當然，訓練一個生成器，讓機器產生一些東西的方法有很多，可以用 GAN，也可以用 VAE，還可以用流模型。但是，如果想要產生一些圖片，最好用 GAN，因為 GAN 是目前相對比較好的生成模型，它可以產生比較好的圖片。如果想要產生一些文字，則建議使用 VAE 或流模型，因為 GAN 在產生文字的時候存在一些問題。從訓練角度，你可能覺得 GAN 看起來有判別器和生成器，它們需要互動。而流模型和 VAE 比較像，它們都直接訓練一個普通的模型，有著很明確的目標。不過，實際訓練時，它們也沒那麼容易就能成功地訓練起來，因為它們的分類裡面有很多項，損失函式裡面也有很多項，要把每一項都平衡才能有好的結果，想要達成平衡也非常困難。

為什麼我們要用生成模型來做輸出新圖片這件事情呢？如果我們的目標就是輸入一個高斯分布的變數，然後使用取樣出來的向量，直接輸出一張圖片，能不能直接用監督式學習的方式來實作呢？比如有一組圖片，為每一張圖片分配一個向量，這個向量取樣自高斯分布，然後就可以用監督式學習的方式訓練一個網路，這個網路的輸入是這個向量，輸出是一張圖片。確實可以這麼做，也的確有這樣的生成模型。但困難點在於，如果純粹放入隨機的向量，訓練起來結果會很差。所以需要使用一些特殊的方法，如生成式潛在最佳化等。

8.7　GAN 的效能評估方法

本節介紹 GAN 的效能評估方法，也就是判斷生成器好還是不好。要判斷一個生成器的好壞，最直接的做法也許是找人來看生成器產生的圖片到底像不像真實圖片。所以其實很長一段時間，尤其是剛開始研究生成式技術的時候，並沒有好的評估方法。那時候，要判斷生成器的好壞，都靠人眼看，直接在論文的最後放幾張圖片，然後指出生成器產生的圖片是否逼真。GAN 的早期論文中沒有量化的結果，也沒有準確度等衡量指標，而只有一些圖片。這顯然是不行的，並且存在很多的問題，比如不客觀、不穩定等。有沒有比較客觀且自動的方法來度量一個生成器的好壞呢？

針對特定的一些任務，是有辦法設計一些特定方法的。比如，要產生一些動漫人物的頭像，則可以設計一個專門用於辨識動漫人物臉部的系統，然後看看生成器產生的圖片裡面，有沒有可以被辨識的動漫人物的人臉圖片。如果有，就代表生成器產生的圖片比較好。但是這種方法只適用於特定的任務，如果我們要產生的東西不是動漫人物的頭像，而是別的東西，這種方法就行不通了。如果是更一般的案例，比如不一定產生動漫人物，而專門產生貓、狗、斑馬的圖片等，怎麼才能知道生成器做得好不好呢？

其實有一個方法，就是訓練一個圖片分類系統，然後把 GAN 產生的圖片輸入這個圖片分類系統，看看會產生什麼樣的結果，如圖 8.25 所示。這個圖片分類系統的輸入是一張圖片，輸出是一個機率分布，這個機率分布代表這張

圖片中是貓、狗、斑馬等的機率。機率分布越集中，就代表產生的圖片越好。如果產生的圖片是一個四不像，這個圖片分類系統就會非常困惑，它產生的這個機率分布就會非常平均。

▲ 圖 8.25 評估 GAN 產生的圖片的品質

靠圖片分類系統來判斷產生的圖片好不好是一種可行的做法，但這還不夠。這種做法會遇到稱為**模式崩塌**（**mode collapse**）的問題。模式崩塌是在訓練 GAN 的過程中有可能出現的一種狀況。在圖 8.26 中，藍色的星星是真實資料的分布，紅色的星星是生成資料的分布。我們發現，生成模型輸出的圖片總與某一固定的真實圖片十分接近，可能單拿一張出來好像還不錯，但是多產生幾張就會露出馬腳，這就是「模式崩塌」。

▲ 圖 8.26 模式崩塌問題

發生模式崩塌的原因，可以理解成這個地方是判別器的一個盲點，當生成器學會產生這種圖片以後，它就永遠可以騙過判別器，判別器沒辦法看出圖片的真假。對於如何避免模式坍塌，直到現在也沒有一個非常好的解決方法。可以在訓練生成器的時候，將訓練的節點保存下來，在模式坍塌之前把訓練停下來，只訓練到模式崩塌前，然後把之前的模型拿出來用。不過對於模型崩塌的問題，我們至少知道有這個問題，它能夠看得出來，當生成器總是產生同一張圖片的時候，它肯定不是什麼好的生成器。

除此之外，還有一個問題很難評判，即生成器產生的圖片是不是真的具有多樣性。這個問題叫作「模式遺失」，指 GAN 雖然能夠很好地產生訓練集中的資料，但它難以產生非訓練集中的資料，「缺乏想像力」。單純看產生出來的資料，你可能覺得還不錯，而且分布的多樣性也足夠，但你不知道真實資料的多樣性其實更強。事實上，一些非常好的 GAN，如 BGAN、ProgressGAN[5] 等，可以產生非常逼真的人臉圖片，但這些 GAN 多多少少還是有模式遺失的問題，因此看多了 GAN 產生的人臉圖片之後，就會隱約發現，這些人臉圖片好像是由電腦產生的。直到今天，模式遺失問題也還沒有得到本質上的解決。

雖然存在模式坍塌、模式遺失等問題，但是我們仍然需要度量生成器產生的圖片多樣性夠不夠。一種做法是，藉助之前介紹的圖片分類系統，把一系列圖片輸入圖片分類系統，看看它們都被判斷成哪一個類別，如圖 8.27 所示。每張圖片都會給我們一個分布，將所有的分布平均起來，看看平均後的分布是什麼樣子。如果平均後的分布非常集中，就代表多樣性不夠；如果平均後的分布非常平坦，就代表多樣性夠了。具體來講，如果不論將什麼圖片輸入圖片分類系統後的輸出都是同一種類別，則代表每一張圖片也許都很像，也就代表輸出的多樣性不夠；而如果將不同圖片輸入以後，輸出分布都不一樣，則代表多樣性足夠，並且求平均以後，結果非常平坦。

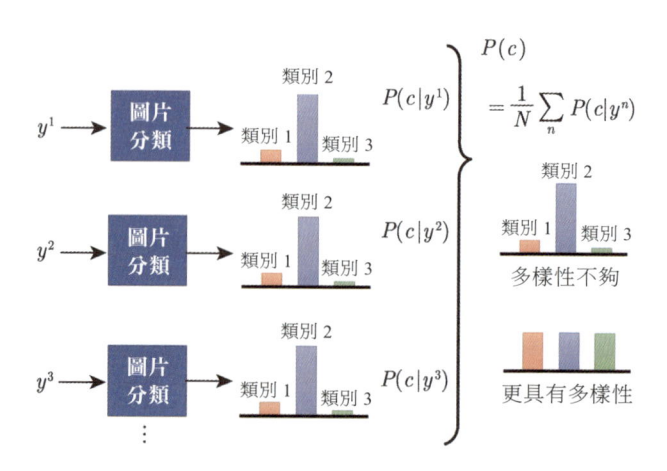

▲ 圖 8.27 GAN 產生結果的多樣性問題

8.7 GAN 的效能評估方法

　　當使用圖片分類系統做評估的時候，結果的多樣性和品質好像是互斥的。因為分布越集中代表品質越高，多樣性的分布越平均。但如果分布越平均，品質就會越低（因為分布平均，似乎代表圖片什麼都不太像，所以品質就會更低）。這裡強調一下，品質和多樣性的評估範圍不一樣，評估品質只看一張圖片，當把一張圖片輸入圖片分類系統裡的時候，看的是分布有沒有非常集中，而評估多樣性看的是圖片的分布是否平均，圖片分類系統輸出的分布越平均，就代表輸出越具有多樣性。

　　過去常用 Inception 分數來度量品質和多樣性。如果品質高並且多樣性強，Inception 分數就會比較高。目前研究人員通常評估另一個分數，稱為 Fréchet Inception Distance（FID）。具體來講，就是先把生成器產生的人臉圖片輸入 Inception 網路，讓 Inception 網路輸出圖片的類別。這裡需要的不是最終的類別，而是進入 softmax 函式之前的隱藏層的輸出向量，這個向量達到了上千維，代表一張人臉圖片。如圖 8.28 所示，圖中所有的紅色點代表在把真實圖片丟到 Inception 網路以後，得到的一個向量。這個向量的維數其實非常高，甚至達到上千維，我們把它維度縮減後，畫在了二維的平面上。藍色點是 GAN 產生的圖片在被輸入 Inception 網路以後，進入 softmax 函式之前的向量。接下來，假設真實圖片和虛假圖片都服從高斯分布，然後計算這兩個分布之間的 FID。這兩個分布之間的 FID 越小，代表這兩張圖片越接近，也就是虛假圖片的品質越高。這裡還有兩個細節需要注意。首先，要考慮做出真實圖片和虛假圖片都服從高斯分布的假設是否合理，其次，如果想要準確地得到網路的分布，則需要產生大量的取樣樣本，這需要一點運算量。

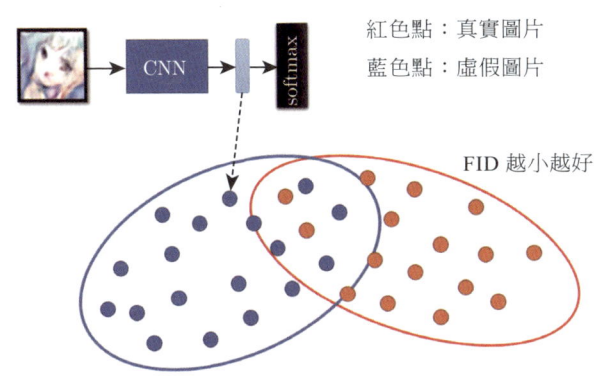

▲ 圖 8.28 FID 的計算

FID 是目前比較常用的一種度量。論文「Are GANs Created Equal? A Large-Scale Study」[6] 嘗試了不同的 GAN。對於每一個 GAN，訓練的分類和損失都有點不太一樣，並且每一個 GAN 都用不同的隨機種子運作很多次以後，才取結果的平均值。所有的 GAN 表現都差不多，那麼所有與 GAN 有關的研究不都白忙一場嗎？事實上未必如此。在這篇論文中，不同 GAN 用的網路架構是同一個，只是在參數調整而已，比如調整隨機種子和學習率。不同的 GAN 會不會在不同的網路架構上表現比較穩定？這些都有待研究。

此外，還有一種狀況。假設 GAN 產生的圖片跟真實圖片一模一樣，此時 FID 為 0，因為分布也一模一樣。如果不知道真實資料是什麼樣子，僅看生成器的輸出，你可能覺得太棒了，FID 算出來也一定非常小。但如果 GAN 產生的圖片都跟資料庫裡的訓練資料一模一樣的話，乾脆直接從訓練資料裡面取樣一些圖片出來不是更好，也就不需要訓練生成器了。我們訓練生成器其實是希望生成器產生新的圖片，也就是資料庫裡沒有的人臉圖片。

這不是使用普通的度量標準可以衡量的。怎麼解決呢？其實有一些方法，例如，可以用一個分類器，這個分類器用來判斷這張圖片是不是真實圖片，以及是不是來自訓練資料。這個分類器的輸入是一張圖片，輸出是一個機率，這個機率代表這張圖片是不是來自訓練資料。如果這個機率是 1，就代表這張圖片來自訓練資料；如果這個機率是 0，就代表這張圖片不是來自訓練資料。但是還有另外一個問題，假設生成器學到的是把所有訓練資料裡的圖片都左右反轉，那麼生成器其實幾乎什麼事都沒有做，但這不能透過分類結果或相似度呈現出來。所以 GAN 的效能評估是一件非常困難的事情，就連評估生成器做得好不好都是一個可以研究的課題。

8.8 條件型生成

本節介紹**條件型生成**（**conditional generation**）。我們之前講的 GAN 中的生成器沒有輸入任何條件，而只是輸入一個隨機的分布，然後產生一張圖片。我們現在想要更進一步地操控生成器的輸出，給定條件 x，讓生成器根據

條件 x 和輸入 z 產生輸出 y。這樣的條件型生成器有什麼樣的應用呢？比如可以做文字對圖片的產生，這其實是一個監督式學習的問題。我們需要一些有標籤的資料，比如一些人臉圖片，然後這些人臉圖片都要有文字描述。比如一個樣本是紅眼睛、黑頭髮，另一個樣本是黃頭髮、有黑眼圈等等，如此才能夠訓練這種條件型生成器。所以在文生圖這樣的任務中，條件 x 就是一段文字。我們希望輸入一段文字，然後生成器就可以產生一張圖片，這張圖片就是這段文字所描述的內容。一段文字怎麼輸入生成器呢？這其實依賴於我們自己。以前我們是用 RNN 把一段文字讀過去，然後得到一個向量，再把這個向量輸入生成器。也許也可以把一段文字輸入 Transformer 的編碼器，得到一個向量，再把這個向量輸入生成器。總之，只要能夠讓生成器讀一段文字就可以。我們期待為模型輸入「紅眼睛」，然後機器就可以畫一個紅眼睛的角色，而且每次畫出來的角色都不一樣。畫出來什麼樣的角色取決於取樣到什麼樣的 z。取樣到不一樣的 z，就會畫出不一樣的角色，但它們都是紅眼睛的。

　　條件型 GAN 實際上該怎麼做呢？我們現在的生成器有兩個輸入，一個取樣自常態分布的 z，另一個是條件 x（也就是一段文字）。然後生成器會產生一個 y，也就是一張圖片。與此同時，我們需要一個判別器。根據前面介紹的知識，判別器使用一張圖片作為輸入，輸出一個數值，這個數值代表輸入的圖片與真實圖片有多像。訓練這個判別器的方法就是，如果看到真實圖片就輸出 1，如果看到產生的圖片就輸出 0。這樣就可以訓練判別器，然後對判別器和生成器反覆進行訓練。

　　但是這樣的方法沒能真正解決條件型 GAN 的問題，因為如果我們只訓練判別器，只將 y 當作輸入的話，生成器學到的知識就是，只要產生的圖片 y 品質高就可以了，跟輸入沒有任何關係，因為對生成器來說，只要產生清晰的圖片就可以騙過判別器，不必管輸入的文字是什麼。所以生成器直接就無視條件 x，產生一張圖片騙過判別器就結束了。這顯然不是我們想要的，所以在條件型 GAN 中，就要做些不一樣的設計，讓判別器不僅接收圖片 y，還要接收條件 x。判別器輸出的分數也不只要看 y 好不好，還要看 y 和 x 配不配得上。如果 y 和 x 配不上，那就要給一個很低的分數；如果 y 和 x 配上了，那就可以

給一個很高的分數。我們需要成對的文字和圖像資料來訓練判別器，所以條件型 GAN 的訓練需要這種成對的標註資料。當看到文字敘述是紅色眼睛且圖片真的是紅色眼睛的角色，就給它 1 分；當看到文字敘述是紅色眼睛但圖片並非如此，就給它 0 分。

在實際操作中，只拿這樣的負樣本對和正樣本對訓練判別器，得到的結果往往不夠好。還需要加上一種不好的狀況：已經產生了好的圖片，但是和文字敘述匹配不上。所以我們通常把訓練資料拿出來，然後故意把文字和圖片打亂匹配，或者故意配一些錯的文字，告訴判別器看到這種狀況也要輸出「不匹配」。只有用這樣的資料，才有辦法把判別器訓練好，如圖 8.29 所示。然後對生成器和判別器反覆進行訓練，最後才會得到好的結果，這就是條件型 GAN。

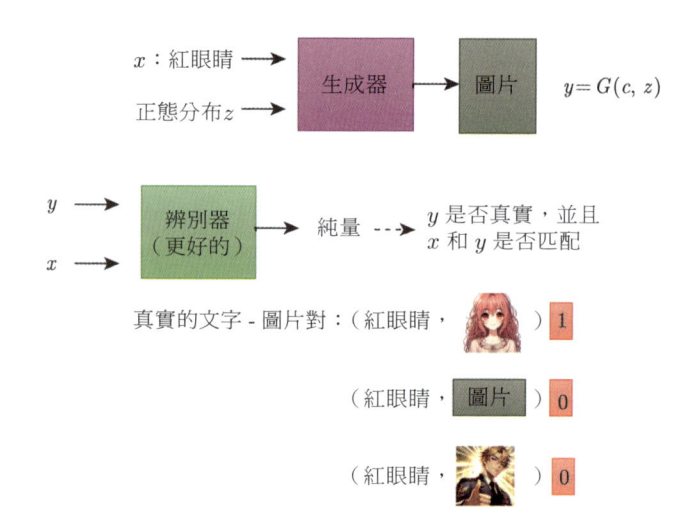

▲ 圖 8.29 條件型 GAN

條件型 GAN 的應用不只是用一段文字產生圖片，也可以是用一張圖片產生其他圖片。比如，給 GAN 房屋的設計圖，讓生成器直接把房屋畫出來；給 GAN 黑白圖片，讓它為其著色；給 GAN 素描的圖，讓它把圖變成實景；給 GAN 白天的圖片，讓它變成晚上的圖片；給 GAN 起霧的圖片，讓它變成沒有起霧的圖片等等。像這樣的應用叫作圖片翻譯，也叫作 pix2pix。這跟剛

才講的從文字產生圖片並沒有什麼不同，只是把文字的部分用圖片取代而已。所以中間同樣要使用生成器產生圖片；還要使用判別器，輸出一個數值。可以用監督式學習的方法，訓練一個圖片產生圖片的生成器，但是產生的結果圖片可能非常模糊，原因在於同樣的輸入可能對應不一樣的輸出。生成器學到的就是把不同的可能平均起來，變成一個模糊的結果。判別器的輸入是一張圖片和條件，我們要看看圖片和條件有沒有匹配，進而決定判別器的輸出。另外，GAN 的創造力、想像力過於豐富，將產生一些輸入中沒有的東西。所以如果要做到最好，往往需要同時使用 GAN 和監督式學習，也就是說，生成器產生的圖片不只要騙過判別器，還要和標準答案越像越好。

條件型 GAN 還有很多應用，如給 GAN 聽一段聲音，讓它產生一張對應的圖片，比如給 GAN 聽一段狗叫聲，它就可以畫出一隻狗。這些應用的原理跟剛才講的文字變圖片是一樣的，只是輸入的條件變成聲音而已。對於聲音和圖片成對的資料，也並不難蒐集，因為從網路上可以爬取到大量的影片，影片裡面有畫面也有聲音，並且每一幀都一一對應，所以可以用這樣的資料來訓練。另外，條件型 GAN 還可以產生會動的圖片，比如給 GAN 一張蒙娜麗莎的畫像，然後就可以讓蒙娜麗莎「開口講話」等等。

8.9 CycleGAN

本節介紹 GAN 的另一個有趣應用，就是把 GAN 用在非監督式學習中。到目前為止，我們介紹的都是監督式學習，即訓練一個網路，輸入是 x，輸出是 y，並且我們需要成對的資料才有辦法訓練這個網路。但我們可能會遇到的一種狀況是，我們有一系列的輸入和輸出，而 x 和 y 之間並沒有成對的關係，也就是說，沒有成對的資料。舉個例子，假設我們要訓練一個深度學習網路，它要做的事情是把 x 域的真人照片，轉換為 y 域的動漫人物的頭像。在這個例子中，我們沒有任何的成對資料，因為我們有一組真人照片，但是沒有這些真人的動漫頭像。除非我們將動漫頭像先自己畫出來，否則沒有辦法訓練網路，不過這樣的做法顯然太昂貴了。那麼在這種狀況下，還有沒有辦法訓練

一個網路呢？這時候 GAN 就派上用場了，GAN 可以在這種完全沒有成對資料的情況下進行學習。

圖 8.30 展示了我們之前在介紹無條件產生的時候使用的生成器架構，輸入是一個高斯分布，輸出則可能是一個更複雜的分布。現在稍微轉換一下我們的想法，輸入不是高斯分布，而是來自 x 域的圖片，輸出則是來自 y 域的圖片。我們完全可以套用原來的想法，在原來的 GAN 中，從高斯分布中取樣一個向量並輸入生成器，之前輸入是來自 x 域的圖片，只要改成從 x 域中取樣就可以了。其實不一定要從高斯分布中取樣，只要是一個分布，就可以從這個分布中取樣一個向量並輸入生成器。取樣過程可以理解為從真實的人臉照片裡面隨便挑一張照片出來，然後把這張照片輸入生成器，讓它產生另外一張圖片。這時候我們的判別器就要改一下，不再只輸入來自 y 域的圖片，而是同時輸入來自 x 域的圖片和來自 y 域的圖片，然後輸出一個數值，這個數值代表這兩張圖片是不是一對的。

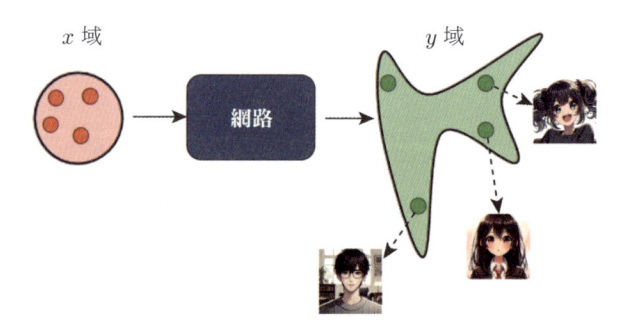

▲ 圖 8.30 在完成沒有成對資料的情況下進行學習的 GAN

整個過程與之前的 GAN 沒有什麼區別，但是仔細想想，僅僅套用原來的 GAN 訓練，好像是不夠的。我們要做的事情是讓生成器輸出一張來自 y 域的圖片，但是這張圖片一定要與輸入有關係嗎？此處我們沒有做任何限制，所以生成器也許就把這張圖片當成了一個符合高斯分布的雜訊，然後不管輸入什麼，都無視它，只要判別器覺得自己做得很好就可以了。所以如果我們完全只套用一般 GAN 的做法，只訓練一個生成器，這個生成器輸入的分布從高斯分布變成來自 x 域的圖片，然後訓練一個判別器，則顯然是不夠的，因為訓練出來的生成器可以產生的動漫頭像跟輸入的真實照片之間並沒有什麼特別的關係。

怎麼解決這個問題呢？怎麼強化輸入與輸出的關係呢？我們在介紹條件型 GAN 的時候，曾假設判別器只看 y，所以判別器可能會無視生成器的輸入，產生的結果也不是我們想要的。要讓判別器看 x 和 y，才能讓生成器學到 x 和 y 之間的關係。但是，如果只從不成對的資料中學習，就沒有辦法直接套用條件型 GAN 的想法，因為在條件型 GAN 中是有成對資料的，可以用這些成對的資料來訓練判別器。目前我們沒有成對的資料來訓練判別器，什麼樣的 x 和 y 組合才是對的呢？為了解決這個問題，我們可以使用**循環生成對抗網路（CycleGAN）**[7]。

具體來說，在 CycleGAN 中，我們會訓練兩個生成器。第一個生成器會把 x 域的圖片變成 y 域的圖片，第二個生成器在看到一張 y 域的圖片後，就把它還原為 x 域的圖片。在訓練的時候，我們會增加一個額外的目標，就是希望輸入一張圖片，在將其從 x 域轉成 y 域以後，還要從 y 域轉回與原來一模一樣的 x 域的圖片。就這樣經過兩次轉換以後，輸入跟輸出越接近越好，或者說兩張圖片對應的兩個向量之間的距離越小越好。從 x 域到 y 域，再從 y 域回到 x 域，是一個循環（cycle），所以這個方案稱為 CycleGAN。CycleGAN 中有三個網路 —— 兩個生成器和一個判別器，第一個生成器的工作是把 x 轉成 y，第二個生成器的工作是把 y 還原回 x，判別器的工作是看第一個生成器的輸出像不像 y 域的圖片，如圖 8.31 所示。

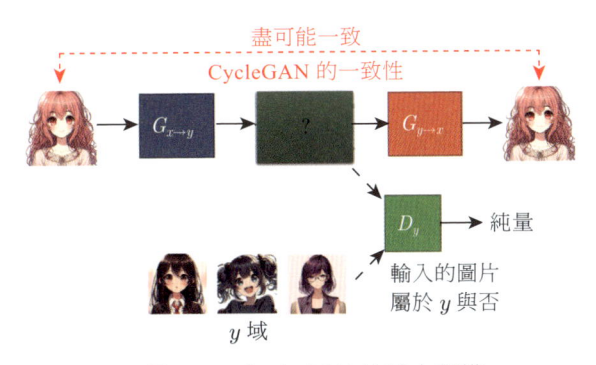

▲ 圖 8.31 CycleGAN 的基本架構

在加入了第二個生成器以後，對於第一個生成器來說，就不能隨便產生與輸入沒有關係的人臉圖片了。因為如果它產生的人臉圖片跟輸入的人臉圖片

沒有關係，第二個生成器就無法把它還原回原來的 x 域的圖片。所以對第一個生成器來說，為了讓第二個生成器能夠成功還原輸入的圖片，它產生的圖片就不能跟輸入差太多，然後第二個生成器才能還原之前的輸入。

還有一個問題，我們需要保證第一個生成器的輸出和輸入有一定的關係，但是我們怎麼才能知道這個關係是我們所需要的呢？機器自己有沒有可能學到很奇怪的轉換方式並且滿足 CycleGAN 的一致性呢？一個很極端的例子，假設第一個生成器學到的是把圖片左右翻轉，那麼只要第二個生成器學會把圖片再次左右翻轉就可以了。這樣的話，第一個生成器學到的內容跟輸入的圖片完全沒有關係，但第二個生成器還是可以還原輸入的圖片。對於這個問題，目前確實沒有什麼特別好的解決方法，但實際上在使用 CycleGAN 的時候，這種狀況沒有那麼容易出現，輸入和輸出往往真的看起來非常像，甚至實際應用時，不用 CycleGAN 而使用一般的 GAN 替代，對於這種圖片風格轉換任務，效果往往也很好。因為網路其實非常「懶惰」，輸入一張圖片，它往往傾向於輸出與輸入很像的東西，而不太會對輸入的圖片進行太複雜的轉換。所以在實際應用中，CycleGAN 的效果往往非常好，而且輸入和輸出往往真的看起來非常像，或許只是改變了風格而已。

換個角度，CycleGAN 也可以是雙向的，如圖 8.32 所示。之前的生成器輸入 y 域的圖片，輸出 x 域的圖片，其實是先把 x 域的圖片轉成 y 域的圖片，再把 y 域的圖片轉回 x 域的圖片。在訓練 CycleGAN 的時候，其實可以同時進行另外一個方向的訓練，也就是給橙色的生成器輸入 y 域的圖片，讓它產生 x 域的圖片。然後讓藍色的生成器把 x 域的圖片還原為原來 y 域的圖片。同時，我們依然希望輸入和輸出越接近越好，所以還要訓練一個判別器，這個判別器是 x 域的判別器，記作 D_x，旨在判斷橙色生成器輸出的圖片像不像真實人臉的圖片。橙色的生成器需要能夠騙過判別器 D_x。這合起來就是雙向的 CycleGAN。

除了 CycleGAN 以外，還有很多其他的可以做風格轉換的 GAN，比如 DiscoGAN、DualGAN 等。這些 GAN 的架構都是類似的，背後的思想也一樣。

此外，還有另外一個更進級的可以做圖片風格轉換的 GAN，叫作 StarGAN[8]。CycleGAN 只能在兩種風格間做轉換，而 StarGAN 可以在多種風格間做轉換。

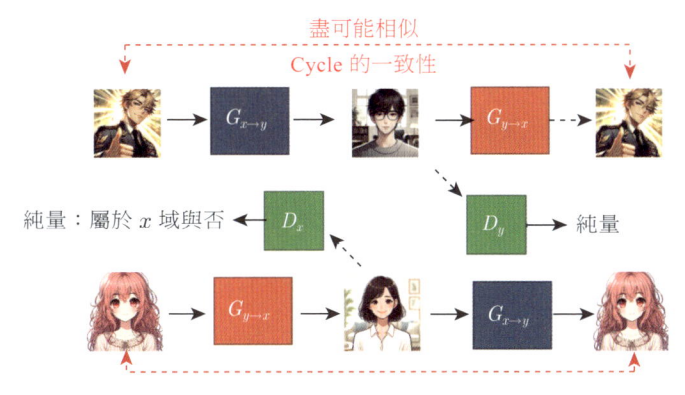

▲ 圖 8.32 CycleGAN 的雙向架構

GAN 的應用並不僅限於圖片風格的轉換，也可以做文字風格的轉換。比如，把一句負面的句子轉成正面的句子，只是輸入變成了文字，輸出也變成了文字而已。由於輸入是一個序列，輸出也是一個序列，因此可以使用 Transformer 架構來處理文字風格轉換的問題。具體怎麼做文字的風格轉換呢？其實和 CycleGAN 一模一樣。首先要有訓練資料，不妨收集一些負面的句子和一些正面的句子，它們可以從網路上直接爬取得到。接下來完全套用 CycleGAN 的方法，假設要將負面的句子轉為正面的句子，那麼判別器就要看現在生成器的輸出像不像真正的正面的句子。然後還要有另外一個生成器，它要學會把句子轉回去，以符合 CycleGAN 的一致性。負面的句子在轉成正面的句子以後，還可以再轉回負面的句子。兩個句子的相似度也可以編碼為向量來計算。

其實像這種文字風格轉換還有很多其他的應用。舉例來說，有很多長的文章想讓機器學習文字風格的轉換，讓機器學會把長的文章變成簡短的摘要。同樣的想法也可以做無監督的翻譯，例如收集一組英文句子，同時收集一組中文句子，沒有任何成對的資料，使用 CycleGAN，機器就可以學會把中文翻譯成英文了。另外，還有無監督的語音辨識，也就是讓機器聽一些聲音，然後學

會把聲音轉成文字。這也可以用 CycleGAN 來做，只是輸入變成了聲音，輸出變成了文字而已。當然，還有很多其他有趣的應用等著大家去探索。

有關 GAN 的內容到此就介紹完了，本章主要向大家介紹了生成模型、GAN 的理論、GAN 的訓練小技巧、GAN 的效能評估方法、條件型 GAN，以及 CycleGAN 這種不需要成對資料的 GAN。如果大家想繼續深入研究 GAN 的理論和應用，建議多看一些綜述性的文章和最新的論文。

參考資料

[1] BROCK A, DONAHUE J, SIMONYAN K. Large scale GAN training for high fidelity natural image synthesis[EB/OL]. arXiv: 1809.11096.

[2] ARJOVSKY M, CHINTALA S, BOTTOU L. Wasserstein GAN[EB/OL]. arXiv: 1701.07875.

[3] GULRAJANI I, AHMED F, ARJOVSKY M, et al. Improved training of Wasserstein GANs[C]//Advances in Neural Information Processing Systems, 2017.

[4] RADFORD, A., METZ, L., CHINTALA, S. Unsupervised representation learning with deep convolutional generative adversarial networks[EB/OL]. arXiv: 1701.07875.

[5] KARRAS T, AILA T, LAINE S, et al. Progressive growing of GANs for improved quality, stability, and variation[EB/OL]. arXiv: 1710.10196.

[6] LUCIC M, KURACH K, MICHALSKI M, et al. Are GANs created equal? A large-scale study[C]//Advances in Neural Information Processing Systems, 2018.

[7] ZHU J Y, PARK T, ISOLA P, et al. Unpaired image-to-image translation using cycle-consistent adversarial networks[C]//Proceedings of the IEEE International Conference on Computer Vision. 2017: 2223-2232.

[8] CHOI Y, CHOI M, KIM M, et al. StarGAN: Unified generative adversarial networks for multi-domain image-to-image translation[C]//Proceedings of the IEEE Conference on Computer Vision and Pattern Recognition. 2018: 8789-8797.

Chapter 09 擴散模型

擴散模型（**diffusion model**）是一種運用了物理熱力學擴散思維的生成模型。擴散模型有很多不同的變化，本章主要介紹最知名的降噪擴散機率模型（Denoising Diffusion Probabilistic Model，DDPM）。如今比較成功的一些圖片生成系統，如 OpenAI 的 DALL-E、Google 的 Imagen 以及 Stable Diffusion 等，就使用了擴散模型。

9.1 擴散模型產生圖片的過程

本節介紹擴散模型是怎麼產生一張圖片的。

如圖 9.1 所示，產生圖片的第一步，就是取樣一張滿是雜訊的圖片，也就是從高斯分布中取樣得到一個向量。這個向量保存了一些數字，且這個向量的維度與所要產生圖片的大小一模一樣。假設要產生一張 256×256 像素的圖片，從常態分布中取樣得到的向量的維度就是 256×256 像素，把取樣得到的 256×256 像素的向量排成一張圖片。

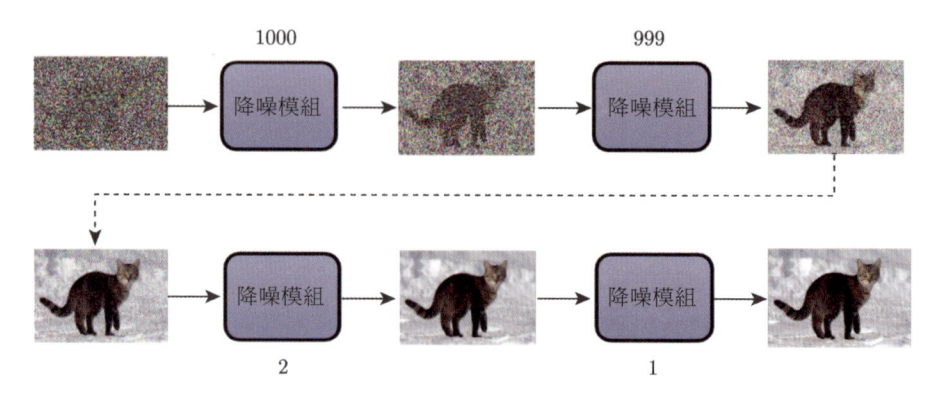

▲ 圖 9.1 擴散模型產生圖片的過程

　　接下來是降噪模組。輸入一張滿是雜訊的圖片，降噪模組會把雜訊過濾掉一些，你可能看到有一個貓的形狀，繼續降噪，貓的形狀逐漸顯現出來。降噪做得越多，最終看到的貓就越清晰，降噪的次數是事先設定好的。通常會給每個降噪步驟設定一個編號，產生最終圖片的那個編號比較小。從滿是雜訊的輸入開始，降噪的編號最大，從 1000 一直排到 1，這個從雜訊到圖片的過程稱為逆向過程（reverse process）。在概念上，這其實就像米開朗基羅說的，「塑像就在石頭裡，我只是把不需要的部分去掉」，擴散模型做的是同樣的事情。

9.2 降噪模組

　　圖 9.1 中的擴散模型反覆使用了同一個降噪模組，對於每一種狀況，輸入的圖片差異非常大。比如在某狀況下輸入的是純雜訊；而在另一種狀況下輸入的資料中雜訊非常少，已經非常接近完整的圖。如果用同一個模型，它可能不一定做得很好。所以降噪模組除了接收想要降噪的那張圖片以外，還會多接收一個輸入，該輸入代表現在雜訊的嚴重程度。如圖 9.2 所示，1000 代表剛開始降噪的時候，雜訊很多；1 代表降噪的步驟快結束了，顯然雜訊很少。我們希望降噪模組可以根據輸入的資訊做出不同的回應。

9.2 降噪模組

▲ 圖 9.2 擴散模型在對圖片進行降噪時需要結合具體的步驟

降噪模組內部做了什麼事情呢？如圖 9.3 所示，降噪模組內部有一個雜訊預測器（noise predictor），用於預測圖片裡面的雜訊。雜訊預測器接收這張想要降噪的圖片，並接收一個雜訊的嚴重程度（現在進行的降噪步驟的編號），輸出一張含有雜訊的圖。也就是預測這張圖片裡的雜訊是什麼樣子，再用要被降噪的圖片減去預測的雜訊，產生降噪以後的結果。所以降噪模組並不是輸入一張含有雜訊的圖片、再直接輸出降噪後的圖片，而是先產生輸入圖片的雜訊，再把雜訊過濾掉以達到降噪的效果。

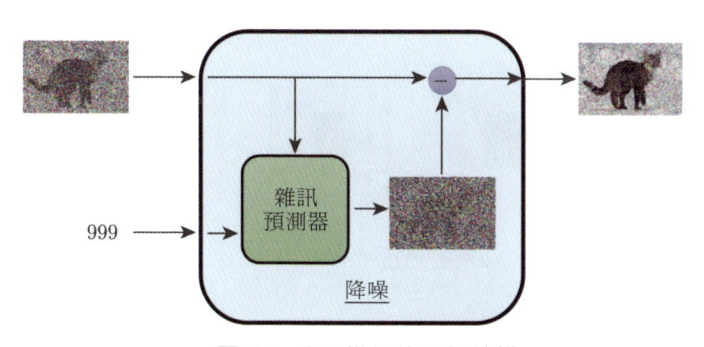

▲ 圖 9.3 降噪模組的內部結構

Q 為什麼不直接使用一個端到端的模型，使得輸入是要被降噪的圖片，輸出就直接是降噪的結果呢？

A 的確可以這麼做。不過建議還是選擇使用一個雜訊預測器，因為產生圖片和產生雜訊的難度是不一樣的。如果降噪模組可以產生一隻帶雜訊的貓的圖片，那就幾乎可以說它已經學會畫一隻貓了。直接使用一個雜訊預測器是比較簡單的，使用一個端到端的模型直接產生降噪的結果則是比較困難的。

9.3 訓練雜訊預測器

怎麼訓練雜訊預測器呢？降噪模組根據一張帶有雜訊的圖片和代表降噪步驟數的 ID 來產生降噪的結果。降噪模組裡的雜訊預測器會接收這張圖片和 ID，產生一個預測出來的雜訊。但要產生一個預測出來的雜訊，就需要有標準答案。在訓練網路的時候，需要有成對的資料。只有告訴雜訊預測器這張圖片裡的雜訊是什麼樣子，它才能夠學習怎麼把雜訊輸出。雜訊預測器的訓練資料是人為創造的。怎麼創造呢？如圖 9.4 所示，從資料集裡拿一張圖片出來，隨機地從高斯分布中取樣一組雜訊並加上去，進而產生有點雜訊的圖片。再取樣一次，就可以得到雜訊更多的圖片，以此類推，最後整張圖片已經看不出原來是什麼樣子。加雜訊的過程稱為正向傳遞，也稱為擴散過程。做完擴散過程以後，就有了雜訊預測器的訓練資料。雜訊預測器的訓練資料就是一張加完雜訊的圖片以及現在是第幾步加雜訊，而加入的雜訊就是網路的輸出，這是網路輸出的標準答案。

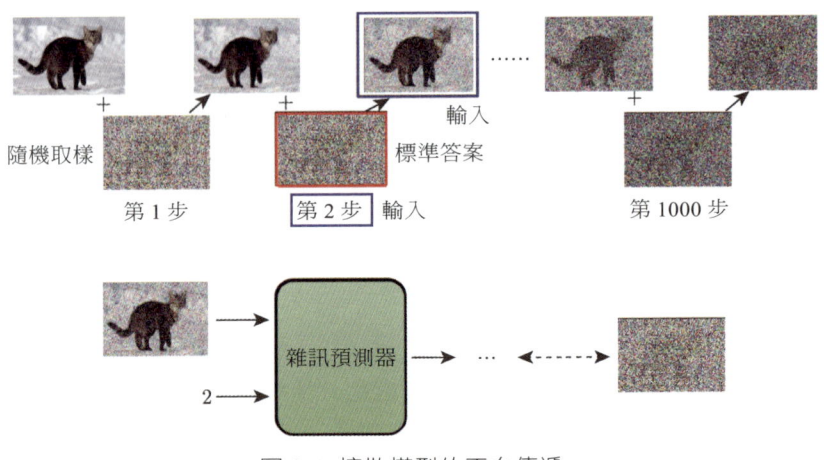

▲ 圖 9.4 擴散模型的正向傳遞

接下來就是跟訓練普通模型一樣訓練了。但我們想要的不只是產生圖片。剛才只是從一個雜訊裡面產生出圖，還沒有考慮文字。如果要訓練一個圖片生成模型，則需要輸入文字並產生圖片，如圖 9.5 所示。其實還是需要圖片和文字成對的資料。ImageNet 共有超過 1000 萬張圖片，每張圖片都有一個類

別標記。Midjourney、Stable Diffusion 或 DALL-E 的資料往往來自 LAION，LAION 有 58.5 億個圖片 – 文字對，難怪這些模型可以產生這麼好的結果。LAION 有一個搜尋平台，裡面內容很全面，比如貓的圖片，不是只有貓的圖片和對應的英文文字，還有對應的中文文字。這個圖片生成模型不僅看得懂英文，還看得懂中文，因為它的訓練資料裡有中文。此外，平台中還有很多名人的照片。Midjourney 能畫出很多名人，就是因為它知道名人的模樣。

▲ 圖 9.5 文生圖範例

接下來如圖 9.6 所示，把文字輸入降噪模組就結束了。降噪模組並非僅看輸入的圖片來降噪，而是根據輸入的圖片加上一段文字描述來把雜訊去掉，所以在每一步，降噪模組都會有一個額外的輸入。這個額外的輸入就是一段描述要產生什麼樣的圖片的文字。降噪模組裡的雜訊預測器要怎麼改呢？直接把這段文字描述輸入雜訊預測器就可以了，如圖 9.7 所示。

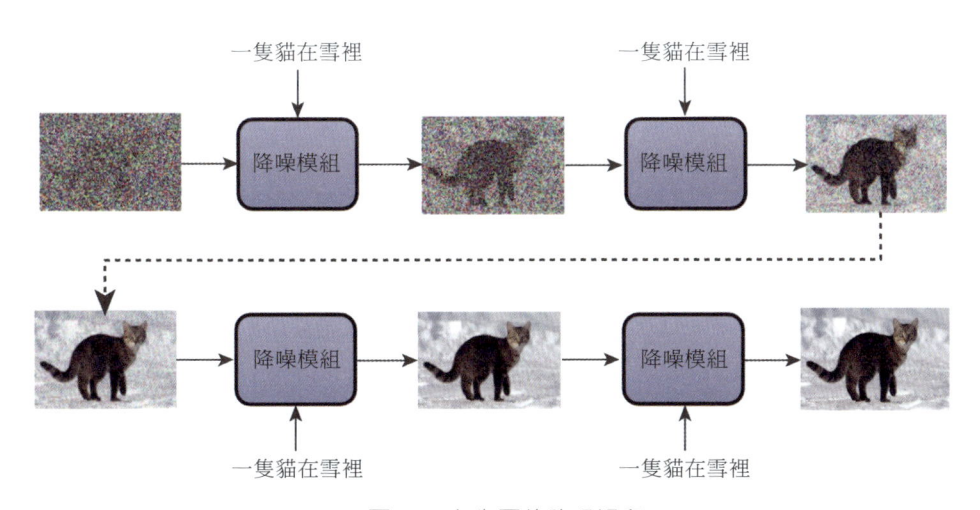

▲ 圖 9.6 文生圖的降噪過程

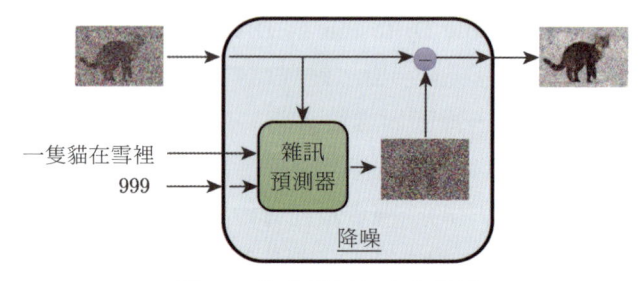

▲ 圖 9.7 降噪模組加文字描述

　　訓練的部分要怎麼改呢？如圖 9.8 所示，每一張圖片都有一段文字描述，所以對一張圖片做完擴散過程以後，在訓練的時候，不僅要給雜訊預測器加入雜訊後的圖片，還有代表降噪步驟數的 ID，以及一段文字描述。雜訊預測器據此產生適當的雜訊。

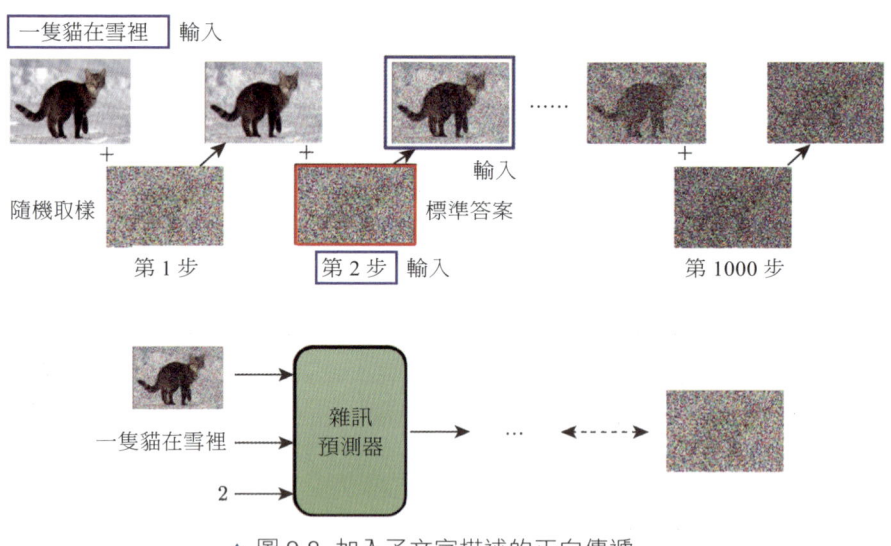

▲ 圖 9.8 加入了文字描述的正向傳遞

Chapter 10 自監督學習

自監督學習（Self-Supervised Learning，SSL）是一種無標註的學習方式，Yann LeCun 早在 2019 年 4 月，就在 Facebook（後改名為 Meta）上的一篇貼文中提出了「自監督學習」的概念。監督式學習與非監督式學習是兩種常見的學習方式，如果在模型訓練期間使用標註的資料，則稱為監督式學習；如果沒有使用標註的資料，則稱為非監督式學習。如圖 10.1 所示，監督式學習中只有一個模型，模型的輸入是 x，輸出是 $\hat{y}$，標籤是 y。對於情感分析，監督式學習就是讓機器讀一篇文章，機器需要對文章是正面的還是負面的進行分類。我們需要有標註的資料，先找到很多文章並對所有文章進行標註，根據文章的涵義將其標註為正面或負面，正面或負面就是標籤。

我們需要有標註的文章資料來訓練監督模型，而自監督學習是一種無標註的學習方式。如圖 10.1(b) 所示，假設我們有未標註的文章資料，則可將一篇文章 x 分為兩部分：模型的輸入 x' 和模型的標籤 x''。將 x' 輸入模型並輸出 $\hat{y}$，我們想讓 $\hat{y}$ 盡可能地接近標籤 x''（學習目標），這就是自監督學習。

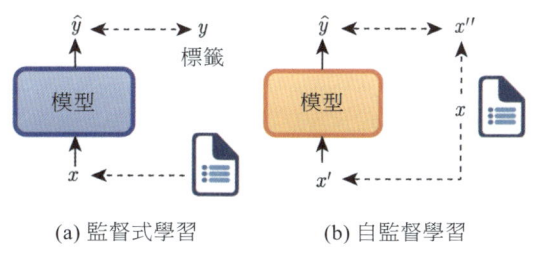

▲ 圖 10.1 監督式學習和自監督學習

Chapter 10 自監督學習

自監督學習不使用標註的資料,可以看作一種非監督式學習方法。為什麼不直接稱其為非監督式學習呢?因為非監督式學習是一個比較大的家族,裡面有很多不同的學習方法,自監督學習只是其中之一。為了使定義更清晰,我們稱其為自監督學習。

自監督學習模型大多是以電視節目《芝麻街》中的角色命名的,以下是幾個例子。

- **ELMo:來自語言模型的嵌入(Embeddings from Language Modeling)**,名稱來自《芝麻街》中的紅色小怪獸 Elmo,ELMo 是最早的自監督學習模型。
- **BERT:來自 Transformer 的雙向編碼器表示(Bidirectional Encoder Representation from Transformers)**,名稱來自《芝麻街》中的另一個角色 Bert。
- BERT 被提出後,馬上就出現了兩個不同的模型,它們都叫 ERNIE,其中一個是**知識增強的語意表示模型(Enhanced Representation through Knowledge Integration)**,另一個是**具有資訊實體的增強尸語言表示(Enhanced Language Representation with Informative Entities)**,名稱來自《芝麻街》中 Bert 最好的朋友 Ernie。
- **Big Bird:較長序列的 Transformer(Transformers for longer sequences)**,名稱來自《芝麻街》中的黃色大鳥 Big Bird。

如表 10.1 所示,自監督學習模型的參數量都很大。Megatron 的參數量是 GPT-2 的 8 倍左右。GPT-3 的參數量是 Turing NLG 的 10 倍。Google 的 Switch Transformer 的參數量是 GPT-3 的 9 倍多。

▼ 表 10.1 自監督模型的參數量

模型	參數量 / 百萬
ELMo	94
BERT	340
GPT-2	1542

模型	參數量 / 百萬
Megatron	8000
T5	11000
Turing NLG	17000
GPT-3	175000
Switch Transformer	1600000

本章主要介紹兩種典型的自監督學習模型——BERT 和 GPT。

10.1 BERT

BERT 是自監督學習的經典模型。如圖 10.2 所示，BERT 是一個 Transformer 編碼器，BERT 的架構與 Transformer 編碼器完全相同，裡面有很多自注意力、殘差連接、正規化等。BERT 可以輸入一行向量，輸出另一行向量。輸出向量的長度與輸入向量的長度相同。

BERT 一般用在自然語言處理或文字場景中，所以它的輸入一般是一個文字序列，也就是一個資料序列。不僅文字是一種序列，語音也可以看作一種序列，甚至圖片也可以看作一組向量。因此 BERT 不僅可以用在自然語言處理中，也可以用在文字中，還可以用在語音和影片中。因為 BERT 最早被用在文字中，所以這裡都以文字為例（語音或圖片也是一樣的）。BERT 的輸入是一段文字。接下來需要隨機遮罩一些輸入的文字，被遮罩的部分是隨機決定的。例如，輸入 100 個詞元。詞元是處理一段文字時的基本單位，詞元的大小由我們自己決定。在中文文字中，通常將一個漢字當成一個詞元。當輸入一個中文句子時，裡面的一些漢字會被隨機遮罩。哪些部分需要遮罩是隨機決定的。

▲ 圖 10.2　BERT 的架構

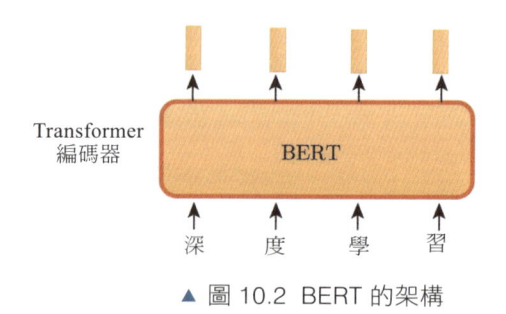

　　有兩種方法可以實作遮罩，如圖 10.3 所示。一種方法是用特殊符號替換句子中的漢字，使用「MASK」詞元來表示特殊符號，它可以看成一個新的漢字，不在字典中，作用是遮罩原文。遮罩的目的是對向量中的某些值進行掩蓋，避免無關位置的數值對運算造成影響。另一種方法是用另一個字隨機替換一個字。本來是「度」字，可以隨機選擇另一個漢字來替換它，比如改成「一」、「天」、「大」、「小」等。

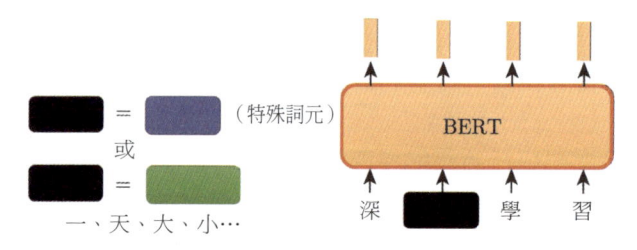

▲ 圖 10.3　遮罩的兩種方法

　　這兩種方法都可以使用，具體使用哪一種方法也是隨機確定的。所以在訓練 BERT 的時候，應給 BERT 輸入一個句子。先隨機決定要遮罩哪些漢字，再決定如何進行遮罩。遮罩部分是要被特殊符號「MASK」代替還是只被另一個漢字代替？這兩種方法都可以使用。

　　如圖 10.4 所示，遮罩後，向 BERT 輸入一個序列，BERT 的相關輸出就是另一個序列。接下來，查看輸入序列中遮罩部分的對應輸出，仍然在遮罩部分輸入漢字，可能是「MASK」詞元或隨機的一個漢字。仍然輸出一個向量，對這個向量使用線性變換（線性變換是指對輸入向量乘以一個矩陣）。然後執

行 softmax 操作並輸出一個分布。輸出是一個很長的向量，其中包含要處理的每一個漢字。每個漢字對應一個分數，它們是透過 softmax 函式產生的分布。

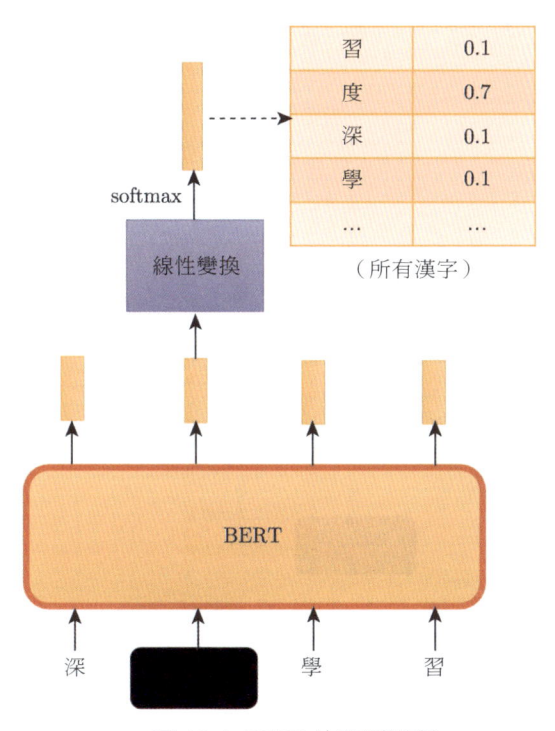

▲ 圖 10.4 BERT 的預測過程

　　如何訓練 BERT？如圖 10.5 所示，我們知道被遮罩的字元是「度」，而 BERT 不知道。因此，訓練的目標是輸出一個盡可能接近真實答案的字元，即字元「度」。獨熱編碼可以用來表示字元，並最小化輸出和獨熱向量之間的交叉熵損失。這個問題可以看成一個分類問題，只是類別的數量和漢字的數量一樣多。若我們要考慮的漢字的數量為 4000，則該問題就是一個有 4000 個類別的分類問題。BERT 要做的就是成功預測遮罩的地方屬於的類別，在這個例子中，就是「度」。在訓練過程中，在 BERT 之後添加一個線性模型並將它們一起訓練。所以，BERT 的內部是一個 Transformer 編碼器，它有一些參數。線性模型是一個矩陣，它也有一些參數，儘管與 BERT 相比要少得多。我們需要聯合訓練 BERT 和線性模型並嘗試預測被遮罩的字元。

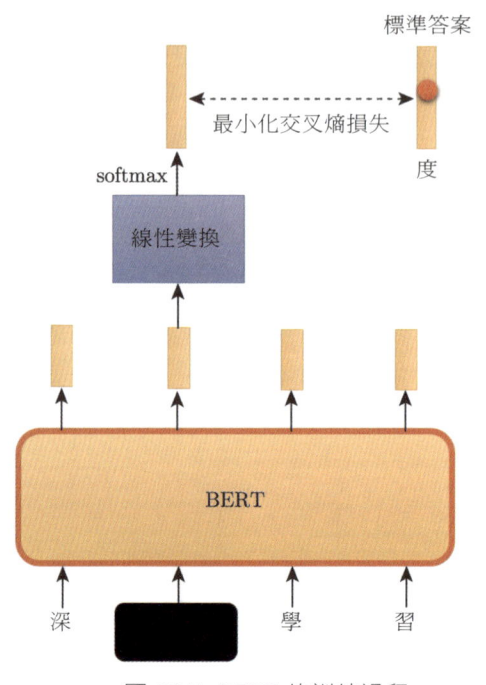

▲ 圖 10.5 BERT 的訓練過程

　　事實上，在訓練 BERT 時，除了遮罩之外，還有另一種方法 —— **下一句預測**（next sentence prediction）。我們可以透過在網際網路上使用爬蟲來獲得大量的句子並構建資料庫，然後從資料庫中拿出兩個句子。如圖 10.6 所示，在這兩個句子的中間加入一個特殊的詞元 [SEP] 來代表它們之間的分隔。這樣 BERT 就可以知道這兩個句子是不同的句子了，因為這兩個句子之間有一個分隔符號。我們還將在整個序列的最前面加入一個特殊詞元分類符號 [CLS]。

　　現在給定一個很長的序列，其中包括兩個句子，中間有一個 [SEP] 詞元，最前面有一個 [CLS] 詞元。如果將這個很長的序列輸入 BERT，則應該輸出另外一個序列，這是編碼器可以做的事情。而 BERT 就是一個 Transformer 編碼器，所以 BERT 可以做這件事。我們只取與 [CLS] 對應的輸出，忽略其他輸出，並將 [CLS] 的輸出乘以線性變換。這是一個二元分類問題，它有兩個可能的輸出：是或否。下一句預測的任務是預測第二句是不是第一句的後一句

（預測這兩個句子是不是相接的）。如果確實是（這兩個句子是相接的），就要訓練 BERT 輸出「是」；如果不是（這兩個句子不是相接的），BERT 需要輸出「否」作為預測結果。

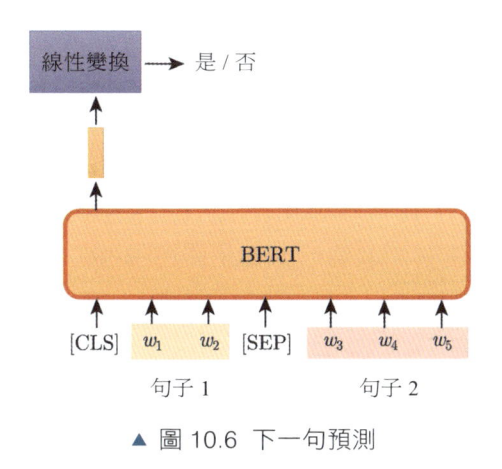

▲ 圖 10.6 下一句預測

但後來的研究發現，下一句預測對 BERT 將要完成的任務並沒有什麼真正的幫助。論文「RoBERTa: Robustly Optimized BERT Approach」[1] 明確指出，使用下一句預測幾乎沒有幫助，這種觀點正以某種方式成為主流。下一句預測沒用的可能原因之一是，下一句預測這個任務太簡單了，預測兩個句子是否相接並不是一項特別困難的任務。完成此項任務的方法通常是首先隨機選擇一個句子，然後從資料庫中隨機選擇將要連接到前一個句子的句子。通常在隨機選擇一個句子時，這個句子很可能與之前的句子有很大的不同。對於 BERT 來說，預測兩個句子是否相接並不難。因此，在訓練 BERT 完成下一句預測任務時，BERT 並沒有學到太多有用的東西。

還有一種類似於下一句預測的方法——句序預測（Sentence Order Prediction，SOP），它在文獻上似乎更有用。這種方法的主要思維是，最初選擇的兩個句子本來就連接在一起，實際上則有兩種可能：要麼句子 1 連接在句子 2 的後面，要麼句子 2 連接在句子 1 的後面。BERT 需要回答是哪一種可能性。或許是因為這個任務難度更大，所以句序預測似乎更有效。它被用在名為 ALBERT 的模型中，ALBERT 是 BERT 的進階版本。

10.1.1　BERT 的使用方式

如何使用 BERT？在訓練時，讓 BERT 完成以下兩個任務。

- 把一些字元掩蓋起來，讓它做填空題，補充被遮罩的字元。
- 預測兩個句子是否有順序關係（兩個句子是否應該接在一起）。

透過這兩個任務，BERT 學會了如何填空。BERT 也可以用於完成其他任務。如圖 10.7 所示，這些任務不一定與填空有關。儘管如此，BERT 仍然可以用於完成這些任務。這些都是真正使用 BERT 的任務，稱為**下游任務**（**downstream task**）。下游任務是我們實際關心的任務。當 BERT 學習完成這些任務時，仍然需要一些標註的資料。

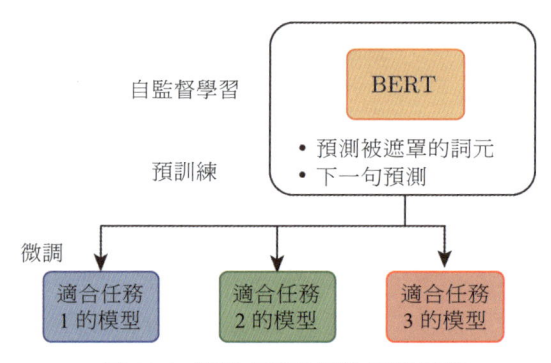

▲ 圖 10.7　使用 BERT 解決下游任務

總之，BERT 不僅學會了填空，它也可以用來完成各種下游任務。這就像胚胎中的幹細胞，可以分化成各種不同的器官，比如心臟、五官等。BERT 的能力還沒有發揮出來，它具有各種無限的潛力。

給 BERT 一些有標註的資料，它就可以學習完成各種任務。將 BERT 分化並用於完成各種任務稱為**微調**（**fine-tuning**）。與微調相反，在微調之前產生 BERT 的過程稱為預訓練。產生 BERT 的過程就是自監督學習。

在談如何對 BERT 進行微調之前，我們先看看它的能力。自監督學習模型的能力通常是在多個任務上測試的。BERT 就像一個胚胎幹細胞，通常

不會只測試它在單個任務上的能力。可以讓 BERT 分化做各種任務，查看它在每個任務上的準確率，再取平均值。對模型進行測試的不同任務的這種集合，稱為任務集。任務集中最著名的標竿（基準測試）稱為**通用語言理解評估**（General Language Understanding Evaluation，GLUE）。

GLUE 裡面一共有 9 個任務：語言可接受性語料庫（the Corpus of Linguistic Acceptability，CoLA）、史丹佛情感樹庫（the Stanford Sentiment Treebank，SST-2）、微軟研究院釋義語料庫（the Microsoft Research Paraphrase Corpus，MRPC）、語意文字相似性基準測試（the Semantic Textual Similarity Benchmark，STSB）、Quora 問題對（the Quora Question Pairs，QQP）、多類型自然語言推理資料庫（the Multi-genre Natural Language Inference corpus，MNLI）、問答自然語言推斷（Qusetion-answering NLI，QNLI）、辨識文字蘊含資料集（the Recognizing Textual Entailment datasets，RTE）和 Winograd 自然語言推斷（Winograd NLI，WNLI）。

如果想知道像 BERT 這樣的模型是否訓練得很好，可以針對這 9 個單獨的任務對模型進行微調。因此，我們實際上會為 9 個單獨的任務獲得 9 個模型。這 9 個任務的平均準確率代表自監督學習模型的效能。自從有了 BERT，GLUE 分數（9 個任務的平均分數）確實逐年增加。

如圖 10.8 所示，橫軸表示不同的模型，除了 ELMo 和 GPT，還有各種BERT。黑線表示人類在此任務上得到的準確率，可以視為 1。圖 10.8 中的每個點代表一個任務。為什麼要與人類的準確率進行比較呢？人類的準確率是 1。如果它們比人類好，這些點的值會大於 1；如果它們比人類差，這些點的值會小於 1。用於每個任務的評估指標是不同的，不一定是準確率。

直接比較這些點的值沒什麼意義，所以要看模型跟人類之間的差距。在最初的時候，9 個任務中只有 1 個任務，機器比人類做得更好。隨著越來越多的技術被提出，在越來越多的其他任務上，機器可以比人類做得更好。對於那些機器做得遠不如人類的任務，機器的效能也在慢慢追趕。藍色曲線表示機器的 GLUE 分數的平均值。最近的一些強模型，如 XLNet，甚至超過了人類，

但這並不意味著機器真正超越人類。XLNet 在這些資料集中超越了人類，這意味著這些資料集還不夠難。繼 GLUE 之後，有人製作了 Super GLUE，旨在讓機器完成更難的自然語言處理任務。

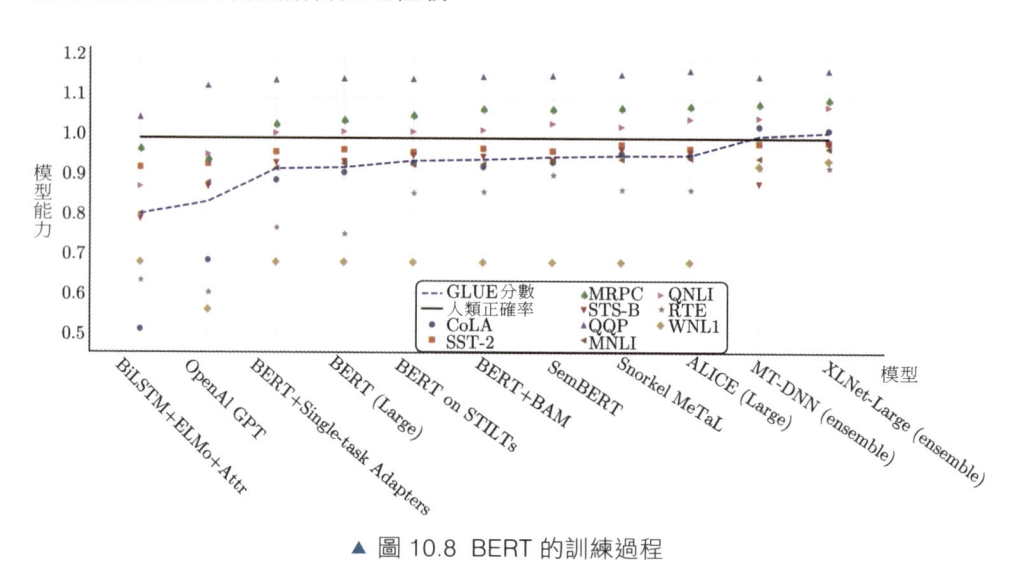

▲ 圖 10.8　BERT 的訓練過程

BERT 究竟是如何使用的？接下來介紹 4 種使用 BERT 的情況。

情況 1：情感分析

假設下游任務是輸入一個序列並輸出一個類別。這是一個分類問題，只不過輸入是一個序列。輸入一個序列並輸出一個類別是一種什麼樣的任務？以情感分析為例，給機器一個句子，並告訴它判斷句子是正面的還是負面的。BERT 是如何解決情感分析問題的？如圖 10.9 所示，給它一個句子，並把 [CLS] 詞元放在這個句子的最前面。4 個輸入 [CLS]、w_1、w_2、w_3 對應 4 個輸出。接下來對 [CLS] 所對應的向量應用線性變換，將其乘以一個矩陣。這裡省略了 softmax，以及透過 softmax 來確定輸出類別是正面的還是負面的等等。但是，我們必須有下游任務的標註資料。

BERT 沒有辦法從頭開始解決情感分析問題，我們仍然需要一些標註資料，並且需要提供很多句子以及它們的正面或負面標籤來訓練 BERT。在訓練

過程中，將 BERT 與這種線性變換放在一起，稱為完整的情感分析模型。線性變換和 BERT 都利用梯度下降來更新參數。線性變換的參數是隨機初始化的，而 BERT 的初始參數是從學會了做填空題的 BERT 得來的。在訓練模型時，隨機初始化參數，接著利用梯度下降更新這些參數，最小化損失。

但在 BERT 中不必隨機初始化所有參數，需要隨機初始化的參數只是線性變換的參數。BERT 的骨幹（backbone）是一個巨大的 Transformer 編碼器，它的參數不是隨機初始化的。這裡直接將已經學會填空的 BERT 的參數當作初始化參數，最直觀和最簡單的原因是，這比隨機初始化參數的網路表現更好。把學會填空的 BERT 放在這裡，它會獲得比隨機初始化的 BERT 更好的效能。

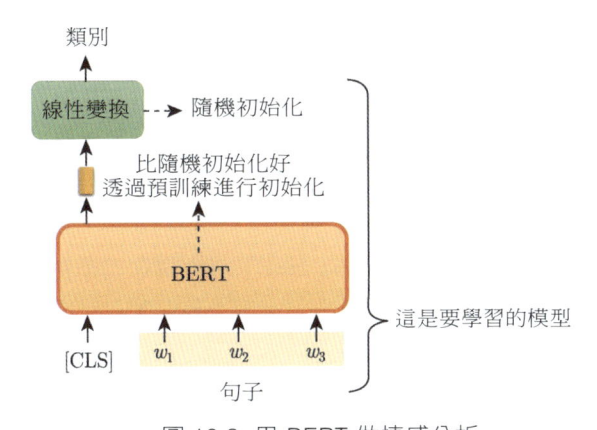

▲ 圖 10.9 用 BERT 做情感分析

如圖 10.10 所示，橫軸是訓練的回合數，縱軸是訓練損失。隨著訓練的進行，損失會越來越小。圖 10.10 中包含各式各樣的任務，任務的細節不需要關心。「微調」意味著模型有預訓練。網路的 BERT 部分（即網路的編碼器）的參數是由學會做填空的 BERT 的參數來做初始化的。從頭開始訓練（scratch）意味著整個模型都是隨機初始化的。虛線代表從頭開始訓練，如果從頭開始訓練，在訓練網路時，與使用會做填空的 BERT 進行初始化的模型相比，損失下降的速度相對較慢。隨機初始化參數的網路損失仍然高於使用填空題來初始化 BERT 的網路。這就是 BERT 帶來的好處。

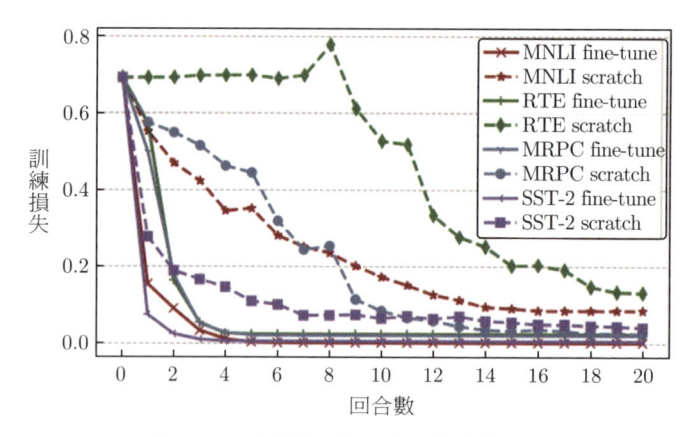

```
                                              MNLI fine-tune
   0.8                                        MNLI scratch
                                              RTE fine-tune
   0.6                                        RTE scratch
訓                                            MRPC fine-tune
練  0.4                                       MRPC scratch
損                                            SST-2 fine-tune
失                                            SST-2 scratch
   0.2

   0.0
      0    2    4    6    8   10  12  14  16  18  20
                          回合數
```

▲ 圖 10.10 預訓練模型的初始化結果對比

> **Q** BERT 的訓練方法是半監督的還是無監督的？
>
> **A** 在學習填空時，BERT 是無監督的。但在使用 BERT 執行下游任務時，下游任務需要有標註的資料。自監督學習會使用大量未標註的資料，但下游任務有少量有標註的資料，所以合起來是半監督的，即有大量未標註的資料和少量有標註的資料，這種情況稱為半監督。所以使用 BERT 的整個過程就是進行預訓練和微調，BERT 可以視為一種半監督的模型。

情況 2：詞性標註

第 2 種情況是輸入一個序列，然後輸出另一個序列，但輸入序列和輸出序列的長度是一樣的。什麼樣的任務要求輸入和輸出長度相同呢？以**詞性標註**（**Part-Of-Speech tagging**，**POS tagging**）為例，詞性標註是指給機器一個句子，機器可以知道這個句子中每個詞的詞性。即使是相同的詞，也可能有不同的詞性。

BERT 是如何處理詞性標註任務的呢？如圖 10.11 所示，只需要向 BERT 輸入一個句子，對於這個句子中的每個詞元，如果是中文句子，詞元就是漢字，每個漢字都有一個對應的向量。使這些向量依次通過線性變換和 softmax 層。最後，網路預測給定詞所屬的類別。任務不同，對應的類別也不同。接下

來和情況 1 完全一樣。換句話說，我們需要有一些帶標籤的資料。這仍然是一個典型的分類問題。唯一不同的是，BERT 部分的參數不是隨機初始化的，BERT 已經在預訓練過程中找到了一組比較好的初始化參數。

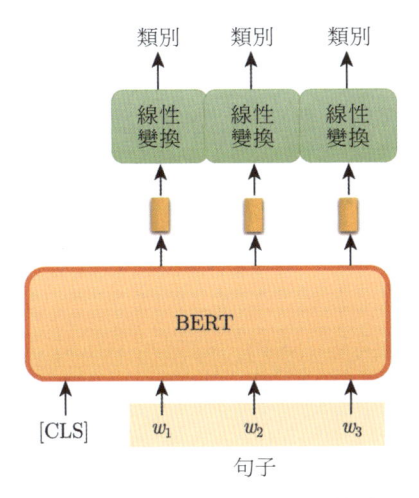

▲ 圖 10.11 用 BERT 做詞性標註

情況 3：自然語言推理

第 3 種情況是，模型輸入兩個句子並輸出一個類別。這裡的例子都是自然語言處理的例子，但我們可以將這些例子更改為其他任務，例如語音任務或電腦視覺任務。語音、文字和圖片可以表示為一行向量，因此該技術並不僅限於處理文字，還可以用於其他任務。以兩個句子作為輸入，輸出一個類別。什麼樣的任務需要這樣的輸入和輸出呢？

最常見的一種是**自然語言推理**（**Natural Language Inference**，NLI）。給機器兩個輸入語句：前提（premise）和假設（hypothesis）。機器要做的是判斷是否可以從前提中推斷出假設，即判斷前提與假設是否矛盾。例如，如圖 10.12 所示，前提是「騎馬的人跳過一架壞掉的飛機」（A person on a horse jumps over a broken down airplane），這是基準語料庫中的一個例子；而假設是「人在餐館裡」（A person is at a diner）。機器要做的就是將兩個句子作為輸入，並輸出這兩個句子之間的關係。這種任務很常見，比如立場分析。給定一

篇文章，要判斷留言是贊成這篇文章還是反對這篇文章，只需要將文章和留言一起輸入模型，模型要預測的是贊成還是反對。

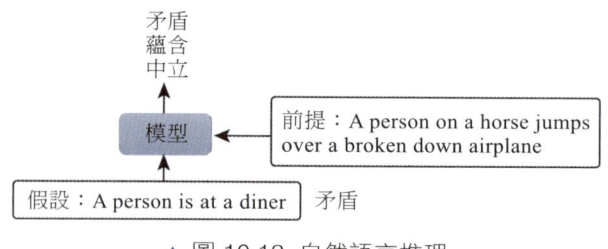

▲ 圖 10.12 自然語言推理

BERT 如何解決這個問題呢？如圖 10.13 所示，給定兩個句子，這兩個句子之間有一個特殊的分隔詞元 [SEP]，把詞元 [CLS] 放在最前面的位置。這個序列是 BERT 的輸入，然後 BERT 將輸出另一個與輸入序列長度相同的序列，但只將詞元 [CLS] 作為線性變換的輸入，然後決定輸入這兩個句子，輸出應該是什麼類別。對於 NLI，為了輸出這兩個句子是否矛盾，仍然需要一些標註資料來訓練這個模型。BERT 的這部分不再是隨機初始化的，而是使用預訓練的權重進行初始化。

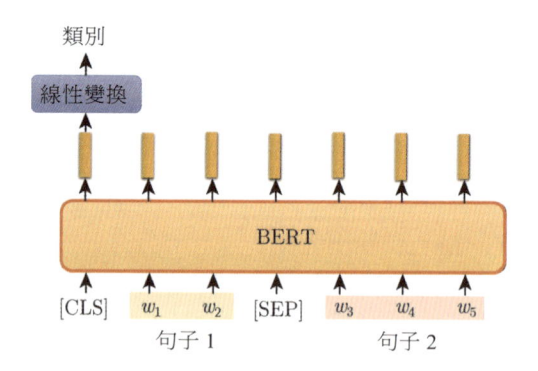

▲ 圖 10.13 使用 BERT 進行自然語言推理

情況 4：基於提取的問答

第 4 種情況是問答系統。給機器讀一篇文章，問它一個問題，它將給出一個答案。但這裡的問題和答案是有限制的 —— 假設答案必須出現在文章

裡面，且答案一定是文章中的一個片段，這是**基於提取的問答**（extraction-based question answering）。在此項任務中，輸入序列包含一篇文章和一個問題。文章 D 和問題 Q 都是序列：

$$D = \{d_1, d_2, \cdots, d_N\}$$
$$Q = \{q_1, q_2, \cdots, q_M\}$$
(10.1)

對於中文，公式 (10.1) 中的每個 d 代表一個漢字，每個 q 也代表一個漢字。

如圖 10.14 所示，將 D 和 Q 輸入問答模型，問答模型輸出兩個正整數 s 和 e。根據 s 和 e，我們可以直接從文章中擷取一段作為答案，文章中第 s 個單字到第 e 個單字的片段就是正確答案。這是一種非常標準的方法。

▲ 圖 10.14 問答模型

例如，如圖 10.15 所示，這裡有一個問題和一篇文章，正確答案為「gravity」（重力）。機器如何輸出正確答案？問答模型應該輸出 $s = 17$，$e = 17$ 來表示重力。因為 gravity 是整篇文章的第 17 個單字，所以 $s = 17$，$e = 17$ 表示輸出第 17 個單字作為答案。再舉個例子，假設正確答案為「within a cloud」（雲中），這是文章中的第 46～48 個單字，模型要做的就是輸出兩個正整數 46 和 48，文章中第 46 個單字到第 48 個單字的片段就是正確答案。

當然，我們不會從頭開始訓練問答模型，而會使用 BERT 預訓練模型。如何用預先訓練好的 BERT 解決這種問答題呢？如圖 10.16 所示，給 BERT 看一個問題和一篇文章。問題和文章之間有一個特殊詞元 [SEP]。然後在序列的開頭放了一個 [CLS] 詞元，這與自然語言推理的情況相同。在自然語言推理中，一個句子是前提，另一個句子是結論；而在這裡，一個是文章，另一個是問題。在此項任務中，需要從頭開始訓練的只有兩個向量（「從頭開始訓練」

是指隨機初始化），我們使用橙色向量和藍色向量來表示它們，這兩個向量與 BERT 的輸出向量在長度上是相同的。

▲ 圖 10.15 基於提取的問答

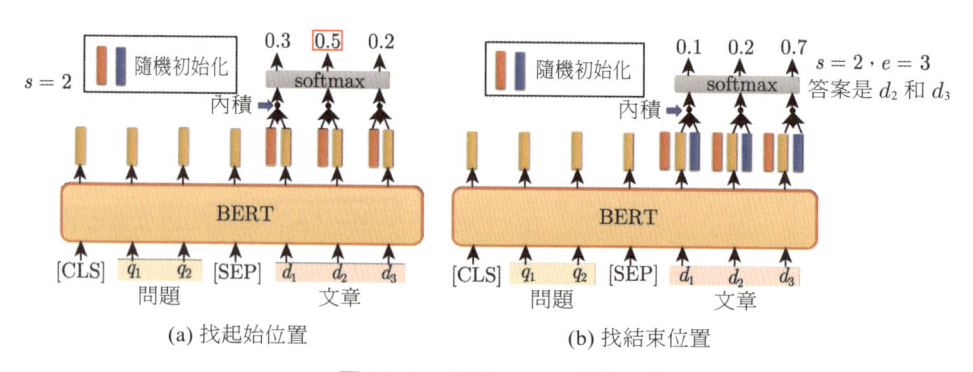

▲ 圖 10.16 使用 BERT 進行回答

假設 BERT 的輸出向量是 768 維的，則這兩個向量也將是 768 維的。如何使用這兩個向量呢？如圖 10.16(a) 所示，首先計算橙色向量和文章所對應的輸出向量的內積。由於有 3 個詞元代表文章，因此輸出 3 個向量。計算這 3 個向量與橙色向量的內積，得到 3 個值。然後將它們傳遞給 softmax 函式，得

到另外 3 個值。這種內積與注意力非常相似。如果把橙色部分視為查詢，把黃色部分視為鍵，這就是一種注意力，應嘗試找到得分最高的位置。橙色向量和 d_2 的內積最大，s 等於 2，輸出的起始位置應為 2。

如圖 10.16(b) 所示，藍色部分代表答案結束的地方。計算藍色向量和文章所對應的黃色向量的內積，將結果傳遞給 softmax 函式。最後，找到最大值。如果第 3 個值最大，e 應為 3，正確答案是 d_2 和 d_3。所以模型要做的實際上是預測正確答案的起始位置，如果文章中沒有答案，就不能使用這個技巧。這裡假設答案一定在文章中，我們必須在文章中找到答案的起始位置和結束位置。這正是問答模型需要做的事情。當然，我們還需要一些訓練資料才能訓練這個模型。請注意，藍色向量和橙色向量是隨機初始化的，而 BERT 是由預訓練的權重初始化的。

> **Q BERT 的輸入長度有限制嗎？**
>
> **A** 理論上沒有，實際上有。理論上，因為 BERT 是一個 Transformer 編碼器，所以它可以輸入很長的序列。前提是我們有能力實踐自注意力。但是自注意力的運算量很大，所以在實踐中，BERT 無法真正輸入太長的序列，最多可以輸入長度為 512 的序列。如果輸入一個長度為 512 的序列，中間的自注意力將產生大小為 512×512 的注意力度量（metric），計算量會非常大，所以實際上 BERT 的輸入長度是有限制的。

因為用一篇文章訓練需要很長時間，所以文章會被分成幾個段落，每一次只取其中一個段落進行訓練，而不是將整篇文章輸入 BERT。因為如果想要的距離太長，就會在訓練中遇到問題。填空題和問答之間有什麼關係呢？BERT 能做的事情遠不只填空，但我們無法自己訓練它。首先是最早的 Google BERT，它訓練使用的資料量已經很大了，使用的資料包含了 30 億個字。《哈利·波特》全集大約有 100 萬個字，最早的 Google BERT 使用的資料量是《哈利·波特》全集的 3000 倍。

如圖 10.17 所示，縱軸代表 GLUE 分數，橫軸代表預訓練步數。GLUE 有 9 個任務，這 9 個任務的平均分數就是 GLUE 分數。綠線是 Google BERT

的 GLUE 分數。橙線是 Google ALBERT 的 GLUE 分數，ALBERT 是 BERT 的進階版本，它的參數量相比 BERT 已大大降低。藍線是李宏毅團隊訓練的 ALBERT，但李宏毅團隊訓練的並不是規模最大的版本。原始的 BERT 分基礎版本 BERT-base 和大版本 BERT-large。BERT-large 很難訓練，所以用最小的版本 ALBERT-base 來訓練，看看是否與 Google ALBERT 的結果相同。

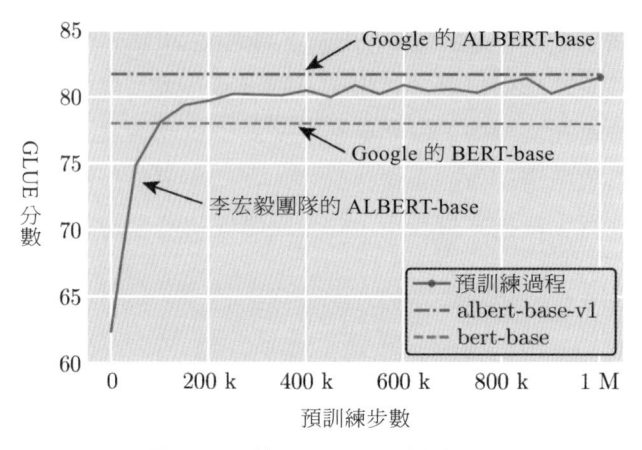

▲ 圖 10.17 使用 ALBERT 訓練 GLUE

　　30 億資料看起來很多，但它們都是未標註的資料。從網路上隨便爬取一些文字就可以有這麼多資料，但訓練的部分很困難。總共的預訓練次數為 100 萬次，即參數需要更新 100 萬次。如果使用 TPU，則需要執行 8 天；如果使用一般的 GPU，則至少需要執行 200 天。

　　訓練這種 BERT 真的很難，可以在一般的 GPU 上對其進行微調。在一般的 GPU 上微調後，BERT 只需要訓練大約半小時到一小時。但如果從頭開始訓練它做填空題，就將花費更長的時間，而且無法在一般的 GPU 上完成。為什麼要自己訓練一個 BERT？Google 已經訓練了 BERT，這些預訓練模型也是公開的。如果自己訓練 BERT 的結果和 Google 的 BERT 訓練結果差不多，這就沒什麼意義了。

　　BERT 在訓練過程中需要耗費非常大的計算資源，是否有可能節省一些計算資源？有沒有可能讓它訓練得更快？要知道如何讓它訓練得更快，或許可以

先觀察它的訓練過程。過去沒有人觀察 BERT 的訓練過程，因為 Google 的論文中只提到了 BERT 在各種任務中都表現得很好。

但 BERT 在學習填空的過程中學到了什麼？在這個過程中，BERT 學會了填動詞、填名詞和填代名詞。所以在訓練完 BERT 之後，可以觀察 BERT 學會提高填空能力的方式。得到的結論與想像不太一樣，詳見論文「Pretrained Language Model Embryology：The Birth of ALBERT」[2]。

上述任務均不涉及 Seq2Seq 模型。如果想解決 Seq2Seq 問題，怎麼辦？BERT 只有預訓練的編碼器，有沒有辦法預訓練 Seq2Seq 模型的解碼器呢？如圖 10.18 所示，這裡有一個編碼器和一個解碼器。輸入是一個句子，輸出也是一個句子。將它們與中間的交叉注意力（cross attention）連接起來，然後對編碼器的輸入做一些擾動以損壞句子。解碼器想要輸出的句子跟損壞之前是完全相同的。編碼器看到損壞的結果，解碼器則輸出句子被損壞之前的結果。

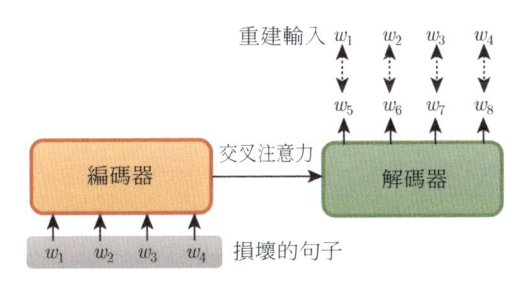

▲ 圖 10.18 預訓練一個 Seq2Seq 模型

損壞句子的方法有多種，如圖 10.19 所示，論文「MASS: Masked Sequence to Sequence Pre-training for Language Generation」[3] 指出，損壞句子的方法就像 BERT 那樣，只要掩蓋一些單字，就結束了。但其實有多種方法可以損壞句子，例如刪除一些單字，打亂單字的順序（語序），旋轉單字的順序，或者既掩蓋一些單字又刪除某些單字。總之，有各種方法可以將句子損壞，再透過 Seq2Seq 模型將句子還原。論文「BART: Denoising Sequence-to-Sequence Pre-training for Natural Language Generation, Translation, and Comprehension」[4] 提出將這些方法都用上，結果比使用 MASS 更好。

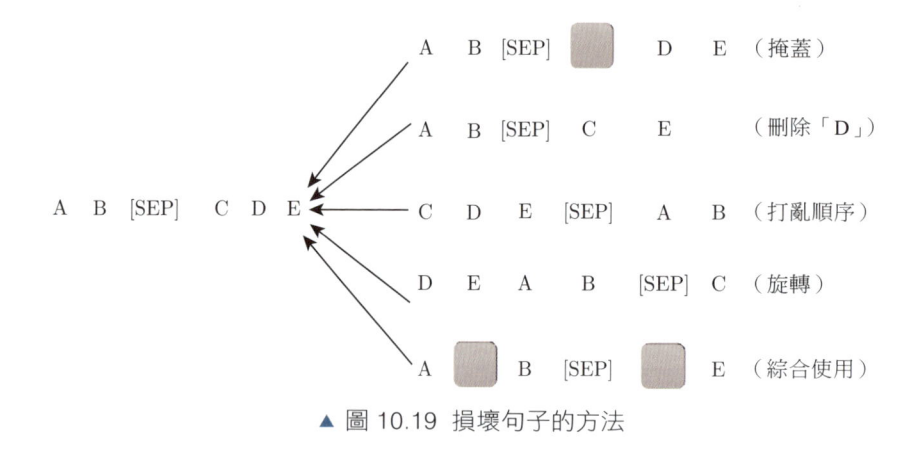

```
         A   B  [SEP]  ▢     D   E     （掩蓋）

         A   B  [SEP]  C     E         （刪除「D」）

A B [SEP] C D E ← C   D   E  [SEP]  A   B     （打亂順序）

         D   E   A   B  [SEP]  C     （旋轉）

         A   ▢   B  [SEP]  ▢   E     （綜合使用）
```

▲ 圖 10.19 損壞句子的方法

　　損壞句子的方法有很多，到底哪種方法更好呢？Google 在題為「Exploring the Limits of Transfer Learning with a Unified Text-to-Text Transformer」[5] 的論文中做了相關的實驗，並提出了預訓練模型 T5（代表 Transfer Text-to-Text Transformer）。

　　這篇論文做了各種嘗試，完成了我們可以想像的所有組合。T5 是在 C4（代表 Colossal Clean Crawled Corpus）上進行訓練的。C4 是一個公開資料集，你可以下載它，原始檔案大小為 7 TB，下載完之後，可以使用 Google 提供的腳本進行預處理。語料庫網站上的文件指出，使用一個 GPU 進行預處理需要 355 天，即使下載完了，在進行預處理時也是有問題的。所以，做深度學習使用的資料量和模型非常驚人。

10.1.2　BERT 有用的原因

　　為什麼 BERT 有用？最常見的解釋是，當輸入一串文字時，每個文字都有一個對應的向量，這個向量稱為嵌入。如圖 10.20 所示，這個向量很特別，因為這個向量代表了所輸入文字的意思。例如，輸入「深度學習」，模型輸出 4 個向量。這 4 個向量分別代表「深」、「度」、「學」、「習」的意思。

　　把這些字所對應的向量一起畫出來，並計算它們之間的距離，意思越相似的字對應的向量就越接近。如圖 10.21 所示，「果」和「草」是植物，它們

比較接近;「鳥」和「魚」是動物,所以它們可能更接近;「電」既不是動物也不是植物,所以跟「果」、「草」、「鳥」、「魚」都離得比較遠。中文會有歧義(一字多義),很多其他語言也都有歧義。BERT 可以考慮上下文,所以同一個字,例如「果」這個字,它的上下文不同,對應的向量也就不一樣。所以吃蘋果的果和蘋果手機的果都是「果」,但根據上下文,它們的意思不同,所以它們對應的向量就不一樣。吃蘋果的「果」可能更接近「草」,蘋果手機的「果」可能更接近「電」。

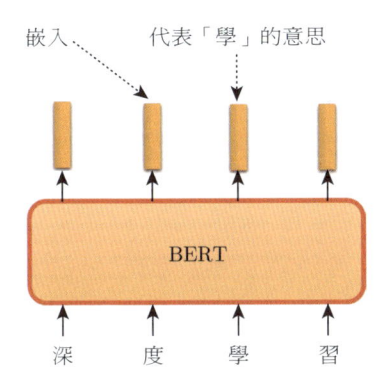

▲ 圖 10.20 BERT 輸出的嵌入代表了所輸入文字的意思

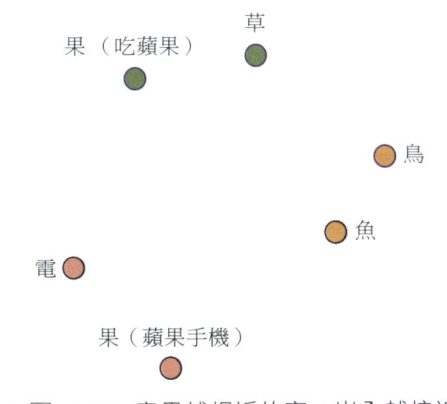

▲ 圖 10.21 意思越相近的字,嵌入越接近

　　如圖 10.22 所示,假設現在考慮「果」這個字,我們收集很多提到「果」字的句子,比如「喝蘋果汁」、「蘋果手機」等。把這些句子都放入 BERT 裡面,接下來,計算每個「果」所對應的嵌入。輸入「喝蘋果汁」得到「果」的

向量；輸入「蘋果手機」，也得到「果」的向量。這兩個向量不相同。因為編碼器中有自注意力，所以根據「果」字的不同上下文，得到的向量也會不同。接下來，計算這些向量之間的餘弦相似度。

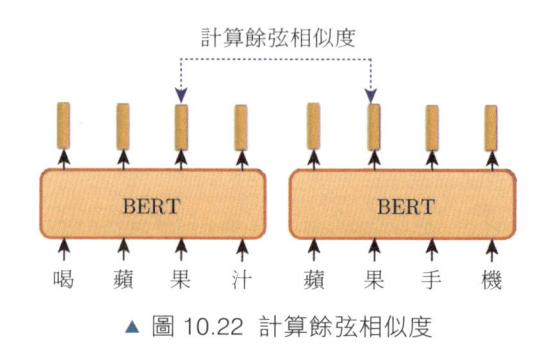

▲ 圖 10.22 計算餘弦相似度

如圖 10.23 所示，這裡有 10 個句子，前 5 句中的「果」代表可以吃的蘋果。例如，第一句是「今天買了蘋果來吃」。這 5 個句子中都有「果」這個字。接下來的 5 個句子中也有「果」這個字，但都是指蘋果公司的「果」。例如，「蘋果即將在下個月發布一款新 iPhone」。一共有 10 個「果」，計算它們兩兩之間的相似度，得到一個 10×10 的矩陣。

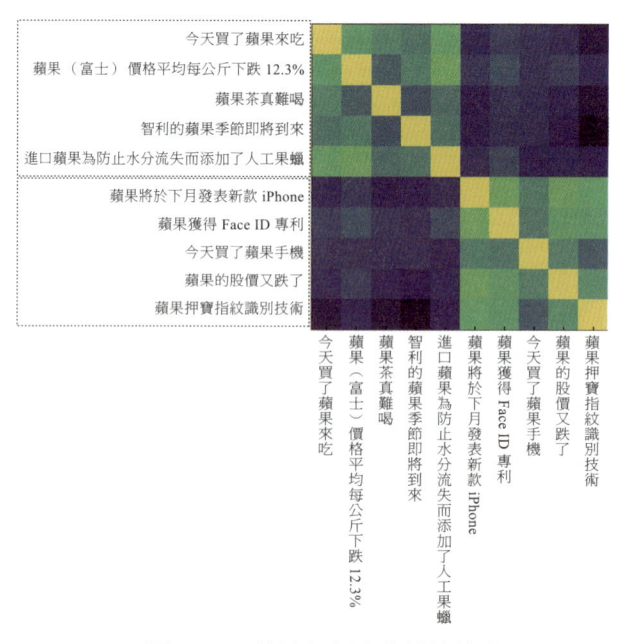

▲ 圖 10.23 餘弦相似度的計算結果

圖 10.23 中的每一格代表兩個「果」的嵌入之間的相似度。相似度越大，顏色越淺。前 5 句中的「果」接近黃色，自己和自己之間的相似度一定是最大的，自己和別人之間的相似度一定要小一些。前 5 個「果」算相似度較大，後 5 個「果」算相似度也較大。但是前 5 個「果」和後 5 個「果」的相似度較小。BERT 知道前 5 個「果」指的是可以吃的蘋果，所以它們比較像；而後 5 個「果」指的是蘋果公司的「果」，所以它們比較像。這些「果」的意思是不一樣的，所以 BERT 的每個輸出向量代表所輸入文字的意思，BERT 在填空的過程中也學會了每個字的意思。也許它真的瞭解中文，對它而言，中文符號之間不再是沒有關係的。因為它瞭解中文的意思，所以它可以在接下來的任務中做得更好。

為什麼 BERT 可以輸出代表文字意思的向量？1960 年代的語言學家 John Rupert Firth 認為，要想知道一個字的意思，就得看這個字的上下文。一個字的意思取決於它的上下文。以蘋果中的「果」為例，如果它經常與吃、樹等一起出現，則可能指的是可以吃的蘋果；如果它經常與電、專利、股價等一起出現，則可能指的是蘋果公司。因此，我們可以從上下文中推斷出字的意思。

如圖 10.24 所示，BERT 在學習填空的過程中所做的也許就是學習從上下文中提取資訊。在訓練 BERT 時，給它 w_1、w_2、w_3 和 w_4，遮罩 w_2 並讓 BERT 預測 w_2。BERT 如何預測 w_2 呢？它會從上下文中提取資訊以預測 w_2。所以這個向量就是它的上下文資訊的精華，可以用來預測 w_2 是什麼。

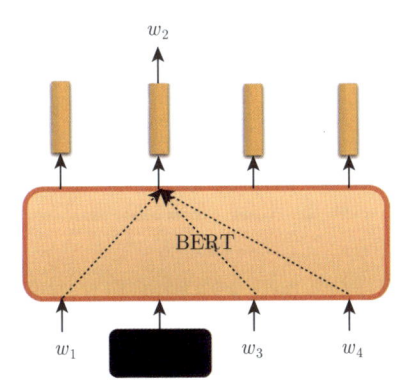

▲ 圖 10.24 透過上下文資訊預測被遮罩的部分

這樣的想法在 BERT 之前就已經存在了。有一種技術叫詞嵌入，詞嵌入中有一種技術稱為**連續詞袋**（**Continuous Bag Of Words**，**CBOW**）。如圖 10.25 所示，連續詞袋模型所做的與 BERT 完全相同，把中間挖空，預測空白處的內容。連續詞袋模型可以給每個詞一個向量，這個向量代表詞的意思。連續詞袋模型是一個非常簡單的模型，它只使用了兩個變換。

> **Q** 為什麼連續詞袋模型只用兩個變換？能不能再複雜點？為什麼連續詞袋模型只用線性模型而不用深度學習？
>
> **A** 連續詞袋模型的作者 Thomas Mikolov 的解釋是可以用深度學習，他之所以選擇線性模型，是因為當時的計算能力（computing power）和現在的計算能力不在一個層級，當時還很難訓練一個非常大的模型，所以他選擇了一個比較簡單的模型。BERT 相當於一個深度版本的連續詞袋模型。

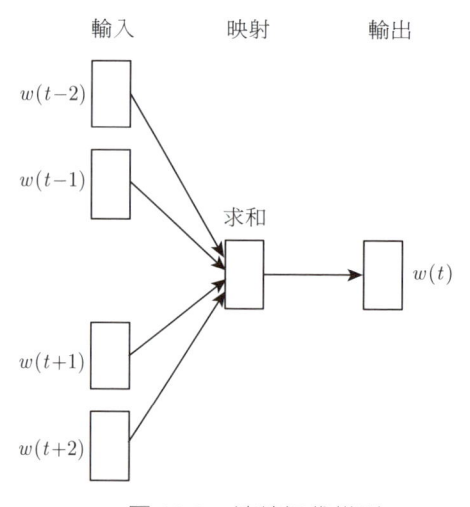

▲ 圖 10.25 連續詞袋模型

BERT 還可以根據不同的上下文從相同的詞中產生不同的嵌入，因為它是詞嵌入的高階版本，考慮了上下文。BERT 抽取的這些向量或嵌入也稱為**語境化的詞嵌入**（**contextualized word embedding**）。在文字上訓練的 BERT 也可以用來對蛋白質、DNA 和音樂進行分類。以 DNA 的分類問題為例。如圖

10.26 所示，DNA 由去氧核糖核苷酸構成，去氧核糖核苷酸由城基、去氧核糖和磷酸構成。其中城基有 4 種：腺嘌呤（A）、鳥嘌呤（G）、胸腺嘧啶（T）和胞嘧啶（C）。給定一條 DNA，嘗試確定該 DNA 屬於哪個類別（EI、IE 和 N 是 DNA 的類別）。總之，這是一個分類問題，只需要用訓練資料和標註資料來訓練 BERT 就可以了。

```
EI  CCAGCTGCATCACAGGAGGCCAGCGAGCAGGTCTGTTCCAAGGGCCTTCGAGCCAGTCTG
EI  AGACCCGCCGGGAGGCGGAGGACCTGCAGGGTGAGCCCACCGCCCCTCCGTGCCCCCGC
IE  AACGTGCCTCCTTGTGCCCTTCCCCACAGTGCCTCTTCCAGGACAAACTTGGAGAAGT
IE  CCACTCAGCCAGGCCCTTCTTCTCCTCCAGGTCCCCCACGGCCCTTCAGGATGAAAGCTG
IE  CCTGATCTGGGTCTCCCCTCCCACCCTCAGGGAGCCAGGCTCGGCATTTCTGGCAGCAAG
IE  AGCCCTCAACCCTTCTGTCTCACCCTCCAGCCTAAAGCTCCTTGACAACTGGGACAGCGT
IE  CCACTCAGCCAGGCCCTTCTTCTCCTCCAGGTCCCCCACGGCCCTTCAGGATGAAAGCTG
N   CTGTGTTCACCACATCAAGCGCCGGGACATCGTGCTCAAGTGGGAGCTGGGGGAGGGCGC
N   GTGTTACCGAGGGCATTTCTAACAGTCTTCTTACTACGGCCTCCGCCGACCGCGCGCTCG
N   TCTGAGCTCTGCATTTGTCTATTCTCCAGCTGACCCTGGTTCTCTCTCTTAGCTACCTGC
類別      DNA 序列
```

▲ 圖 10.26 DNA 的分類問題

如圖 10.27 所示，DNA 可以用 ATCG 來表示，其中的每個字母對應一個英文單字，例如，「A」對應「we」，「T」對應「you」，「C」對應「he」，「G」對應「she」。對應的單字並不重要，它們可以隨機產生。「A」可以對應任何單字，「T」、「C」、「G」也可以，這對結果影響不大。DNA 可以變成一串單字，只不過這串單字不能組成有實際涵義的句子，如「AGAC」變成「we she we he」。然後，將這串單字輸入 BERT，在開頭添加 [CLS]，產生一個向量，透過線性變換進行分類，此時進行的是 DNA 的類別。和以前一樣，線性變換使用隨機初始化，BERT 由預訓練模型初始化，但用於初始化的預訓練模型是在英文上學會了做填空題的 BERT。

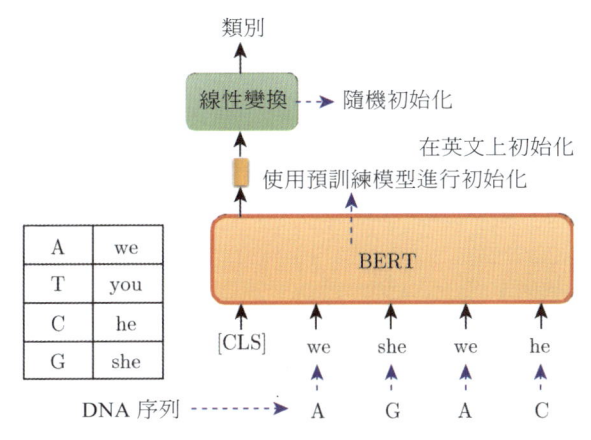

▲ 圖 10.27 使用 BERT 進行 DNA 的分類

如果將 DNA 序列預處理成一個無意義的序列,那麼 BERT 的目的是什麼? BERT 可以分析有效句子的語意,怎麼才能給它一個難以理解的句子呢?做這個實作又有什麼意義呢?蛋白質是由多種氨基酸構成的,可以給每種氨基酸指定一個詞,將其作為文章分類問題來處理。使用 BERT 處理這個問題的效果實際上更好[6],如圖 10.28 所示。

	Protein			DNA				Music
	localization	stability	fluorescence	H3	H4	H3K9ac	Splice	composer
specific	69.0	76.0	63.0	87.3	87.3	79.1	94.1	-
BERT	64.8	74.5	63.7	83.0	86.2	78.3	97.5	55.2
re-emb	63.3	75.4	37.3	78.5	83.7	76.3	95.6	55.2
rand	58.6	65.8	27.5	75.6	66.5	72.8	95	36

▲ 圖 10.28 使用 BERT 處理不同的任務

BERT 可以學到語意。我們從嵌入中可以清楚地觀察到,BERT 確實知道每個詞的意思,它知道哪些詞的意思比較像、哪些詞的意思比較不像。即使給它一個亂七八糟的句子,它也仍然可以很好地對句子進行分類。所以它的能力也許並不完全來自它看得懂文章這件事,可能還有其他原因。例如,BERT 可能在本質上只是一組比較好的初始化參數,而不一定與語意有關,也許這組初始參數比較適合訓練大模型,這個問題需要做進一步的研究才能回答。目前使用的模型往往非常新,它們為什麼能成功運作?這裡還有很大的研究空間。

10.1.3　BERT 的變化

BERT 還有很多其他的變化,比如**多語言 BERT**(**multi-lingual BERT**)。如圖 10.29 所示,多語言 BERT 使用中文、英文、德文、法文等多種語言訓練 BERT 做填空題。Google 發布的多語言 BERT 則使用 104 種不同的語言進行訓練,它可以做 104 種語言的填空題。

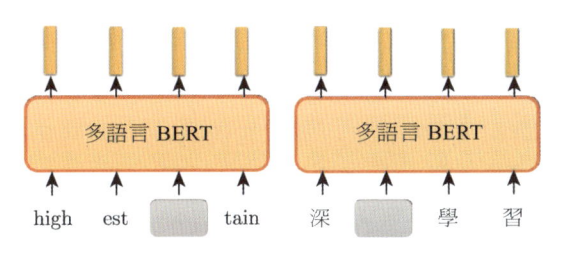

▲ 圖 10.29 多語言 BERT

　　多語言 BERT 有一個非常神奇的功能，如果用英文問答資料訓練它，它將自動學習如何做中文問答。表 10.2 所示是一個真實實驗的例子。這個例子使用了兩個資料集：英文問答資料集 SQuAD 和中文資料集 DRCD。實作中採用的是 F_1 分數，也稱為綜合分類率。在 BERT 之前，最強的模型是 QANet，QANet 的 F_1 分數為 78.1%。如果允許使用中文進行預訓練，然後使用中文問答資料進行微調，則 BERT 在中文問答資料集上的 F_1 分數將達到 89.1%。事實上，人類在同一個資料集上只能做到 93% 的 F_1 分數。神奇的是，如果使用一個多語言的 BERT，用英文問答資料對其進行微調，它仍然可以回答中文問答題，並且可以做到 78% 的 F_1 分數，這和 QANet 的 F_1 分數差不多！即使從未受過中英互譯訓練，也從未閱讀過中文問答資料集，多語言 BERT 依然在沒有做任何準備的情況下通過了這次中文問答測試。

▼ 表 10.2 使用多語言 BERT 進行問答 [7]

模型	預訓練	微調	測試	EM	F_1/%
QANet	無	中文	中文	66.1	78.1
	中文	中文		82.0	89.1
BERT	104 種語言	中文		81.2	88.7
		英文		63.3	78.8
		中文 + 英文		82.6	90.1

　　有人可能會說：「多語言 BERT 在預訓練的時候看了 104 種語言，其中包括中文」。但是在預訓練期間，多語言 BERT 的學習目標是做填空題，它只學會了中文填空。接下來教它做英文問答，它居然自動學會了中文問答。一種簡單的解釋是，對於多語言 BERT，不同語言的差異不大。

如圖 10.30 所示，不管使用中文還是英文，對於意思相同的詞，它們的嵌入都會很近。所以兔子和 rabbit 的嵌入很近，跳和 jump 的嵌入很近，魚和 fish 的嵌入很近，游和 swim 的嵌入很近。多語言 BERT 也許在看大量語言的過程中自動學會了這些。

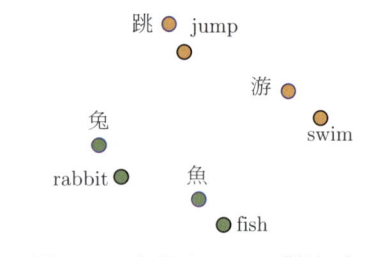

▲ 圖 10.30 多語言 BERT 對比（一）

如圖 10.31 所示，我們可以做一些驗證。驗證的標準稱為平均倒數排名（Mean Reciprocal Ranking，MRR）。MRR 的值越大，不同語言的嵌入對齊就越好。更好的對齊意味著具有相同涵義但來自不同語言的詞，它們的向量是接近的。

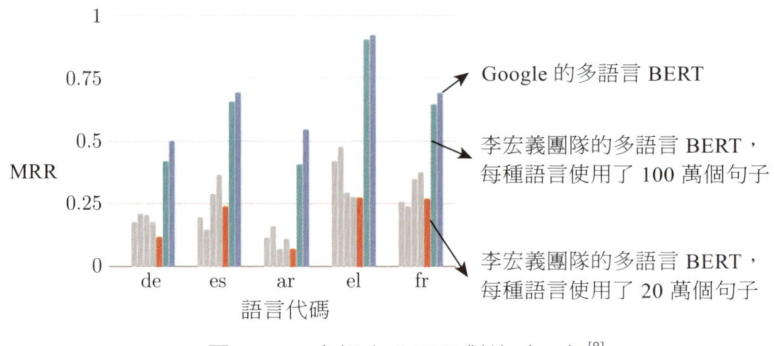

▲ 圖 10.31 多語言 BERT 對比（二）[8]

圖 10.31 的縱軸是 MRR，它的值越大越好。最右邊的深藍色柱代表 Google 發佈的多語言 BERT 的 MRR，它的值也比較大。這代表對於該多語言 BERT 來說，不同語言沒有太大區別。多語言 BERT 只看意思，不同語言對它來說沒有太大區別。李宏毅團隊最先使用的資料較少，每種語言只使用了 20 萬個句子，訓練結果並不好。之後，李宏毅團隊給每種語言 100 萬個句子。有

了更多的資料，多語言 BERT 可以學習對齊。所以資料量是不同語言能否成功對齊的關鍵，很多現象只有在資料量足夠時才會顯現出來。過去沒有模型具有多語言能力來在一個語言中進行問答訓練後直接轉移到另一個語言，一個可能的原因是過去沒有足夠的資料。

BERT 可以將不同語言中具有相同涵義的符號放在一起，並使它們的向量很接近。但是在訓練多語言 BERT 的時候，如果給它英文，就可以用英文填空，如果給它中文，就可以用中文填空，而不會混合在一起。對它來說，如果不同語言之間沒有區別，那它又怎麼可能只用英文標記來填充英文句子呢？給它一個英文句子，它為什麼不用中文填空？它沒有這樣做，這意味著它知道語言的資訊。那些來自不同語言的符號畢竟不同，它不會完全抹掉語言的資訊，語言的資訊可以被找到。

語言的資訊並沒有隱藏得很深。把所有的英文單字輸入多語言 BERT，把它們的嵌入平均起來，再把所有中文漢字的嵌入也平均起來，兩者相減就是中文和英文之間的差距，如圖 10.32 所示。給多語言 BERT 一個英文句子並得到它的嵌入，再加上藍色的向量，就是英文和中文的差距。對多語言 BERT 來說，這些向量就變成了中文句子。在填空時，多語言 BERT 實際上可以用中文填寫答案。

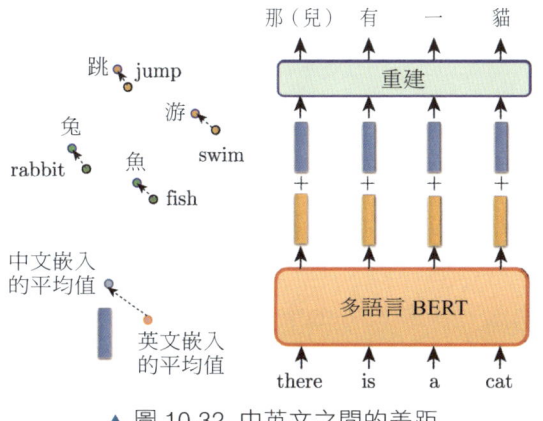

▲ 圖 10.32 中英文之間的差距

多語言 BERT 可以做很棒的無監督翻譯。如圖 10.33 所示，把「The girl that can help me is all the way across town。There is no one who can help me.」這句話輸入多語言 BERT，再把藍色的向量加到 BERT 的嵌入上，本來 BERT 讀到的是英文句子的嵌入，在加上藍色的向量後，BERT 會覺得自己讀到的是中文句子。教 BERT 做填空題，在把嵌入變成句子以後，得到的結果見圖 10.33 中的表格，多語言 BERT 可以某種程度上做到無監督詞元級翻譯（unsupervised token-level translation），但翻譯結果並不通順。多語言 BERT 表面上看起來把不同語言、同樣意思的詞拉得很近，但語言的資訊實際上仍然藏在多語言 BERT 裡面。

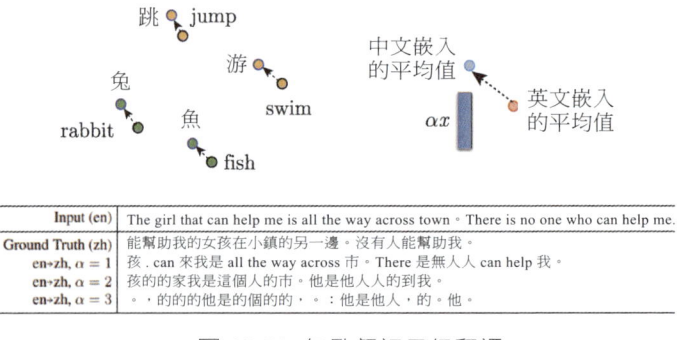

▲ 圖 10.33 無監督詞元級翻譯

10.2 GPT

在自監督學習中，除了 BERT 系列的模型，還有一個非常有名的模型系列 —— GPT。BERT 做的是填空題，而 GPT 就是改一下在自監督學習的時候要完成的任務。GPT 要完成的任務是預測接下來出現的詞元。如圖 10.34 所示，假設在訓練資料裡面，有一個句子是「深度學習」。給 GPT 輸入詞元 <BOS>，GPT 會輸出一個嵌入（embedding）。接下來用這個嵌入預測下一個應該出現的詞元。在這個句子裡面，根據這條訓練資料，下一個應該出現的詞元是「深」。在訓練模型時，根據第一個詞元，再根據 <BOS> 的嵌入，輸出詞元「深」。

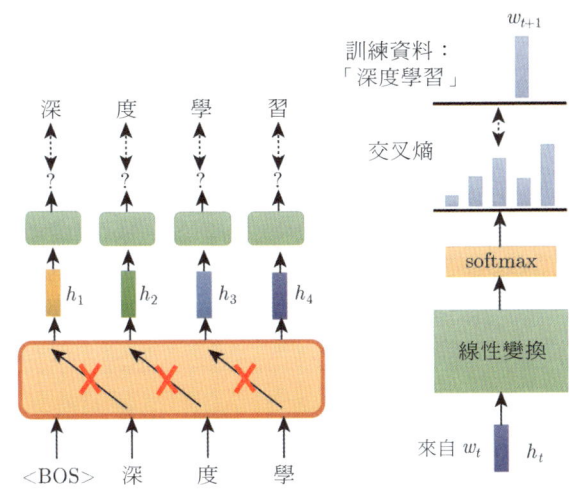

▲ 圖 10.34 使用 GPT 預測下一個詞元

對一個嵌入 h 進行一個線性變換，再執行 softmax 操作，可以得到一個分布。跟解決分類的問題一樣，輸出的分布和正確答案的交叉熵（cross entropy）越小越好。接下來要做的事情就是以此類推，給 GPT 輸入 <BOS> 和「深」，產生嵌入。預測下一個出現的詞元，告訴 GPT 下一個應該出現的詞元是「度」。給 GPT 輸入 <BOS>、「深」和「度」，然後預測下一個應該出現的詞元，它應該是「學」。給 GPT 輸入 <BOS>、「深」、「度」、和「學」，下一個應該出現的詞元是「習」。

我們實際上不會只用一個句子訓練 GPT，而是用成千上萬個句子來訓練 GPT。GPT 建立在 Transformer 解碼器的基礎上，不過 GPT 會做遮罩注意力，在給定 <BOS> 預測「深」的時候，GPT 不會看到接下來出現的詞元。給 GPT「深」要預測「度」的時候，GPT 也不會看到接下來將要輸入的詞元，以此類推。因為 GPT 可以預測下一個詞元，所以它有產生的能力，進而不斷地預測下一個詞元，產生一篇完整的文章。

GPT 可以把一句話補完，如何把一句話補完用在下游任務上呢？例如，怎麼把 GPT 用在問答或其他跟自然語言處理有關的任務上呢？GPT 可以採用跟 BERT 一樣的做法，BERT 是在 Transformer 編碼器的後面接了一個簡單的

線性分類器，也可以把 GPT 拿出來接一個簡單的線性分類器，但是 GPT 論文的作者沒有這樣做。GPT 太大了，大到連微調可能都十分困難。

在使用 BERT 的時候，需要在 BERT 的後面接一個線性分類器，然而 BERT 也是要訓練的模型的一部分，所以 BERT 的參數也是要調的，即使是微調也是要花時間的。GPT 實在太大了，大到在微參數調整數時，僅僅訓練一個輪次可能都十分困難。

如圖 10.35 所示，假設考生在進行托福聽力測驗。首先有一個題目的說明，讓考生從 A、B、C、D 這 4 個選項中選出正確的答案。範例給出了一個題目和正確答案。我們希望 GPT 也能夠舉一反三，進行**少樣本學習**（**few-shot learning**）。

第一部分：詞彙和結構
本部分共 15 題，每題含一個空格，請從試題冊上 A、B、C、D 四個選項中選出最適合題意的字或詞標示在答案紙上。

例：
It's eight o'clock now, Sue _____ in her bedroom.
A. study
B. studies
C. studied
D. is studying
正確答案為 D，請在答案紙上塗黑作答。

▲ 圖 10.35 托福聽力測驗

少樣本學習，即在少樣本上進行快速學習。每個類只有 k 個標註樣本，k 非常小。如果 $k = 1$，稱為**單樣本學習**（**one-shot learning**）；如果 $k = 0$，稱為**零樣本學習**（**zero-shot learning**）。

假設要 GPT 做翻譯，如圖 10.36(a) 所示，先輸入「把英文翻譯成法文」（Translate English to French），這個句子代表問題的描述。然後給出幾個例子，接下來輸入 cheese，讓 GPT 把後面的內容補完。在訓練的時候，我們

並沒有教 GPT 做翻譯這件事，GPT 唯一學到的就是在給了一段文字的前半段後，如何把後半段補完。現在直接給 GPT 前半段的文字，讓它翻譯。再給幾個例子，告訴 GPT 翻譯是怎麼回事。接下來輸入 cheese，後面能不能就直接得到法文的翻譯結果呢？GPT 中的少樣本學習不是一般的學習，這裡面完全沒有梯度下降，訓練的時候要做梯度下降，而 GPT 中完全沒有梯度下降，也完全沒有要調模型參數的意思。這種訓練稱為**語境學習（in-context learning）**，它不是一般的學習，它連梯度下降都沒有做。

我們也可以給 GPT 更大的挑戰。在進行托福聽力測驗的時候，只給了一個例子。如圖 10.36(b) 所示，也只給一個例子，GPT 就知道要做翻譯這件事，這就是單樣本學習。還有零樣本學習，如圖 10.36(c) 所示，GPT 能看懂並自動做翻譯嗎？GPT 如果能夠做到，那就非常驚人了。GPT 到底有沒有達成這個目標，這是一個見仁見智的問題。GPT 不是完全不可能答對，但準確率有點低（相較於微調模型而言）。

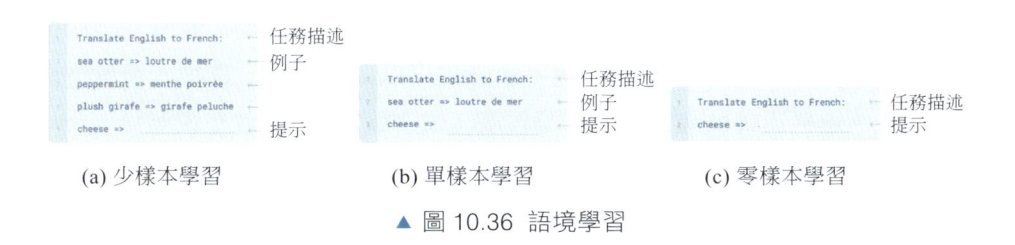

▲ 圖 10.36 語境學習

如圖 10.37 所示，縱軸代表準確率。第 3 代的 GPT（GPT-3）測試了 42 個任務，3 條實線分別代表少樣本、單樣本、零樣本在 42 個任務中的平均準確率。橫軸代表模型的大小，實驗中測試了一系列不同大小的模型，從 1 億規模的參數到 1750 億規模的參數。少樣本的部分從 20% 左右的平均準確率一直做到超 50% 的平均準確率。至於這代表什麼，也是個見仁見智的問題。有些任務 GPT-3 還真學會了，如加減法，GPT-3 可以得到兩個數字相加的正確結果。但是有些任務，GPT-3 可能怎麼學都學不會。例如一些與邏輯推理有關的任務，結果就不如人意。

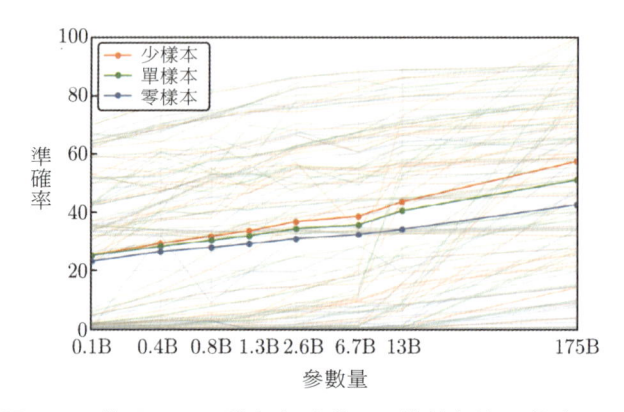

▲ 圖 10.37 使用 GPT-3 進行語境學習 (橫軸上的 B 代表 10 億)

　　如圖 10.38 所示，自監督學習不僅可以用在文字處理上，也可以用在語音和電腦視覺（Computer Vision，CV）處理上。自監督學習的技術有很多，BERT 和 GPT 只是自監督學習的眾多技術中的兩種。電腦視覺處理中比較典型的模型是 SimCLR 和 BYOL。語音處理中也可以使用自監督學習的概念，可以試著訓練語音版的 BERT。怎麼訓練語音版的 BERT 呢？看看文字版的 BERT 是怎麼訓練的 —— 做填空題。語音也可以做填空題，即把一段聲音訊號蓋起來，讓機器猜蓋起來的部分是什麼。文字版的 GPT 就是預測接下來出現的詞元，語音版的 GPT 則是讓模型預測接下來出現的聲音。所以我們也可以做語音版的 GPT，語音版的 BERT 已經有很多相關的研究成果。

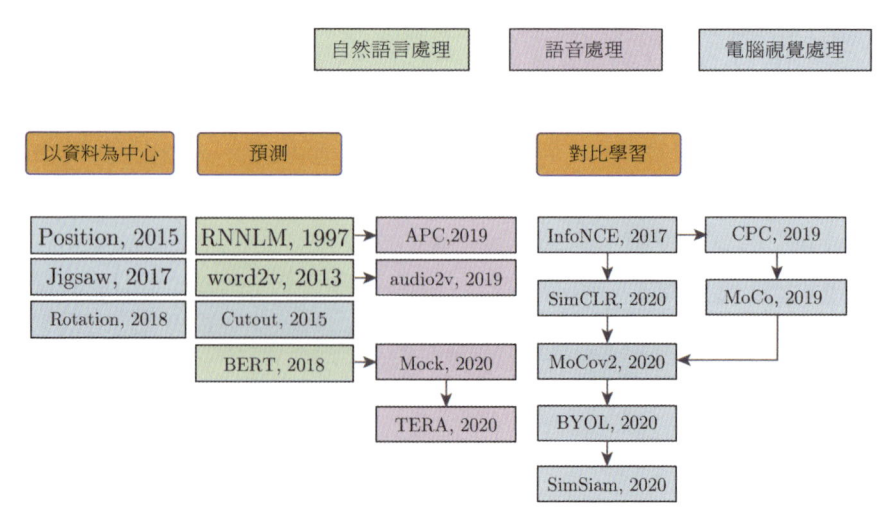

▲ 圖 10.38 其他領域的自監督學習

在自然語言處理領域，GLUE 語料庫中有 9 個自然語言處理任務。要想知道 BERT 做得好不好，就讓它去完成那 9 個任務，再取平均值來代表這個自監督學習模型的好壞。在語音處理領域，也有一個類似的基準語料庫——語言處理通用性能基準（Speech processing Universal PERformance Benchmark，SUPERB），它可以視為語音版的 GLUE 語料庫，這個基準語料庫裡面有 10 個不同的任務。

語音有非常多不同的研究方向，語音相關的技術也不僅僅是把聲音轉成文字。語音包含非常豐富的資訊，除了有內容方面的資訊（也就是我們說了什麼）之外，還有其他的資訊，比如這句話是誰說的、這個人說這句話的時候語氣怎麼樣、這句話的背後到底有什麼深層涵義等等。SUPERB 語料庫裡面的 10 個不同的任務有不同的目的，包括檢測一個模型辨識內容的能力、辨識說話者的能力、辨識說話方式的能力，甚至辨識這句話背後深層涵義的能力，能夠全方位地評估一個自監督學習模型在理解人類語言方面的能力。還有一個工具包——s3prl，這個工具包裡面包含了各式各樣的自監督學習模型，可以完成各種語音的下游任務。

參考資料

[1] LIU Y, OTT M, GOYAL N, et al. RoBERTa: A robustly optimized BERT pretraining approach [EB/OL]. arXiv: 1907.11692.

[2] CHIANG C H, HUANG S F, LEE H. Pretrained language model embryology: The birth of ALBERT [EB/OL]. arXiv: 2010.02480.

[3] SONG K, TAN X, QIN T, et al. MASS: Masked sequence to sequence pre-training for language generation[EB/OL]. arXiv: 1905.02450.

[4] LEWIS M, LIU Y, GOYAL N, et al. Bart: Denoising sequence-to-sequence pre-training for natural language generation, translation, and comprehension[EB/OL]. arXiv: 1910.13461.

[5] RAFFEL C, SHAZEER N, ROBERTS A, et al. Exploring the limits of transfer learning with a unified text-to-text transformer[J]. Journal of Machine Learning Research, 2020, 21(140): 1-67.

[6] KAO W T, LEE H. Is BERT a cross-disciplinary knowledge learner? A surprising finding of pre-trained models'transferability[EB/OL]. arXiv: 2103.07162.

[7] HSU T Y, LIU C L, LEE H. Zero-shot reading comprehension by cross-lingual transfer learning with multi-lingual language representation model[EB/OL]. arXiv: 1909.09587.

[8] LIU C L, HSU T Y, CHUANG Y S, et al. What makes multilingual BERT multilingual?[EB/OL]. arXiv: 2010.10938.

Chapter 11 自動編碼器

在講**自動編碼器**（autoencoder）之前，由於自動編碼器也可以算作自監督學習的一環，因此我們可以先簡單回顧一下自監督學習的框架（見圖 11.1）。假設有大量的沒有標註的資料，為了用這些沒有標註的資料訓練一個模型，必須設計一些不需要標註資料的任務，比如做填空題或者預測下一個詞元等等。這個過程就是自監督學習，有時也叫預訓練。用這些不用標註資料的任務學完一個模型以後，模型可能本身沒有什麼作用，比如 BERT 只能做填空題，GPT 只能把一句話補完，但是我們可以把這些模型用在其他下游任務。

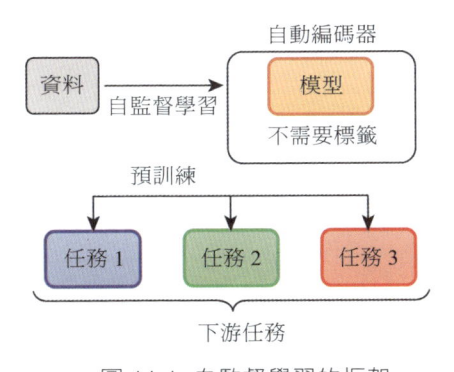

▲ 圖 11.1 自監督學習的框架

在有 BERT 或 GPT 之前，其實有一個更老的、不需要使用標註資料的模型，它就是自動編碼器，所以你也可以把自動編碼器看作一種自監督學習的預訓練方法。當然可能不是所有人都同意這個觀點，因為自動編碼器是早在 2006 年就有的概念，而自監督學習是 2019 年才有的詞彙。從自監督學習（即

不需要用標註資料來訓練）這個角度看，自動編碼器可以視為自監督學習的一種方法，與完成填空或者預測接下來的詞元比較類似，只是採用了另外一種不同的思路。

11.1 自動編碼器的概念

以圖片為例，自動編碼器的工作流程如圖 11.2 所示。自動編碼器有兩個網路，即編碼器和解碼器。編碼器把一張圖片讀進來，並把這張圖片變成一個向量，編碼器可能是擁有很多層的卷積神經網路。接下來這個向量會變成解碼器的輸入，而解碼器會產生一張圖片，所以解碼器的網路架構可能比較像 GAN 裡面的生成器，輸入一個向量，輸出一張圖片。

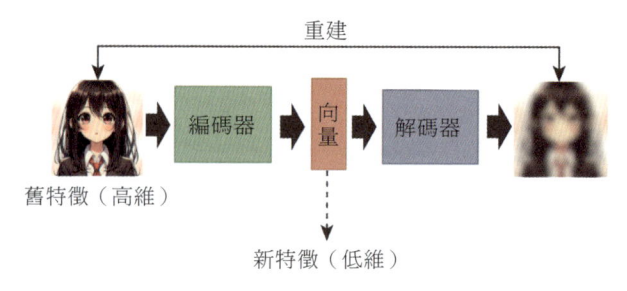

▲ 圖 11.2 自動編碼器的工作流程

我們希望編碼器的輸入跟解碼器的輸出越接近越好，這也是訓練的目標。換句話說，如果把圖片看作一個很長的向量，我們希望這個向量跟解碼器的輸出向量之間的距離越近越好，這也可以稱為**重建**（**reconstruction**）。因為我們就是把一張圖片壓縮成一個向量，接下來解碼器根據這個向量重建出原來的圖片，原來的輸入跟重建後的結果越接近越好。講到這裡讀者可能會發現，這個概念其實跟前面講的 CycleGAN 比較類似。

在做 CycleGAN 的時候，我們需要兩個生成器，其中一個生成器把 x 域的圖片轉到 y 域，另一個生成器把 y 域的圖片轉回來，我們希望原先的圖片跟轉完兩次後的圖片越接近越好。自動編碼器背後的理念跟 CycleGAN 其實一

模一樣，都希望所有的圖片經過兩次轉換以後，跟原來的輸入越接近越好。而這個訓練的過程完全不需要任何的標註資料，只需要收集大量的圖片就可以完成。因此這是一種非監督學習的方法，跟自監督學習中預訓練的做法一樣，完全不需要任何的標註資料。編碼器的輸出有時候叫作嵌入，嵌入又稱為表示或編碼。

怎麼把訓練好的自動編碼器用在下游任務上呢？常見的做法就是把原來的圖片看成一個很長的向量，但這個向量太長了不好處理，可以把這張圖片輸入編碼器，輸出另一個比較短（比如只有 10 維或 100 維）的向量。然後拿這個新的向量完成接下來的任務。也就是說，圖片不再是一個很高維度的向量，它在經過編碼器的壓縮以後，變成了一個低維度的向量，我們拿這個低維度的向量做接下來想做的事情。這就是將自動編碼器用在下游任務上的常見做法。

編碼器的輸入通常是一個維度非常高的向量，它的輸出（也就是嵌入，又稱為表示或編碼）則是一個非常低維度的向量。比如輸入 100 像素 ×100 像素的圖片，那就是 1 萬維的向量。如果是同樣像素數的 RGB 圖片，那就是 3 萬維的向量。但是通常編碼器會將量級設得很小，比如 10、100 這樣的量級，因此會有一個特別窄的部分。本來輸入是很寬的，輸出也是很寬的，但是中間特別窄，這中間的一段就叫瓶頸。編碼器要做的事情，就是把本來高維度的東西轉成低維度的東西，把高維度的東西轉成低維度的東西就叫「降維」。

11.2 為什麼需要自動編碼器

自動編碼器到底好在哪裡？當我們把一張高維度的圖片變成一個低維度的向量時，到底能夠帶來什麼樣的幫助呢？設想一下，自動編碼器要做的是把一張圖片先壓縮再還原回來，但是還原這件事情為什麼能成功呢？如圖 11.3 所示，假設一張圖片本來是 3×3 的維度，此時要用 9 個數值來描述這張圖片，編碼器輸出的向量是二維的，怎麼才能從二維的向量中還原出 3×3 的圖片，即還原這 9 個數值呢？

Chapter 11 自動編碼器

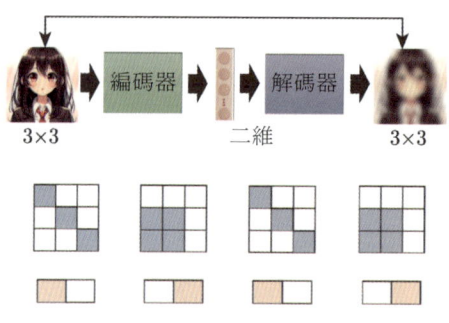

▲ 圖 11.3 自動編碼器的原理

　　能夠做到這件事情是因為對於圖片來說並不是所有 3×3 的矩陣都是有意義的圖片，圖片的變化其實是有限的。隨便取樣一個隨機的雜訊，再隨便取樣一個矩陣出來，它通常不是你想要看到的圖片。舉例來說，假設圖片是 3×3 的，對於圖片的變化，雖然表面上應該有 3×3 = 9 個數值，才能夠描述 3×3 的圖片，但圖片的變化實際上是有限的。也許我們把圖片收集起來就會發現，實際上只有圖 11.3 所示的白色和橙色方塊兩種類型。一般在訓練的時候就會看到這種狀況，就是因為圖片的變化是有限的。因此我們在做編碼器的時候，有時只用兩個維度就可以描述一張圖片。雖然圖片是 3×3 的，應該用 9 個數值才能夠儲存，但實際上也許只有兩種類型，用 0 和 1 來分別表示有沒有看到即可。

　　編碼器要做的事情就是化繁為簡，有時本來比較複雜的東西，實際上只是表面上看起來複雜，它本身的變化是有限的。我們只需要找出其中有限的變化，就可以將本來比較複雜的東西用更簡單的方法來表示，進而只需要比較少的訓練資料，就可以讓機器學習，這就是自動編碼器的概念。

　　自動編碼器從來就不是一個新的概念，深度學習之父 Hinton 早在 2006 年的 *Science* 論文裡面就有提到自動編碼器這個概念，只是彼時用的網路跟今天我們用的網路有很多不一樣的地方。彼時自動編碼器的結構還不太成熟，人們並不認為深度的神經網路是能夠訓練起來的，而是普遍認為每一層應該分開訓練。Hinton 用的是一種叫作**受限玻爾茲曼機**（**Restricted Boltzmann Machine，RBM**）的技術。

下面我們詳細介紹一下過去人們是怎麼看待深度學習這個問題的。那時候，訓練一個很深的網路是不太可能的，每一層都得分開訓練。分開訓練這件事情又叫預訓練。但它跟自監督學習中的預訓練又不太一樣，如果自動編碼器是預訓練的，那麼這裡的預訓練就相當於預訓練中的預訓練。這裡的預訓練傾向於訓練流程的概念，自動編碼器中的預訓練則傾向於演算法流程的概念。這裡的預訓練是要先訓練自動編碼器，每一層用 RBM 技術分開來訓練。先把每一層都訓練好，再全部接起來做微調，這裡的微調也不是 BERT 中的微調，而是微調那個預訓練的模型。RBM 其實並不是深度學習技術，至於現在為什麼很少有人用它，就是因為它沒什麼用。但在 2006 年，還是有必要使用這一技術的。在 2012 年的時候，Hinton 在一篇論文的結尾指出了 RBM 技術其實沒什麼用。當時，編碼器和解碼器的結構必須對稱，所以編碼器的第一層和解碼器的最後一層必須對應，不過現在已經沒有（或者說很少有）這樣的限制。總之，自動編碼器從來就不是一個新的概念。

11.3　降噪自動編碼器

自動編碼器有一個常見的變化，叫作**降噪自動編碼器**（denoising autoencoder）。如圖 11.4 所示，降噪自動編碼器就是把原來打算輸入編碼器的圖片，加上一些雜訊，再輸入編碼器，最後透過解碼器盡可能還原之前的圖片。

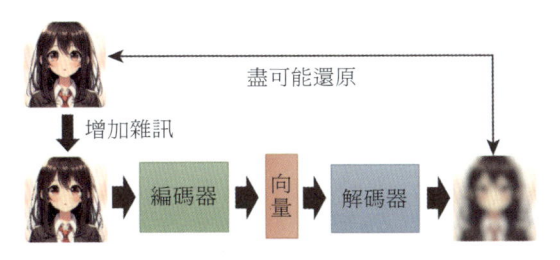

▲ 圖 11.4　降噪自動編碼器的結構

我們現在還原的不是編碼器的輸入，輸入編碼器的圖片是有雜訊的，我們要還原的是加入雜訊之前的圖片。所以現在的編碼器和解碼器除了要完成還原圖片這項任務以外，還必須自己學會把雜訊去掉。編碼器看到的是有雜訊的

圖片，但解碼器要還原的是沒有加雜訊的圖片，所以編碼器和解碼器必須聯手才能把雜訊去掉，也只有這樣才能把降噪自動編碼器訓練出來。

其實降噪自動編碼器也不算太新的技術，至少在 2008 年的時候，就已經有相關的論文了。BERT 其實也可以看成一個降噪自動編碼器，如圖 11.5 所示。我們在輸入時會加遮罩，遮罩其實就是雜訊，BERT 就是編碼器，它的輸出就是嵌入。接下來是一個線性模型，它就是解碼器，解碼器要做的事情是還原輸入的句子，也就是嘗試把填空題中被蓋住的地方給還原出來，所以我們可以說，BERT 其實就是一個降噪自動編碼器。

> **Q** 為什麼解碼器一定得是線性模型呢？
>
> **A** 其實解碼器不一定是線性模型。最小的 BERT 有 12 層，比較大的 BERT 有 24 層或 48 層。以 12 層的 BERT 為例，如果第 6 層的輸出是嵌入，則可以說剩下的 6 層就是解碼器。我們用的不是第 12 層的輸出，而是第 6 層的輸出，BERT 的前 6 層就是編碼器，後 6 層就是解碼器。總之，這個解碼器不一定是線性模型。

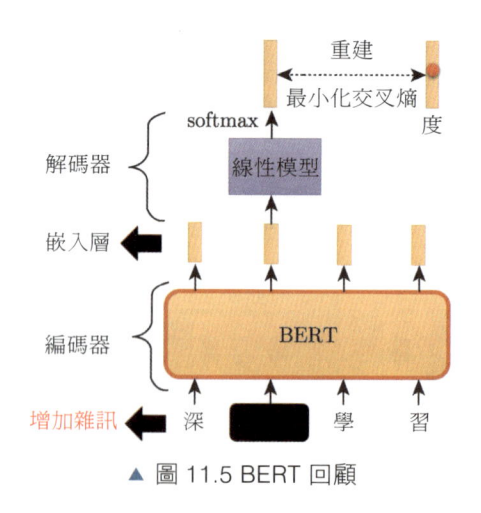

▲ 圖 11.5 BERT 回顧

11.4 自動編碼器應用之特徵解離

自動編碼器可應用於**特徵解離**（feature disentanglement）。解離是指把一堆本來糾纏在一起的東西解開。為什麼需要解離？我們先看一下自動編碼器做的事情。如圖 11.6 所示，如果輸入圖片，就把圖片變成編碼（即一個向量），再把編碼變回圖片，既然編碼可以變回圖片，就說明編碼裡面有很多資訊，包括圖片所有的資訊，比如圖片的色澤、紋理等。自動編碼器這個概念並非只能用在圖片上，也可以用在語音上。把一段語音輸入編碼器，變成一個向量再輸回解碼器變回原來的語音。語音裡面所有重要的資訊，包括這句話的內容是什麼、這句話是誰說的等，都包含在這個向量中。如果將一篇文章輸入編碼器裡面變成一個向量，這個向量再透過解碼器變回原來的文章，則這個向量中可能不僅包含文章裡面語法的資訊，還包含語意的資訊，這些資訊全都糾纏在一個向量裡面，我們不知道這個向量的哪些維度代表了哪些資訊。

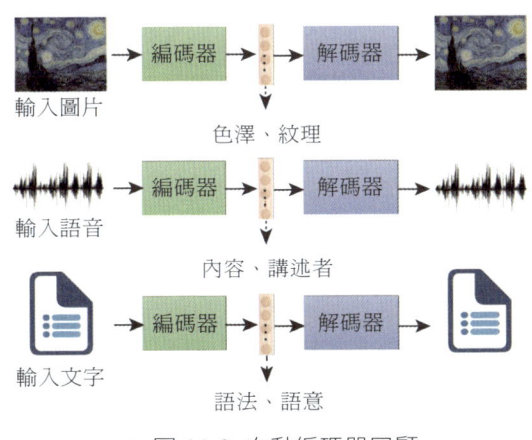

▲ 圖 11.6 自動編碼器回顧

有沒有一種辦法，能讓我們在訓練自動編碼器的時候，同時知道嵌入（又稱為表示或編碼）的哪些維度代表了哪些資訊（比如 100 維的向量，知道前 50 維代表這句話的內容，後 50 維代表說話者的特徵）？對應的技術稱為特徵解離。

Chapter 11 自動編碼器

舉一個特徵解離方面的應用例子,叫作語音轉換,如圖 11.7 所示。也許你沒有聽說過語音轉換這個詞,但你一定見過它的應用,它就相當於柯南的領結變聲器。在做變聲器(也就是進行語音轉換)的時候,需要成對的聲音訊號。也就是說,假設要把講述者 A 的聲音轉成講述者 B 的聲音,就必須把講述者 A 和講述者 B 都找來,叫他們念一模一樣的句子。

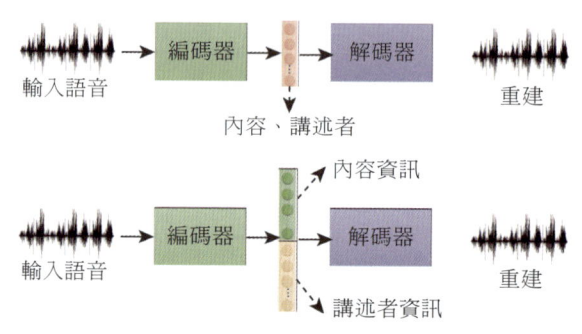

▲ 圖 11.7 特徵解離應用之語音轉換

如圖 11.8 所示,講述者 A 說「How are you.」,講述者 B 也說「How are you.」;講述者 A 說「Good morning.」,講述者 B 也說「Good morning.」。他們兩人各說大量一模一樣的句子(比如 1000 句),接下來就交給自監督學習去訓練了。即現在有成對的資料,訓練一個自監督學習模型,把講述者 A 的聲音輸入,輸出就變成講述者 B 的聲音。但是,讓講述者 A 跟講述者 B 念大量一模一樣的句子,顯然是不切實際的。

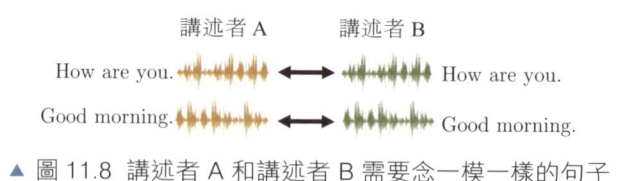

▲ 圖 11.8 講述者 A 和講述者 B 需要念一模一樣的句子

有了特徵解離這種技術以後,我們可以期待為機器提供講述者 A 的聲音和講述者 B 的聲音時,講述者 A 和講述者 B 不需要念同樣的句子,甚至不需要講同樣的語言,機器也有可能學會把講述者 A 的聲音轉成講述者 B 的聲音,如圖 11.9 所示。假設收集到一組人類的聲音訊號,使用這些聲音訊號訓

練一個自動編碼器，同時又做了特徵解離，所以我們就知道了在編碼器的輸出裡面，哪些維度代表了語音的內容，而哪些維度代表了講述者的特徵，這樣就可以把兩句話的聲音和內容的部分互換。

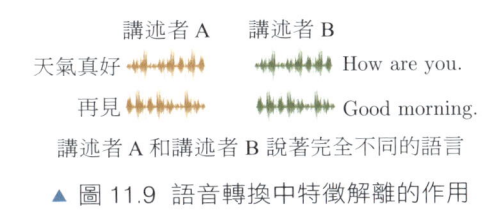

講述者 A　　講述者 B
天氣真好 ~~~　~~~ How are you.
再見 ~~~　~~~ Good morning.
講述者 A 和講述者 B 說著完全不同的語言

▲ 圖 11.9　語音轉換中特徵解離的作用

　　舉例來說，如圖 11.10 所示，在把講述者 A 的聲音（「How are you.」）輸入編碼器以後，就可以知道在編碼器的輸出裡面，哪些維度代表「How are you.」的內容，而哪些維度代表講述者 A 的聲音。同樣地，在把講述者 B 的聲音也輸入編碼器以後，就可以知道哪些維度代表講述者 B 所說的內容，而哪些維度代表講述者 B 的聲音特徵。接下來只要把講述者 A 所說內容的部分取出來，再把講述者 B 的聲音特徵部分取出來，拼起來並輸入解碼器，就可以用講述者 B 的聲音來說講述者 A 所說的話。

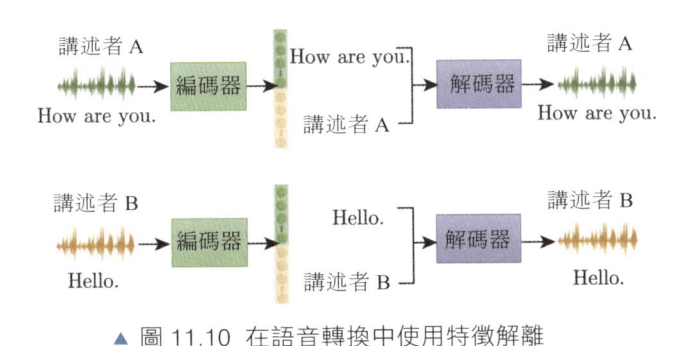

▲ 圖 11.10　在語音轉換中使用特徵解離

11.5　自動編碼器應用之離散隱性表徵

　　自動編碼器還可以用於離散隱性表徵。到目前為止，我們都假設嵌入是一個向量，也就是一組實數，嵌入可不可以是別的東西呢？如圖 11.11 所示，嵌入也可以是一組二進位數值，好處就是每一個維度就代表了某種特徵，比如女

生對應第一維是 1，男生對應第一維是 0；戴眼鏡對應第三維是 1，沒有戴眼鏡對應第三維是 0。將嵌入變成一組二進位數值的好處是，我們在解釋編碼器的輸出時將更為容易。嵌入也可以是獨熱向量，只有一維是 1，其他維就是 0。

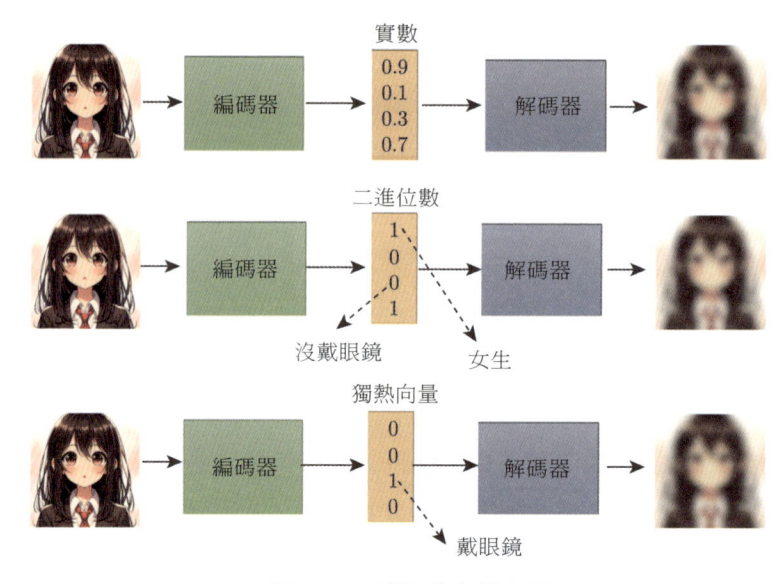

▲ 圖 11.11 嵌入的多種表示

　　如果強制嵌入是獨熱向量，也許可以做到無監督的分類。比如我們想要做手寫數字辨識，有數字 0～9 的手寫圖片，把這些圖片統統收集起來訓練一個自動編碼器，強制中間的隱性表徵，也就是中間的這個編碼，一定得是獨熱向量。編碼正好設為 10 維，10 維就有 10 種可能的獨熱編碼，也許每一種正好就對應一個數字。因此，如果將獨熱向量當作嵌入，也許就可以做到完全在沒有標註資料的情況下讓機器自動學會分類。

　　其實在這種離散的表徵技術中，最知名的就是**向量量化變分自動編碼器**（**Vector Quantized-Variational AutoEncoder**，**VQ-VAE**）。它的運作原理就是輸入一張圖片，然後編碼器輸出一個向量，這個向量很普通並且是連續的，但接下來有一個編碼簿，編碼簿就是一排向量，如圖 11.12 所示。這排向量也是學出來的，計算編碼器的輸出和這排向量間的相似度，就會發現這其實跟自注意力有點像，上面的向量就是查詢，下面的向量就是鍵，接下來就看下面的

這些向量裡面誰的相似度最大，把相似度最大的那個向量拿出來，讓這個鍵和那個值共用同一個向量。

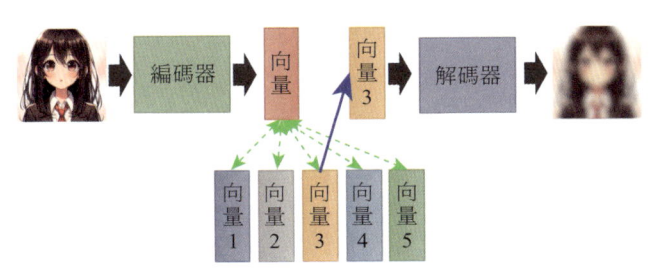

▲ 圖 11.12 向量量化變分自動編碼器範例

如果將上面的整個過程用自注意力機制來比喻的話，就等於鍵和值共用同一個向量，然後把這個向量輸入解碼器，輸出一張圖片，接下來在訓練時，輸入和輸出越接近越好。其中，解碼器、編碼器和編碼簿，都是一起從資料裡面學出來的，這樣做的好處就是可以有離散的隱性表徵。也就是說，這邊解碼器的輸入一定是那邊編碼簿裡面的向量中的一個。假設編碼簿裡面有 32 個向量，解碼器的輸入就只有 32 種可能，這相當於讓這個嵌入變成離散的，它沒有無窮無盡的可能，只有 32 種可能而已。這種技術如果用在語音上，就是一段聲音訊號輸入後，透過編碼器產生一個向量，接下來計算相似度，把最像的那個向量拿出來輸入解碼器，再輸出一段同樣的聲音訊號，這時候就會發現，其中的編碼簿可以學到最基本的發音單位。而這個編碼簿裡面的每一個向量，就對應某個發音，也就是對應音標裡面的某個符號，這就是 VQ-VAE 的工作原理。

其實還有更多瘋狂的想法，比如這個表徵一定要是向量的形式嗎？可不可以是一段文字？答案是可以。如圖 11.13 所示，假設我們現在要做文字的自動編碼器，這其實跟做語音或圖片的自動編碼器沒有什麼不同，就是有一個編碼器，然後把一篇文章輸入，產生一個向量，把這個向量輸入解碼器，還原輸入的文章。但我們現在可不可以不用向量當嵌入？可不可以說嵌入就是一串文字呢？

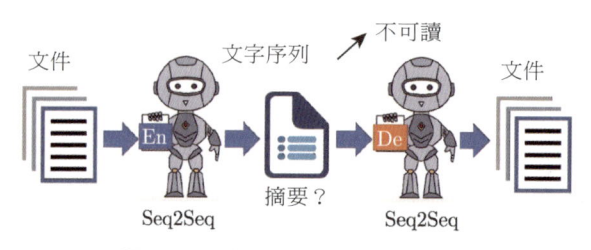

▲ 圖 11.13 文字形式的離散隱性表徵

把嵌入變成一串文字又有什麼好處呢？也許這串文字就是文章的摘要。把一篇文章輸入編碼器，輸出一串文字，而這串文字可以透過解碼器還原輸入的文章，這說明這串文字是這篇文章的精華，是最關鍵的內容，或者說是摘要。不過，這裡的編碼器和解碼器顯然都是一個 Seq2Seq 模型，比如 Transformer。原因在於，編碼器的輸入是一篇文章，輸出是一串文字；而解碼器的輸入是一串文字，輸出是一篇文章。它不是一個普通的自動編碼器，而是一個 Seq2Seq 的自動編碼器。它先把長的語句轉成短的語句，再把短的語句還原為長的語句。這個自動編碼器在訓練的時候不需要標註的資料，只需要收集大量的文章即可。

如果真的可以訓練出這個模型，並且如果這串文字真的可以代表摘要，也許就能讓機器自動學會做摘要這件事。讓機器自動學會做無監督的總結真有這麼容易嗎？實際上這樣訓練起來以後，就會發現是行不通的，為什麼呢？因為編碼器和解碼器之間會發明暗號，產生一段文字，而這段文字我們是看不懂的，根本就不是摘要。這時候怎麼辦呢？回想 GAN 的概念，如圖 11.14 所示，加上一個判別器，判別器看過人類寫的句子，所以它知道人類寫的句子是什麼樣子，但這些句子不需要是文章的摘要。然後編碼器要想辦法騙過這個判別器，比如想辦法產生一些句子，這些句子不僅可以透過解碼器還原之前的文章，還要使判別器覺得像是人類寫的句子，我們期待透過這種方法可以強迫編碼器不是只產生一段編碼給解碼器去破解，而是產生一段讓人看得懂的摘要。

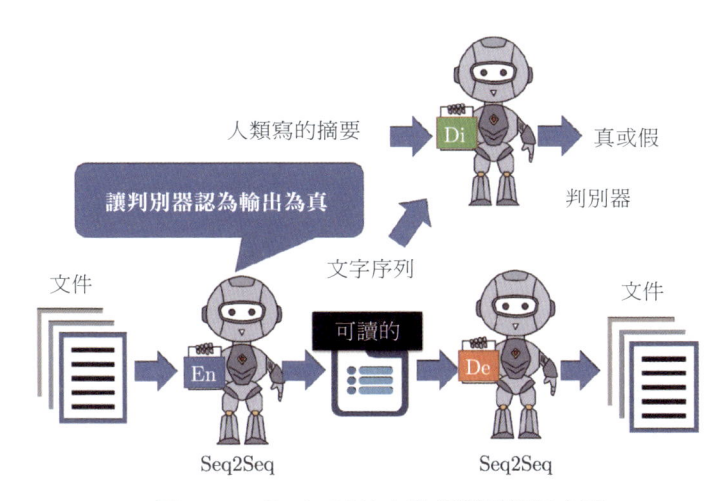

▲ 圖 11.14 CycleGAN 自動編碼器解析文字

這個網路要怎麼訓練呢？進一步說，輸出是一串文字，這串文字要怎麼傳給判別器和解碼器呢？這個問題可以用增強式學習來解決。讀者可能覺得這個概念有點像 CycleGAN，這其實就是 CycleGAN，我們期待透過生成器和判別器使得輸入和輸出越接近越好，這裡只是從自動編碼器的角度看待 CycleGAN 的思路而已。

11.6 自動編碼器的其他應用

自動編碼器其實還有很多其他的應用。前面都在講編碼器，其實解碼器也有一定的應用。首先是應用在生成器上，如圖 11.15 所示。解碼器可以拿出來當作生成器來用。生成器就是輸入一個向量，然後輸出一個東西，比如一張圖片，而解碼器的原理也是類似的，因此解碼器可以當作生成器來用。我們可以從一個已知的分布（比如高斯分布）中取樣一個向量給解碼器，然後看看它能不能輸出一張圖片。實際上，前面在講生成模型的時候提到過除了 GAN 以外的另外兩個生成模型，其中一個就是**變分自動編碼器**（**Variaional AutoEncoder**，**VAE**）。顯然地，它其實跟自動編碼器有很大的關係，實際上它就是把自動編碼器中的解碼器拿出來當作生成器來用，但它還做了一些其他的事情，這留給讀者自行研究。

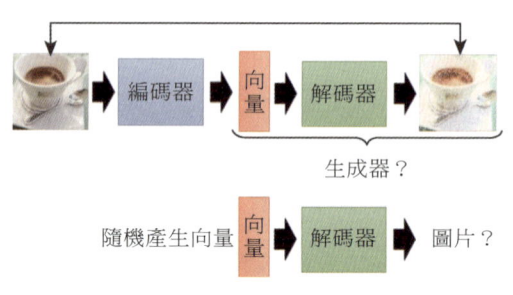

▲ 圖 11.15　自動編碼器的應用 —— 生成器

　　自動編碼器還可以用來做壓縮，如圖 11.16 所示。在處理圖片的時候，如果圖片太大，則可以使用一些壓縮的方法縮小圖片。而自動編碼器也可以拿來做壓縮，我們完全可以把編碼器的輸出當作一個壓縮的結果。因為一張圖片其實是一個非常高維的向量，而編碼器的輸出通常是一個非常低維的向量，此時完全可以把這個向量看作一個壓縮的結果。所以編碼器做的事情就是壓縮，對應解碼器做的事情就是解壓縮。只是這個壓縮是失真壓縮，失真壓縮會導致圖片失真，因此在訓練自動編碼器的時候，我們沒有辦法做到讓輸入的圖片和輸出的圖片一模一樣。透過自動編碼器壓縮出來的圖片必然失真，就跟 JPEG 圖片失真是一樣的。

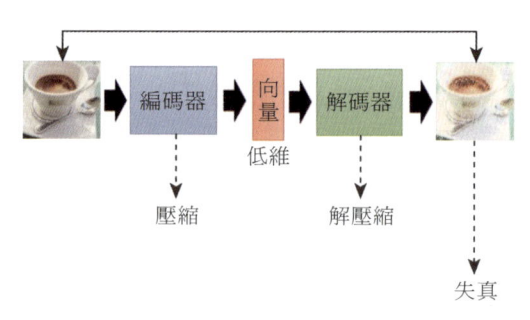

▲ 圖 11.16　自動編碼器的應用 —— 壓縮

Chapter 12 對抗式攻擊

本章介紹人工智慧中的對抗式攻擊。之前我們已經瞭解了各式各樣的神經網路，這些神經網路對於不同的輸入/輸出類別都有非常高的準確率。要真正使用這些神經網路，僅僅提高它們的準確率是不夠的，還需要讓它們能夠對抗來自外界的攻擊。有時候，神經網路的工作是檢測一些惡意行為，要檢測的物件會想方設法騙過神經網路，所以我們不僅要在正常情況下得到高的準確率，還要在有人試圖欺騙神經網路的情況下得到高的準確率。舉例來說，我們會使用神經網路來過濾垃圾郵件，所以垃圾郵件的發信者會想盡辦法避免所發郵件被分類為垃圾郵件。我們的模型需要對此有極高的強固性才能得到廣泛使用，所以進行有關對抗式攻擊的研究是非常有必要的。

12.1 對抗式攻擊簡介

圖 12.1 給出了一個網路攻擊的例子。之前我們已經訓練了圖片辨識模型，給它一張照片，它可以告訴我們這張照片屬於什麼類別。我們要做的攻擊就是給這張照片加入非常小的雜訊。具體方法是，一張照片可以看作一個矩陣，在這個矩陣的每一個資料上都加入一個小小的雜訊，然後把這張加入雜訊的照片輸入網路，查看輸出的分類結果。我們把被加入雜訊的照片叫作受到攻擊的圖片，而把沒有被加入雜訊的照片叫作原始圖片。將原始圖片輸入網路後，輸出是貓，我們作為攻擊方，期待受到攻擊的圖片的輸出不是貓，而是其他結果。攻擊大致上分成兩種類型：一種是無目標攻擊，只要受到攻擊的圖片

的輸出不是貓就算攻擊成功；另一種是有目標攻擊，我們希望受到攻擊的圖片的輸出是獅子等，也就是說，我們希望網路不僅輸出不能是貓，還要輸出特定的結果，這樣才算攻擊成功。

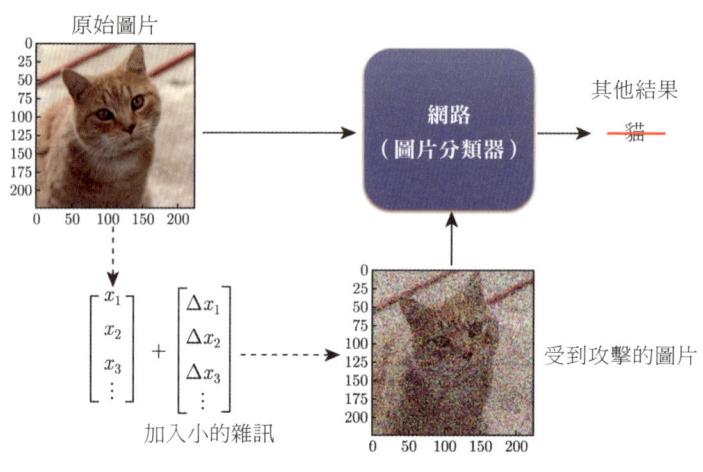

▲ 圖 12.1 網路攻擊的例子

我們可以加入一些人眼看不到的雜訊來改變網路的輸出，比如選用一個 50 層的 ResNet 作為圖片分類器。當我們把一張沒有受到攻擊的圖片輸入 50 層的 ResNet 時，輸出是虎斑貓（貓的一種），同時還有一個信賴得分，也就是模型認為這張圖片是虎斑貓的機率（見圖 12.2 的左圖）。信賴得分也就是執行完 softmax 操作以後得到的分數。假設圖片分類任務有 2000 個類別，這 2000 個類別都會有一個分數，並且一定都介於 0 和 1 之間，這 2000 個類別的分數合起來是 1。在這個例子中，虎斑貓的分數是 0.64，也就是說，ResNet 認為這張圖片是虎斑貓的機率為 64%。接下來，為原始圖片加入一些雜訊，攻擊目標是使分類結果由虎斑貓變成海星，加入雜訊以後的圖片見圖 12.2 的右圖（雜訊非常小，人眼無法分辨）。我們把它輸入 ResNet，得到的輸出是海星，而且信賴得分是 1。本來網路還沒有那麼確定這是一隻貓，現在則百分之百確定它就是海星。所以這裡人類看不出的圖片，網路反而能夠非常肯定地給出與原結果相去甚遠的答案，這就是攻擊的效果。這不是特例，我們可以把這隻貓輕易地變成任何其他東西。同時我們也不必懷疑網路的分類能力，因為這是一個 50 層的 ResNet，它的分類能力非常強。

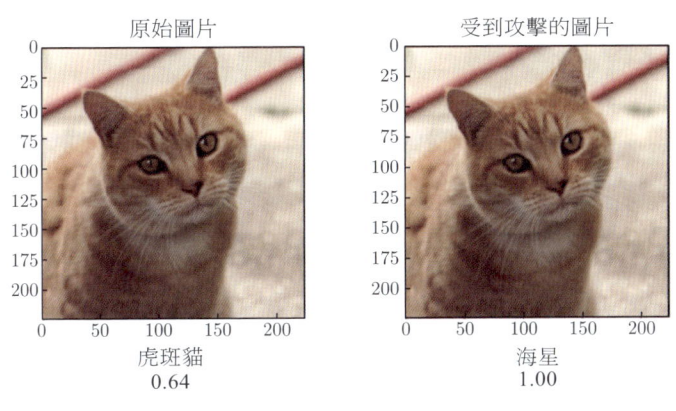

▲ 圖 12.2 網路攻擊影響網路輸出結果

當然，如果我們加入的只是一般的雜訊，網路並不一定會犯錯。如圖 12.3 所示，左上角是原來的圖片，我們現在加入一個人眼可見的雜訊，如左下角所示，這時候 ResNet 可以正確地辨識出這是一隻貓，只不過換了品種。把雜訊加大一點，變為右上角的圖片，這時候 ResNet 認為這是一隻波斯貓，因為這隻貓看起來毛茸茸的。如果把雜訊再加大一點，如右下角所示，這時候 ResNet 就會將圖片辨識為壁爐，因為它覺得前面的雜訊是屏風，而後面這隻橙色的貓是火焰。

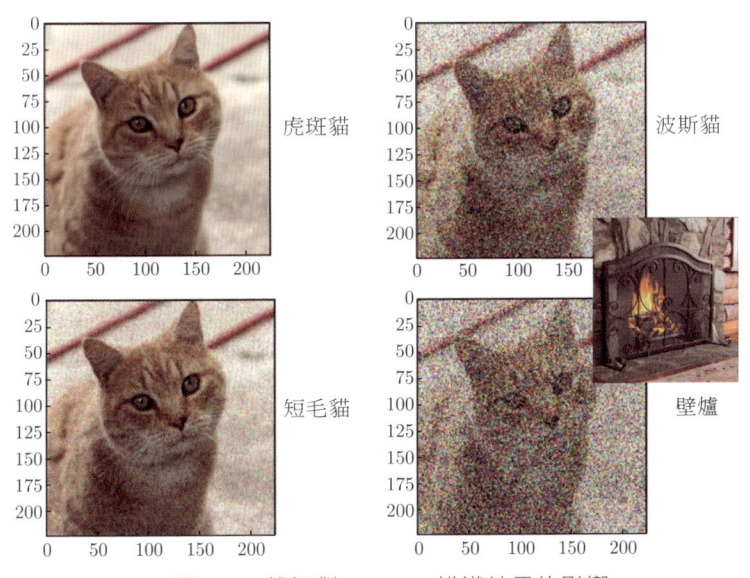

▲ 圖 12.3 雜訊對 ResNet 辨識結果的影響

12.2 如何進行網路攻擊

在講為什麼雜訊會影響辨識結果之前,我們先來看看攻擊究竟是如何做到的。如圖 12.4 所示,我們有一個網路 f,它的輸入是一張圖片 x_0,輸出是一個分布,這個分布表示的是這張圖片屬於每個類別的機率。我們假設網路的參數是固定的,不討論網路的參數部分。我們現在要做的是,找到一張新的圖片 x,在把這張圖片 x 輸入網路 f 以後,網路輸出 y 和正確答案 $\hat{y}$ 的差距越大越好。現在是進行無目標攻擊,所以我們只需要兩者的差距越大越好,而不需要使輸出變成某個特定的類別。

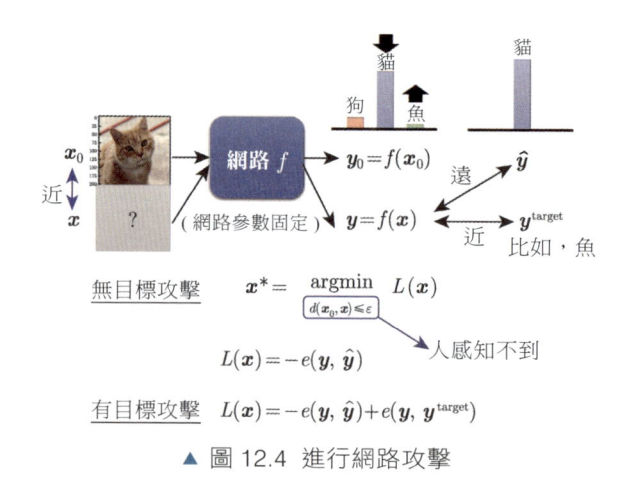

無目標攻擊 $x^* = \underset{d(x_0,x) \leq \varepsilon}{\operatorname{argmin}} L(x)$

$L(x) = -e(y, \hat{y})$

有目標攻擊 $L(x) = -e(y, \hat{y}) + e(y, y^{\text{target}})$

▲ 圖 12.4 進行網路攻擊

這裡我們要解一個最佳化的問題。首先定義一個損失函式 L,它表示網路輸出 y 和正確答案 $\hat{y}$ 之間的差距。我們在做分類問題時,一般用 $-e(y,\hat{y})$ 表示網路輸出 y 和正確答案 $\hat{y}$ 的交叉熵,我們希望這個交叉熵越大越好,所以在前面加了一個負號。我們的目標是找到一張圖片 x,使得損失函式 L 最小。$L(x)$ 越小表示兩者的距離越大,說明攻擊效果越好,這是針對無目標攻擊而言的。對於有目標攻擊,我們需要事先設定好目標,這裡用 y^{target} 來表示我們的目標。我們希望 y 不只與 $\hat{y}$ 越遠越好,還要與 y^{target} 越近越好。比如,如果 y^{target} 是魚,則我們不僅希望輸出的 y 是貓的機率越小越好,而且

希望輸出的 y 是魚的機率越大越好。所以我們的損失函式為 $L(x) = -e(y,\hat{y}) + e(y,y^{\text{target}})$，這裡的 e 同樣表示交叉熵。

另外需要注意的是，我們希望找到一個 x，在最小化損失的同時保證加入的雜訊越小越好。也就是說，我們希望新找到的圖片可以騙過網路，並且與原來的圖片越相似越好。所以我們在解這個最佳化的問題時，還會多加入一個限制——x 與 x_0 之間的差距不能大於某個閾值 ε，即 $d(x_0,x) \leq \varepsilon$，這個閾值是根據人類的感知能力而定的。如果 x 與 x_0 之間的差距太大（大於閾值 ε），人類就會發現這是一張帶有雜訊的圖片，所以我們要保證這個差距不要太大。這個限制也可以寫成 L_2 範數的形式，即 $\| x_0 - x \|_2 \leq \varepsilon$。

為方便起見，我們假設 x 是一個向量，x_0 也是一個向量。如果圖片是 224 像素 ×224 像素的 3 通道圖片，則向量的維度就是 224×224×3。這兩個向量相減的結果是 Δx，它們之間的距離 $d(x_0,x) = \| \Delta x \|_2$ 也就等於 $(\Delta x_1)^2 + (\Delta x_2)^2 + (\Delta x_3)^2 + \cdots$，它可以根據 L_2 範數的定義寫成 $\sqrt{(\Delta x_1)^2 + (\Delta x_2)^2 + (\Delta x_3)^2 + \cdots}$。$L_\infty$ 的定義是 $\|\Delta x\|_\infty = \max(|\Delta x_1|, |\Delta x_2|, |\Delta x_3|, \cdots)$，也就是取向量裡面每一維絕對值最大的那個值，這個最大值就代表 x 和 x_0 之間的距離。

L_2 範數和 L_∞ 範數中到底哪一個在攻擊的時候是比較好的選擇呢？我們來看一個例子，如圖 12.5 所示。假設我們有一張圖片，這張圖片只有 4 個像素。現在我們對這張圖片做兩種不同的變化：第一種變化是，這 4 個像素的顏色都有了非常小的改變；第二種變化是，只有右下角像素的顏色發生了大變化。對於 L_2 範數，它們的數值基本相同，因為前者 4 個像素都改過，而後者只有一個像素改過。但是對於 L_∞ 範數，它們的數值是不一樣的，因為 L_∞ 範數只在意最大的變化量，前者的最大變化量是非常小的，而後者的最大變化量是非常大的。所以從這個例子來看，L_∞ 範數更加符合人類的感知能力，因為人類的感知能力更關注最大的變化量，而不是關注所有的變化量。所以僅僅 L_2 範數小是不夠的，還要讓 L_∞ 範數也小才行。

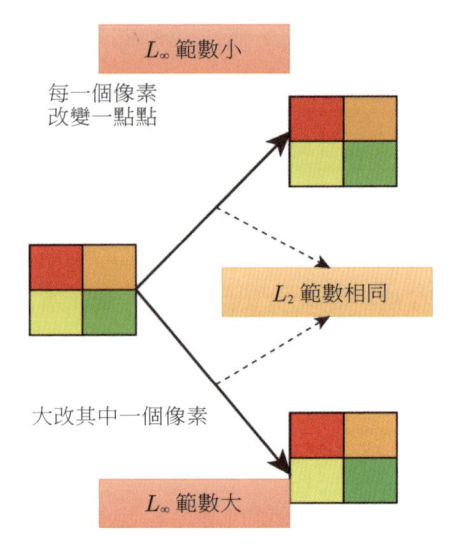

▲ 圖 12.5　基於 L_2 範數和 L_∞ 範數的距離的比較

在實際應用中，其實也要憑領域知識來定義這個距離。我們剛才舉的例子是圖片方面的，如果我們今天要攻擊的對象是一個和語音相關的系統，也就是說，x 和 x_0 都是聲音訊號，什麼樣的聲音訊號對人類來說聽起來有差距？那就不見得要用 L_2 範數和 L_∞ 範數了，我們需要研究人類的聽覺系統，看看人類對什麼頻率的變化特別敏感，再根據人類的聽覺系統來制定比較合適的衡量方式。

我們繼續分析一下這個最佳化問題如何解，我們要做的事情是找一個 x 來最小化損失。與此同時，我們還要保證 x 和 x_0 之間的距離不要太大。如果我們先忽略這個限制，這個問題就變成了我們之前講過的最佳化問題。我們要找一個 x 來最小化損失函式，這個問題我們是會解的。我們只需要把輸入的那張圖片看作網路參數一部分，然後最小化損失函式，並且現在網路參數是固定的，我們只要調整輸入部分，然後使用梯度下降最小化損失就可以了。

但是現在我們還有一個限制，就是要保證 x 和 x_0 之間的距離不要太大，這裡直接在梯度更新以後再加一個限制即可。舉例來說，如圖 12.6 所示，假設我們現在用的是 L_∞ 範數，黃色的點是 x_0，x 只能在這個方框內，出了這個方框，x_0 和 x 之間的距離就會超過 ε。所以在使用梯度下降更新 x 以後，x 一定

還要落在這個方框裡才行。更新梯度後如果 x 超出了方框,把它拉回來就可以了。也就是在方框裡找一個與藍色的點最近的位置,然後把藍色的點拉進來。

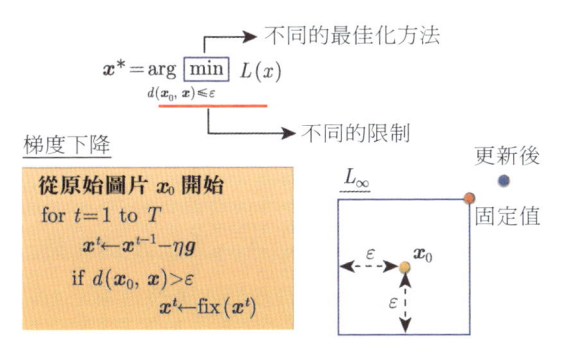

▲ 圖 12.6 加入限制後的最佳化問題解法分析

12.3 快速梯度符號法

所謂的攻擊還有很多不同的變化,不過大同小異,它們通常要麼限制不一樣,要麼最佳化的方法不一樣。接下來介紹一種最簡單的攻擊方法,叫作**快速梯度符號法**(Fast Gradient Sign Method,FGSM)。一般我們在做梯度下降的時候,需要反覆運算更新參數很多次,但有了這種方法以後,只需要更新一次參數就可以了,原理如圖 12.7 所示。

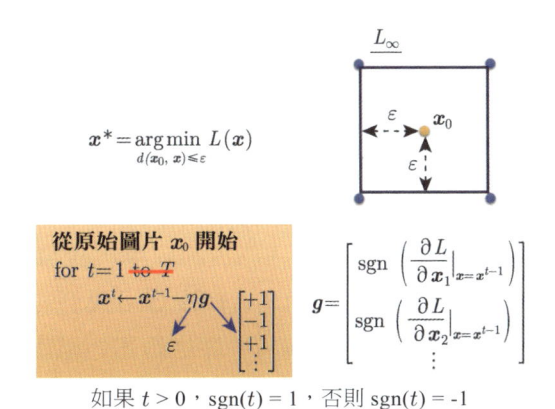

如果 $t > 0$,$\text{sgn}(t) = 1$,否則 $\text{sgn}(t) = -1$

▲ 圖 12.7 快速梯度符號法

具體來講，FGSM 為原始梯度 g 做了一個特別的設計，不是直接使用梯度下降的值，而是加了一個符號函式，值大於 0 就輸出 1，值小於 0 就輸出 −1。所以加了符號函式以後，梯度 g 要麼是 1，要麼是 −1。至於學習率 η，直接設定為 ε，這樣得到的效果是，攻擊完以後，更新後的 x 一定落在藍色框的邊緣。因為梯度 g 要麼是 1，要麼是 −1，所以在乘以 ε 後，x 要麼往右移動 ε，要麼往左移動 ε，要麼往上移動 ε，要麼往下移動 ε。這種攻擊方法就是這麼簡單。有一個問題，如果多攻擊幾次，結果會不會更好？雖然結果會更好，但是這種方法只需要反覆運算一次就可以了。多反覆運算幾次的壞處是有可能一不小心就出界，這樣還需要用之前的方法把 x 拉回來。圖 12.8 就是基於反覆運算的 FGSM，效果要比原始的 FGSM 好，但也更複雜了。

$$x^* = \arg\min_{d(x_0, x) \le \varepsilon} L(x)$$

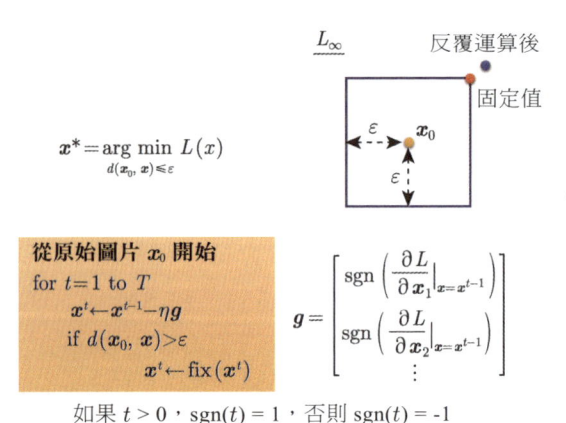

從原始圖片 x_0 開始
for $t=1$ to T
$\quad x^t \leftarrow x^{t-1} - \eta g$
$\quad$ if $d(x_0, x) > \varepsilon$
$\quad\quad x^t \leftarrow \text{fix}(x^t)$

$$g = \begin{bmatrix} \text{sgn}\left(\dfrac{\partial L}{\partial x_1}\big|_{x=x^{t-1}}\right) \\ \text{sgn}\left(\dfrac{\partial L}{\partial x_2}\big|_{x=x^{t-1}}\right) \\ \vdots \end{bmatrix}$$

如果 $t > 0$，$\text{sgn}(t) = 1$，否則 $\text{sgn}(t) = -1$

▲ 圖 12.8 基於反覆運算的快速梯度符號法

12.4 白箱攻擊與黑箱攻擊

前面介紹的其實都是比較有代表性的白箱攻擊，也就是說，我們知道模型的參數、結構、輸入 / 輸出、損失函式、梯度等。我們知道模型的參數，所以才有辦法計算梯度，也才有辦法在圖片中添加雜訊。但也正是因為白箱攻擊需要知道模型的參數，所以也許白箱攻擊不是很危險。因為對於很多線上的服務模型，我們很難知道它們的參數是什麼，也許攻擊一個線上的服務模型並沒

有那麼容易。換個角度，其實如果要保護我們的模型不被別人攻擊，只要注意不要隨便把自己的模型放到網路上公開讓大家取用就好。

其實我們想簡單了，因為我們的模型參數是可以透過一些方法反推出來的，這叫黑箱攻擊。具體來講，如果我們無法獲知一個模型中的具體參數，但我們知道它是用什麼樣的訓練資料訓練出來的，我們就可以訓練一個代理網路，用代理網路來模仿我們想要攻擊的對象。如果它們都使用同樣的訓練資料訓練模型，也許它們就會有一定的相似度。如果代理網路與要攻擊的網路有一定程度的相似性，我們只要對代理網路進行攻擊，也許要攻擊的網路也會被攻擊成功。整個過程如圖 12.9 所示。

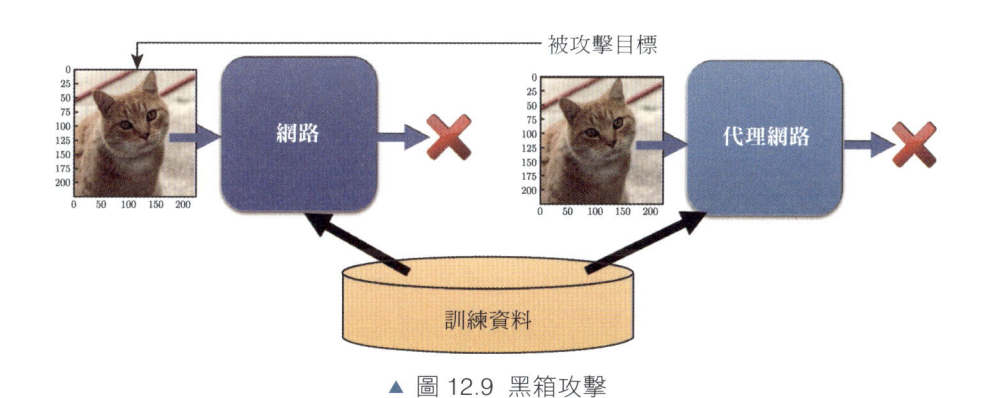

▲ 圖 12.9 黑箱攻擊

如果我們沒有訓練資料，並且不知道想要攻擊的對象是用什麼樣的資料訓練的，怎麼辦呢？其實也很簡單，直接將一些現有的圖片輸入想要攻擊的模型，然後看看它會輸出什麼，再把輸入/輸出的成對資料拿去訓練一個模型，我們就有可能訓練出一個類似的網路，也就是代理網路了，我們再對代理網路進行攻擊即可。

黑箱攻擊相對來說還是很容易成功的，如圖 12.10 所示，有 5 個不同的網路 —— ResNet-152、ResNet-101、ResNet-50、VGG-16 和 GoogLeNet。每一行代表要攻擊的網路（即被攻擊模型），每一列代表代理網路。對角線的地方代表代理網路和要攻擊的網路是一模一樣的，所以這種情況就不是黑箱攻擊，而是白箱攻擊。圖 12.10 所示表格中的數值是被攻擊模型的準確率，該值

越低越好，越低的準確率代表攻擊越成功。我們發現對角線，也就是白箱攻擊的部分，攻擊的成功率是百分之百，被攻擊模型的準確率是 0%，也就表示攻擊總是會成功。但在非對角線的地方，也就是黑箱攻擊的部分，攻擊的成功率也是非常高的，例如，將 ResNet-101 當作代理網路並攻擊 ResNet-152，得到的準確率是 19%。黑箱攻擊的準確率比白箱攻擊還要高，但其實這些準確率也都非常低（都低於 50%），所以顯然黑箱攻擊也有一定的成功可能性。實際上，黑箱攻擊在進行無目標攻擊的時候比較容易成功，在進行有目標攻擊的時候則不太容易成功。

	要攻擊的網路					
		ResNet-152	ResNet-101	ResNet-50	VGG-16	GoogLeNet
代理 網路	ResNet-152	0%	13%	18%	19%	11%
	ResNet-101	19%	0%	21%	21%	12%
	ResNet-50	23%	20%	0%	21%	18%
	VGG-16	22%	17%	17%	0%	5%
	GoogLeNet	39%	38%	34%	19%	0%

（準確率越低，攻擊成功率越高）

▲ 圖 12.10 黑箱攻擊的例子

為了提高黑箱攻擊的成功率，我們可以使用整合學習的方法，也就是使用多個網路來攻擊。如圖 12.11 所示，這裡有 5 個網路，我們可以使用這 5 個網路來攻擊，然後看看攻擊的成功率會不會提高。圖 12.11 所示表格中的每一行仍代表被攻擊的網路，但每一列則有所不同，你會發現每一個網路名字的前面都有一個「-」符號，代表把除這個網路之外的 4 個網路都集合起來。觀察圖 12.11，與圖 12.10 不同，非對角線的地方是白箱攻擊，準確率都變成 0%，白箱攻擊依然非常容易成功。對角線的地方是黑箱攻擊，比如攻擊 ResNet-152，我們沒有用 ResNet-152，而是用了另外 4 個網路。在使用整合學習的方式進行攻擊時，黑箱攻擊的成功率也是非常高的，被攻擊模型的準確率都低於 6%。

	要攻擊的網路				
		ResNet-152	ResNet-101	ResNet-50	VGG-16	GoogLeNet
排除代理 網路	-ResNet-152	0%	0%	0%	0%	0%
	-ResNet-101	0%	1%	0%	0%	0%
	-ResNet-50	0%	0%	2%	0%	0%
	-VGG-16	0%	0%	0%	6%	0%
	-GoogLeNet	0%	0%	0%	0%	5%

▲ 圖 12.11 使用整合學習的方式進行黑箱攻擊的例子

為什麼黑箱攻擊非常容易成功呢？下面介紹一個人們比較認可的結論，它基於一個實驗。觀察圖 12.12 中的子圖，原點代表一張小丑魚的圖片，分別把這張圖片往橫軸和縱軸兩個不同的方向移動。橫軸表示在 VGG-16 上可以攻擊成功的方向，縱軸表示一個隨機的方向。在其他的網路上，中間深藍色的區域都很相近，它表示會被辨識成小丑魚的圖片的範圍。也就是說，如果給這張小丑魚的圖片加上一個雜訊，將這個矩陣在高維的空間中橫向移動，網路基本上還是會覺得它是小丑魚的圖片。但如果往在 VGG-16 上可以攻擊成功的方向移動，那麼基本上其他網路也有很大的機率可以被攻擊成功。對於小丑魚這個類別，它在攻擊的方向上可移動的範圍特別小，只要稍微移動一下，它就有可能超出能被辨識成小丑魚的範圍。

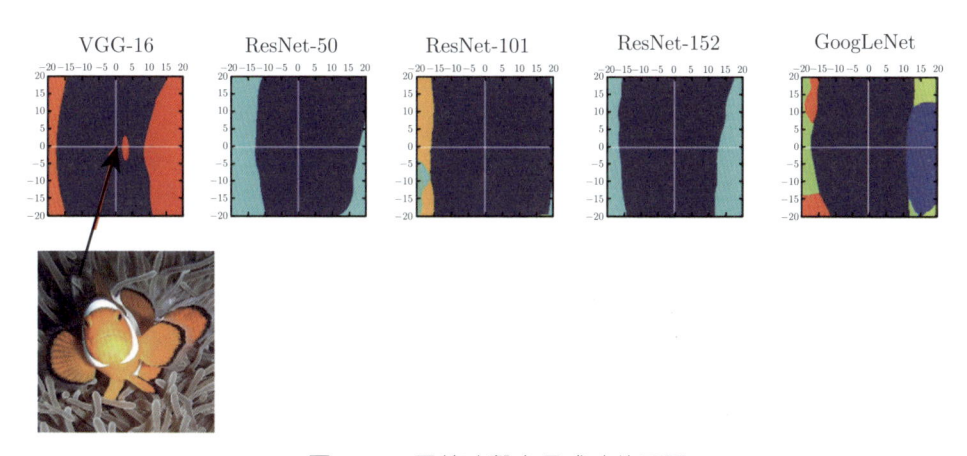

▲ 圖 12.12　黑箱攻擊容易成功的原因

攻擊的方向對不同的網路的影響都很類似，所以有些人認為攻擊會成功，主要的問題來自資料而非模型。機器把這些加入了非常小的雜訊的圖片誤判為另一個物體，可能是因為資料本身的特徵就如此，在有限的資料上，機器學到的就是這樣的結論。所以對抗式攻擊會成功，原因來自資料，當我們有足夠的資料時，也許就有機會避免對抗式攻擊。

對於攻擊訊號，我們希望它越小越好，到底可以小到什麼程度呢？其實已經有人成功地做出了單像素攻擊 —— 僅僅改動了圖片裡面的一個像素。舉例來說，在圖 12.13 的所有子圖中，我們都只改動了一個像素，並且像素有改

變的地方都用紅圈圈了起來。我們希望在改動了圖片中的一個像素後，圖片辨識系統的判斷會出錯，每一個子圖下方的黑色標註代表攻擊前的結果，藍色標註代表攻擊後的辨識結果。比如，圖 12.13 的左下角為一個茶壺，攻擊時將某個像素的顏色改了，機器就會把茶壺辨識為搖桿。單像素攻擊的成功率並不是非常高，所以我們還是希望能夠找到更好的攻擊方式。

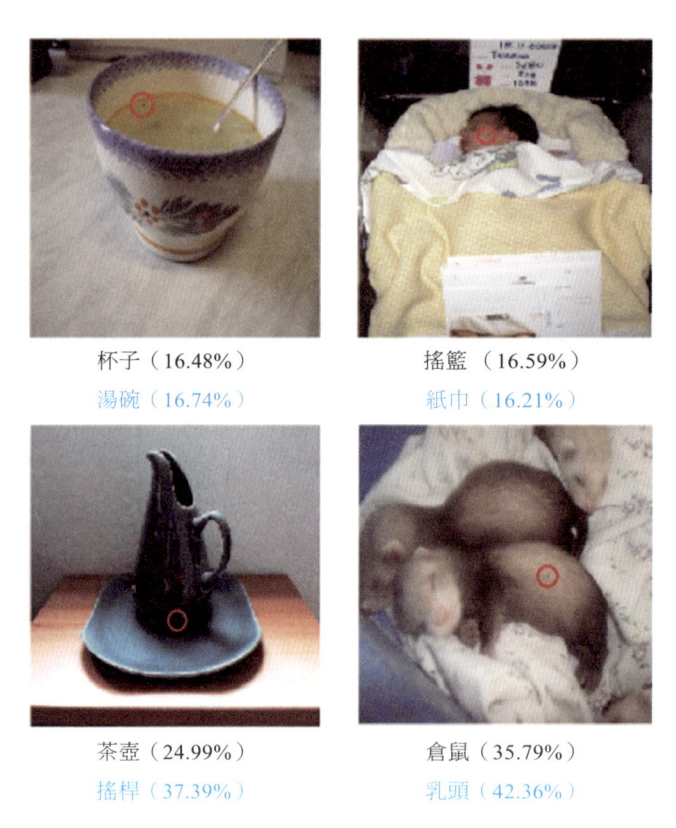

杯子（16.48%）
湯碗（16.74%）

搖籃（16.59%）
紙巾（16.21%）

茶壺（24.99%）
搖桿（37.39%）

倉鼠（35.79%）
乳頭（42.36%）

▲ 圖 12.13 單像素攻擊的例子

　　比單像素攻擊更好的攻擊方式是通用對抗式攻擊，也就是說，我們要找到一個攻擊訊號，這個攻擊訊號可以攻擊所有的圖片。之前，我們有 200 張圖片，我們會分別找出不同的攻擊訊號來攻擊不同的圖片。有沒有可能只用一個攻擊訊號，就成功攻擊所有的圖片呢？因為在現實中，我們不可能對所有的圖片都各去找一個攻擊訊號，這個運算量可能非常大。但是如果通用攻擊可以

成功，我們就只需要部署這個攻擊訊號，這樣不管什麼樣的圖片都可以攻擊成功，也就是網路不管看到什麼物體，都會辨識錯誤。

12.5　其他模態資料被攻擊案例

前面分析的都是圖片攻擊的案例，其實其他類型的資料也有類似的問題。以語音資料為例，現在經常有人使用語音合成或語音轉換技術來模擬某些人的聲音。為了檢測聲音的真假，有一系列的研究在做這方面的工作，比如檢測聲音是不是合成出來的，或者檢測聲音是不是轉換得到的。目前雖然語音合成系統往往可以合成出以假亂真的聲音，但這些以假亂真的聲音大部分具有固定的模式和特徵，與真正的聲音相比存在一定程度的差異。這種差異可能人耳聽不出來，但機器可以捕捉到。我們可以利用機器學習的方法來檢測這些差異，進而達到檢測聲音是不是合成的這一目的。

但是這些可以檢測語音合成的系統，其實也會被輕易攻擊。比如，我們有一段人工合成的聲音，人耳可以聽出來它是合成的，用模型檢測這段聲音，模型可以正確地輸出。如果我們在剛才那段聲音裡加入一個小的雜訊，這個雜訊是人耳聽不出來的，同一個檢測模型會覺得這段聲音是真實的聲音，而非合成的聲音。

12.6　現實世界中的攻擊

前面介紹的攻擊都發生在虛擬世界中，都是在把一張圖片輸入記憶體以後才把雜訊加進去。攻擊也有可能發生在真實世界中，舉例來說，現在有很多人臉辨識系統，如果我們在虛擬世界中發動攻擊，就得存取人臉辨識系統，輸入一張人臉圖片並加入一個雜訊，只有這樣才能騙過人臉辨識系統。但是，如果我們在現實世界中發動攻擊，則不需要存取人臉辨識系統，只需要在現實世界中加入一個雜訊就可以了，比如在臉上化妝等。有一種神奇的眼鏡，人們戴上後就可以欺騙人臉辨識系統，例如可以讓人臉辨識系統將男人辨識成女人，如圖 12.14 所示。

首先，在現實世界中，我們在觀察一個東西的時候，可以從多個角度去看。之前有人覺得攻擊也許不是那麼危險，因為就是一張圖片，只有加入某個特定的雜訊，才能讓這張圖片被辨識錯誤。也許雜訊在某個角度欺騙成功了，但它很難在所有的角度都騙過圖片分類系統。其次，攝影鏡頭的清晰度是有限的，所以如果添加的雜訊非常小，那攝影鏡頭有可能根本沒有辦法注意到。最後，考慮到某些顏色可能在電腦上和在真實世界中的表現不一樣，這就要求我們在設計這種眼鏡的時候要充分考慮到這些問題。所以說真實世界中的攻擊比虛擬世界中的攻擊更加困難，需要考慮的實際問題也會更多。

▲ 圖 12.14 現實世界中人臉辨識系統攻擊眼鏡

除了人臉辨識系統可能受到攻擊，交通標誌牌也有受到攻擊的潛在風險。例如，在圖 12.15 中，所示的交通標誌牌可能會被貼上某些標誌或貼紙，使得辨識系統幾乎無論從何種角度觀察，都會誤認這些標誌。然而，一些研究者認為，這種方法可能引起過於明顯的警覺，因為當人們意識到路標被篡改時，很可能會迅速採取措施來糾正錯誤。因此，他們傾向於探討更加隱蔽的攻擊方式，如圖 12.16 所示。在這種情況下，限速標誌中的數字 3 的部分筆劃被拉長，雖然人眼仍然可以看出數字 35，但對於自動辨識系統來說，可能將數字誤認為 85 而導致超速。總之，交通標誌牌的安全性也需要考慮，因為攻擊者可能會嘗試各種方法來誤導或欺騙自動辨識系統，這可能對交通安全產生潛在威脅。因此，研究和採取措施以保護交通標誌牌的完整性和可信度是非常重要的。

距離/m	角度/°	竄改後的交通標誌
1.5	0	100% / 73.33% / 66.67% / 100% / 80%
1.5	15	
3.0	0	
3.0	30	
12.2	0	
目標攻擊成功率		100%　73.33%　66.67%　100%　80%

▲ 圖 12.15 交通標誌牌被攻擊案例一

▲ 圖 12.16 交通標誌牌被攻擊案例二

　　除此之外，還有一種攻擊叫作 **對抗程式改寫**（adversarial reprogramming）。如圖 12.17 所示，對抗程式改寫想做一個方塊的辨識系統，去數圖片中方塊的數量，但它不想訓練自己的模型，而是希望寄生在某個已有的訓練在 ImageNet 的模型上面。對抗程式改寫希望輸入一張圖片，當這張圖片裡有兩個方塊的時候，ImageNet 的模型就輸出「goldfish」（金魚），有 3 個方塊的時候就輸出「white shark」（大白鯊），有 4 個方塊的時候就輸出「tiger shark」（虎鯊），以此類推。這樣就可以操控這個 ImageNet 的模型，

讓它做本來不想做的事情。具體的方法是，把要數方塊的圖片嵌入這個雜訊的中間，並在圖片的周圍加入一些噪聲，再把加入了雜訊的圖片輸入圖片分類器，原來的圖片分類器就會輸出我們想要的結果．以圖 12.17 為例，輸入包含 4 個方塊的圖片，ImageNet 分類器就會輸出「tiger shark」；輸入包含 10 個方塊的圖片，ImageNet 分類器就會輸出「ostrich」（鴕鳥）。

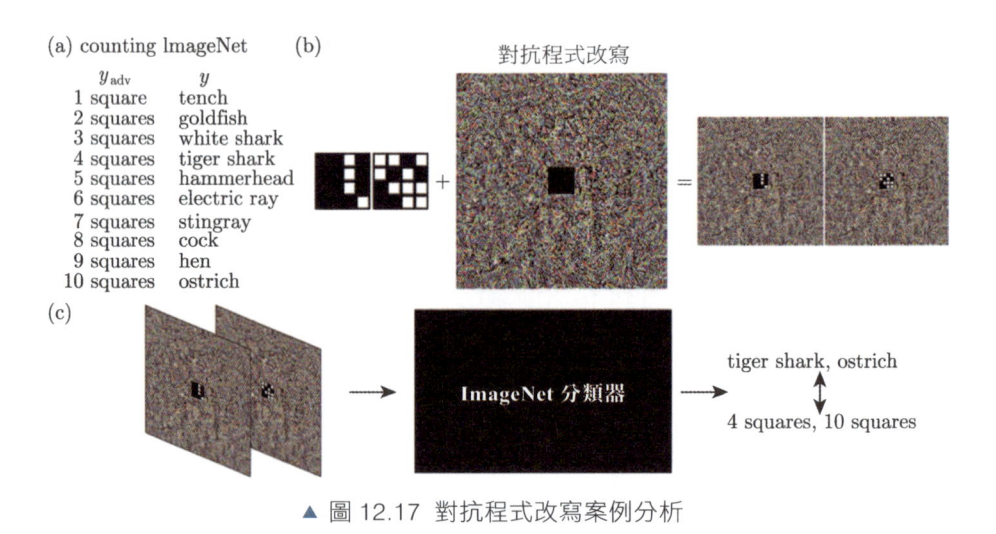

▲ 圖 12.17 對抗程式改寫案例分析

還有一種令人驚歎的攻擊方式，就是在模型裡面開一個後門。與之前的攻擊都在測試階段才展開不同，這種攻擊是在訓練階段就展開的。舉例來說，假設我們要讓一張圖片辨識錯誤，如把魚被誤判為狗。第一種方法是，直接在訓練集裡面加入很多魚的圖片，並且把魚的圖片都標註為狗，這樣訓練出來的模型就會把魚辨識為狗，但這種方法行不通，原因在於，如果有人去檢查訓練資料，就會發現訓練資料有問題。第二種方法是，我們在訓練階段使用的圖片是正常的，並且它們的標註也都正確，拿這樣的圖片進行訓練，想方設法讓分類器辨識錯誤，如圖 12.18 所示。這樣的話，我們的模型就會在測試的時候，把魚辨識為狗，而且我們的訓練資料也是正常的，沒有問題。有研究人員做了相關的工作，在訓練資料中加入一些特別的、看起來沒有問題但實際上有問題的資料，這些資料會讓模型在訓練的時候開一個後門，使得模型在測試的時候辨識錯誤，而且只對某張圖片辨識錯誤，對其他圖片的辨識則沒有影響。這種

攻擊方式是非常隱蔽的，因為我們的訓練資料是正常的，而且我們的模型也是正常的，直到有人拿這張圖片來攻擊模型的時候，我們才發現模型被攻擊了。

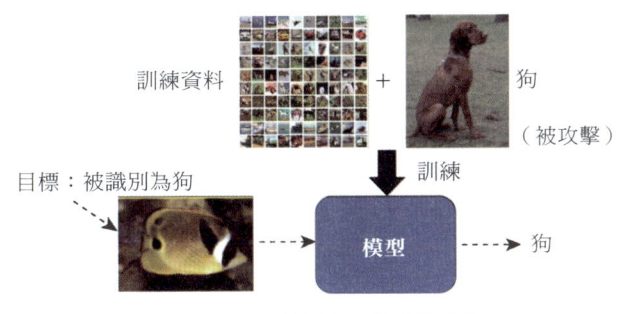

▲ 圖 12.18 基於後門的攻擊行為

這種開後門的方式還是非常危險的，人臉辨識系統已得到廣泛應用，假設人臉辨識系統是用一個免費的公開資料集來訓練的，而這個資料集裡有一張圖片是有問題的。我們在使用這個資料集訓練完以後，就會覺得這個資料集好用又免費，訓練出來的準確率也很高。但是這個系統只要看到某個人的照片，就會誤判其為其他人，進而使用他人的資訊做出一些違法行為，這是非常可怕的。所以在使用別人的資料集時，一定要小心，要看一下資料集是不是有問題，是不是有後門。當然，基於後門的攻擊也不是那麼容易成功，裡面有很多的限制，比如模型和訓練方式都會直接影響基於後門的攻擊能否成功。

12.7 防禦方式中的被動防禦

前面介紹了各種攻擊方式，本節介紹對應的防禦方式。防禦方式分為兩類：一類是被動防禦，另一類是主動防禦。被動防禦就是保持已經訓練好的模型不動，在模型的前面加一個「盾牌」，也就是一個過濾器，如圖 12.19 所示。攻擊者期待為圖片加上攻擊訊號就可以騙過網路，但是這個過濾器可以削弱攻擊訊號的威力。一般的圖片不會受到這個附加的過濾器的影響，但是攻擊訊號在經過過濾器後就會失去原有的威力，使得原始網路不會辨識錯誤。我們要設計的過濾器其實也很簡單，比如把圖片稍微模糊一點，就可以使攻擊訊號減弱。

原始圖片　　　　　　不影響分類

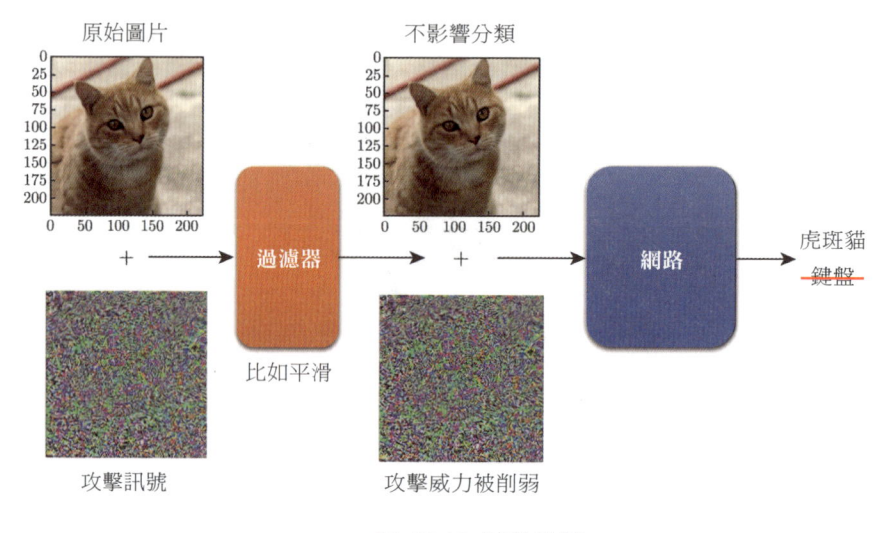

+　→　過濾器　→　+　→　網路　→　虎斑貓 ~~鍵盤~~

比如平滑

攻擊訊號　　　　　　攻擊威力被削弱

▲ 圖 12.19 被動防禦

　　舉例來說，如圖 12.20 所示，左上角是加入非常小的雜訊以後系統會辨識為鍵盤的圖片。對這張圖片進行非常輕微的平滑模糊化處理，得到右上角的圖片。將其輸入同一個圖片辨識系統，我們就會發現辨識結果變為正確的虎斑貓。所以這個過濾器的功能就是把攻擊訊號減弱，使得我們的原始網路不會辨識錯誤。這種方法可行的原因是，只有某個特定的攻擊訊號才能夠攻擊成功，在做了平滑模糊化處理以後，那個本可以攻擊成功的特殊雜訊就變了，也就失去了攻擊的威力。但是這個新加的過濾器對原來的圖片影響很小，所以我們的原始網路還是可以正確辨識圖片。

　　當然事物都有兩面性，這種模糊化的方法也有一些副作用。比如本來完全沒有被攻擊的圖片，在稍微平滑模糊化以後，雖然仍可以被正確辨識，但信賴分數下降了，如圖 12.20 右下方的案例所示。所以像這種平滑模糊化的過濾器，我們要有限制地使用，否則會產生副作用，導致正常的圖片被辨識錯誤。

12.7 防禦方式中的被動防禦

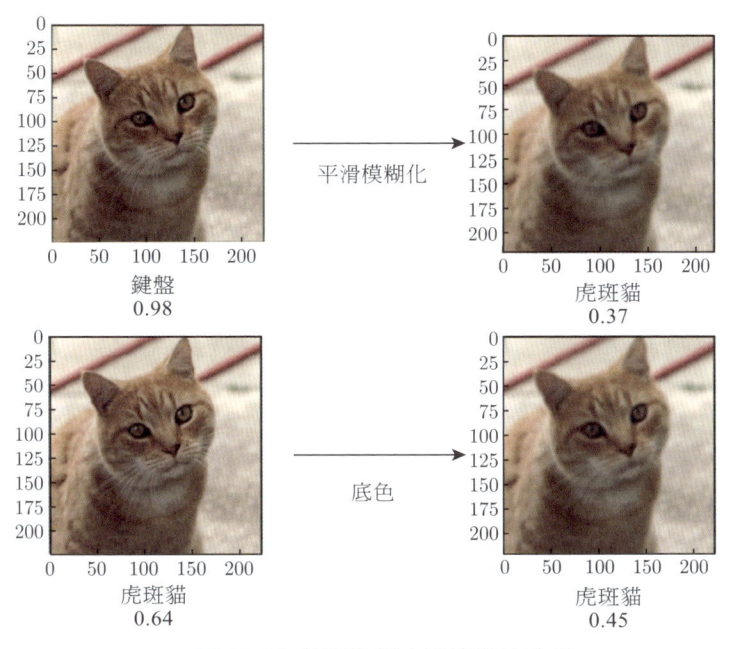

▲ 圖 12.20 被動防禦中過濾器的功能

　　被動防禦的方法還有很多，除了平滑模糊化，還有其他更加精細的做法，如圖 12.21 所示。一張圖片在保存成 JPEG 格式後會失真，但也許失真這件事情就可以讓攻擊圖片失去原有的攻擊威力，透過這種方法就可以保護原始模型。此外，還有另一種基於產生的方法，即給定一張圖片，然後讓生成器產生一張和輸入一模一樣的圖片。對生成器而言，它在訓練的時候從來沒有看過某些雜訊，所以只有很小的機率可以重複顯現能夠攻擊成功的雜訊。於是產生的圖片就不會有攻擊的雜訊，這樣我們的原始模型就不會被攻擊了，藉此可以達到防禦的效果。

▲ 圖 12.21 被動防禦中圖片壓縮與基於產生的方法

被動防禦其實有一個非常大的弱點，雖然模糊化非常有效，但是一旦被人知道我們在用模糊化這種防禦方法，這種防禦就失去了作用。我們完全可以把模糊化想成網路的第一層，相當於在原始網路的前面多加了一層，假設別人知道我們的網路多加了這一層，直接把多加的這一層同樣放到攻擊的過程中就可以了。在攻擊的時候產生一個相反的訊號，就可以躲過模糊化這種防禦了。所以這種被動防禦的方式強大的前提是別人不知道我們用了這一招。一旦別人知道我們的招數，這種被動防禦的方式就會瞬間失去作用。

這裡再介紹一種強化版的被動防禦方法，叫作隨機化防禦。具體的想法是，我們在做防禦的時候，不要只做一種防禦，而是做多種防禦。這比較好理解，就是想方設法不讓別人猜中你的下一招。我們在做防禦的時候，要盡量使用各種不同的防禦方式。比如一張圖片，我們可以隨機地對它放大或縮小，任意改變它的大小，然後將它貼到某個灰色的背景上，當然貼的位置也可以隨機。這樣將其輸入圖片辨識系統後，也許透過這種隨機化防禦，就有辦法擋住攻擊。但其實這種所謂的隨機化防禦也有問題，假設別人知道隨機分布，其實是有可能攻破這種防禦的，例如，找到一個可以攻破圖片所有變化方式的攻擊訊號，這是有可能的。

12.8 防禦方式中的主動防禦

主動防禦的想法是，在訓練模型的時候，一開始就要訓練一個比較不會被攻破的強固性非常強的模型，這種訓練方式被稱為對抗訓練。對抗訓練就是在訓練的時候，不要只用原始的訓練資料，還要加入一些攻擊的資料，如圖 12.22 所示。具體來說，我們有一些特殊的訓練資料，它們和普通的訓練資料是一樣的。以圖片為例，圖片用 x 來表示，對應的標籤用 $\hat{y}$ 來表示。然後使用訓練資料訓練一個模型，並且在訓練階段就對這個模型進行攻擊。為訓練資料加入一些雜訊，進而產生一些攻擊的資料，將受到攻擊後的圖片用 $\tilde{x}$ 來表示。將訓練資料裡的每一張圖片都拿出來進行攻擊，攻擊完以後，再給這些被攻擊過的圖片標上正確的標籤 $\hat{y}$，這樣就產生了新的資料集，用 X' 來表示，

這個資料集會讓機器產生錯誤。接下來，同時使用 X' 和原始資料集 X 進行訓練，這樣就可以訓練出一個比較不會被攻破的模型了。

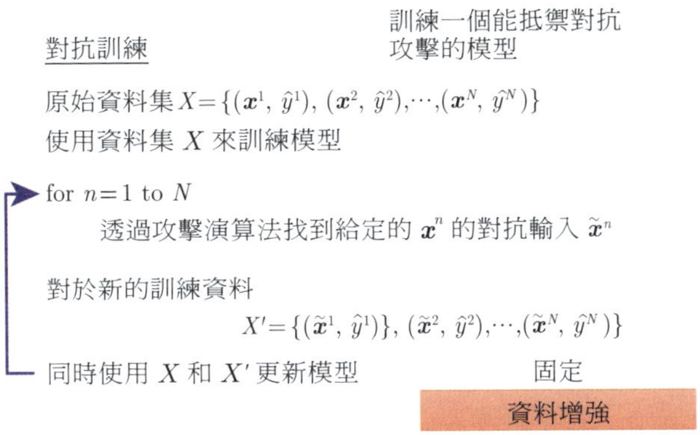

<u>對抗訓練</u>　　　　　　訓練一個能抵禦對抗
　　　　　　　　　　　　攻擊的模型

原始資料集 $X = \{(\boldsymbol{x}^1, \hat{y}^1), (\boldsymbol{x}^2, \hat{y}^2), \cdots, (\boldsymbol{x}^N, \hat{y}^N)\}$
使用資料集 X 來訓練模型
　for $n = 1$ to N
　　　透過攻擊演算法找到給定的 $\boldsymbol{x}^n$ 的對抗輸入 $\tilde{\boldsymbol{x}}^n$
　對於新的訓練資料
　　　　　$X' = \{(\tilde{\boldsymbol{x}}^1, \hat{y}^1)\}, (\tilde{\boldsymbol{x}}^2, \hat{y}^2), \cdots, (\tilde{\boldsymbol{x}}^N, \hat{y}^N)\}$
　同時使用 X 和 X' 更新模型　　　固定
　　　　　　　　　　　　　　　　　　資料增強

▲ 圖 12.22　防禦方式中的主動防禦

所以整個對抗訓練的流程就是，先訓練好一個模型，再看看這個模型有沒有什麼漏洞，把漏洞找出來，並且填好漏洞，一再重複，最後就可以訓練出一個強固性比較強的模型。這也可以視為一種資料增強的方法，因為我們產生了更多的圖片 $\tilde{\boldsymbol{x}}$，把這些新圖片添加到原始的訓練資料裡就相當於做資料增強。所以有的研究者把對抗訓練當作一種單純的資料增強方法，就算沒有人要攻擊我們的模型，我們也仍然可以用這樣的方法產生更多的資料並用於訓練。這可以讓原始模型的概化效能更好。

對抗訓練有一個非常大的缺點，就是不見得能擋住新的攻擊演算法。具體來說，假設我們在找 $\tilde{\boldsymbol{x}}$ 的時候用的是演算法 1 ～ 演算法 4，有人在實際攻擊的時候使用演算法 5 攻擊我們的模型，就有可能成功地規避目前的對抗訓練技術。另外，對抗訓練需要非常多的運算資源。因為本來在訓練普通模型的時候，訓練完模型有輸出結果就結束了。但是對於對抗訓練，首先要花時間找到 $\tilde{\boldsymbol{x}}$。原始資料庫中有幾張圖片，就要找出多少新的 $\tilde{\boldsymbol{x}}$。比如，我們有 100 萬張圖片，則需要找到 100 萬個 $\tilde{\boldsymbol{x}}$，僅僅做這件事情就已經很花時間了。

所以總結起來，對於比較容易成功的攻擊（黑箱攻擊也是有可能成功的），防禦的難度就會大一些。目前攻擊和防禦的方法仍在不斷地演化，國際會議上也會不斷有新的攻擊和防禦方法被提出，它們仍然互為對手，獨自演化。

Chapter **13**

轉移學習

在實際應用中,很多任務的資料標註成本很高,無法獲得充足的訓練資料。在這種情況下,可以使用**轉移學習**(transfer learning)。假設 A、B 是兩個相關的任務,A 任務有很多訓練資料,可以把從 A 任務中學習到的某些可以概化的知識轉移到 B 任務。轉移學習有很多類型,本章介紹**領域偏移**(domain shift)、**領域自適應**(domain adaptation)和**領域概化**(domain generalization)。

13.1 領域偏移

到目前為止,我們已經學習了很多深度學習的模型,所以訓練一個分類器比較簡單。比如要訓練數字的分類器,給定訓練資料,訓練好一個模型,應用在測試資料上就結束了。

如圖 13.1 所示,數字辨識這種簡單的問題,在基準資料集 MNIST[1] 上能做到 99.91% 的準確率 [2]。但是當測試資料和訓練資料的分布不一樣時,就會導致一些問題。假設訓練時數字是黑白的,但測試時數字是彩色的。常見的誤區是,雖然數字的顏色不同,但在模型看來,它們的形狀是一樣的。也就是說,既然模型能辨識出黑白圖片中的數字,則應該也能辨識出彩色圖片中的數字。但實際上,如果使用黑白的數字圖片訓練一個模型,然後直接應用到彩色的數字圖片上,準確率就會非常低。MNIST 資料集中的數字是黑白的,

MNIST-M 資料集 [3] 中的數字是彩色的，如果在 MNIST 資料集上訓練，並在 MNIST-M 資料集上測試，則準確率只有 52.25% [4]。一旦訓練資料和測試資料分布不同，在訓練資料上訓練出來的模型，在測試資料上就可能效果不佳，這稱為領域偏移。

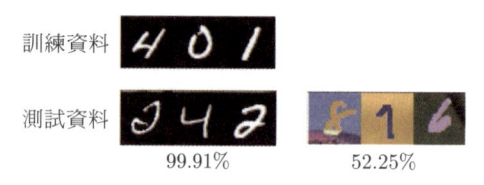

▲ 圖 13.1 資料分布不同導致的問題

領域偏移其實有很多種不同的類型，模型輸入的資料分布有變化是一種類型。另外一種類型是，模型輸出的分布也可能有變化。比如在訓練資料上，可能每一個數字出現的機率都是一樣的；但是在測試資料上，可能每一個數字輸出的機率則是不一樣的，某個數字輸出的機率特別大，這也是有可能的。還有一種比較罕見的類型是，輸入和輸出雖然分布可能是一樣的，但它們之間的關係變了。比如同一張圖片在訓練資料裡的標籤為「0」，但在測試資料裡的標籤為「1」。

接下來我們專注於輸入資料不同的領域偏移。如圖 13.2 所示，我們稱測試資料來自目標領域（target domain），訓練資料來自來源領域（source domain），因此來源領域是訓練資料，目標領域是測試資料。

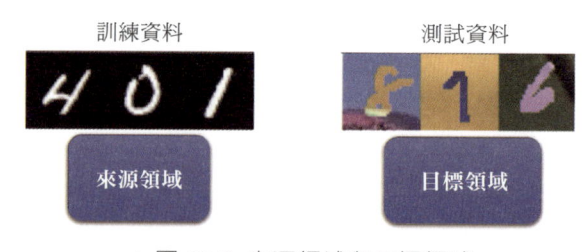

▲ 圖 13.2 來源領域與目標領域

在基準資料集上學習時，很多時候可以無視領域偏移問題。假設訓練資料和測試資料有同樣的分布，可以在很多任務上都有極高的準確率，但在實際

應用時，當訓練資料和測試資料稍有一點點差異時，機器的表現可能就會比較差，因此需要領域自適應來提升機器的效能。對於領域自適應，訓練資料是一個領域，測試資料是另外一個領域，我們要把機器從其中一個領域學到的資訊用到另一個領域。領域自適應側重於解決特徵空間與類別空間一致，但特徵分布不一致的問題。

13.2 領域自適應

本節介紹領域自適應，我們以手寫數字辨識為例。比如有一組有標註的訓練資料，這些資料來自來源領域，用這些資料訓練出的模型可以用在不一樣的領域。在訓練的時候，我們必須對測試資料所在的目標領域有一些瞭解。

隨著瞭解的程度不同，領域自適應的方法也不同。如果目標領域有一大堆有標籤的資料，則其實不需要做領域自適應，可以直接用目標領域的資料進行訓練。如果目標領域有一些有標籤的資料，這種情況可以用領域自適應，用這些有標註的資料微調在來源領域上訓練出來的模型。這裡的微調和 BERT 的微調很像，已經有一個在來源領域上訓練好的模型，只要拿目標領域的資料跑兩三個回合就足夠了。在這種情況下，需要注意的問題是，因為目標領域的資料非常少，所以小心不要過擬合，不要在目標領域的資料上反覆運算太多次。在目標資料上迭代太多次，可能會過擬合到目標領域的少量資料上，導致在真正的測試集上的表現不佳。

> 過擬合的問題有很多解決方法，比如調小一點學習率。模型微調前後的參數不要差太多，模型微調前後輸入和輸出也不要差太多等等。

下面主要介紹目標領域有大量未標註的資料這種情況，這種情況其實很符合實際。例如，我們在實驗室裡訓練一個模型，想要把它用在真實場景中，於是將模型上線。上線後的模型確實有一些人在用，但得到的回饋很差，大家嫌準確率太低。這種情況就可以用領域自適應的技術，因為系統已經上線並且

有人使用，進而可以收集到一大堆未標註的資料。這些未標註的資料可以用在來源領域，訓練一個模型並用在目標領域。

最基本的想法如圖 13.3 所示，訓練一個特徵提取器（feature extractor）。特徵提取器也是一個網路，這個網路的輸入是一張圖片，輸出是一個特徵向量。雖然來源領域與目標領域的圖片不一樣，但是特徵提取器會把它們不一樣的部分去除，只提取出它們共同的部分。對於數字辨識任務，雖然來源領域和目標領域的圖片顏色不同，但特徵提取器可以學會把顏色資訊濾除。來源領域和目標領域的圖片在透過特徵提取器以後，得到的特徵是沒有差異的，分布相同。透過特徵提取器，我們可以在來源領域訓練一個模型，然後直接用在目標領域。透過領域對抗訓練（domain adversarial training），我們可以得到領域無關的表示。

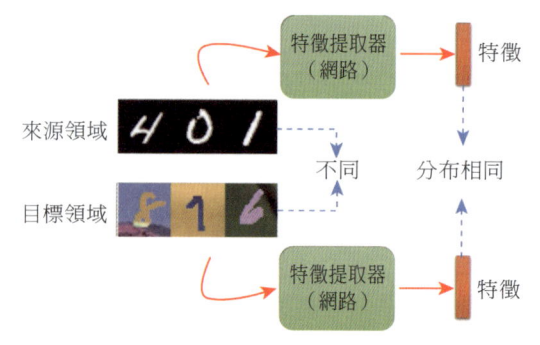

▲ 圖 13.3 透過特徵提取器過濾顏色資訊

一般的分類器分成特徵提取器和標籤預測器（label predictor）兩部分。圖片分類器輸入一張圖片，輸出分類的結果。假設圖片分類器有 10 層，前 5 層是特徵提取器，後 5 層是標籤預測器。一張圖片通過前 5 層，輸出是一個向量。如果使用卷積神經網路，輸出是特徵映射，但特徵映射「拉直」後也可以看作一個向量。將這個向量輸入後 5 層（標籤預測器）以產生類別。

> **Q** 為什麼前 5 層是特徵提取器，而不是前 1～4 層？
> **A** 分類器裡面的哪些部分算特徵提取器，哪些部分算標籤預測器，這由我們決定，我們可以自行調整。

圖 13.4 給出了特徵提取器的訓練過程。跟訓練一般的分類器一樣，來源領域裡標註的資料先透過特徵提取器，再透過標籤預測器，就可以產生正確的答案。但不一樣的地方是，目標領域的資料是沒有任何標註的。我們可以把這些圖片輸入圖片分類器，把特徵提取器的輸出拿出來看看，希望來源領域的圖片的特徵和目標領域圖片的特徵相同。在圖 13.4 中，藍色的點表示來源領域圖片的特徵，紅色的點表示目標領域圖片的特徵，可透過領域對抗訓練讓藍色的點和紅色的點間盡量無差異。

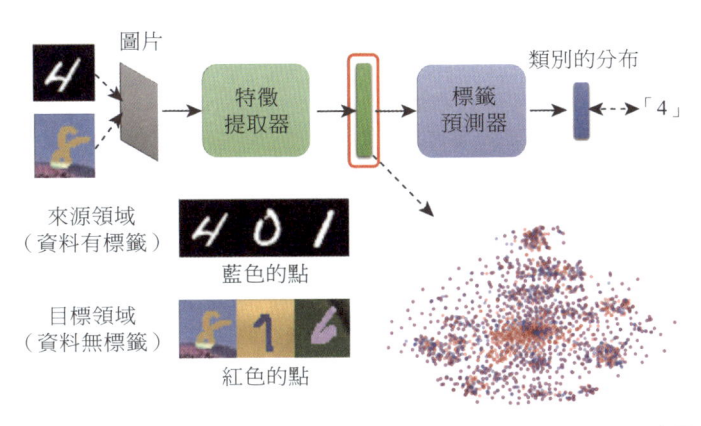

▲ 圖 13.4 訓練特徵提取器，讓來源領域圖片和目標領域圖片的特徵盡量無差異 [4]

如圖 13.5 所示，我們要訓練一個領域分類器。領域分類器是一個二元的分類器，其輸入是特徵提取器輸出的向量，其學習目標是判斷這個向量來自來源領域還是目標領域，而特徵提取器的學習目標是想辦法騙過領域分類器。領域對抗訓練非常像生成對抗網路，特徵提取器可看成生成器，領域分類器可看成判別器。但在領域對抗訓練裡面，特徵提取器優勢太大，想要騙過領域分類器很容易。比如特徵提取器可以忽略輸入，永遠輸出一個零向量。如此一來，領域分類器的輸入都是零向量。標籤預測器也需要特徵來判斷圖片的類別，如果特徵提取器只會輸出零向量，標籤預測器就無法判斷輸入的是哪一張圖片。特徵提取器需要產生向量，以使標籤預測器能夠輸出正確的預測。因此，特徵提取器不能永遠都輸出零向量。

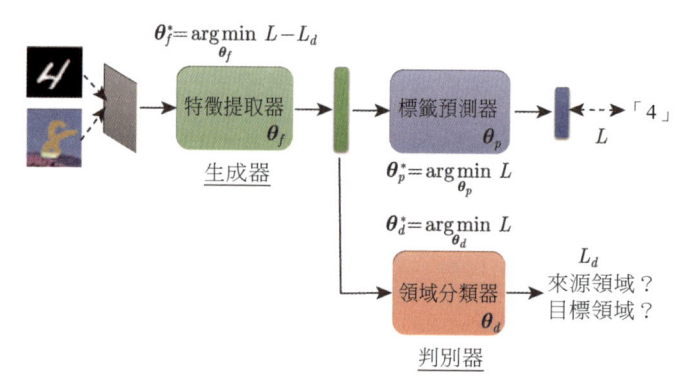

▲ 圖 13.5 領域對抗訓練

　　假設標籤預測器的參數為 $\boldsymbol{\theta}_p$，領域分類器的參數為 $\boldsymbol{\theta}_d$，特徵提取器的參數為 $\boldsymbol{\theta}_f$。來源領域的圖片是有標籤的，計算它們的交叉熵，得到損失 L。領域分類器要想辦法判斷圖片來自來源領域還是目標領域，這是一個二元分類的問題，該分類問題的損失為 L_d。我們要去找一個 $\boldsymbol{\theta}_p$，讓 L 越小越好，即

$$\boldsymbol{\theta}_p^* = \underset{\boldsymbol{\theta}_p}{\arg\min}\, L \tag{13.1}$$

我們還要去找一個 $\boldsymbol{\theta}_d$，讓 L_d 越小越好，即

$$\boldsymbol{\theta}_d^* = \underset{\boldsymbol{\theta}_d}{\arg\min}\, L_d \tag{13.2}$$

　　標籤預測器要讓來源領域的圖片分類越正確越好，領域分類器要讓領域的分類越正確越好。而特徵提取器站在標籤預測器這邊，它要做的事情與領域分類器相反，所以特徵提取器的損失是標籤預測器的損失 L 減掉領域分類器的損失 L_d，即 $L-L_d$。找一組參數 $\boldsymbol{\theta}_f$，讓 $L-L_d$ 的值越小越好，即

$$\boldsymbol{\theta}_f^* = \underset{\boldsymbol{\theta}_f}{\arg\min}\, L - L_d \tag{13.3}$$

　　假設領域分類器的工作是把來源領域和目標領域分開，根據特徵提取器提供的特徵，判斷資料來自來源領域還是目標領域。如果領域分類器根據一張圖片的特徵來判斷這張圖片是否屬於來源領域，則特徵提取器根據這張圖片的特徵來判斷這張圖片是否屬於目標領域，這樣就可以分開來源領域和目標領域的特徵。本來領域分類器要讓 L_d 的值越小越好，特徵提取器要讓 L_d 的值越大

越好，它們的目的都是分開來源領域和目標領域的特徵。以上就是最原始的領域對抗訓練方法。

領域對抗訓練最原始的論文做了圖 13.6 中所示的 4 個從來源領域到目標領域的任務。如果用目標領域的圖片訓練和測試，則結果如表 13.1 所示，每一個任務的準確率都在 90% 以上。但如果用來源領域的圖片訓練，用目標領域的圖片測試，則結果比較差。在使用領域對抗訓練後，準確率有了明顯提升。

▲ 圖 13.6 領域對抗訓練最原始論文的任務 [4]

▼ 表 13.1 不同來源領域和目標領域的數字圖片分類的準確率 [4]

方法	來源領域 / 目標領域			
	MNIST/ MNIST-M	合成數字 / SVHN	SVHN/ MNIST	合成標誌 / GTSRB
只使用來源領域的圖片訓練	57.49%	86.65%	59.19%	74.00%
使用領域對抗訓練	81.49%	90.48%	71.07%	88.66%
只使用目標領域的圖片訓練	98.91%	92.44%	99.51%	99.87%

領域對抗訓練最早的論文發表在 2015 年的 ICML 上，比產生對抗網路還稍微晚一些，不過它們幾乎是同一時期的技術。

剛才的做法有一個小小的問題。如圖 13.7 所示，藍色的圓和三角形表示來源領域裡的兩個類別，紅色的正方形表示目標領域無類別標籤的資料。可以找到一條邊界來把來源領域裡的兩個類別分開。訓練的目標是讓正方形的分布與圓、三角形合起來的分布盡量接近。在圖 13.7(a) 所示的情況下，紅色和藍色的點是相對對齊的。在圖 13.7(b) 所示的情況下，紅色和藍色的點在分布上比較接近。雖然正方形的類別是未知的，但圓圈和三角形的決策邊界是已

知的，應該讓正方形遠離決策邊界。因此我們更希望圖 13.7(b) 所示的情況發生，圖 13.7(a) 所示的情況應避免發生。

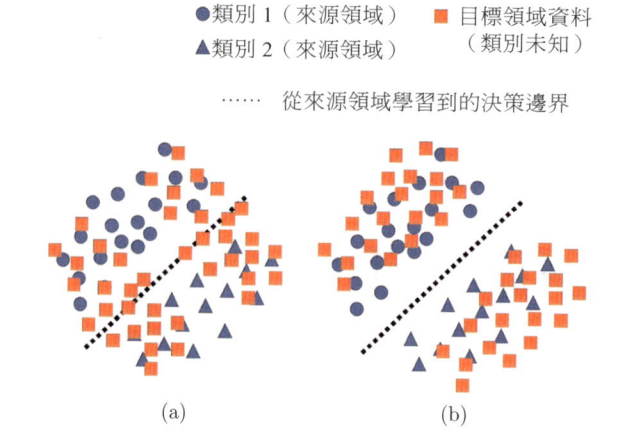

● 類別 1（來源領域）　■ 目標領域資料
▲ 類別 2（來源領域）　　（類別未知）
…… 從來源領域學習到的決策邊界

(a)　　　　　　　　(b)

▲ 圖 13.7 決策邊界

讓正方形遠離決策邊界最簡單的做法如圖 13.8 所示。把很多無標註的圖片先輸入特徵提取器，再輸入標籤預測器。如果輸出的結果集中於某個類別，就表示離決策邊界遠；如果輸出結果的每一個類別都非常接近，則表示離決策邊界近。除了上述比較簡單的方法之外，還可以使用 DIRT-T[5]、最大分類器差異（maximum classifier discrepancy）[6] 等方法，這些方法在領域自適應中是不可或缺的。

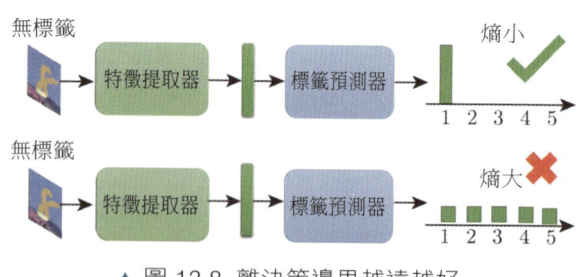

▲ 圖 13.8 離決策邊界越遠越好

到目前為止，我們一直假設來源領域和目標領域的類別是一模一樣的，比如圖片分類，來源領域有老虎、獅子、狗，目標領域也應該有老虎、獅子、

狗，但目標領域實際上是沒有標籤的，裡面的類別是未知的。如圖 13.9 所示，實線的橢圓代表來源領域裡有的東西，虛線的橢圓代表目標領域裡有的東西。觀察圖 13.9(a)，來源領域裡的類別比較多，目標領域裡的類別比較少；觀察圖 13.9(b)，來源領域裡的類別比較少，目標領域裡的類別比較多；而在圖 13.9(c) 中，來源領域和目標領域雖然有交集，但它們各自都有獨特的類別。

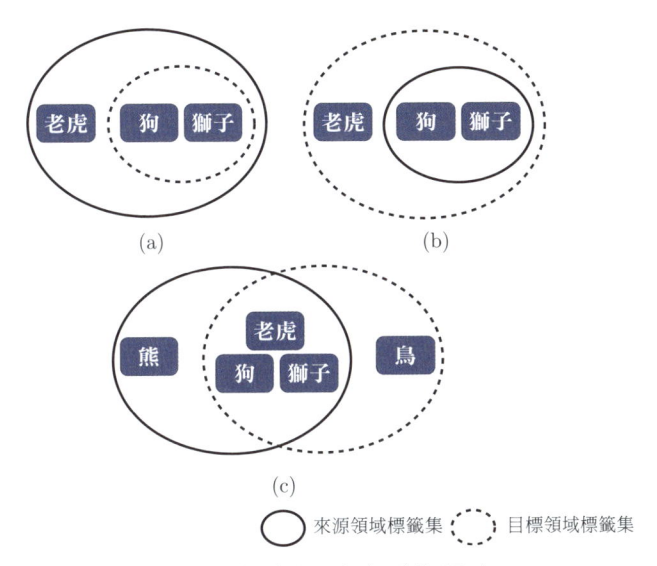

▲ 圖 13.9 來源領域和目標領域的類別

　　強制性地將來源領域和目標領域完全對齊是有問題的，以圖 13.9(c) 為例，要讓來源領域資料跟目標領域資料的特徵完全匹配，就意味著讓老虎變得像狗，或者讓老虎變得像獅子。但如此一來，老虎這個類別就不能區分了。來源領域和目標領域有不同標籤這一問題的解決方法，可參考論文「Universal Domain Adaptation」[7]。

> **Q** 假設特徵提取器是卷積神經網路而不是線性層（linear layer）。領域分類器的輸入是特徵映射，特徵映射本來就有空間的關係。把兩個領域「拉」在一起會不會影響潛在空間（latent space），導致潛在空間沒能學到我們希望它學到的東西？

> A 會有影響。領域自適應的訓練需要同時做好兩方面的事,一方面要騙過領域分類器,另一方面要讓分類變正確,即不僅要把兩個領域對齊在一起,還要使得潛在空間的分布是正確的。比如我們覺得 1 和 7 比較像,為了讓領域分類器也這麼認為,特徵提取器會讓 1 和 7 比較像。因為要提高標籤預測器的效能,所以潛在表示(latent representation)裡面的空間仍然是一個比較好的潛在空間。但如果我們的目的僅僅是騙過領域分類器,這件事情的權重就太大了。模型學會的就只是騙過領域分類器,而不會產生好的潛在空間。

但還有一種可能,就是目標領域不僅沒有標籤,而且資料很少,比如目標領域只有一張圖片,也就無法和來源領域對齊。這種情況可使用測試時訓練(Testing Time Training,TTT)方法,詳見論文「Test-Time Training with Self-Supervision for Generalization under Distribution Shifts」[8]。

13.3 領域概化

對目標領域一無所知,而且並不是要適應到某特定領域的問題通常稱為領域概化。領域概化分為兩種情況。一種情況是訓練資料非常豐富,包含各個不同的領域,而測試資料只有一個領域。如圖 13.10(a) 所示,假設要做貓狗的分類器,訓練資料裡面有貓和狗的真實照片,也有貓和狗的素描畫,還有貓和狗的水彩畫,我們期待因為訓練資料有多個領域,模型可以學會彌補領域之間的差異。當測試資料是貓和狗的卡通圖片時,模型也可以處理,具體細節見論文「Domain Generalization with Adversarial Feature Learning」[9]。另一種情況如圖 13.10(b) 所示,訓練資料只有一個領域,而測試封包含多個不同的領域。雖然只有一個領域的訓練資料,但我們可以使用資料增強的方法產生多個領域的訓練資料,具體細節見論文「Learning to Learn Single Domain Generalization」[10]。

(a)

真實貓 真實狗 素描貓 素描狗 水彩貓 水彩狗 卡通貓 卡通狗

訓練資料　　　　　　　　　測試資料

(b)

真實貓 真實狗 素描貓 素描狗 水彩貓 水彩狗 卡通貓 卡通狗

訓練資料　　　　測試資料

▲ 圖 13.10 領域概化範例

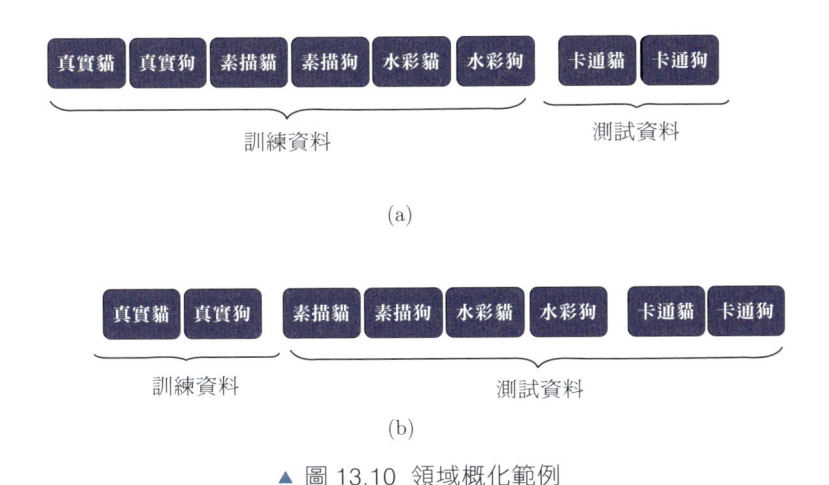

參考資料

[1] LECUN Y, BOTTOU L, BENGIO Y, et al. Gradient-based learning applied to document recognition[J]. Proceedings of the IEEE, 1998, 86(11): 2278-2324.

[2] AN S, LEE M, PARK S, et al. An ensemble of simple convolutional neural network models for MNIST digit recognition[EB/OL]. arXiv: 2008.10400.

[3] GANIN Y, USTINOVA E, AJAKAN H, et al. Domain-adversarial training of neural networks[J]. Journal of Machine Learning Research, 2016, 17(59):1-35.

[4] GANIN Y, LEMPITSKY V. Unsupervised domain adaptation by backpropagation[J]. Proceedings of Machine Learning Research, 2015, 37: 1180-1189.

[5] SHU R, BUI H H, NARUI H, et al. A DIRT-T approach to unsupervised domain adaptation[EB/OL]. arXiv: 1802.08735.

[6] SAITO K, WATANABE K, USHIKU Y, et al. Maximum classifier discrepancy for unsupervised domain adaptation[C]//Proceedings of the IEEE Conference on Computer Vision and Pattern Recognition. 2018: 3723-3732.

[7] YOU K, LONG M, CAO Z, et al. Universal domain adaptation[C]//Proceedings of the IEEE/CVF Conference on Computer Vision and Pattern Recognition. 2019: 2720-2729.

[8] SUN Y, WANG X, LIU Z, et al. Test-time training with self-supervision for generalization under distribution shifts[J]. Proceedings of Machine Learning Research, 2020, 119: 9229-9248.

[9] LI H, PAN S J, WANG S, et al. Domain generalization with adversarial feature learning[C]//Proceedings of the IEEE Conference on Computer Vision and Pattern Recognition. 2018: 5400-5409.

[10] QIAO F, ZHAO L, PENG X. Learning to learn single domain generalization[C]//Proceedings of the IEEE/CVF Conference on Computer Vision and Pattern Recognition. 2020: 12556-12565.

Chapter 14

增強式學習

　　增強式學習（Reinforcement Learning，RL）是一種實現通用人工智慧的可能方法。之前我們學習過監督式學習，可先從監督式學習與增強式學習的關係來瞭解增強式學習。圖 14.1 是**監督式學習**（supervised learning）的範例，假設要訓練一個圖片的分類器，給定機器一個輸入，要告訴機器對應的輸出。到目前為止，本書所提及的方法都是基於監督式學習的方法。自監督學習只是標籤，不需要特別耗費人力來標記，它們可以自動產生。即使是非監督式學習的方法，比如自動編碼器，也沒有用到人類的標記。事實上，還有一個標籤，只是該標籤的產生不需要耗費人力。

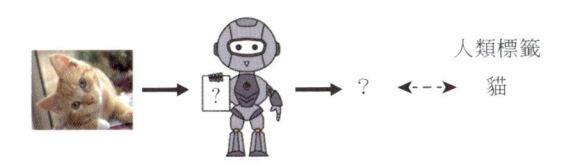

▲ 圖 14.1 監督式學習

　　但在增強式學習裡面，給定機器一個輸入，最佳的輸出是未知的。如圖 14.2 所示，假設要讓機器學習下圍棋，如果使用監督式學習的方法，我們需要告訴機器，給定一個盤勢，下一步落子的最佳位置，但實際上這個位置是未知的。可以讓機器閱讀很多職業棋手的棋譜，從這些棋譜裡學習人類棋手在給定某個盤勢時下一步的落子。這是一個很好的答案，但不一定是最好的答案。當正確答案是未知的或者收集有標註的資料很困難時，可以考慮使用增強式學習。增強式學習在學習的時候，機器不是一無所知的，雖然不知道正確的答

案,但機器會和**環境**(environment)互動,得到**獎勵**(reward),進而知道輸出的好壞。

▲ 圖 14.2 增強式學習

如圖 14.3 所示,增強式學習裡面有一個**智慧代理**(agent)和一個環境,智慧代理會和環境互動。環境會給智慧代理一個**觀察點**(observation),智慧代理在看到這個觀察點後,就會採取一個動作。該動作會影響環境,環境會給出新的觀察點,智慧代理則給出新的動作。

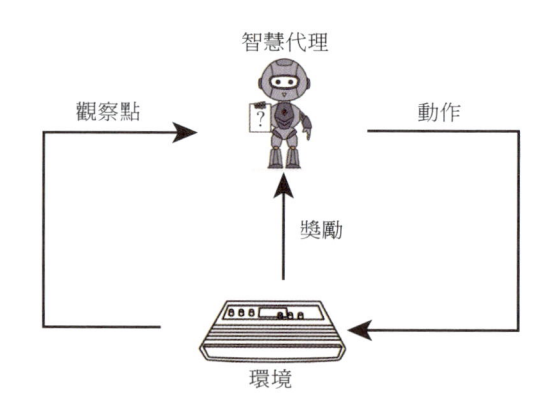

▲ 圖 14.3 增強式學習示意圖

觀察點是智慧代理的輸入,動作是智慧代理的輸出,所以智慧代理本身就是一個函式。這個函式的輸入是環境提供給它的觀察點,輸出是智慧代理所要採取的動作。在互動的過程中,環境會不斷地給智慧代理獎勵,讓智慧代理知道它現在採取的這個動作的好壞。智慧代理的目標是最大化從環境獲得的獎勵總和。

14.1 增強式學習的應用

增強式學習有很多的應用，比如玩電子遊戲、下圍棋等等。

14.1.1 玩電子遊戲

增強式學習可以用來玩電子遊戲，增強式學習最早的幾篇論文就是讓機器玩《太空侵略者》遊戲。在《太空侵略者》遊戲（見圖 14.4）裡，我們要操控太空船來殺死外星人，可採取的動作有三個 —— 左移、右移和開火。開火擊中外星人，外星人就死掉了，我們得到分數。我們可以躲在防護罩的後面，防護罩可以擋住外星人的攻擊，如果不小心防護罩被擊中，防護罩就會消失。有些版本的《太空侵略者》遊戲還提供補給包，如果擊中補給包，就可以得到一個很高的分數。分數其實是環境給我們的獎勵。當所有外星人被殺光或者外星人擊中太空船的時候，遊戲就會終止。

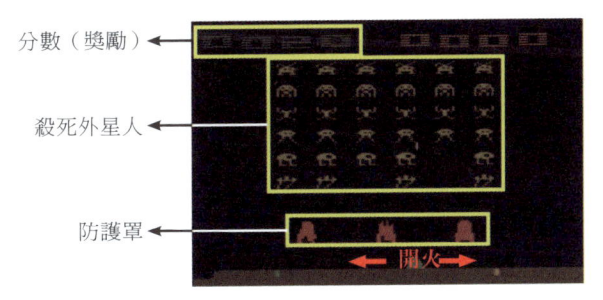

▲ 圖 14.4 《太空侵略者》遊戲

利用增強式學習讓機器玩《太空侵略者》遊戲，如圖 14.5 所示。智慧代理會操控搖桿，控制太空船來和外星人對抗。環境是遊戲主機，遊戲主機操控外星人攻擊太空船，所以觀察點是遊戲的畫面，輸出是智慧代理可以採取的動作。當智慧代理採取右移動作的時候，不可能殺掉外星人，所以獎勵為 0。智慧代理在採取一個動作後，遊戲的畫面就變了，也就有了新的觀察點。根據新的觀察點，智慧代理會決定採取新的動作。假設如圖 14.6 所示，智慧代理採取的動作是開火，這個動作正好殺掉了一個外星人，得到 5 分，獎勵等於 5。

在玩遊戲的過程中，智慧代理會不斷地採取動作和得到獎勵，我們想要智慧代理玩這個遊戲得到的獎勵總和最大。

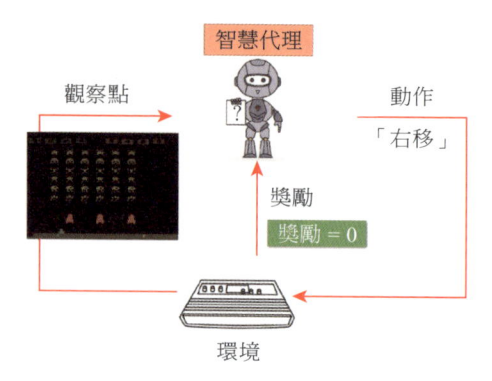

▲ 圖 14.5 智慧代理採取右移的動作

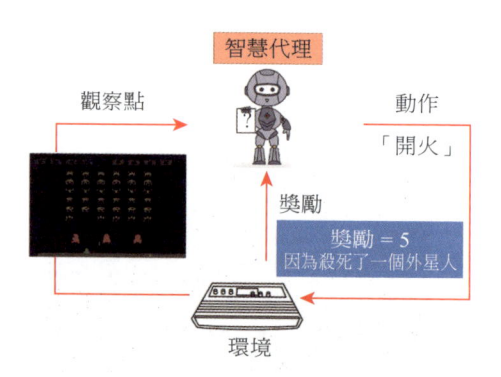

▲ 圖 14.6 智慧代理採取開火的動作

14.1.2　下圍棋

　　利用增強式學習讓機器下圍棋，如圖 14.7(a) 所示。智慧代理是 AlphaGo，環境是 AlphaGo 的人類棋手。智慧代理的輸入是棋盤上黑子和白子的位置。一開始，棋盤上是空的。根據該棋盤，智慧代理要決定下一步的落子，有 19×19 種可能性，每種可能性對應棋盤上的一個位置。

　　如圖 14.7(b) 所示，假設智慧代理完成了落子。棋手也會再落一子，產生新的觀察點。智慧代理在看到新的觀察點後，就會產生新的動作，這個過程將

反覆進行。在下圍棋時，智慧代理所採取的動作都無法得到任何獎勵，我們可以定義贏了就得到 1 分，輸了就得到 -1 分，只有整個棋局結束，智慧代理才能拿到獎勵。智慧代理學習的目標是最大化自己可能得到的獎勵。

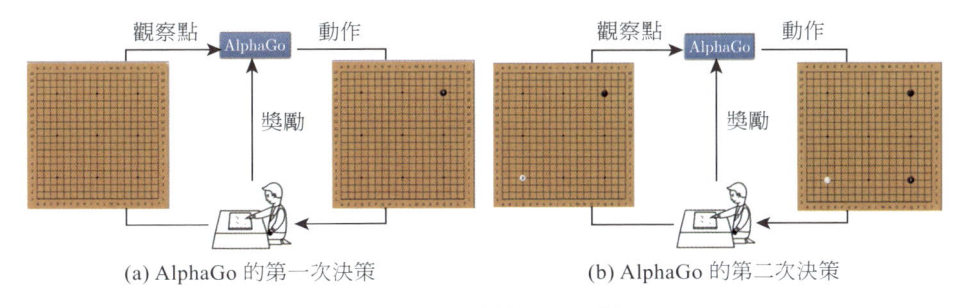

(a) AlphaGo 的第一次決策　　　　　　(b) AlphaGo 的第二次決策

▲ 圖 14.7　讓機器下圍棋

> **Q 下圍棋是否需要比較好的啟發式函式？**
>
> **A** 在下圍棋的時候，假設獎勵非常稀疏（sparse），我們可能需要一個好的啟發式函式（heuristic function）。「深藍」其實已經在國際象棋上贏了人類頂尖棋手，「深藍」有很多的啟發式函式，它並非直到棋局結束才得到獎勵，而是中間的很多狀況也都會得到獎勵。

14.2　增強式學習框架

增強式學習和機器學習類似，機器學習有 3 個步驟：第 1 步是定義函式，函式裡面有一些未知變數，這些未知變數是需要機器學出來的；第 2 步是定義損失；第 3 步是最佳化，即找出未知變數來最小化損失。增強式學習也有類似的 3 個步驟。

14.2.1　第 1 步：定義函式

有未知數的函式是智慧代理。在增強式學習裡面，智慧代理是一個網路，通常稱為策略網路（policy network）。在深度學習未被用於增強式學習的時

候，智慧代理通常是比較簡單的，它不是網路，而可能只是一個查找表（look-up table），旨在告訴我們與給定輸入對應的最佳輸出。網路是一個很複雜的函式，輸入是遊戲畫面上的像素，輸出是每一個可以採取的動作的分數。

> 網路的架構可以自行設計，只要網路能夠輸入遊戲的畫面、輸出動作即可。如果輸入是一張圖片，則可以用卷積神經網路來處理。如果不僅要看目前時間點的遊戲畫面，還要看整個遊戲到目前為止發生的所有畫面，則可以考慮使用遞迴神經網路或 Transformer。

如圖 14.8 所示，輸入遊戲畫面，策略網路的輸出是左移 0.7 分、右移 0.2 分、開火 0.1 分。這類似於分類網路，輸入一張圖片，輸出則決定了這張圖片的類別，分類網路會給每一個類別一個分數。分類網路的最後一層是 softmax 層，每個類別都有一個分數，這些分數的總和是 1。機器最終決定採取哪一個動作，取決於每一個動作的分數。常見的做法是把這個分數當作一個機率，按照機率取樣，隨機決定所要採取的動作。在圖 14.8 所示的例子中，智慧代理有 70% 的機率會採取左移動作，有 20% 的機率會採取右移動作，有 10% 的機率會採取開火動作。

> **Q** 為什麼不直接採取分數最高的動作？
> **A** 隨機取樣的好處是，機器每次看到同樣的遊戲畫面時採取的動作也會略有不同。在很多的遊戲裡，隨機性是很重要的，比如玩「石頭、剪刀、布」遊戲，如果智慧代理總是出「石頭」，就很容易輸。但如果有一些隨機性，智慧代理就比較不容易輸。

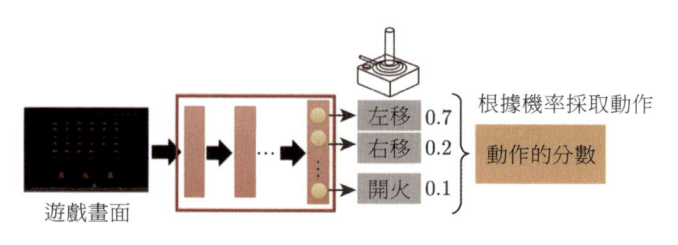

▲ 圖 14.8 策略網路

14.2.2 第 2 步：定義損失

接下來定義增強式學習中的損失。如圖 14.9 所示，首先得有一個初始的遊戲畫面（即觀察點）s_1，將其作為智慧代理的輸入。智慧代理輸出了動作 a_1（右移），得到 0 分的獎勵。接下來智慧代理看到新的遊戲畫面 s_2，根據 s_2，智慧代理會採取新的動作 a_2（開火），如果能夠殺死一個外星人，則智慧代理得到 5 分的獎勵。

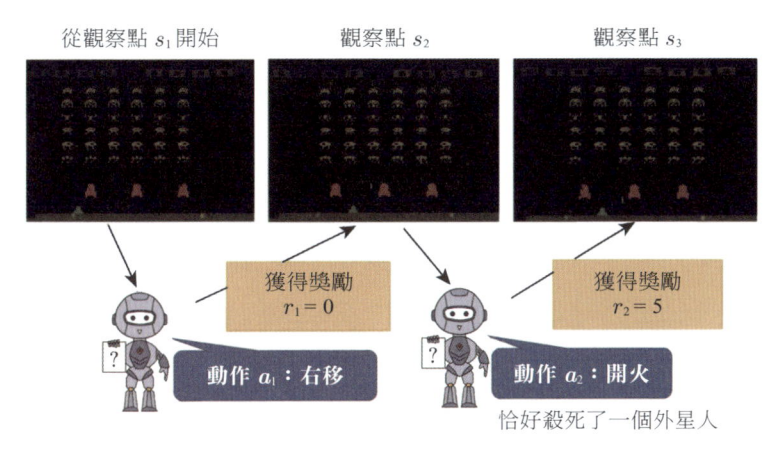

▲ 圖 14.9 智慧代理玩電子遊戲的例子

智慧代理在採取開火這個動作以後，就會有新的遊戲畫面，機器又會採取新的動作，這個過程會反覆持續下去，直到機器在採取某個動作以後，遊戲結束為止。遊戲從開始到結束的整個過程稱為一個**回合**（episode）。在整個遊戲過程中，機器會採取非常多的動作，每一個動作都會有一個獎勵，所有獎勵的總和稱為整個遊戲的總獎勵（total reward），也稱為**回報**（return）。回報將從遊戲一開始得到的 r_1，一直累加到遊戲最後結束時得到的 r_t。假設這個遊戲互動了 T 次，得到回報 R。我們想要最大化回報 R，這是訓練的目標。回報和損失不一樣，損失越小越好，回報則越大越好。如果把負的回報當作損失，則回報越大越好，負的回報越小越好。

> 獎勵是指智慧代理在採取某個動作的時候立即得到的回饋。整個遊戲裡所有獎勵的總和才是回報。

14.2.3　第 3 步：最佳化

圖 14.10 給出了智慧代理與環境互動的範例。環境輸出觀察點 s_1，s_1 會變成智慧代理的輸入；智慧代理接下來輸出 a_1，a_1 又變成環境的輸入；環境看到 a_1 以後，又輸出 s_2。智慧代理和環境的互動會反覆進行，直至滿足遊戲終止的條件。在一次遊戲中，我們把狀態和動作全部組合起來得到的一個序列稱為**軌跡**（**trajectory**）τ，即

$$\tau = \{s_1, a_1, s_2, a_2, \cdots, s_t, a_t\} \tag{14.1}$$

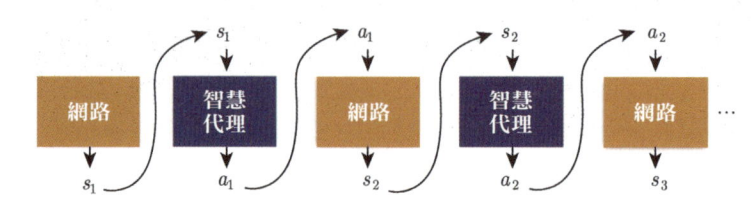

▲ 圖 14.10　智慧代理與環境互動

如圖 14.11 所示，智慧代理在與環境互動的過程中會得到獎勵，獎勵可以看成一個函式。獎勵函式有不同的表示方法，在有的遊戲裡，智慧代理採取的動作可以決定獎勵。但通常我們在決定獎勵的時候，需要動作和觀察點。比如每次開火不一定能得到分數，外星人在母艦的前面，開火要擊中外星人才有分數。因此通常在定義獎勵函式的時候，需要同時看動作和觀察點，獎勵函式的輸入是動作和觀察點。比如圖 14.11 中獎勵函式的輸入是 a_1 和 s_1，輸出是 r_1。所有獎勵的總和是回報，即

$$R(\tau) = \sum_{t=1}^{T} r_t \tag{14.2}$$

我們需要最大化回報，因此將問題最佳化成學習網路的參數，讓回報越大越好。我們可以透過梯度上升（gradient ascent）來最大化回報。但增強式學習困難的地方在於，這不是一般的最佳化問題，跟一般的網路訓練不太一樣。

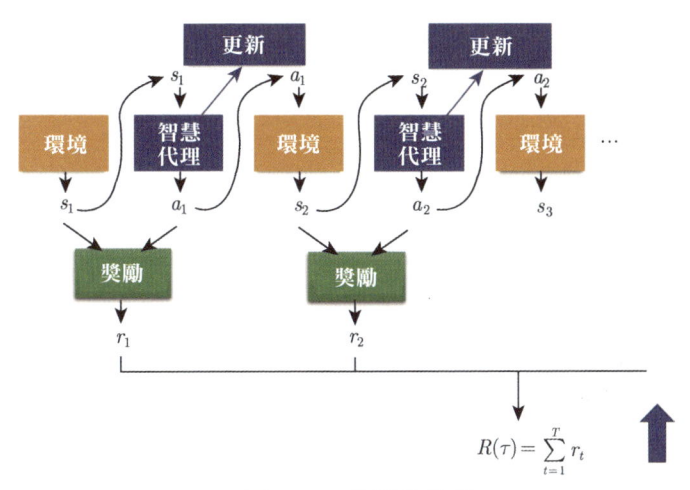

▲ 圖 14.11 期望的獎勵

　　一個問題是，智慧代理的輸出是有隨機性的，比如圖 14.11 中的 a_1 是透過取樣產生的，同樣的 s_1 每次產生的 a_1 不一定一樣。假設環境、智慧代理、獎勵合起來可以當成一個網路，那麼這個網路不是一般的網路，而是有隨機性的。這個網路裡的某一個層，每一次的輸出都是不一樣的。

　　另一個問題是，環境和獎勵是一個黑箱，很有可能具有隨機性。比如環境是遊戲機，遊戲機裡發生的事情是未知的。在遊戲裡面，通常獎勵是一條規則：給定一個觀察點和動作，輸出對應的獎勵。但是在有一些增強式學習的問題裡面，獎勵是有可能有隨機性的。如果是下圍棋，即使智慧代理落子的位置是相同的，對手的回應每次可能也是不一樣的。由於環境和獎勵的隨機性，增強式學習的最佳化問題不是一般的最佳化問題。

　　增強式學習的最佳化問題在於如何找到一組網路參數來最大化回報，這跟生成對抗網路有異曲同工之處。在訓練生成器的時候，生成器與判別器會接在一起。在增強式學習裡面，智慧代理就像生成器，環境和獎勵就像判別器，我們要調整生成器的參數，讓判別器的輸出越大越好。在生成對抗網路裡，判別器也是一個神經網路，但是在增強式學習的最佳化問題裡，獎勵和環境不是網路，不能用一般梯度下降的方法調整參數來得到最大的輸出，這是增強式學習和一般機器學習不一樣的地方。

Chapter 14 增強式學習

讓一個智慧代理在看到某個特定觀察點的時候採取某個特定的動作,這可以看成一個分類的問題。如圖 14.12 所示,給定智慧代理的輸入是 s,讓其輸出動作 $\hat{a}$,假設 a 表示左移,我們要教會智慧代理看到這個遊戲畫面就左移。s 是智慧代理的輸入,a 就是標籤,即標準答案。接下來計算智慧代理的輸出和標準答案之間的交叉熵 e,透過學習讓損失(即交叉熵)最小,智慧代理的輸出和標準答案越接近越好。

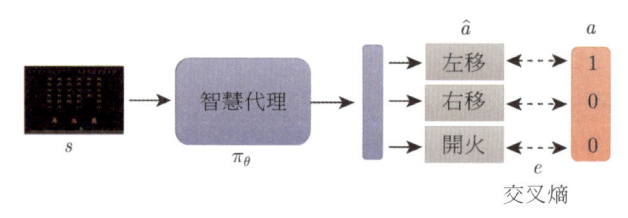

▲ 圖 14.12 使用交叉熵作為損失

如果想讓智慧代理在看到某個觀察點時不要採取動作,只需要在定義損失的時候使用負的交叉熵。如果希望智慧代理採取動作 a,可定義損失 L 等於交叉熵 e。如果希望智慧代理不採取動作 a,可定義損失 L 等於 $-e$。假設我們想讓智慧代理在看到 s 的時候採取動作 a,而在看到 s' 的時候不要採取動作 a'。如圖 14.13 所示,給定觀察點 s',標準答案為 $\hat{a}$,對這兩個標準答案計算交叉熵 e_1 和 e_2。損失可定義為 $e_1 - e_2$,e_1 越小越好,e_2 越大越好。然後找到一個 θ 來最小化損失,得到 θ^*,如公式 (14.3) 所示。可透過給定智慧代理適當的標籤和損失來控制智慧代理的輸出。

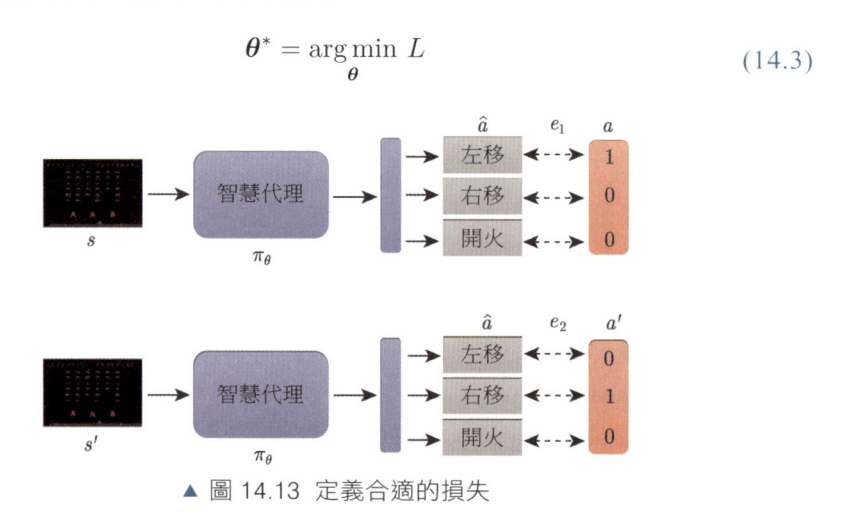

$$\boldsymbol{\theta}^* = \arg\min_{\boldsymbol{\theta}} L \tag{14.3}$$

▲ 圖 14.13 定義合適的損失

如圖 14.14 所示，為了訓練一個智慧代理，需要收集一些訓練資料，我們希望智慧代理在看到 s_1 的時候採取動作 a_1，而在看到 s_2 的時候不要採取動作 a_2。整個訓練過程類似於訓練一個圖片的分類器，s 可看成圖片，a 可看成標籤，只不過有的動作是想要採取的，而有的動作是不想要採取的。收集一組這種資料，定義損失函式：

$$L = e_1 - e_2 + e_3 + e_4 + \cdots + (-1)^{N-1} \times e \tag{14.4}$$

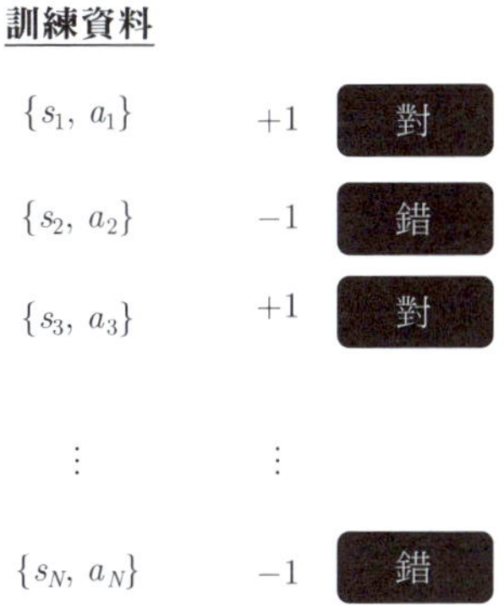

訓練資料

$\{s_1, a_1\}$	+1	對
$\{s_2, a_2\}$	−1	錯
$\{s_3, a_3\}$	+1	對
⋮	⋮	
$\{s_N, a_N\}$	−1	錯

▲ 圖 14.14 收集訓練資料

接下來最小化這個損失函式，就可以訓練一個智慧代理，並期待它採取的動作是我們想要的。如果每一個動作只有採取或不採取兩種可能，則可以用 +1 和 −1 來表示，這就是一個二元分類的問題。

但是，每一個動作還有採取程度上的差別，每一個狀態 – 動作對（state-action pair）對應一個分數，這個分數代表我們希望機器在看到 s_1 的時候，採取動作 a_1 的程度。比如，圖 14.15 中第 1 筆資料的分數為 +1.5，第 3 筆資料的分數為 +0.5。這代表我們期待機器在看到 s_1 的時候採取動作 a_1，在看到 s_3 的時候採取動作 a_3，但是機器在看到 s_1 的時候採取動作 a_1 的願望比看到 s_3 的時候採取動作 a_3 的願望更強烈一點。此外，我們希望機器在看到 s_2 的時候，不要採取動作 a_2，在看到 s_N 的時候，也不要採取動作 a_N 等等。有了這些資料，我們就可以定義公式 (14.5) 所示的損失函式，之前的交叉熵本來要乘以 +1 或 −1，現在改為乘以 $A_i(i = 1,\cdots,n)$，可透過 A_i 來控制每一個動作被採取的程度。

$$L = \sum A_n e_n \tag{14.5}$$

訓練資料

$\{s_1, a_1\}$	A_1	+1.5
$\{s_2, a_2\}$	A_2	−0.5
$\{s_3, a_3\}$	A_3	+0.5
⋮	⋮	
$\{s_N, a_N\}$	A_N	−10

▲ 圖 14.15 對每個狀態 – 動作對分配不同的分數

綜上所述，增強式學習可分為三個階段，只是最佳化的步驟和一般的機器學習方法不同，增強式學習使用了策略梯度（policy gradient）等最佳化方法。接下來的難點就是如何定義 A_i。我們先介紹最容易想到的 4 個版本。

14.3 評價動作的標準

評價動作的標準有很多，可以使用即時獎勵作為評價標準，也可以使用累積獎勵作為評價標準，還可以使用折扣累積獎勵作為評價標準，以及使用折扣累積獎勵減去基線作為評價標準。

14.3.1 使用即時獎勵作為評價標準

智慧代理和環境互動使得我們可以收集一些訓練資料（狀態 – 動作對）。智慧代理採取的動作都是隨機的，我們將每一個動作都記錄下來。通常不會只對智慧代理和環境做一個回合，因為需要做多個回合才能收集到足夠的資料。接下來評價每一個動作的好壞，評價完之後，用評價的結果訓練智慧代理。我們可以評價在每個狀態，智慧代理採取某個動作的好壞。最簡單的評價方式是，假設在某個狀態 s_1，智慧代理採取動作 a_1，得到獎勵 r_1。如果獎勵是正的，代表該動作是好的；如果獎勵是負的，代表該動作是不好的。因此，如圖 14.16 所示，獎勵可當成 A_i，有 $A_1 = r_1$，$A_2 = r_2$，以此類推。

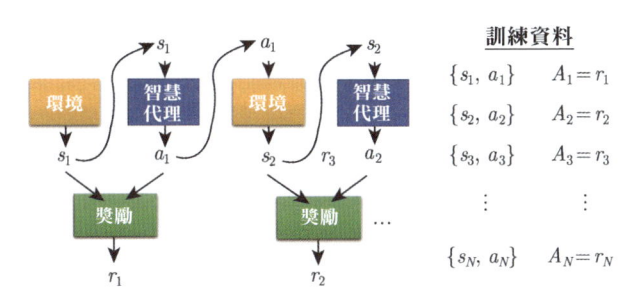

▲ 圖 14.16 短視的版本

以上是版本 0，它其實並不是一個好的版本。因為把獎勵設為 A_i，會讓智慧代理變得短視，不再考慮長期收益。每一個動作，其實都會影響接下來的互動。比如智慧代理在 s_1 採取動作 a_1，得到 r_1，這並不是互動的全部。因為 a_1 影響了 s_2，s_2 會影響 a_2，也就會影響 r_2，所以每一個動作並不是獨立的，每一個動作都會影響接下來發生的事情。

在和環境做互動的時候，有一個技巧叫作延遲獎勵（delayed reward），即犧牲短期利益以換取更長期的利益。比如在《太空侵略者》遊戲裡，智慧代理需要先左右移動一下進行瞄準再射擊，才會得到分數。而左右移動是沒有任何獎勵的，只有射擊才會得到獎勵，但這並不代表左右移動是不重要的。所以有時候我們會犧牲一些近期的獎勵，來換取更長期的獎勵。對於之前的版本 0，左移和右移的獎勵為 0，開火的獎勵為正，智慧代理就會覺得只有開火是對的，它會一直開火。

14.3.2　使用累積獎勵作為評價標準

在目前的版本 1 裡面，把未來所有的獎勵加起來即可得到累積獎勵 G，用以評估一個動作的好壞，如圖 14.17 所示。G_t 是從時間點 t 開始，將 r_t 一直加到 r_N 的結果，即

$$G_t = \sum_{i=t}^{N} r_i \tag{14.6}$$

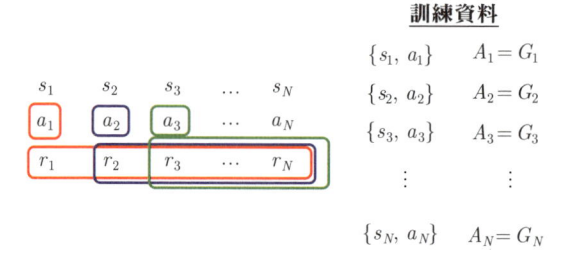

▲ 圖 14.17 使用累積獎勵作為評價標準

比如，G_1、G_2、G_3 的定義為

$$G_1 = r_1 + r_2 + r_3 + \cdots + r_N$$
$$G_2 = r_2 + r_3 + \cdots + r_N \qquad (14.7)$$
$$G_3 = r_3 + \cdots + r_N$$

a_1 的好壞並不取決於 r_1，而取決於 a_1 之後發生的所有事情，即採取完動作 a_1 以後得到的所有獎勵 G_1，A_1 等於 G_1。使用累積獎勵可以解決版本 0 遇到的問題，因為可能在右移以後進行瞄準，接下來開火就有可能打中外星人。因此右移也有累積獎勵，儘管右移沒有即時獎勵。假設 a_1 是右移，r_1 可能是 0，但接下來可能會因為右移才能打中外星人，累積獎勵也才是正的，所以右移也是一個好的動作。

但是版本 1 也有問題，假設遊戲過程非常長，把 r_N 歸功於 a_1 也不太合適。當智慧代理採取動作 a_1 時，立即受到影響的是 r_1，接下來才會影響到 r_2 和 r_3。智慧代理採取動作 a_1 導致可以得到 r_N 的可能性很低，接下來的版本 2 可以解決這個問題。

14.3.3 使用折扣累積獎勵作為評價標準

在版本 2 裡面，用 G' 來表示累積獎勵，G'_t 的定義如公式 (14.8) 所示，我們在 r 的前面乘以了一個折扣因數 γ。折扣因數是一個小於 1 的值，比如 0.9 或 0.99。

14.3 評價動作的標準

$$G'_t = \sum_{i=t}^{N} \gamma^{i-t} r_i \tag{14.8}$$

圖 14.18 是使用折扣累積獎勵作為評價標準的示意圖，G'_1 的定義為

$$G'_1 = r_1 + \gamma r_2 + \gamma^2 r_3 + \cdots \tag{14.9}$$

訓練資料

s_1 s_2 s_3 $\cdots$ s_N $\{s_1, a_1\}$ $A_1 = G'_1$

a_1 a_2 a_3 $\cdots$ a_N $\{s_2, a_2\}$ $A_2 = G'_2$

                       $\{s_3, a_3\}$ $A_3 = G'_3$

r_1 r_2 r_3 $\cdots$ r_N

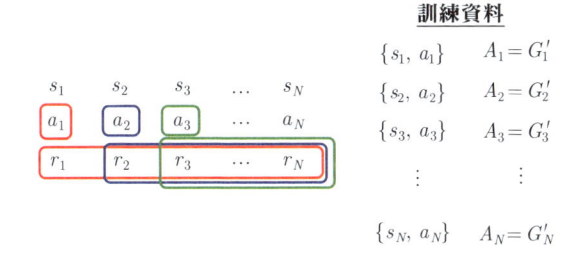

                       $\{s_N, a_N\}$ $A_N = G'_N$

▲ 圖 14.18 使用折扣累積獎勵作為評價標準

距離 a_1 越遠，乘以 γ 的次數越多。r_2 距離 a_1 一步，乘以 γ 一次；r_3 距離 a_1 兩步，乘以 γ 兩次；等累加到 r_N 的時候，r_N 對 G'_1 幾乎沒有影響，因為 γ 已經被乘以很多次了，已經很小了。

透過引入折扣因數，可以賦予距離 a_1 比較近的那些獎勵比較大的權重，而賦予距離 a_1 比較遠的那些獎勵比較小的權重。因此新的 A_i 等於 G'_i，距離所採取動作越遠，γ 被乘以的次數越多，對 G' 的影響也就越小。

> **Q** 越早的動作累積到的分數越多，越晚的動作累積到的分數越少，是這樣嗎？
>
> **A** 對於遊戲等情況，越早的動作就會累積到越多的分數，因為較早的動作對接下來的事情影響比較大，需要特別留意。到了遊戲的終局，外星人基本沒有了，智慧代理所做的事情對結果影響不大。如果不希望較早的動作累積到的分數太多，完全可以改變 A_i 的定義。

> **Q** 折扣累積獎勵是不是不適合用在圍棋之類的遊戲（圍棋這種遊戲只有到了結尾才有分數）中？
>
> **A** 折扣累積獎勵可以處理這種直到結尾才有分數的遊戲。假設只有 r_N 有分數，其他 r 都是 0。智慧代理採取一系列動作，只要最後贏了，這一系列動作就是好的；如果最後輸了，這一系列動作就是不好的。最早版本的 AlphaGo 就採用這種方法訓練網路，但它還使用一些其他的方法，比如價值網路（value network）等。

14.3.4 使用折扣累積獎勵減去基線作為評價標準

好或壞是相對的，假設在遊戲裡面，每採取一個動作的時候，最低分預設為 10 分，因此得到 10 分的獎勵算是差的。用 G' 來表示評估標準會有一個問題，在遊戲裡面，可能永遠都會拿到正的分數，對每一個動作都給出正的分數，只是高低不同，G' 算出來的結果也都是正的，有些動作其實是不好的，但是我們仍然鼓勵模型採取這些動作。因此，我們在版本 3 中需要做一下標準化，最簡單的方法是把所有的 G' 都減掉一個基線 b，讓 G' 有正有負，讓特別高的 G' 是正的，而讓特別低的 G' 是負的，如圖 14.19 所示。

訓練資料

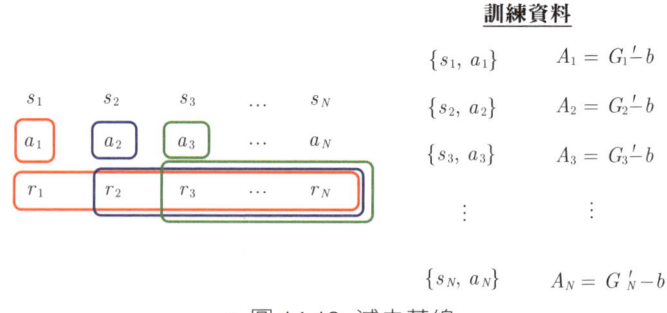

$\{s_1, a_1\}$ $A_1 = G'_1 - b$

$\{s_2, a_2\}$ $A_2 = G'_2 - b$

$\{s_3, a_3\}$ $A_3 = G'_3 - b$

$\vdots$

$\{s_N, a_N\}$ $A_N = G'_N - b$

▲ 圖 14.19 減去基線

策略梯度演算法（見演算法 14.1）中的評價標準就是 $G'-b$。首先隨機初始化智慧代理，給智慧代理一個隨機初始化的參數 θ_0。然後進入訓練反覆運算階段，假設要進行 T 次訓練反覆運算。一開始智慧代理什麼都不會，它所採

取的動作都是隨機的，但它會越來越好。智慧代理會和環境互動，得到一組狀態－動作對。接下來對動作進行評價，用 $A_1 \sim A_N$ 來決定這些動作的好壞。接下來定義損失並更新模型，更新的過程和梯度下降一模一樣。最後計算 L 的梯度，在前面乘以學習率 η，用該梯度更新模型，把 θ_{i-1} 更新成 θ_i。

▼ 演算法 14.1　策略梯度演算法

1	初始化智慧代理網路參數 θ
2	for $i = 1$ to T do
3	使用智慧代理 $\pi_{\theta_{i-1}}$ 進行互動
4	獲取資料 $\{s_1, a_1\}, \{s_2, a_2\}, \cdots, \{s_N, a_N\}$;
5	計算 $A_1, A_2, \cdots, A_N$;
6	計算損失 L;
7	$\theta_i \leftarrow \theta_{i-1} - \eta \nabla L$
8	end

在一般的訓練中，收集資料都是在訓練反覆運算之外進行的。比如有一組資料，拿這組資料來做訓練，更新模型很多次，最後得到一個收斂的參數，可以拿這個參數來做測試。但在增強式學習中，收集資料是在訓練反覆運算的過程中進行的。

如圖 14.20 所示，可以用一種圖形化的方式來表示增強式學習的訓練過程。訓練資料中有很多來自某個智慧代理的狀態－動作對，對於每個狀態－動作對，可以使用評價 A_i 來判斷動作的好壞。透過訓練資料訓練智慧代理，使用評價 A_i 定義損失 L 並更新參數一次。一旦更新完一次參數，就只有等到重新收集完資料後才能更新下一次參數，這就是增強式學習的訓練過程非常花時間的原因。增強式學習每更新完一次參數以後，資料就要重新收集一次，才能再次更新參數。如果參數要更新 400 次，資料就要收集 400 次，這個過程非常耗費時間。

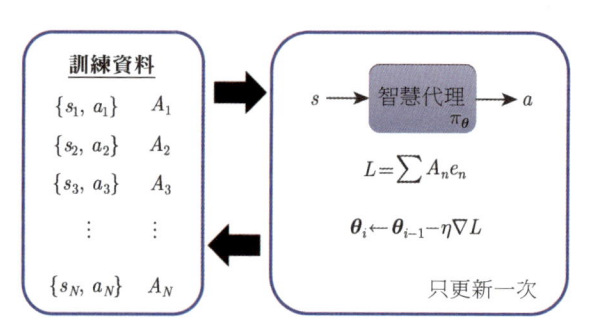

▲ 圖 14.20 增強式學習的訓練過程

在策略梯度演算法中，每次更新完模型參數以後，就需要重新收集資料。如演算法 14.1 所示，這些資料是由 $\pi_{\theta_{i-1}}$ 收集得到的，這是 $\pi_{\theta_{i-1}}$ 和環境互動的結果，也是 $\pi_{\theta_{i-1}}$ 的經驗，這些經驗可以拿來更新 $\pi_{\theta_{i-1}}$ 的參數，但不一定適合拿來更新 π_{θ_i} 的參數。

舉個例子，進藤光和佐為下圍棋，進藤光下了小飛（一種棋步，後文出現的「大飛」也是一種棋步）。下完棋以後，佐為告訴進藤光，對於這種情況不要下小飛，而要下大飛。之前下小飛是對的，因為小飛的後續下法比較容易預測，也比較不容易出錯，大飛的下法則比較複雜。但進藤光要想變強的話，他就應該學習下大飛，或者說進藤光在變得比較強以後，他應該下大飛。同樣是下小飛，對不同棋力的棋手來說，作用是不一樣的。對於比較弱的進藤光，下小飛是對的，因為這樣比較不容易出錯；但對於變強的進藤光來說，下大飛比較好。因此同一個動作，對於不同的智慧代理而言，好壞是不一樣的。

如圖 14.21 所示，假設用 $\pi_{\theta_{i-1}}$ 收集了一組資料，這些資料只能用來訓練 $\pi_{\theta_{i-1}}$，不能用來訓練 π_{θ_i}。假設 $\pi_{\theta_{i-1}}$ 和 π_{θ_i} 在 s_1 都會採取動作 a_1，但到了 s_2 以後，它們採取的動作可能就不一樣了。因此 π_{θ_i} 和 $\pi_{\theta_{i-1}}$ 收集的資料根本就不一樣。使用 $\pi_{\theta_{i-1}}$ 收集的資料來評估 π_{θ_i} 接下來得到的獎勵其實是不合適的。如果收集資料的智慧代理與要訓練的智慧代理是同一個智慧代理，那麼當智慧代理更新以後，就得重新收集資料。**異策略學習（off-policy learning）** 可以解決該問題。

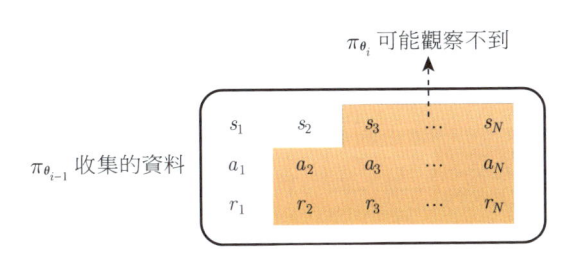

▲ 圖 14.21 不同智慧代理收集的資料不能共用

同策略學習（on-policy learning）是指要訓練的智慧代理與和環境互動的智慧代理是同一個智慧代理，比如策略梯度演算法就是同策略的學習演算法。而在異策略學習中，和環境互動的智慧代理與要訓練的智慧代理是兩個智慧代理，要訓練的智慧代理能夠根據另一個智慧代理和環境互動的經驗進行學習，因此異策略學習不需要一直收集資料。同策略學習每更新一次參數就要收集一次資料；異策略學習收集一次資料，就可以更新參數很多次。

探索（exploration）是增強式學習訓練過程中一個非常重要的技巧。智慧代理在採取動作的時候是有一些隨機性的。隨機性非常重要，很多時候，隨機性不夠，智慧代理就訓練不起來。假設有一些動作從來沒被採取過，這些動作的好壞就是未知的。比如，假設一開始初始的智慧代理永遠都只會右移，從來沒有開火過，開火動作的好壞就是未知的。只有在某個智慧代理試圖做開火這件事並得到獎勵後，才有辦法評估這個動作的好壞。在訓練的過程中，與環境互動的智慧代理本身的隨機性是非常重要的，只有隨機性強一點，才能夠收集到比較多的資料。

為了讓智慧代理的隨機性強一點，我們在訓練的時候甚至會刻意加強智慧代理的隨機性。比如智慧代理的輸出是一個分布，可以加大該分布的熵（entropy），讓智慧代理在訓練的時候，比較容易取樣到機率比較小的動作。或者直接給這個智慧代理的參數添加雜訊，讓它每一次採取的動作都不一樣。

14.3.5 Actor-Critic

與環境互動的網路稱為 Actor（演員，策略網路），而 Critic（評論員，價值網路）的作用就是判斷一個智慧代理的好壞。版本 3.5 與 Critic 及其訓練方

法有關。假設有一個智慧代理的參數為 π_θ，這個智慧代理在看到某個觀察點（比如某個遊戲畫面）後，就有可能得到獎勵。Critic 有很多不同的變化，有的 Critic 只看遊戲畫面來判斷；而有的 Critic 還要求 Actor 採取某個動作，在以上兩者都具備的前提下，智慧代理才會得到獎勵。

Critic 又稱為**價值函式**（value function），可以用 $V_{\pi_\theta}(s)$ 來表示。π_θ 代表觀察點 V 的 Actor 的策略為 π_θ。如圖 14.22(a) 所示，輸入是 s，V_{π_θ} 就是一個函式，輸出是一個純量 $V_{\pi_\theta}(s)$。價值函式 $V_{\pi_\theta}(s)$ 表示智慧代理 π_θ 看到觀察點後得到的折扣累積獎勵（discounted cumulated reward）G'。價值函式在看到圖 14.22(b) 所示的遊戲畫面後，直接預測智慧代理會得到很多的獎勵，因為該遊戲畫面裡還有很多的外星人，假設智慧代理很厲害，接下來它就會得到很多的獎勵。圖 14.22(c) 所示的遊戲畫面已經是遊戲的殘局，遊戲快結束了，剩下的外星人不多了，智慧代理可以得到的獎勵比較少。價值函式與它所觀察的智慧代理是有關係的，對於同樣的觀察點，不同的智慧代理得到的折扣累積獎勵應該不同。

(a) 價值函式 V_{π_θ}　　(b) $V_{\pi_\theta}(s)$ 較大　　(c) $V_{\pi_\theta}(s)$ 較小

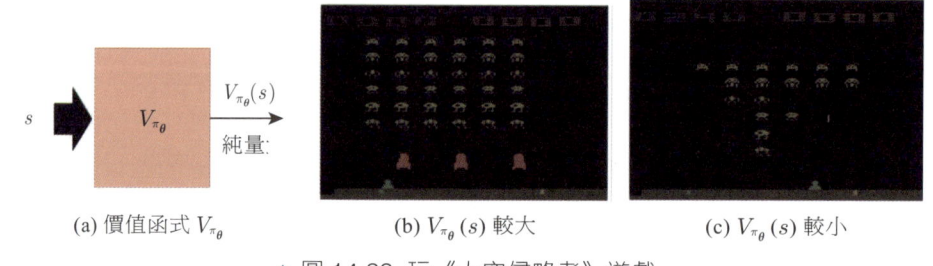

▲ 圖 14.22 玩《太空侵略者》遊戲

Critic 有兩種常用的訓練方法：蒙地卡羅方法和時序差分方法。智慧代理在和環境互動很多輪以後，會得到一些遊戲紀錄。從這些遊戲紀錄可知，看到遊戲畫面 s_a，累積獎勵為 G'_a；看到遊戲畫面 s_b，累積獎勵為 G'_b。如果使用蒙地卡羅（Monte Carlo，MC）方法，如圖 14.23 所示，輸入 s_a 給價值函式 V_{π_θ}，其輸出 $V_{\pi_\theta}(s_a)$ 和 G'_a 越接近越好；將 s_b 輸入價值函式 V_{π_θ}，其輸出 $V_{\pi_\theta}(s_b)$ 和 G'_b 越接近越好。

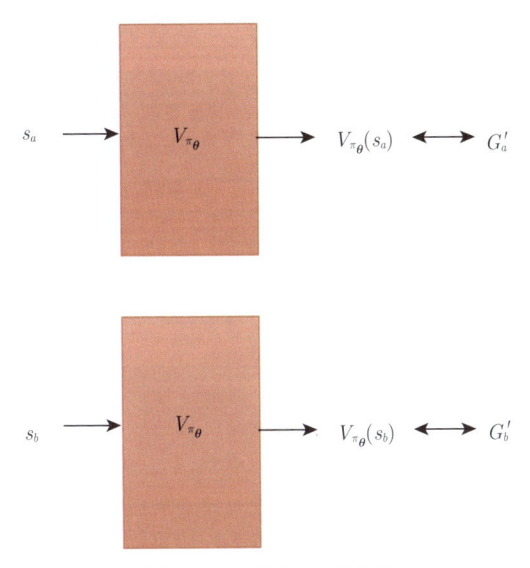

▲ 圖 14.23 蒙地卡羅方法

使用時序差分（Temporal-Difference，TD）方法不用玩完整個遊戲，只要看到資料 $\{s_t,a_t,r_t,s_{t+1}\}$，就能夠訓練 $V_{\pi_\theta}(s)$，也就可以更新 $V_{\pi_\theta}(s)$ 的參數。使用蒙地卡羅方法則需要玩完整個遊戲，才能得到一筆訓練資料。有的遊戲其實很耗費時間，甚至有的遊戲不會結束，這些遊戲就不適合使用蒙地卡羅方法。在時序差分方法中，$V_{\pi_\theta}(s_t)$ 和 $V_{\pi_\theta}(s_{t+1})$ 的關係如公式 (14.10) 所示（為了簡化，沒有取期望值）。

$$V_{\pi_\theta}(s_t) = r_t + \gamma r_{t+1} + \gamma^2 r_{t+2} + \cdots$$
$$V_{\pi_\theta}(s_{t+1}) = r_{t+1} + \gamma r_{t+2} + \cdots \qquad (14.10)$$
$$V_{\pi_\theta}(s_t) = \gamma V_{\pi_\theta}(s_{t+1}) + r_t$$

假設有一筆資料 $\{s_t,a_t,r_t,s_{t+1}\}$，將 s_t 代入價值函式，得到 $V_{\pi_\theta}(s_t)$；將 s_{t+1} 代入價值函式，得到 $V_{\pi_\theta}(s_{t+1})$。雖然 $V_{\pi_\theta}(s_t)$ 和 $V_{\pi_\theta}(s_{t+1})$ 的值是未知的，但它們滿足如下關係：

$$V_{\pi_\theta}(s_t) - \gamma V_{\pi_\theta}(s_{t+1}) \leftrightarrow r_t \qquad (14.11)$$

$V_{\pi_\theta}(s_t) - \gamma V_{\pi_\theta}(s_{t+1})$ 與 r_t 越接近越好。

對於使用同樣的 π_θ 得到的訓練資料，用蒙地卡羅方法和用時序差分方法計算出的價值很可能是不一樣的。圖 14.24 給出了某個智慧代理和環境互動，玩了某個遊戲 8 次的紀錄。

Critic 觀察了以下 8 個回合

- S_a，$r=0$，S_b，$r=0$，結束
- S_b，$r=1$，結束
- S_b，$r=1$，結束
- S_b，$r=1$，結束
- S_b，$r=1$，結束
- S_b，$r=1$，結束
- S_b，$r=1$，結束
- S_b，$r=0$，結束

▲ 圖 14.24 時序差分方法與蒙地卡羅方法的差別 [1]

為了簡化計算，假設這些遊戲都非常簡單，經過一兩個回合就結束了。比如智慧代理第一次玩遊戲的時候，它首先看到畫面 s_a，得到獎勵 0，然後看到畫面 s_b，也得到獎勵 0，遊戲結束。接下來智慧代理又玩了 6 次，每次都看到畫面 s_b，得到獎勵 1 就結束了。智慧代理最後一次玩這個遊戲時，看到畫面 s_b，得到獎勵 0 就結束了。

> **Q** 如果 s_a 的後面接的不一定是 s_b，該如何處理？
>
> **A** s_a 的後面接的不一定是 s_b，這個問題在圖 14.24 所示的例子中是無法處理的。因為在圖 14.24 中，s_a 的後面只會接 s_b，我們沒有觀察到其他的可能性，所以無法處理這個問題。在做增強式學習的時候，取樣是非常重要的，增強式學習最後學得好不好，跟取樣的好壞關係非常大。

為了簡化起見，先忽略動作，並假設 $\gamma=1$，即不做折扣。$V_{\pi_\theta}(s_b)$ 是指看到畫面 s_b 得到的獎勵的期望值。畫面 s_b 在遊戲中總共被看到 8 次，其中有 6 次得到 1 分，剩下的兩次得到 0 分，所以平均分為

$$\frac{6\times 1+2\times 0}{8}=\frac{6}{8}=\frac{3}{4} \qquad (14.12)$$

$V_{\pi_\theta}(s_a)$ 可以是 0 或 $\frac{3}{4}$。如果用蒙地卡羅方法來計算,則因為只看到畫面 s_a 一次,看到畫面 s_a 得到的獎勵 0,而看到畫面 s_b 得到的獎勵還是 0,所以累積獎勵是 0,$V_{\pi_\theta}(s_a) = 0$。但如果用時序差分方法來計算,則由於 $V_{\pi_\theta}(s_a)$ 和 $V_{\pi_\theta}(s_b)$ 之間存在如下關係:

$$V_{\pi_\theta}(s_a) = V_{\pi_\theta}(s_b) + r \tag{14.13}$$

因此

$$V_{\pi_\theta}(s_a) = V_{\pi_\theta}(s_b) + r$$
$$= \frac{3}{4} + 0 = \frac{3}{4} \tag{14.14}$$

使用蒙地卡羅方法和使用時序差分方法計算得到的結果都是對的,但它們背後的假設是不同的。對於蒙地卡羅方法而言,就是直接看我們觀察到的資料,s_a 之後接 s_b 得到的累積獎勵就是 0,所以 $V_{\pi_\theta}(s_a)$ 是 0。但對於時序差分方法而言,背後的假設是 s_a 和 s_b 沒有關係,看到 s_a 之後再看到 s_b,並不會影響看到 s_b 之後得到的獎勵。看到 s_b 之後得到的期望獎勵應該是 $\frac{3}{4}$,所以看到 s_a 之後再看到 s_b,得到的期望獎勵也應該是 $\frac{3}{4}$。從時序差分的角度來看,看與 s_b 之後會得到多少獎勵與 s_a 是沒有關係的,所以 s_a 的累積獎勵應該是 $\frac{3}{4}$。

接下來介紹如何用 Critic 訓練 Actor。智慧代理在和環境互動後,會得到一組如圖 14.25 所示的狀態 – 動作對。比如看到 s_1 之後,採取動作 a_1,得到分數 A_1,可令 $A_1 = G'_1 - b$。

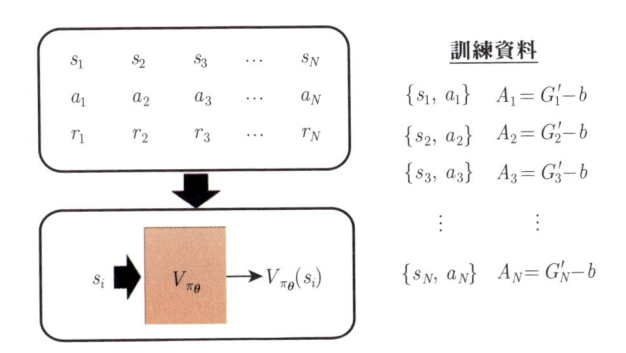

▲ 圖 14.25 使用折扣累積獎勵減去基線作為評價標準

在學習出 V_{π_θ} 之後，給定一個狀態 s_i，產生分數 $V_{\pi_\theta}(s_i)$，基線 b 可設成 $V_{\pi_\theta}(s_i)$，因此 A_i 可設成 $G'_i - V_{\pi_\theta}(s_i)$，如圖 14.26 所示。

訓練資料

$\{s_1, a_1\}$ $A_1 = G'_1 - V_{\pi_\theta}(s_1)$
$\{s_2, a_2\}$ $A_2 = G'_2 - V_{\pi_\theta}(s_2)$
$\{s_3, a_3\}$ $A_3 = G'_3 - V_{\pi_\theta}(s_3)$
$\vdots$ $\vdots$
$\{s_N, a_N\}$ $A_N = G'_N - V_{\pi_\theta}(s_N)$

▲ 圖 14.26 使用 $V_{\pi_\theta}(s)$ 作為基線

A_t 代表 $\{s_t, a_t\}$ 的好壞，智慧代理在看到某個畫面 s_t 以後，會繼續玩遊戲，遊戲有隨機性，每次得到的獎勵都不太一樣，$V_{\pi_\theta}(s_t)$ 是一個期望值。此外，智慧代理在看到畫面 s_t 的時候，不一定會採取動作 a_t。因為智慧代理本身是有隨機性的，在訓練的過程中，對於同樣的狀態，智慧代理輸出的動作不一定一模一樣。智慧代理的輸出是動作空間中的機率分布，給每一個動作一個分數，按照這個分數去做取樣。有些動作被取樣到的機率高，有些動作被取樣到的機率低，但每一次取樣出來的動作不一定是一模一樣的。所以如圖 14.27 所示，在看到畫面 s_t 之後，接下來還有很多不同的可能，可以計算出不同的累積獎勵（此處是無折扣的累積獎勵）。

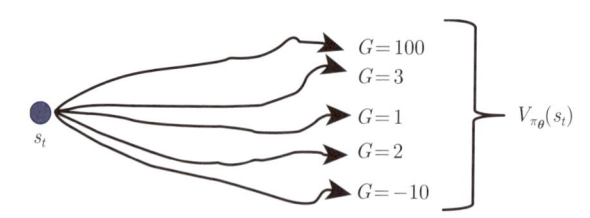

▲ 圖 14.27 在看到畫面 s_t 之後，可以計算出不同的累積獎勵

把這些可能的結果平均起來，就是 $V_{\pi_\theta}(s_t)$。G'_t 是指在看到畫面 s_t 之後，採取動作 a_t 得到的累積獎勵。如果 $A_t > 0$，則 $G'_t > V_{\pi_\theta}(s_t)$，這代表動作 a_t 比隨機取樣到的動作還要好；如果 $A_t < 0$，則代表隨機取樣到的動作不如動作 a_t。

G_t' 是一個取樣的結果，在採取動作 a_t 以後，可以一直玩到遊戲結束；$V_{\pi_\theta}(s_t)$ 則是對很多可能平均以後得到的結果。用一個取樣減掉平均，其實不太準，這個取樣可能特別好或特別壞。所以其實可以用平均去減平均，得到版本 4，即優勢 Actor-Critic。

14.3.6　優勢 Actor-Critic

採取動作 a_t 可以得到獎勵 r_t，然後看到下一個畫面 s_{t+1}。接下來一直玩下去，有很多不同的可能，每個可能都會得到一個獎勵，把這些獎勵平均以後的結果就是 $V_{\pi_\theta}(s_{t+1})$。需要玩很多次遊戲，才能得到這個平均值。但我們可以訓練出一個好的 Critic，在 s_{t+1} 這個畫面下，得到累積獎勵的期望值。在 s_t 這邊採取動作 a_t 會得到獎勵 r_t，再跳到 s_{t+1}，在 s_{t+1} 這邊會得到期望的獎勵 $V_{\pi_\theta}(s_{t+1})$。所以 $r_t + V_{\pi_\theta}(s_{t+1})$ 代表在 s_t 這邊採取動作 a_t 會得到的獎勵的期望值。把 G_t' 換成 $r_t + V_{\pi_\theta}(s_{t+1})$，如圖 14.28 所示。如果 $r_t + V_{\pi_\theta}(s_{t+1}) > V_{\pi_\theta}(s_t)$，則代表動作 a_t 比從一個分布中隨便取樣到的動作好；反之，則代表動作 a_t 比從一個分布中隨機取樣到的動作差。在優勢 Actor-Critic 中，A_t 就是 $r_t + V_{\pi_\theta}(s_{t+1}) - V_{\pi_\theta}(s_t)$。

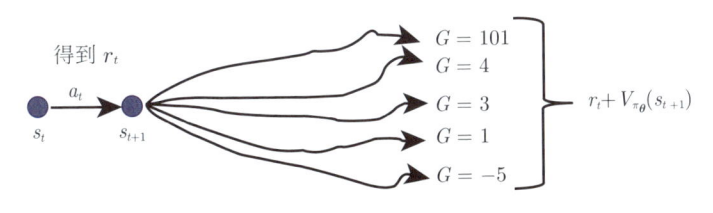

▲ 圖 14.28　優勢 Actor-Critic

Actor-Critic 有一個訓練技巧。Actor 和 Critic 都是網路，Actor 網路的輸入是一個遊戲畫面，輸出是每一個動作的分數。Critic 網路的輸入是遊戲畫面，輸出是一個數值，代表接下來得到的累積獎勵。圖 14.29 中有兩個網路，它們的輸入一樣，所以這兩個網路應該有部分參數可以共用。當輸入非常複雜時（比如遊戲畫面），前面的幾層需要是卷積神經網路。所以 Actor 和 Critic 可以共用前面的幾層，我們在實作中往往也會這樣設計 Actor-Critic。

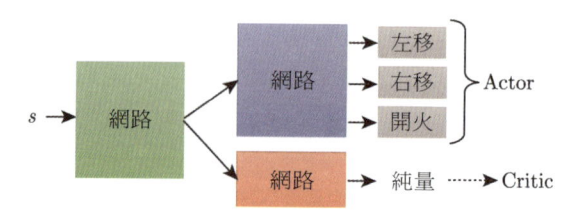

▲ 圖 14.29 Actor-Critic 訓練技巧

增強式學習還可以直接用 Critic 決定將要採取的動作，比如深度 Q 網路（Deep Q-Network，DQN）。DQN 有非常多的變化，有一篇非常知名的論文，名為「Rainbow: Combining Improvements in Deep Reinforcement Learning」[2]，把 DQN 的 7 種變化集中了起來，因為有 7 種變化被集中起來，所以這種方法又稱為彩虹法（見圖 14.30）。

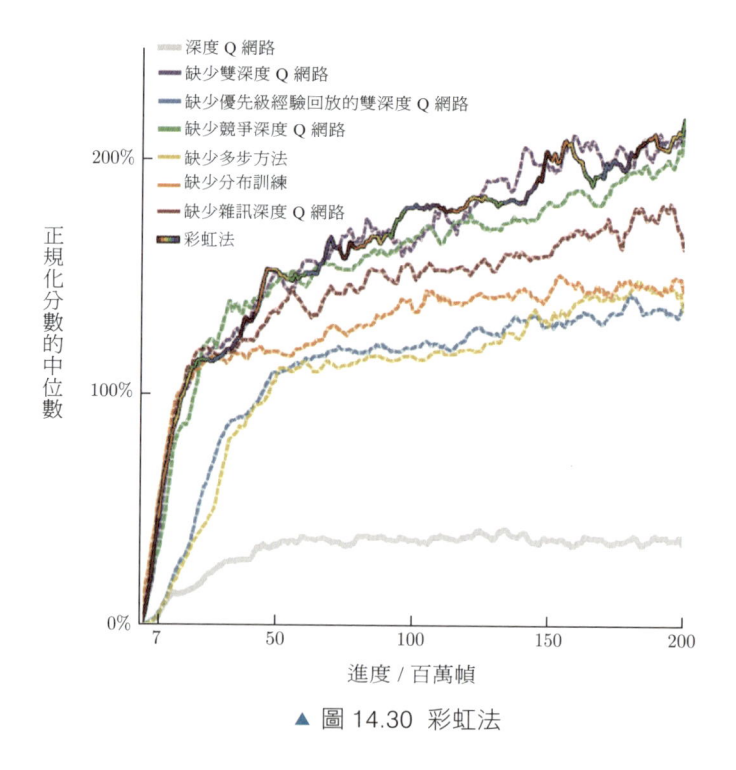

▲ 圖 14.30 彩虹法

增強式學習裡還有很多技巧，比如稀疏獎勵的處理方法以及模仿學習，詳細內容可以參考《Easy RL：強化學習教程》[3]，此處不再贅述。

參考資料

[1] SUTTON R S, BARTO A G. Reinforcement learning: An introduction[M]. 2nd ed. London: MIT Press, 2018.

[2] HESSEL M, MODAYIL J, VAN HASSELT H, et al. Rainbow: Combining improvements in deep reinforcement learning[C]//Proceedings of the AAAI Conference on Artificial Intelligence. 2018, 32(1): 3215-3222.

[3] 王琦，杨毅远，江季. Easy RL: 强化学习教程 [M]. 北京：人民邮电出版社, 2022.

Chapter 15 元學習

15.1 元學習的概念

元學習（meta learning）的字面意思是「學習的學習」，也就是學習如何學習。大部分的深度學習就是不斷地調整超參數，或者決定網路架構、改變學習率等。實際上並沒有什麼好的方法來調整這些超參數，今天工業界最常拿來解決超參數調整問題的方法是買很多個 GPU，然後一次訓練多個模型，放棄訓練不起來、訓練效果比較差的模型，最後只看那些可以訓練的、訓練效果比較好的模型會得到什麼樣的效能。所以業界在做實驗的時候往往一次在多個 GPU 上執行多組不同的超參數，看看哪一組超參數可以得到最好的結果。但學術界通常沒有那麼多 GPU，需要憑著經驗和直覺來定義效果可能比較好的超參數，然後看看這些超參數會不會得到好的結果。但是這樣的方法往往需要花費很長的時間，因為需要不斷地調整這些超參數。所以人們開始想辦法讓機器自己去調整這些超參數，讓機器自己去學習一個最佳的模型和網路架構，然後得到好的結果。元學習就這樣誕生了。

接下來分析元學習的本質以及元學習的三個步驟。首先，元學習演算法簡化來看其實就是一個函式。我們用 F 來表示這個函式，不同於普通的機器學習演算法的輸入是一張圖片，元學習的函式 F 是一個資料集，這個資料集裡有很多的訓練資料。把訓練資料集輸入函式 F，它會輸出訓練完的結果。假設我們要訓練的是一個分類器，則函式 F 的輸入就是訓練資料，輸出就是分類器。有了這個分類器以後，我們就可以把測試資料輸入，輸出的結果則是我

們想要的分類結果。所以一個元學習演算法就是一個函式，我們用 F 來表示它；而函式 F 的輸入就是訓練資料，輸出是另外一個函式，我們用 f 來表示它。函式 f 的輸入是一張圖片，輸出是分類結果，整個元學習的框架如圖 15.1 所示。所以元學習的目標就是找到一個函式 F，這個函式 F 可以讓函式 f 的損失越小越好。這個 F 函式是人為設定的，或者說是我們提前設定好的。

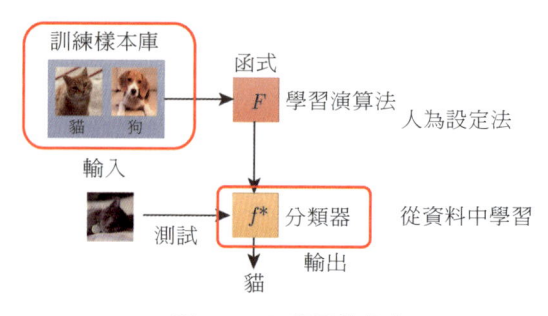

▲ 圖 15.1 元學習的框架

我們其實也可以直接學習這個 F 函式，對應我們在機器學習中介紹的三個步驟。在元學習中，其實我們要找的也是一個函式，只是這個函式與機器學習要找的函式不一樣，是一個學習演算法。下面我們分別類比機器學習中的三個步驟來介紹元學習中的三個步驟，尋找學習函式。

15.2 元學習的三個步驟

元學習的步驟一如圖 15.2 所示。首先，我們的學習演算法裡得有一些要被學習的東西，就像在機器學習中，神經元的權重和偏差是要被學出來的一樣。在元學習中，我們通常會考慮讓機器自己學習網路架構、初始化的參數、學習率等。我們期待它們是可以透過學習演算法學出來的，而不是像機器學習那樣需要進行人為設定。我們把這些在學習演算法裡想要機器自學的東西統稱為 ϕ；而在機器學習中，我們用 θ 來代表一個函式裡想要機器自學的東西。接下來，我們將學習演算法寫為 F_ϕ，這代表學習演算法裡有一些未知的參數。當機器想辦法去學模型裡不同的成分時，我們就有了不同的元學習方法。

15.2 元學習的三個步驟

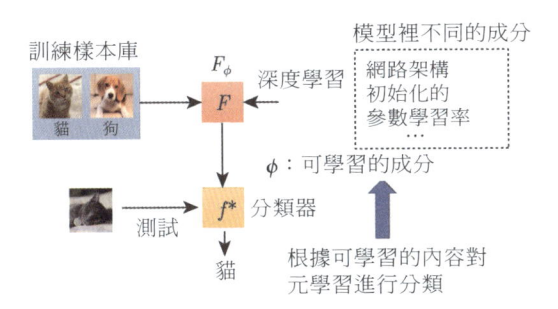

▲ 圖 15.2 元學習的步驟一：學習演算法

元學習的步驟二如圖 15.3 所示。設定一個損失函式，損失函式在元學習裡決定了學習演算法的好壞。$L(\phi)$ 代表將 ϕ 作為參數的學習演算法的效能。$L(\phi)$ 的值如果很小，它就是一個好的學習演算法；反之，它就是一個不好的學習演算法。我們需要如何決定這個損失函式呢？在機器學習中，損失函式來自訓練資料；而在元學習中，我們收集的是訓練任務。舉例來說，假設我們想要訓練一個二元分類的分類器，用於分辨蘋果和柳丁（任務 1），以及分辨自行車和汽車（任務 2），以上每一個任務裡都有訓練資料和測試資料。

▲ 圖 15.3 元學習的步驟二：定義損失函式

接下來分析元學習中的損失函式應該如何定義。評價一個學習演算法的好壞，要看它在某個任務中使用訓練資料學習到的演算法的好壞。比如，任務 1 是分辨蘋果和柳丁，把任務 1 中的訓練資料拿出來給這個學習演算法，進而學出一個分類。我們用 $f_{\theta^{1*}}$ 來表示這是任務 1 的分類，旨在分辨蘋果和柳丁。如果這個分類是好的，則代表這個學習演算法也是好的；反之，如果這個分類

是不好的,則代表這個學習演算法也是不好的。對於不好的學習演算法(在測試資料上表現不好),我們就給它比較大的損失 $L(\phi)$。

到目前為止,我們都只考慮了一個任務。在元學習中,我們通常不會只考慮一個任務,也就是說,我們不會只用蘋果和柳丁的分類來看一個二元分類學習演算法的好壞。我們還希望拿別的二元分類任務來測試它,比如用於區分自行車和汽車的訓練資料(見圖 15.4),將它們輸入這個學習演算法,讓它進行分類。這兩個學習演算法是一樣的,但是因為輸入的訓練資料不一樣,所以產生的分類也不一樣。θ^{1*} 代表的是這個學習演算法在任務 1(分辨蘋果和柳丁)中學習得到的參數,θ^{2*} 代表的是這個學習演算法在任務 2(分辨自行車和汽車)中學習得到的參數。與任務 1 相同,任務 2 自身也有一些測試資料。將任務 2 的測試資料輸入 $f_{\theta^{2*}}$,然後看看得到的準確率如何,就可以得到這個學習演算法在任務 2 中的表現。我們在知道這個學習演算法在任務 1 和任務 2 中的表現以後,就可以綜合它們,得到整個學習演算法的損失。當然,如果擴充到 N 個任務,整個損失就是 N 個任務的總損失,我們把這個損失寫成 $L(\phi)$,這個損失就是元學習的損失,它代表了這個學習演算法在學習所有問題時的表現有多好。

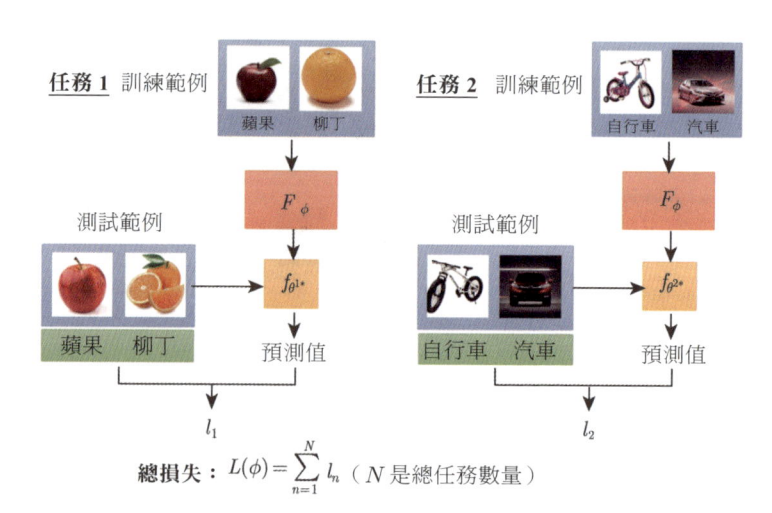

▲ 圖 15.4 元學習的步驟二中的多任務分類

大家應該已經注意到一件事情，在為元學習中的每一個任務計算損失的時候，我們用測試資料來進行計算。而在一般的機器學習中，損失其實是用訓練資料來進行計算的。這是因為我們的訓練單位是任務，所以可以使用訓練任務裡的測試資料，訓練任務裡的測試資料是可以在元學習的訓練過程中加以使用的。

元學習的步驟三是要找一個學習演算法，即找到一個 ϕ，讓損失越小越好。這件事怎麼做呢？我們已經寫出了損失函式 $L(\phi)$，它是 N 個任務的損失的總和。我們現在要找到一個 ϕ，使得 $L(\phi)$ 最小，我們將這個 ϕ 定義為 ϕ^*。解這個最佳化問題的方法有很多，比如之前我們介紹過的梯度下降；如果沒有辦法計算梯度，也可以用增強式學習的方法來解這個最佳化問題；或者使用進化演算法來解這個最佳化問題。總之，我們可以讓機器自己找到一個學習演算法 F_{ϕ^*}，這個學習演算法 F_{ϕ^*} 就是我們的元學習演算法。

元學習的完整框架如圖 15.5 所示。首先收集一批訓練資料，這些訓練資料是由很多個任務組成的，並且每一個任務都有訓練資料和測試資料。根據這些訓練資料執行上述元學習的三個步驟，就可以得到一個學習演算法 F_{ϕ^*}。接下來，我們可以用這個學習演算法 F_{ϕ^*} 進行測試。假設在訓練的時候，訓練任務是教機器學會分辨蘋果和柳丁以及分辨自行車和汽車；而在測試的時候，則要分辨貓和狗，每一個任務裡既有訓練資料，也有測試資料。我們需要機器從測試任務裡的訓練資料中學出一個分類，然後把這個分類用在測試任務裡的測試資料上。其中，我們真正關心的是測試任務裡的測試資料，因為測試資料是我們真正要分類的東西。

很多人覺得少樣本學習和元學習非常像，我們簡單區分一下元學習和少樣本學習。簡單來說，少樣本學習指的是期待機器只看幾個範例，比如每個類別都只給三張圖片，它就可以學會做分類。而我們想要達到的少樣本學習中的演算法，通常就是用元學習得到的學習演算法。

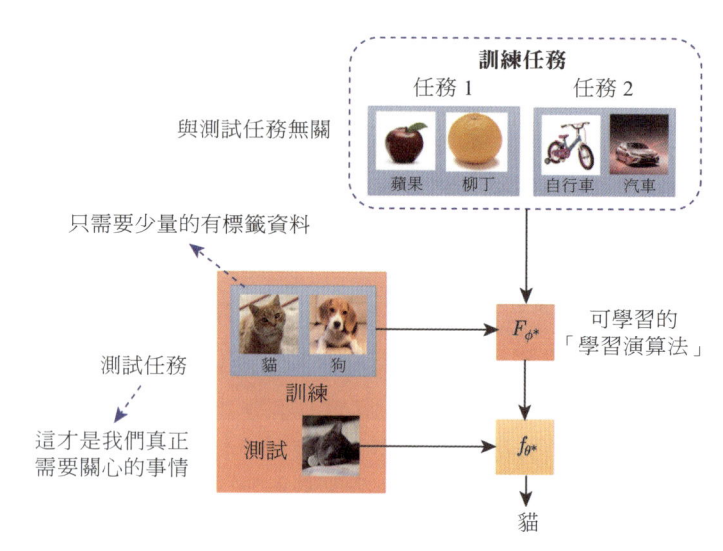

▲ 圖 15.5 元學習的完整框架

15.3 元學習與機器學習

本節比較機器學習和元學習的差異。首先來看一下機器學習和元學習的目標，如圖 15.6 所示。機器學習的目標是找到一個函式 f，這個函式可以是一個分類器，把幾百張圖片輸入進去，它會告訴我們分類的結果。元學習的目標也是找到一個函式，但它要找的是一個學習演算法 F_{ϕ^*}，這個學習演算法可以接收訓練資料，然後輸出一個分類器 f。學習演算法 F_{ϕ^*} 將訓練資料作為輸入，直接輸出訓練的分類結果 f，f 就是我們想要的分類器。

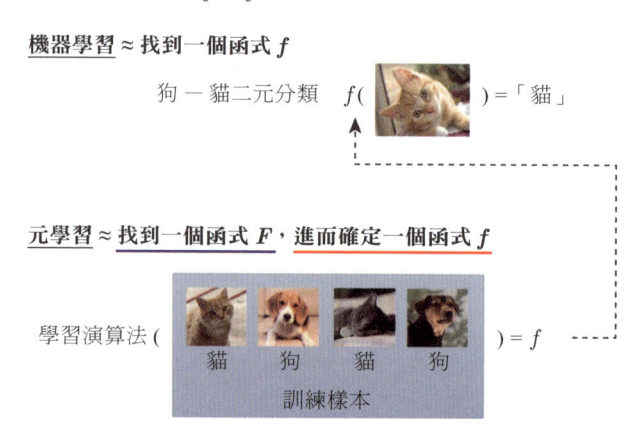

▲ 圖 15.6 元學習和機器學習的目標

15.3 元學習與機器學習

　　站在訓練資料的角度，在機器學習中，我們用某個任務裡的訓練資料進行訓練；而在元學習中，我們用測試資料進行訓練。這很容易搞混，有些文獻把任務裡的訓練資料叫作支援（support）資料，而把測試資料叫作查詢（query）資料。在元學習中，我們用查詢資料進行訓練；而在機器學習中，我們用支援資料進行訓練。

　　在機器學習中，我們需要手動設定一個學習演算法；而在元學習中，我們有一系列的訓練任務。所以元學習中學習演算法部分的學習又稱為跨任務學習；而對應的機器學習中的學習則稱為單一任務學習，因為我們是在一個任務裡進行學習。

　　我們再對比一下兩者的框架，如圖 15.7 所示。在機器學習中，完整的框架就是把訓練資料拿去產生一個分類器，接著再把測試資料輸入這個分類器，得出分類的結果。而在元學習中，我們有一系列的訓練任務，把這些訓練任務拿來產生一個學出來的學習演算法，名叫 F_{ϕ^*}。對於接下來的測試任務，測試任務裡有支援資料和查詢資料，我們先把測試任務裡的訓練資料輸入學習演算法，得到一個分類器，再把測試資料輸入，得到分類的結果。我們把元學習裡的這個測試叫作跨任務測試，因為它不是一般的測試；而把一般的機器學習中的這個測試叫作單一任務測試，因為我們是在一個任務裡進行測試。

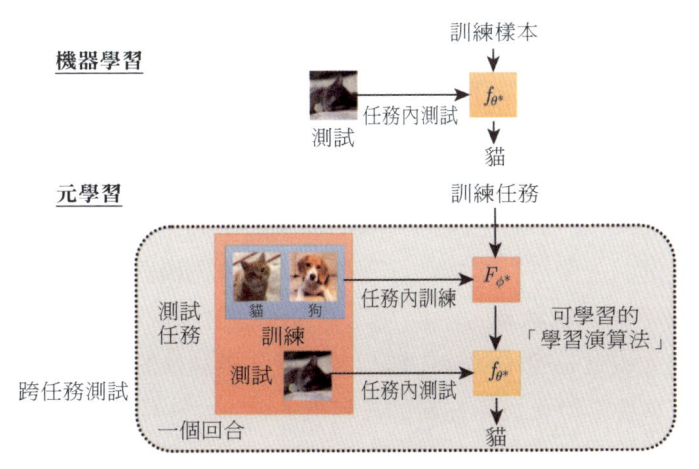

▲ 圖 15.7 對比元學習和機器學習的框架

Chapter 15 元學習

　　在元學習中，我們要測試的不是一個分類表現的好壞，而是一個學習演算法表現的好壞。有時候，我們在一些論文中也會看到整個流程中一次單一任務的訓練和一次跨任務的測試，我們把這個流程叫作一個回合。所以在元學習中，我們是在一個回合裡進行訓練和測試；而在機器學習中，我們是在一個任務裡進行訓練和測試。

　　對於損失，在機器學習中，我們使用 $L(\theta) = \sum_{k=1}^{K} e_k$ 來表示損失函式，其中的 e_k 表示第 k 個訓練樣本的損失，求和表示為所有訓練資料在一個任務中的損失計算總和；在元學習中，我們使用 $L(\phi) = \sum_{n=1}^{N} l_n$ 來表示損失函式，其中的 l_n 表示第 n 個測試樣本的損失，求和表示為所有任務的損失計算總和。

　　對於訓練的過程，兩者也有一些差異。元學習的訓練需要計算 l_n，也就是每一個小任務的損失函式，在這個過程中，我們需要做一次單一任務的「訓練 + 測試」，也就是一個回合。假設在我們的最佳化演算法中，要找到一個 ϕ，使得 $L(\phi)$ 最小。在做這件事情的時候，我們需要計算損失很多次，也就是說，跨任務的訓練包含了很多次的單一任務的「訓練 + 測試」。這非常複雜且耗時。有些文獻將跨任務訓練叫作外迴圈，而把單一任務訓練叫作內迴圈。這是因為在跨任務訓練中要進行好幾次單一任務訓練，所以跨任務訓練在「外」，單一任務訓練在「內」。

　　剛才介紹的都是元學習和機器學習的差別，它們其實也有很多共同之處。很多我們從機器學習那邊學到的知識和基本概念也都可以直接搬到元學習中來。舉例來說，在機器學習中，我們會擔心訓練資料上會有過擬合的問題，元學習中也有過擬合的問題，比如機器學習到了一個學習演算法，這個學習演算法在訓練任務上做得很好，但面對新的測試任務反而做得不好。如果遇到過擬合的問題，應該怎麼辦呢？類比一下機器學習，在機器學習中，最直觀的方法就是收集更多的訓練資料，所以在元學習中也可以做同樣的事 —— 收集更多的訓練任務。也就是說，訓練任務越多，就代表訓練的資料樣本越多，學習演算法就越有機會被概化並用在新的任務上。

　　另外，我們在機器學習中會做資料增強，也就是在訓練的時候，對訓練資料做一些變化，比如對圖片進行旋轉、平移、縮放等，這樣可以讓訓練資料

變多。在元學習中，我們也可以做資料增強，也就是想一些方法來增加訓練任務。比如，我們可以對訓練任務做一些變化，包括改變訓練任務的類、資料等等。此外，我們在做元學習的時候還要做最佳化，要想辦法去找一個 ϕ，讓 $L(\phi)$ 越小越好。假設我們採用了梯度下降法，那麼在做梯度下降的時候，我們還是需要調整學習率，只不過與機器學習不同，我們需要調整的參數是可學習的學習演算法的參數。有人可能會問，既然都要調整參數，何必還要用元學習，直接對每一個機器學習的問題調整參數不就可以了嗎？其實不然，因為在元學習中，我們只需要把學習演算法的參數調整好，就可以一勞永逸地用在其他任務中，而不需要為每一個任務都去調整參數。這樣我們就可以節省很多的時間，也可以讓我們的學習演算法更加高效率。

說到調查參數，另一個問題就出現了：在機器學習中，我們不僅有訓練樣本和測試樣本，同時還有驗證樣本，用於驗證模型的好壞，所以元學習中也應該有用於驗證的任務。也就是說，在元學習中，我們應該有訓練任務、驗證任務和測試任務。其中驗證任務確定了訓練學習演算法時的一些超參數，然後才將其用在測試任務中。

15.4 元學習的實例演算法

前面已經講完了元學習的基本概念，接下來講一些元學習的實例演算法。在這裡我們會介紹兩個演算法：一個是**模型無關元學習**（Model-Agnostic Meta-Learning，MAML）[1]，另一個是 Reptile（MAML 的變化）[2]。這兩個演算法都是在 2017 年提出的，而且都是基於梯度下降法進行最佳化的。最常用的學習演算法是梯度下降法，在梯度下降中，我們有一個網路和一些訓練資料（它們是取樣得到的一個批次），初始化這個網路的參數 θ^0，用這個批次計算梯度，並用梯度更新參數，從 θ^0 到 θ^1，接下來重新計算一次梯度，再更新參數，就這樣反覆下去，直到次數夠多，輸出一個令人滿意的 θ^* 出來為止。

初始化的參數 θ^0 是可以訓練的，一般的 θ 是隨機初始化的，也就是從某個固定的分布裡面取樣出來的。同時 θ^0 對結果往往會有一定程度的影響，這

種影響甚至是決定性的。可不可以透過一些訓練任務，找到一個對訓練特別有幫助的初始化參數呢？當然可以，這可以藉助 MAML 來實現。

　　MAML 的基本想法是最大化模型對超參數的敏感性。也就是說，學習到的超參數要讓模型的損失函數因為樣本的微小變化而有較大的最佳化。因此，模型的超參數設定應該能夠讓損失函式的變化速度最快，即損失函式此時有最大的梯度。於是，損失函式被定義為每一個任務下模型的損失函式的梯度和。剩下要做的，就是根據定義的這個損失函式，用梯度下降法求解。在訓練的過程中，演算法會求兩次梯度。第一次針對每個任務計算損失函式的梯度，進行梯度下降；第二次對梯度下降後的參數求和，再求梯度，進行梯度下降。需要補充的是，雖然在 MAML 中，我們需要學習初始化參數的過程，但是也有很多超參數需要我們自行決定。

　　這裡做一個聯想。我們在介紹自監督學習的時候，提到過好的初始化參數的重要性。在自監督學習中，我們有很多沒有標記的資料，可以用一些代理任務來訓練模型，比如在 BERT 中就是用填空題來訓練模型。在圖片上也可以做自監督學習，比如把圖片中的一塊蓋起來，讓機器預測被蓋起來的部分是什麼內容，機器就可以從中學到一些特徵，然後把這些特徵用在其他的任務上。當然，在做圖片的自監督學習時，可能這種遮罩的方法並不常用，目前比較流行使用對比學習的方法。總之，在自監督學習中，我們會先拿一些資料做預訓練，如果預訓練的結果是一些好的初始化參數，我們再把這些好的初始化參數用在測試任務上。

　　MAML 和自監督學習有什麼不同呢？其實它們的目的是一樣的，都是找到好的初始化參數，但是它們使用的方法不一樣。自監督學習用一些資料做預訓練，而 MAML 用一些任務做預訓練。另外，過去在自監督學習還沒有興起的時候，也有一些方法用一些任務做預訓練，這叫做多任務學習。具體來講，我們有好幾個任務的資料，把它們放在一起，同樣可以找到一個好的初始化參數，並把這個好的初始化參數用在測試任務上，這就是多任務學習。如今我們在做有關 MAML 的研究時，通常會把這種多任務學習的訓練方法當作元學習的基線。因為這兩個方法使用的資料是一樣的，只不過一個把不同任務的資料分開，另一個則把所有任務的資料放在一起。

其實 MAML 很像領域自適應或轉移學習。也就是說，我們在某些任務上學到的東西可以轉移到另外一個領域，這就是基於分類問題的領域自適應或轉移學習。我們不用太拘泥於這些詞彙，真正需要在意的是這些詞彙背後的涵義。

下面解釋 MAML 的優勢。首先有兩個假設。第一個假設是，MAML 找到的初始化參數是一個很厲害的初始化參數，它可以讓梯度下降這種學習演算法快速找到每一個任務的參數。第二個假設是，這個初始化參數本來就和每一個任務的理想結果非常接近，所以我們執行很少次數的梯度下降就可以輕易找到好的結果，這也是 MAML 十分高效率的關鍵。MAML 也有一些變化，比如 ANIL（代表 Almost No Inner Loop）[3]、First Order MAML（FOMAML）、Reptile 等，這裡不做擴充說明。

除了可以學習初始化參數之外，MAML 還可以學習最佳化器，如圖 15.8 所示。我們在更新參數的時候，需要自行決定學習率、動量等超參數。對於學習率這種超參數，自動更新的方法很早以前就有了，論文「Learning to Learn by Gradient Descent by Gradient Descent」[4] 的作者直接學習了最佳化器，而最佳化器通常是人為規定的（比如 Adam 等），這篇文章中的超參數都是根據訓練任務自動學出來的。

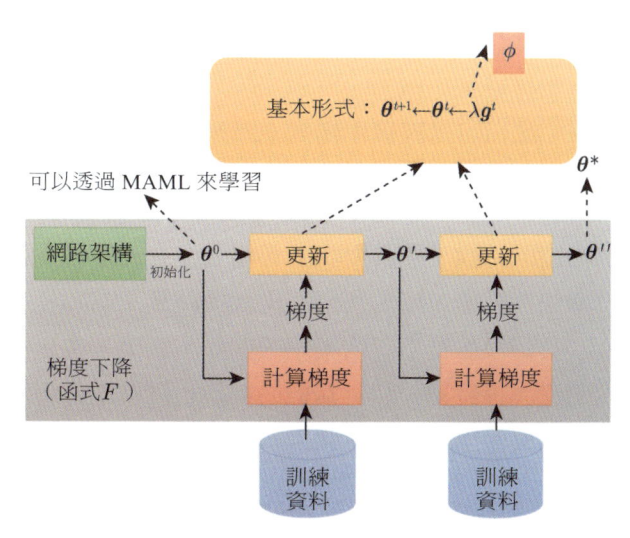

▲ 圖 15.8 MAML 也可以學習最佳化器

當然，我們還可以訓練網路架構，這部分的研究被稱為**神經架構搜尋**（**Neural Architecture Search**，**NAS**）。如果我們在元學習中學習的是網路架構，並將網路架構當作 ϕ，那我們就是在做 NAS。在 NAS 裡面，ϕ 是網路架構，我們要找一個 ϕ 來最小化 $L(\phi)$。但 $L(\phi)$ 可能無法求微分。當我們遇到最佳化問題並且沒辦法做微分的時候，增強式學習也許是一個解決方法。具體做法是，我們可以把 ϕ 想像成一個智慧代理的參數，這個智慧代理的輸出是 NAS 中相關的超參數，如第一層過濾器的長、寬、步幅、數目等。智慧代理的輸出就是 NAS 中相關的參數，接下來訓練智慧代理，讓它最大化一個回報，即最大化 $-L(\phi)$，這相當於最小化 $L(\phi)$。

圖 15.9 是一個 NAS 實例，我們用它介紹 NAS 的過程。具體來講，我們有一個智慧代理採用了 RNN 架構。這個智慧代理每次都會輸出一個與網路架構有關的參數，比如先輸出過濾器的高，再輸出篩檢程式的寬，接下來輸出過濾器的步幅等等。第一層和第二層輸出完畢以後，再輸出第 (n+1) 層和第 (n+2) 層，以此類推。有了這些參數以後，就可以根據它們設計一個網路，然後訓練這個網路，這個過程其實就是之前我們介紹的單一任務訓練。接下來做增強式學習，我們可以把這個網路在測試資料上的準確率當作回報來訓練智慧代理，目標是最大化回報，這個過程其實就是跨任務訓練。除了增強式學習以外，其實也可以使用演化演算法，其本質上其實就是要把網路架構改一下，讓它變得可以微分。一種經典的做法叫可微分架構搜尋，它的本質就是想辦法讓問題變得可以微分，進而可以直接用梯度下降來最小化損失函式。

除了網路架構可以學習之外，其實資料處理部分也有可能是可以學習的。我們在訓練網路的時候，通常要做資料增強。在元學習中，我們可以讓機器自動進行資料增強。換個角度，我們在訓練的時候，有時候需要給不同樣本賦予不同的權重。具體操作有不同的策略，例如，如果一些範例距離分類邊界線特別近，就說明它們很難被分類，類似的範例也許就要搭配比較大的權重，這樣網路就會聚焦於這些比較難以分類的範例，希望它們可以訓練得比較好。

15.4 元學習的實例演算法

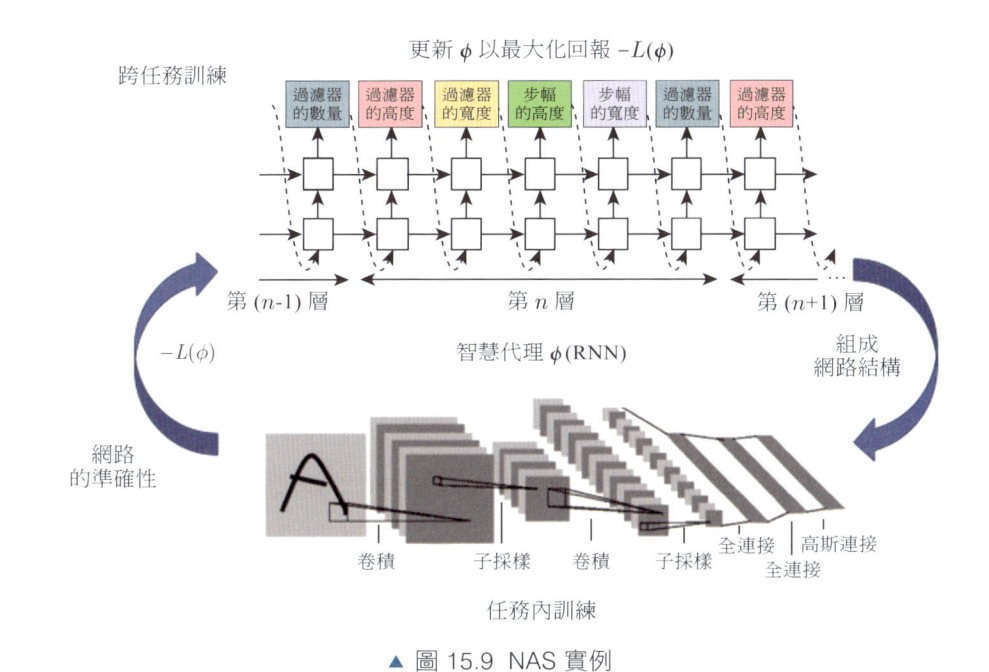

▲ 圖 15.9 NAS 實例

　　也有文獻得出了不同的結論，例如認為帶有雜訊的樣本應該被賦予比較小的權重，這些範例如果比較接近分類邊界線，則說明它們比較有雜訊干擾，代表標籤本身可能就標錯了，或者分類不合理等等。在元學習中，如何決定這個取樣權重的策略呢？我們可以把取樣策略直接訓練出來，然後讓它根據取樣資料的特性自動決定權重應該如何設計。

　　到目前為止，我們看到的這些方法都是基於梯度下降來做改進的，有沒有可能完全捨棄梯度下降呢？比如，有沒有可能直接訓練一個網路，這個網路直接將訓練資料作為輸入並直接輸出訓練好的結果？如果真有這樣一個網路，就說明我們讓機器發明了新的學習演算法。這是有可能的，並且已經有了一些論文。不過到目前為止，我們還是把訓練和測試分成兩個階段，用一個學習演算法使用訓練資料進行訓練，然後輸出訓練好的結果，並把訓練好的結果用在測試資料上。我們想看看有沒有可能更進一步，直接將一次訓練和一次測試（也就是整個回合）合併在一起。有些研究直接把訓練資料和測試資料當作網路的輸入，輸入完訓練資料以後，機器要麼訓練出了一個學習演算法，要麼找

出了一組參數，再輸入利用這種方法測試資料，機器就可以直接輸出這些測試資料的答案。這時候不再有訓練和測試的分界，一個回合裡也不再分訓練和測試，而是直接用一個網路把訓練和測試一次搞定。這種方法叫作「learning to compare」，又叫基於度量的方法。利用這種方法，網路直接把訓練資料和測試資料都讀進去，並直接輸出測試資料的答案。

15.5 元學習的應用

本節簡單介紹元學習的一些應用。在做元學習的時候，我們最常拿來測試元學習技術的任務是少樣本圖片分類。簡單來講，就是每一個任務只有幾張圖片，每一個類別也只有幾張圖片。我們拿圖 15.10 所示的案例來說明。這個分類任務涉及三個類別，每個類別都只有兩張圖片作為輸入，我們希望透過這樣一點點的資料就可以訓練出一個模型，也就是給這個模型一張新的圖片，它知道這張圖片屬於哪個類別。在做這種少樣本圖片分類的時候，我們會經常看到一個名詞 —— N 類 K 範例分類，這個名詞是什麼意思呢？意思就是每一個任務只有 N 個類別，而每一個類別只有 K 個範例。舉例來說，圖 15.10 就是 3 類 2 範例分類。在元學習中，如果要教機器做 N 類 K 範例分類，則意味著需要準備很多的 N 類 K 範例分類任務當作訓練任務和測試任務，這樣機器才能學到 N 類 K 範例的分類演算法。

類別 1　類別 1　類別 2　類別 2　類別 3　類別 3　這個是？
3 類 2 範例

▲ 圖 15.10 少樣本圖片分類案例

那要怎麼去找一系列的 N 類 K 範例分類任務呢？最常見的做法是將 Omniglot 當作基準。Omniglot 是一個資料集，其中有 1623 個不同的字元，每一個字元有 20 個範例。有了這些字元，我們就可以進行 N 類別 K 範例分類。比如，我們可以從 Omniglot 中選出 20 個字元，然後每一個字元只取一個

範例，這樣就得到一個 20 類別 1 範例的分類任務。如果我們把這個任務當作訓練資料，就可以讓機器學習到 20 類別 1 範例的分類演算法；如果我們把這個任務當作測試資料，就可以測試機器在 20 類別 1 範例分類任務上的表現。同理，我們可以進行 20 類別 5 範例分類，這個任務裡的每一個類別都有 5 個範例，然後我們可以把這個任務當作訓練資料，讓機器學習到 20 類別 5 範例的分類演算法。

在使用 Omniglot 的時候，我們會把字元分成兩半，一半是拿來產生訓練任務的字元，另一半是拿來產生測試任務的字元。如果我們要產生一個 N 類 K 範例的分類任務，就從這些訓練任務的字元裡先隨機取樣 N 個字元，再用這 N 個字元的每個字元分別取樣 K 個範例，集合起來就可以得到一個訓練任務。對於測試任務，就從這些測試的字元裡拿出 N 個字元，然後為每個字元分別取樣 K 個範例，進而得到一個 N 類 K 範例的測試任務。綜上，我可以把 Omniglot 當作基準，然後在這個基準上測試不同的元學習演算法。

總之，元學習並非只能用於非常簡單的任務，學術界已經開始把元學習推向更複雜的任務，我們也一直希望元學習未來能夠真正地用在現實應用中，發展得更好。

參考資料

[1] FINN C, ABBEEL P, LEVINE S. Model-agnostic meta-learning for fast adaptation of deep networks[J]. Proceedings of Machine Learning Research, 2017, 70: 1126-1135.

[2] NICHOL A, ACHIAM J, SCHULMAN J. On first-order meta-learning algorithms[EB/OL]. arXiv: 1803.02999.

[3] RAGHU A, RAGHU M, BENGIO S, et al. Rapid learning or feature reuse? Towards understanding the effectiveness of MAML[EB/OL]. arXiv: 1909.09157.

[4] ANDRYCHOWICZ M, DENIL M, GOMEZ S, et al. Learning to learn by gradient descent by gradient descent[C]//Advances in Neural Information Processing Systems, 2016.

Chapter 16 終身學習

終身學習的本質是基於人類對人工智慧的想像,期待人工智慧可以像人類一樣持續不斷地學習。

16.1 災難性遺忘

如圖 16.1 所示,我們先教機器做任務 1,再教它做任務 2,接下來教它做任務 3,這樣它就學會了做這 3 個任務。我們不斷地教機器學習新的技能,等它學會成百上千個技能之後,它就會變得越來越厲害,以致於人類無法企及,這就是**終身學習**(LifeLong Learning,LLL)。

> 終身學習也稱為**持續學習**(continuous learning)、**無止境學習** (never-ending learning)、**增量學習**(incremental learning)。

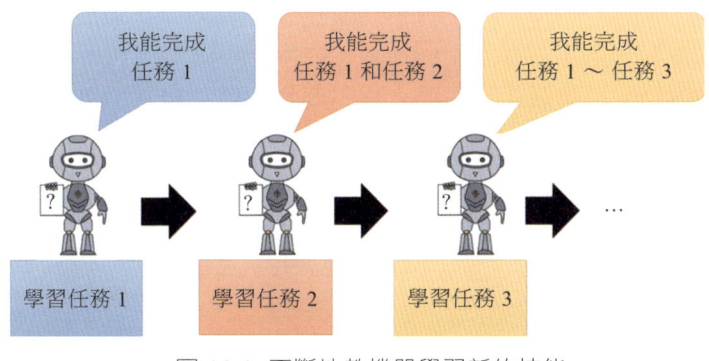

▲ 圖 16.1 不斷地教機器學習新的技能

讀者可能會有疑惑，終身學習的目標過於遠大，並且難以實現，它的意義又在哪裡呢？其實在真實的應用場景中，終身學習也是派得上用場的。舉例來說，如圖 16.2 所示，假設我們首先收集一些資料，然後透過訓練得到模型，模型上線之後，我們就會收到來自使用者的回饋並且得到新的訓練資料。這時候我們希望形成一個循環，即模型上線之後得到新的資料，然後將新的資料用於更新模型，模型更新完之後，又可以收到新的回饋和資料，對應地再次更新模型，如此循環往復下去，模型就會越來越厲害。我們可以把過去的任務看成舊的資料，而把回饋的資料看成新的資料，這種情景也可以看作終身學習。

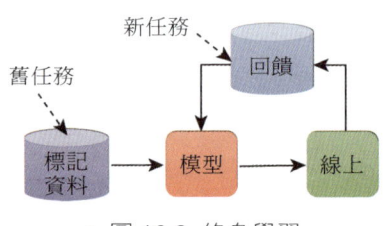

▲ 圖 16.2 終身學習

終身學習有什麼樣的困難之處呢？看上去不斷地更新資料和對應的網路參數就能實現終身學習，但實際上並沒有那麼容易。我們來看一個例子，如圖 16.3 所示，假設我們現在有兩個任務。第一個任務（任務 1）是進行手寫數字辨識，給一張包含雜訊的圖片，機器要辨識出該圖片中的數字「0」。第二個任務（任務 2）也是進行手寫數字辨識，只是給的圖片雜訊比較少，相對來說更容易。當然，有讀者可能認為這不算兩個任務，最多算同一個任務的不同領域，這樣認為也沒有錯。可能讀者想像中的終身學習應該是先學語音辨識再學圖片辨識這樣跨度較大的過程，但其實現在的終身學習還沒有達到那種程度。目前關於終身學習的論文中所說的不同任務，大概指的就是本例中同一個任務的不同領域這種層級，只是我們把它們當作不同的任務來對待。但即使是非常類似的任務，在做終身學習的過程中也會遇到一些問題，我們接下來一一說明。

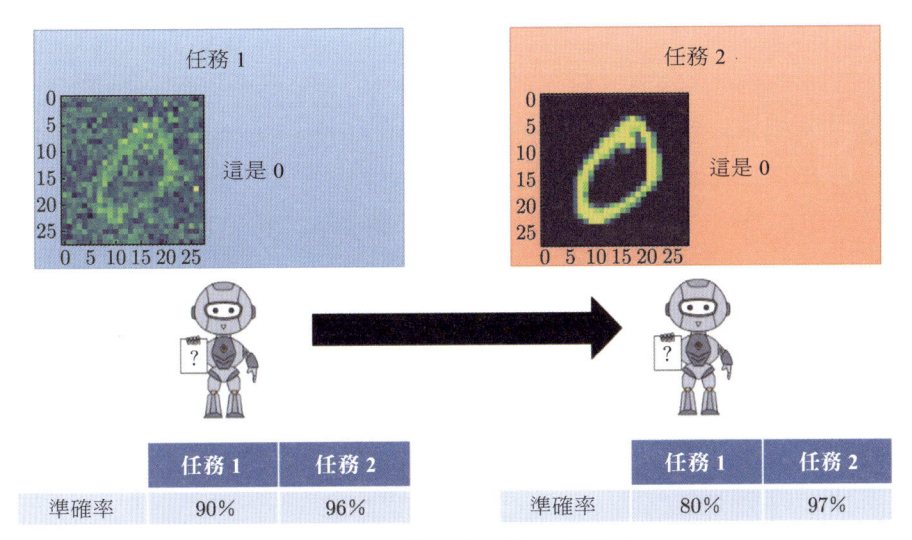

▲ 圖 16.3 終身學習的一個例子

我們首先訓練一個比較簡單的網路來做任務 1，然後做任務 2。這個網路做任務 1 的準確率是 90%，此時就算沒有學過任務 2，這個網路做任務 2 也已經有了 96% 的準確率，可以說轉移得非常好，這說明只要能夠完成任務 1，相關地也就能夠完成任務 2。接下來我們用同一個模型，即在任務 1 中訓練好的模型，訓練任務 2，結果發現模型做任務 2 的準確率變得更高了（97%）。但比較糟糕的事情是，此時機器已經忘了怎麼去做任務 1，即模型做任務 1 的準確率從 90% 降到了 80%。讀者可能會想，是不是網路設定太過簡單，導致出現這樣的現象？但實際上，我們在把任務 1 和任務 2 的資料放在一起讓這個網路同時去學習的時候，發現機器是能夠同時學好這兩個任務的，如圖 16.4 所示。

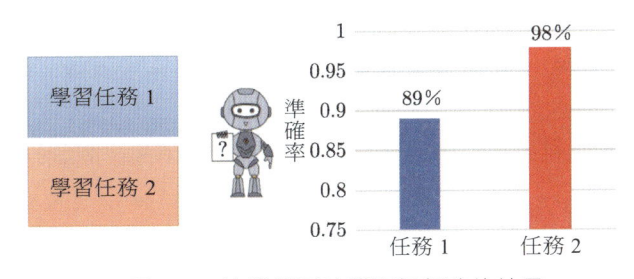

▲ 圖 16.4 讓機器同時學兩個任務的結果

接下來舉一個自然語言處理方面的例子 —— 完成 QA 任務。QA 任務指的是為模型提供一個文件，模型在經過訓練後，能夠基於這個文件回答一些問題。為了簡化，我們這裡講一個更簡單的 QA 任務，即「bAbi 任務」，這是一類早期的非常基礎的研究任務，總共有 20 個任務。其中的任務 5 給了 3 個句子，如圖 16.5 所示，即「Mary 把蛋糕給了 Fred」、「Fred 把蛋糕給了 Bill」、「Bill 把牛奶給了 Jeff」，最後問「誰把蛋糕給了 Fred」、「Fred 把蛋糕給了誰」，其他 19 個任務與此類似。我們的目標是讓 AI 依次去學這 20 個任務，要麼讓一個模型同時學這 20 個任務，要麼用 20 個模型，每個模型分別學其中一個任務。這裡我們主要講的是前者。實驗的結果如圖 16.6 所示。

▲ 圖 16.5 bAbi 任務範例

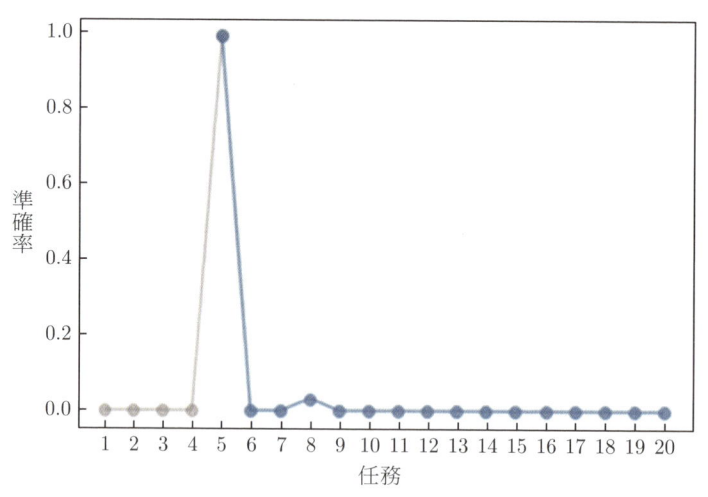

▲ 圖 16.6 任務 5 的準確率（依次學習 20 個任務）

一開始模型沒有學過任務 5，所以準確率是 0.0。在開始學第 5 個任務之後，準確率達到 1.0，然而當開始學下一個任務的時候，準確率開始暴跌，即模型一下子就完全忘了前面所學的任務。讀者可能以為模型本身就沒有學習那麼多任務的能力，但其實不然。如圖 16.7 所示，當模型同時學 20 個任務的時

候，我們發現它是有潛力學習多個任務的，當然這裡的第 19 個任務可能有點難，模型的準確率非常低。

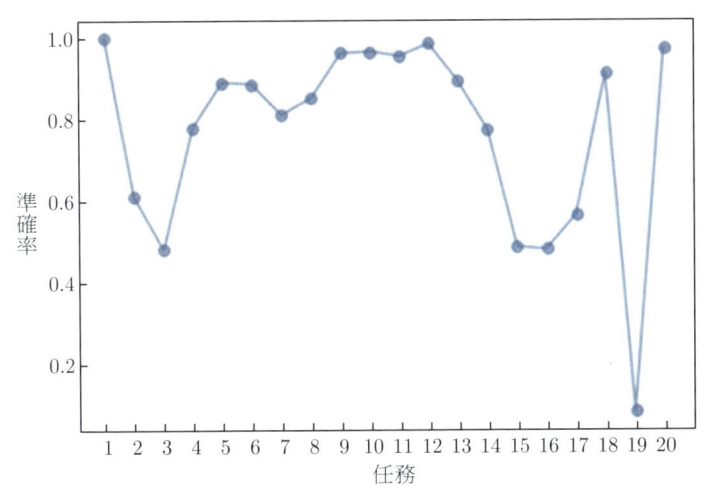

▲ 圖 16.7 所有任務的準確率（同時學習 20 個任務）

當模型依次學習多個任務的時候，它就像一個上下兩端都接有水龍頭的池子，新的任務從上面的水龍頭流進來，舊的任務就從下面的水龍頭流出去。它永遠學不會多個技能。這種情況稱為**災難性遺忘**（catastrophic forgetting）。我們人類也有遺忘的時候，這裡在遺忘的前面加上災難性這個形容詞，意在強調模型的這種遺忘不是一般的遺忘，而是特別嚴重的遺忘。

講到這裡，我們接下來就需要知道怎麼才能解決這個災難性遺忘的問題。在討論具體的技術之前，讀者也許會有這樣一個問題：剛才的例子提到，模型是能夠同時學多個任務的，這種學習方式稱為**多任務學習**（multitask learning），既然有這個多任務學習的例子，為什麼還要去做終身學習的事情呢？其實這種多任務學習有這樣一個問題：需要學習的任務可能不是簡簡單單的 20 個，而是有可能上千個。按照這個邏輯，在學第 1000 個任務的時候，就得把前面 999 個任務的資料放在一起訓練，這樣需要的時間就太長了。

我們如果能夠解決終身學習的問題，那麼其實也就能夠高效率地學習多種新任務了。當然這種多任務學習並非沒有意義，我們通常把多任務學習的結果當成終身學習的上限。

講到這裡，讀者可能又會有一個問題：為什麼不能每個任務都分別用一個模型呢？因為這樣做也會有一些問題。首先，這樣做可能會產生很多個模型，這對機器儲存是一個挑戰。其次，不同任務之間可能是共通的，從一個任務學到的資料也可能在學習另一個任務的時候有所幫助。類似的還有轉移學習的概念，雖然終身學習和轉移學習都讓模型同時學習多個任務，但它們的關注點是不一樣的。在轉移學習中，我們在意的是模型從前一個任務中學習到的東西能不能對第二個任務有所幫助，只在乎新的任務做得如何；而終身學習更注重在完成第二個任務之後，能不能再回頭完成第一個任務。

16.2 終身學習的評估方法

本節介紹評判終身學習做得好不好的一些標準。在做終身學習之前，先得有一系列任務讓模型去學習，它們通常都是比較簡單的任務。如圖 16.8 所示，任務 1 就是進行常規的手寫數字辨識；任務 2 其實也是進行手寫數字辨識，只是把每一個數字圖片中的像素用某種特定的規則打亂。辨識這些打亂的像素算是比較難的任務，還有更簡單任務，比如辨識轉動後的數字圖片。

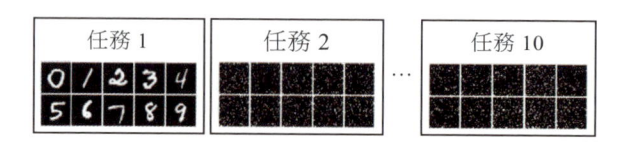

▲ 圖 16.8 終身學習之手寫數字辨識範例

具體的評估方式如圖 16.9 所示。首先有一排任務（一共 T 個），還有一個隨機初始化的參數，分別用在這 T 個任務上，得到對應的準確率。然後讓模型先學第一個任務，在所有任務上分別測一次準確率，得到 $R_{1,1}, \cdots, R_{1,T}$，以此類推。直到學完所有的任務，得到一個準確率表格，作為終身學習的評估結果。

16.3 終身學習問題的主要解法

	測試			
	任務 1	任務 2	...	任務 T
隨機初始化	$R_{0,1}$	$R_{0,2}$	...	$R_{0,T}$
訓練之後 任務 1	$R_{1,1}$	$R_{1,2}$	...	$R_{1,T}$
任務 2	$R_{2,1}$	$R_{2,2}$	...	$R_{2,T}$
⋮	⋮	⋮	⋮	⋮
任務 T-1	$R_{T-1,1}$	$R_{T-1,2}$	...	$R_{T-1,T}$
任務 T	$R_{T,1}$	$R_{T,2}$	...	$R_{T,T}$

▲ 圖 16.9 用於評估終身學習準確率的表格

最終的準確率計算公式為

$$\frac{1}{T}\sum_{i=1}^{T} R_{T,i} \tag{16.1}$$

另一種評估方法叫作反向轉移，即計算

$$\frac{1}{T-1}\sum_{i=1}^{T-1} R_{T,i} - R_{T,i} \tag{16.2}$$

16.3 終身學習問題的主要解法

解決終身學習問題，即主要解決災難性遺忘的問題，目前學術界有幾種主要方法。我們首先講第一種方法，即選擇性的突觸可塑性（selective synaptic plasticity）。顧名思義，就是只讓神經網路中的某些神經元之間的連接具有可塑性，其餘的則被固化，這類方法又叫基於正則的方法。我們可以回顧一下為什麼會發生災難性遺忘這種現象，例如現在有任務 1 和任務 2，並且為了簡化，假設模型只有兩個參數，即 θ_1 和 θ_2。如圖 16.10 所示，其中的兩個子圖分別表示模型在任務 1 和任務 2 上的損失函式，顏色越暗，代表損失越小，反之代表損失越大。

首先訓練任務 1，比如給一個隨機化的初始參數 $\boldsymbol{\theta}^0$，用梯度下降的方法更新足夠多次數的參數後，得到 $\boldsymbol{\theta}^b$。接下來訓練任務 2，把 $\boldsymbol{\theta}^b$ 複製過來放到任務 2 上，由於任務 2 的損失截面是不同的，即藍色的區域不同，因此透過進行多次反覆運算，我們就有可能把參數更新到 $\boldsymbol{\theta}^*$ 的位置。當我們把之前在任務 2 上訓練好的參數 $\boldsymbol{\theta}^*$ 拿到任務 1 上使用時，發現並沒有辦法得到好的結果。因為 $\boldsymbol{\theta}^*$ 只是在任務 2 上表現較好，而不見得在任務 1 上有較低的損失和較好的表現，這就是災難性遺忘產生的原因。

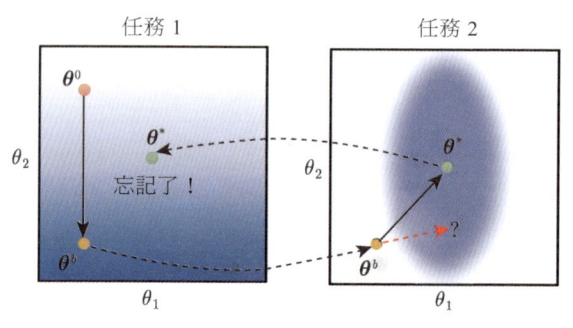

▲ 圖 16.10 災難性遺忘示意圖

怎麼解決這個問題呢？對於一個任務而言，為了實現較低的損失，其實是有很多種不同的參數組合的。比如在任務 2 中，可能橢圓內的所有參數都有較好的表現；而對於任務 1，偏下方的位置都能實現較低的損失。當訓練完任務 1 之後又訓練任務 2 時，參數不是向右上角移動形成 $\boldsymbol{\theta}^*$，而是只往右移動，讓最終得到的參數同時處於任務 1 和任務 2 的較低損失區域，在這種情況下是有可能不產生災難性遺忘的。這種方式的基本概念就是，每一個參數對過去學過的任務的重要性程度是不同的，因此在學習新的任務時，盡量不要動那些對過去的任務很重要的參數，而要去學一些其他的對新任務比較重要的參數。假設 $\boldsymbol{\theta}^b$ 是從前一個任務中學出來的參數，選擇性的突觸可塑性這一解法會給每一個參數 θ_i^b 賦予一個係數 b_i，這個係數代表對應的參數對過去的任務到底重不重要，也稱作「守衛」。因此在更新參數的時候，損失函式會被改寫為

$$L'(\boldsymbol{\theta}) = L(\boldsymbol{\theta}) + \lambda \sum_i b_i \left(\theta_i - \theta_i^b\right)^2$$

原來的損失函式是 $L(\theta)$，在學習新任務時，不要直接最小化這個損失函式，否則就會發生災難性遺忘。當 $b_i = 0$ 時，表示我們並不關心學習新任務時的參數需要與過去的參數有什麼聯繫，這種情況就容易發生遺忘。而當 b_i 趨近於無窮大時，表示模型參數不肯在新任務上妥協，此時可能不會忘記舊的任務，但是也很有可能學不好新的任務，這種情況稱作不妥協。

接下來比較關鍵的是 b_i 要怎麼設定，也就是要如何確定 b_i 到底對任務的重要性有多大。其實有一種簡單的控制變數的方法，就是移動或改變某個參數。如圖 16.11 所示，當移動 θ_1^b 時，我們發現在一定範圍內，損失值都是很小的，即得到接近最佳的參數，因此我們就可以認為，如果這個參數在一定範圍內可變，相關的重要性參數 b_1 就可以很小，即這個參數對舊任務來說不是很重要。反之，像 θ_2^b 這種不能隨意移動的參數，對應的重要性參數 b_2 就必須很大。

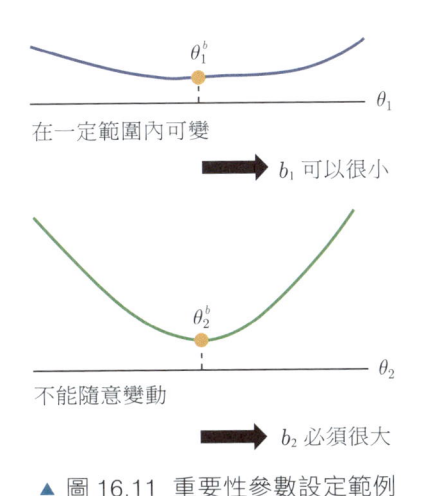

▲ 圖 16.11 重要性參數設定範例

當然，隨著後續研究的深入，b_i 的設定也會有各式各樣的方法，感興趣的讀者可以查閱相關論文，這裡不再一一講解。

其實，在基於正則的方法出現之前，還有一類方法，叫作**梯度情節記憶**（**Gradient Episodic Memory**，**GEM**）。GEM 不是在參數上做限制，而是在梯度更新的方向上做限制，因此又稱為基於梯度的方法。如圖 16.12 所示，

GEM 在計算目前任務梯度 g 方向的同時，會回頭計算歷史任務所對應的梯度方向 g^b，然後對這兩個梯度進行向量求和，得出實際的梯度方向，這樣持續更新下去，就能盡可能接近一個不會陷入災難性遺忘的最佳解。此外，新的梯度方向 g' 需要滿足 $g' \cdot g^b \geq 0$ 的條件，否則很難朝最佳解的方向最佳化。

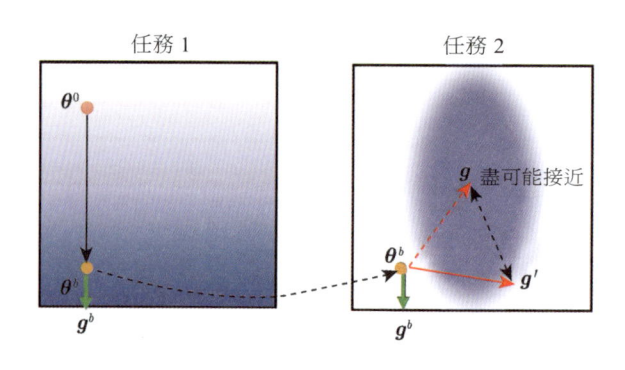

▲ 圖 16.12 GEM 方法範例

　　這類方法需要把過去的資料同時儲存下來，其實違背了終身學習的初衷，因為終身學習本身希望不依賴過去的資料。GEM 只儲存梯度資訊，而選擇性的突觸可塑性解法還需要儲存一些歷史模型資訊，因此 GEM 在實際操作過程中稍有優勢。

Chapter 17 網路壓縮

網路壓縮（network compression）是一個很重要的方向，BERT 或 GPT 之類的模型很大，能不能縮小、簡化這些模型，讓它們有比較少的參數，但效能跟原來差不多呢？這正是網路壓縮要做的事情。很多時候，我們需要把這些模型用在資源受限的環境中，比如智慧手錶等邊緣設備（edge device），這些邊緣設備只有比較少的記憶體和有限的運算能力，如果模型太大，這些設備可能「跑不動」，所以需要比較小的模型。

> **Q** 為什麼需要在這些邊緣設備上執行模型呢？為什麼不把資料傳到雲端，直接在雲端做計算，再把結果傳回邊緣設備呢？
>
> **A** 一個常見的理由是避免產生延遲。如果把資料傳到雲端，在雲端計算完再傳回來，中間就會有一個時間差。假設邊緣設備是自駕車上的一個感測器，這個感測器需要做幾乎即時的回應，而把資料傳到雲端再傳回來，中間的延遲太大了，也許會大到不能接受。雖然在 5G 時代，延遲可以忽略不計，但還有一個需要在邊緣設備上做計算的理由，這個理由就是保護隱私。如果把資料傳到雲端，雲端的系統持有者就看到我們的資料了。因此為了保護隱私，直接在邊緣設備上進行計算並決策是一種明智的做法。

本章將介紹 5 種以軟體為導向的網路壓縮技術，這 5 種技術只在軟體上對網路進行壓縮，而不考慮硬體加速部分。

17.1 網路修剪

網路修剪（network pruning）就是把網路裡的一些參數修剪掉。為什麼可以把網路裡的一些參數修掉呢？網路裡有很多參數，不一定每一個參數都有事可做。參數多的時候，也許很多參數什麼事也沒有做。這些參數佔用空間並浪費計算資源，所以有必要把網路中沒有用的那些參數找出來，然後丟棄。網路修剪不是一個新的概念，早在 1989 年，Yann LeCun 就在其論文「Optimal Brain Damage」[1] 中提出了網路修剪，這篇論文把剪除權重的方法看成一種造成腦損傷的過程，企圖找出最好的修剪方法，讓一些權重在被剪掉之後，腦損傷最小。

網路修剪的框架如圖 17.1 所示。首先訓練一個大的網路。然後衡量這個網路裡每一個參數或者說神經元的重要性，評估一下有沒有哪些參數沒事可做。怎麼評估某個參數有沒有事可做呢？又怎麼評估某個參數重不重要呢？最簡單的方法也許就是看它的絕對值。這個參數的絕對值越大，它對整個網路的影響可能就越大。或者說，這個參數的絕對值越接近零，它對整個網路的影響就越小，對任務的影響也就越小。

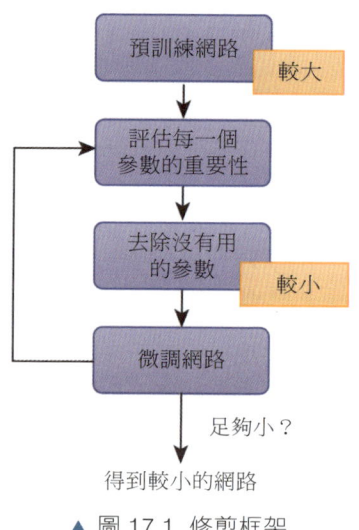

▲ 圖 17.1 修剪框架

我們可以評估每一個神經元的重要性，把神經元當作修剪的單位。怎麼看一個神經元重不重要呢？可以計算這個神經元的輸出不為零的次數。總之，有非常多的方法可以用來判斷一個參數或神經元是否重要。把不重要的神經元或參數剪掉，也就是將它們從模型中移除，就可以得到一個比較小的網路。但是在做完這種修剪以後，模型的效能通常會降低，準確率也會降低一些，但是我們會想辦法讓準確率再回升一些。可以基於剩下的沒有被剪掉的參數，重新對這個比較小的網路進行微調。把訓練資料拿出來，將這個比較小的網路重新

訓練一下。訓練完之後，其實還可以重新評估每一個參數，並剪掉更多沒用的參數，然後重新對網路進行微調，這個步驟可以反覆進行多次。

為什麼不一次剪掉大量的參數？因為如果一次剪掉大量的參數，可能對網路造成很大的損害，用微調也沒有辦法使其復原，所以一次先剪掉一部分參數，比如只剪掉 10% 的參數，再重新訓練，然後重新剪掉 10% 的參數，再重新訓練，反覆進行上述過程。我們可以剪掉比較多的參數，當網路足夠小以後，整個過程就完成了，進而得到一個比較小的網路。而這個比較小的網路的準確率也許和大的網路沒有太大的差別。修剪時可以以參數為單位，也可以以神經元為單位，將這兩者作為單位在實現上會有顯著不同。我們先來看看以參數為單位會發生什麼事。假設我們要評估某個參數對整個任務而言重不重要、能不能去掉，在把這個不重要的參數去掉以後，得到的網路的形狀可能是不規則的。如圖 17.2 所示，不規則的意思是，修剪後，第 1 個紅色的神經元連到 3 個綠色的神經元，但第 2 個紅色的神經元只連到 2 個綠色的神經元；此外，第 1 個紅色的神經元的輸入只有 2 個藍色的神經元，而第 2 個紅色的神經元的輸入有 4 個藍色的神經元。由此可見，如果以參數為單位來進行修剪，修剪完以後的網路的形狀將是不規則的。

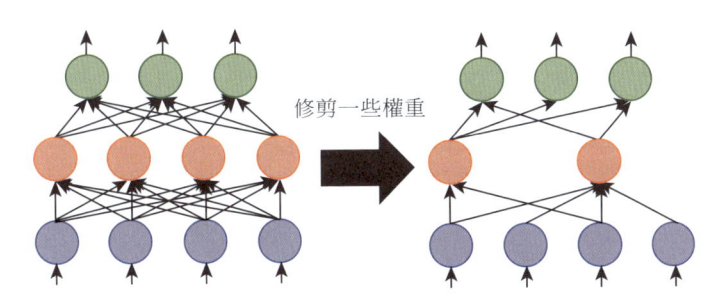

▲ 圖 17.2 權重修剪帶來的問題

網路形狀不規則導致的最大的問題就是不好實作。在 PyTorch 中，當定義第一個網路的時候，需要指出輸入有幾個神經元，輸出又有幾個神經元；或者輸入是多長的向量，輸出又是多長的向量。這種形狀不固定的網路不好實作，而且就算把這種形狀不規則的網路實作出來，用 GPU 也很難加速。GPU 在加速的時候，是把網路的計算看成矩陣的乘法，但是當網路不規則的時候，

不太容易用矩陣的乘法來進行加速。因為用 GPU 很難進行加速，所以實際在做權重修剪的時候，我們可能會對那些修剪掉的權重直接補零。換言之，修剪掉的權重不是不存在，只是值為零。這樣做的好處是比較容易實作，也比較容易用 GPU 進行加速；壞處是網路沒有變小，雖然權重是零，但還是在記憶體裡面儲存了這些參數。這就是以參數為單位做修剪的時候，在實作上會遇到的問題。

圖 17.3 中，紫色的線表示稀疏程度（sparsity）。稀疏程度代表有多少百分比的參數被修剪掉了。紫色線上的值都很接近 1，代表大概 95% 以上的參數都被修剪掉了。網路修剪其實是一種非常有效的方法，往往可以修剪掉 95% 以上的參數，但是準確率僅降低一點點。這裡只剩下 5% 的參數，按理說計算應該很快了，但實際上我們發現根本就沒有加速多少，甚至可以說根本就沒有加速。圖 17.3 中的直條圖顯示的是在 3 種不同的計算資源上加速的程度。加速程度要大過 1 才是加速，加速程度小於 1 其實是變慢的。從中可以看出，在大多數情況下，根本就沒有加速，而是變慢了，也就是把一些權重修剪掉，結果網路的形狀變得不規則，在用 GPU 進行加速的時候，反而沒有辦法加速，所以權重修剪不一定是特別有效的方法。

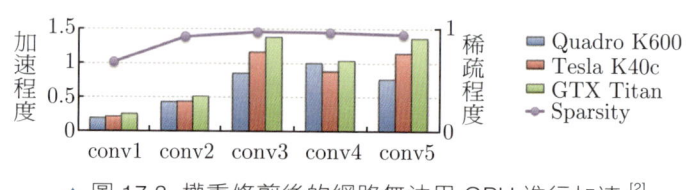

▲ 圖 17.3 權重修剪後的網路無法用 GPU 進行加速 [2]

神經元修剪（即以神經元為單位來做修剪）也許是一種比較有效的方法。以神經元為單位來做修剪，在丟掉一些神經元以後，網路仍然是規則的。這用 PyTorch 比較好實作（只需要修改每一層輸入/輸出的維度即可），也比較好用 GPU 來加速。

有一個問題是，既然小的網路和大的網路在準確率上並沒有差太多，為什麼不直接訓練一個小的網路？一個普遍的答案是，大的網路比較好訓練。如果直接訓練一個小的網路，往往沒有辦法得到和大的網路一樣的準確率。

為什麼大的網路比較好訓練呢？有一個假說叫樂透彩券假說（lottery ticket hypothesis），它解釋了為什麼大的網路比較容易訓練，一定要將大的網路修剪變小，結果才會變好。既然是假說，就代表這不是一個被實證的理論。樂透彩券假說是這樣的：每次訓練網路的結果不一定一樣。如果抽到一組好的初始化參數，就會得到好的結果；如果抽到一組不好的初始化參數，就會得到壞的結果。就好比買彩券，要想提高中獎率，可以多買一些，對於大的網路來說也是一樣的。大的網路可以視為很多小網路的組合。如圖 17.4 所示，我們可以想像一個大的網路裡包含了很多小的網路。當訓練這個大的網路時，等於同時訓練很多小的網路。每一個小的網路不一定可以成功地被訓練出來，也就是說，即便透過梯度下降找到一個好的解，也不一定訓練出一個好的結果，讓損失變低。但是在眾多的小網路裡，只要有一個小網路成功，大的網路就成功了。而大的網路裡包含的小網路越多，就好比彩券買得越多，中獎的機率就越大。一個網路越大，它就越有可能被成功地訓練出來。樂透彩券假說在實驗中是怎麼被重複顯現的？它在實驗中的重複顯現方式跟網路修剪有非常大的關係，下面具體說明。

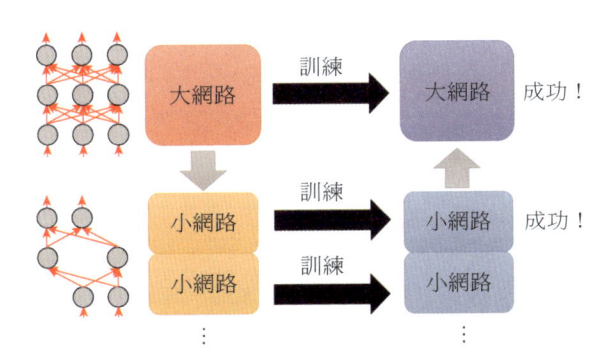

▲ 圖 17.4 大網路包含了很多小網路

如圖 17.5 所示，現在有一個大的網路，一開始的參數都是隨機初始化的（用紅色表示）。把參數隨機初始化以後進行訓練，得到一組訓練好的參數（用紫色表示），接下來用網路修剪技術，把一些紫色的參數丟掉，會得到一個比較小的網路。現在，為這個修剪後的網路重新隨機初始化參數，得到一組

參數（用綠色表示）。同時，按照修剪後的網路結構最初的權重初始化參數，也能得到一組參數（用藍色表示）。

隨機初始化權重　訓練好的權重　修剪後的權重

重新隨機初始化

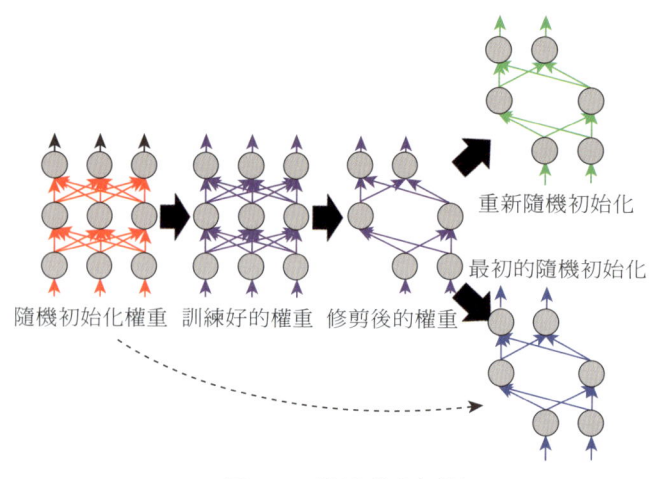

最初的隨機初始化

▲ 圖 17.5 樂透彩券假說

綠色的參數和藍色的參數是沒有關係的。藍色的參數是直接從最開始的那些紅色的參數裡面選出來的 —— 它們是完整的網路訓練、修剪後留下來的「幸運」的參數，使用這些參數可以成功訓練出來一個小網路。但是如果使用綠色的參數，同樣結構的小網路便會訓練失敗。也就是說，一旦重新隨機初始化，就抽不到可以成功訓練出來小網路的「幸運」參數了，這就是樂透彩券假說。樂透彩券假說非常有名，提出它的論文榮獲 ICLR 2019 最佳論文獎。

後續的研究也有很多，比如有一篇有趣的論文，名為「Deconstructing Lottery Tickets: Zeros, Signs, and the Supermask」[3]。這篇論文指出，訓練前和訓練後權重的絕對值差距越大，修剪網路得到的結果越有效。到底這一組初始化參數好在哪裡呢？只要不改變參數的正負號，小網路就可以訓練起來。假設修剪完以後，再把原來隨機初始化的那些參數拿出來，完全不用管參數值的大小，大於 0 的都用 +α 來取代，小於 0 的都用 −α 來取代。用這組參數初始化模型，網路也可以訓練起來，跟用這組參數去初始化差不多。

這個實驗說明，正負號是初始化參數能不能將網路訓練起來的關鍵，也就是說，權重的絕對值不重要，重要的是權重的正負。

然而，樂透彩券假說不一定是對的，論文「Rethinking the Value of Network Pruning」[4] 給出了不太一樣的結論，針對樂透彩券假說做出了一些回應：對於樂透彩券假說中的現象，也許只有在一些特定情況下才能觀察到。根據這篇論文中的實驗，只有在學習率比較小，並且在修剪時，以權重作為單位來做修剪，才能觀察到樂透彩券假說中的現象，將學習率調大後，就觀察不到樂透彩券假說中的現象了。因此，樂透彩券假說的正確性尚待更多的研究來證實。

17.2 知識蒸餾

本節介紹一種可以讓網路變小的方法——**知識蒸餾**（knowledge distillation）。先訓練一個大的網路，這個大的網路在知識蒸餾中稱為教師網路（teacher network）。我們要訓練的是我們真正想要的小網路，稱為學生網路（student network）。在網路修剪中，直接對大的網路做一些修剪，得到一個小的網路。在知識蒸餾中，小網路（即學生網路）是根據教師網路來學習的。假設要做手寫數字辨識，把訓練資料丟進教師網路，教師網路產生輸出，因為這是一個分類的問題，所以教師網路的輸出其實是一個分布。

例如，教師網路的輸出可能是認為這張圖片是 1 的可能性是 0.7，認為這張圖片是 7 的可能性是 0.2，認為這張圖片是 9 的可能性是 0.1 等等。接下來給學生網路一模一樣的圖片，學生網路不是透過看這張圖片的正確答案來學習，而是把教師網路的輸出當作正確答案來學習。學生網路的輸出要盡量去逼近教師網路的輸出。

> **Q** 為什麼不直接訓練一個小的網路？為什麼不直接讓小的網路根據正確答案來學習，而要先讓大的網路學習，再讓小的網路去跟大的網路學習呢？
>
> **A** 直接訓練一個小的網路，往往結果沒有先對大的網路進行修剪好。知識蒸餾也是一樣的，直接訓練一個小的網路，沒有讓小的網路根據大的網路來學習效果好。

知識蒸餾也不是新的技術，很多人認為知識蒸餾是由 Hinton 提出來的，因為 Hinton 在 2015 年發表了一篇名為「Distilling the Knowledge in a Neural Network」[5] 的論文。但其實在 Hinton 提出知識蒸餾這個概念之前，論文「Do Deep Nets Really Need to be Deep?」[6] 中就已經提出了網路蒸餾的想法。

為什麼知識蒸餾會有幫助呢？一個比較直觀的解釋是，教師網路會給學生網路提供額外的資訊。如圖 17.6 所示，想要直接告訴學生網路這是 1，這可能太難了。因為 1 可能和其他的數字有點像，比如 1 和 7 有點像，1 和 9 也有點像，學生網路只要學習到教師網路輸出的分佈就足夠了。

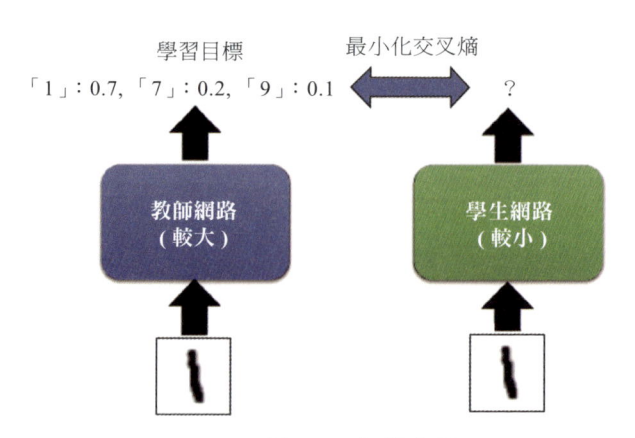

▲ 圖 17.6 知識蒸餾

Hinton 在論文中甚至做到了讓教師網路告訴學生網路哪些數字之間有什麼樣的關係，進而可以讓學生網路在完全沒有看到某些數字的訓練資料的情況

下，就可以把這些數字學會。假設學生網路的訓練資料裡沒有數字 7，但是教師網路在訓練的時候見過數字 7，教師網路僅憑告訴學生網路 7 和 1 有點像、7 和 9 有點像這樣的資訊，就有機會讓學生網路學到 7 是什麼樣子。這就是知識蒸餾的基本概念。

教師網路不一定是單一的巨大網路，它甚至可以是多個網路的整合。訓練多個模型，輸出的結果就是多個模型的輸出。也可以對多個模型的輸出進行平均，將結果當作最終的答案。機器學習比賽中常常會用到整合的方法。在機器學習的比賽排行榜上，要名列前茅，憑藉的往往就是整合技術，即訓練多個模型，再把這些模型的結果平均。但是在實用方面，整合技術遇到的問題是要同時執行大量模型並對它們的輸出進行平均，計算量太大了。此時，可以把多個整合起來的網路綜合起來變成一個網路，如圖 17.7 所示。這就要採用知識蒸餾的做法，把多個網路整合起來的結果當作教師網路的輸出，讓學生網路學習整合的結果和輸出，並讓學生網路逼近整合的準確率。

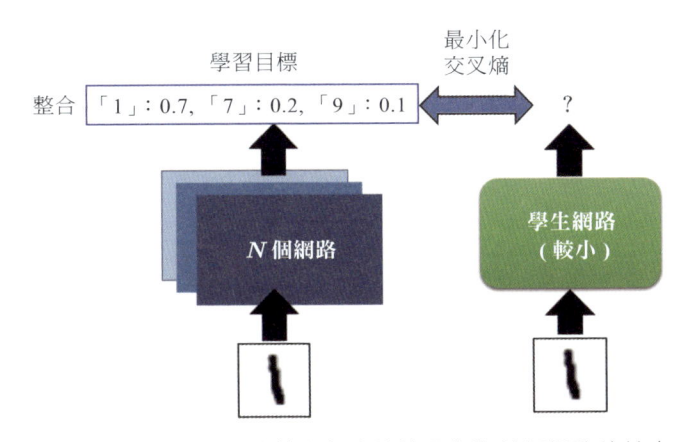

▲ 圖 17.7 把多個網路整合起來的結果作為教師網路的輸出

在使用知識蒸餾的時候有一個小技巧，就是稍微改一下 softmax 函式，給 softmax 函式加上一個溫度（temperature）值。softmax 函式原本要做的事情是對每一個神經元的輸出取指數，再做正則化，得到網路最終的輸出：

$$y'_i = \frac{\exp(y_i)}{\sum_j \exp(y_j)} \tag{17.1}$$

調整後，網路的輸出變成一個機率的分布，也就是一組 0 ～ 1 的數值。所謂溫度，就是在取指數之前，將每一個數值都除以 T：

$$y'_i = \frac{\exp(y_i/T)}{\sum_j \exp(y_j/T)} \tag{17.2}$$

T 是一個超參數。假設 $T > 1$，則 T 的作用就是把本來比較集中的分布變得比較平均。舉個例子，公式 (17.3) 中，y_1、y_2、y_3 是原始值，y'_1、y'_2、y'_3 則是執行 softmax 操作後的值：

$$\begin{aligned} y_1 &= 100 & y'_1 &= 1 \\ y_2 &= 10 & y'_2 &\approx 0 \\ y_3 &= 1 & y'_3 &\approx 0 \end{aligned} \tag{17.3}$$

假設教師網路的輸出如公式 (17.3) 所示，讓學生網路跟著教師網路去學這個結果，與直接讓學生網路去學正確答案並沒有什麼不同。讓學生網路跟著教師網路去學的一個好處是，教師網路會告訴學生網路哪些類別其實是比較像的，讓學生網路在學的時候不會那麼辛苦。但是假設教師網路的輸出非常集中，其中某個類別是 1，其他類別都是 0，這樣對於學生網路來說就和直接學正確答案沒有什麼不同了。假設溫度 T 為 100，則結果如下：

$$\begin{aligned} y_1/T &= 1 & y'_1 &= 0.56 \\ y_2/T &= 0.1 & y'_2 &= 0.23 \\ y_3/T &= 0.01 & y'_3 &= 0.21 \end{aligned} \tag{17.4}$$

對於教師網路，加上溫度，分類的結果是不會變的。執行完 softmax 操作以後，最高分還是最高分，最低分還是最低分。所有類別的排序是不會變的，分類的結果也是完全不會變的。但好處是，每一個類別得到的分數會比較平均，拿這個結果給學生網路學才有意義，也才能夠把學生網路教好。這是知識蒸餾的一個小技巧。

> **Q 用 softmax 操作前的輸出來訓練，會發生什麼事呢？**
>
> **A** 我們完全可以用 softmax 操作前的輸出來訓練。其實還有人將網路的每一層都拿來訓練，比如大的教師網路有 12 層，小的學生網路有 6 層。可以讓學生網路的第 6 層像教師網路的第 12 層，而讓學生網路的第 3 層像教師網路的第 6 層。透過做比較多的限制，我們往往可以得到更好的結果。

若 T 太大，模型就會改變很多。假設 T 接近無窮大，這樣所有類別的分數就變得差不多了，學生網路也就學不到東西了。T 和學習率一樣，也需要我們在做知識蒸餾的時候加以調整。

17.3 參數量化

參數量化（**parameter quantization**）旨在用比較少的空間來儲存一個參數。舉個例子，假設在保存一個參數的時候用了 64 位元或 32 位元，但實際上可能不需要這麼高的精確度，16 位元或 8 位元就夠了。參數量化最簡單的做法就是，本來用 16 位元保存一個數值，現在改用 8 位元保存一個數值。儲存空間和網路的大小直接變成原來的一半，而且效能不會下降很多，甚至有時候把儲存參數的精確度變低，效能還會稍微好一點。還有一種更進一步壓縮參數的方法，叫作**權重集群**（**weight clustering**）。舉個例子，如圖 17.8 所示，先對網路的參數做集群，按照參數的值來分組，將值接近的參數放在一個組，再將每個組內的參數都取相同的數。比如黃色的組內所有參數的平均值是 –0.4，則用 –0.4 來代表所有黃色的參數。在儲存參數時，只需要記兩個內容：一個是表格，這個表格記錄了每一個組的代表數值是多少；另一個就是每一個參數屬於哪個組。將組的數量設少一點，比如 4 個組，這樣只需要 2 位元就可以保存一個參數屬於哪個組了。

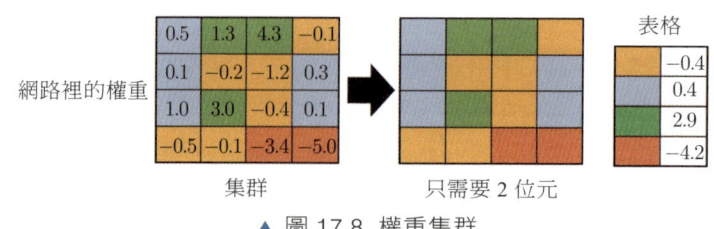

▲ 圖 17.8 權重集群

其實還可以對參數再進一步壓縮，方法是使用霍夫曼編碼（Huffman encoding）。霍夫曼編碼的思維就是，比較常見的東西就用比較少的位元來描述，比較罕見的東西就用比較多的位元來描述。這樣平均起來，儲存資料需要的位元數就變少了。

假設所有的權重只有 +1 和 –1 兩種可能，每一個權重只需要 1 位元就可以保存下來。像這種二進制權重（binary weight）的研究其實還有很多，詳見相關論文 [7-9]。

雖然二進制網路（binary network）裡的參數不是 +1 就是 –1，但二進制網路的效能不一定差。二進制網路裡有一種經典的技術，叫作二進制連接（binary connect）。把二進制連接技術用在 3 個圖片辨識問題上，從最簡單的 MNIST 資料集，到稍微難一點的 CIFAR-10 和 SVHN 資料集 [7]，結果居然都比較好。在使用二進制網路的時候，給了網路容量（network capacity）比較大的限制，網路比較不容易過擬合，所以用二進制權重反而可以達到防止過擬合的效果。

> **Q 權重集群怎麼更新，每次更新都要重新分組嗎？**
>
> **A** 在訓練的時候就需要考慮權重集群。可以先把網路訓練完，再直接做權重集群。但這樣做可能導致集群後的參數和原來的參數相差太大。所以在訓練的時候，要求網路的參數彼此之間比較接近。對訓練進行量化可以當作損失的其中一個環節，直接融入訓練的過程，讓訓練過程達到參數有權重集群的效果。

> **Q** 權重集群裡每個組的代表數值怎麼確定呢？
> **A** 在確定了每個組的區間之後，取它們的平均值。

17.4 網路架構設計

本節介紹網路架構設計，可以透過進行網路架構設計來達到減少參數的效果。在介紹深度可分離卷積（depthwise separable convolution）這種技術之前，我們先來回顧一下 CNN。在 CNN 中，每一層的輸入是一個特徵映射。如圖 17.9 所示，輸入的特徵映射有兩個通道，每一個過濾器的高度是 2，而且這個過濾器並不是一個二維矩陣，而是一個立體矩陣，通道有多少，這個過濾器就得有多厚。用這個過濾器掃過特徵映射，就會得到另外一個正方形。有幾個過濾器，輸出的特徵映射就有幾個通道。這裡有 4 個過濾器，每一個過濾器都是立體的，輸出的特徵映射就有 4 個通道。每一個過濾器的參數量是 $3×3×2 = 18$，所以總參數量是 $3×3×2×4 = 72$。

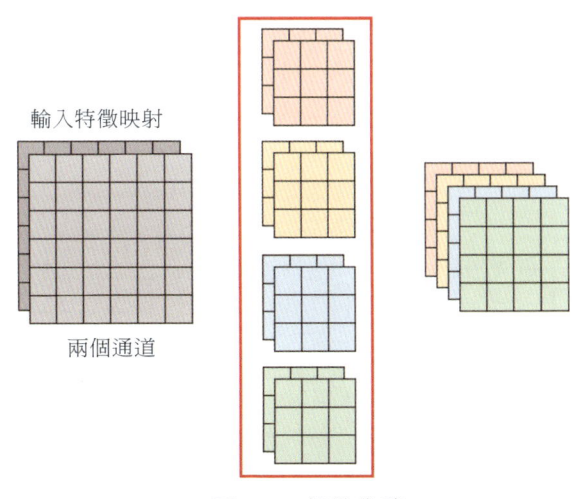

▲ 圖 17.9 標準卷積

接下來介紹深度可分離卷積。深度可分離卷積分為兩個步驟，第一個步驟稱為深度卷積（depthwise convolution）。深度卷積要做的事情是，有幾個通

道，我們就有幾個過濾器。一般的卷積層中，過濾器的數量和通道的數量是無關的，但在深度卷積中，過濾器的數量與通道的數量相同，每一個過濾器只負責一個通道，以兩個通道的情況為例，如圖 17.10 所示，淺藍色的過濾器負責第一個通道，它在第一個通道上做卷積，得到一個特徵映射；深藍色的過濾器負責第二個通道，它在第二個通道上做卷積，得到另一個特徵映射。

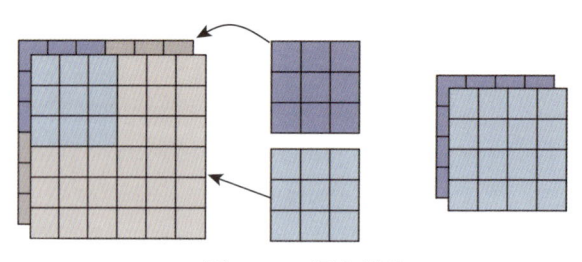

▲ 圖 17.10 深度卷積

但如果只做深度卷積，就會遇到一個問題：通道和通道之間沒有任何互動。假設有一種模式是跨通道才能看得出來的，則深度卷積對這種跨通道的模式是無能為力的，不妨多加一個點卷積。點卷積將過濾器的大小限制為 1×1，如圖 17.11 所示。這些 1×1 的過濾器的作用是發現不同通道之間的關係。所以第一個 1×1 的過濾器掃過這個深度卷積的特徵映射，得到另一個特徵映射。另外 3 個 1×1 的過濾器要做的事情是一樣的，每一個過濾器都會產生一個特徵映射。點卷積只考慮通道之間的關係，而不考慮同一個通道內部的關係 —— 這已經由深度卷積處理好了。

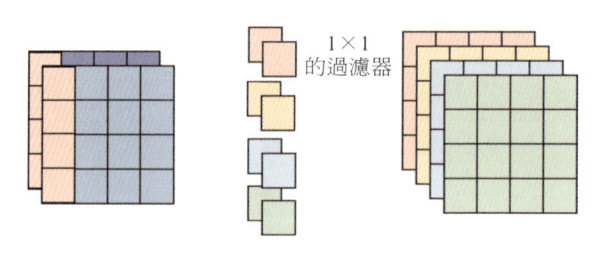

▲ 圖 17.11 點卷積

如圖 17.12 所示，先計算一下參數量。深度卷積中有兩個過濾器，每一個過濾器的大小是 3×3，所以總共有 3×3×2 = 18 個參數。點卷積中，有 4 個過濾

器，每一個過濾器的大小是 1×1，並且只用了兩個參數，所以總共有 2×4 = 8 個參數。圖 17.12 的左側是普通卷積，右側結合了深度卷積和點卷積。

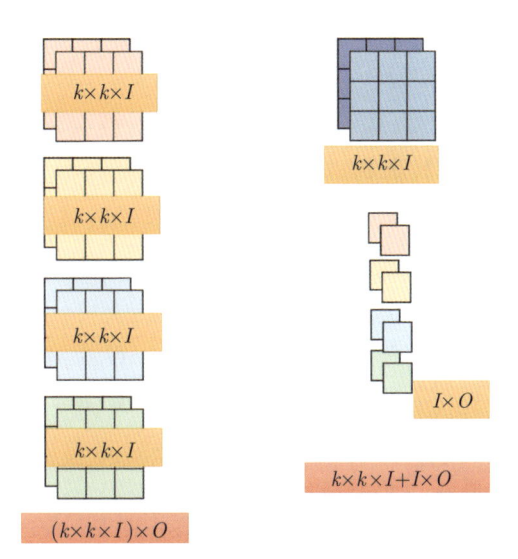

▲ 圖 17.12 對比普通卷積與結合深度卷積和點卷積的參數量

如果輸入有 I 個通道，輸出有 O 個通道，且除了點卷積外的卷積核大小都是 $k×k$。那麼普通卷積需要多少個參數呢？每一個過濾器的大小應該是 $k×k$，乘以輸入通道的數量，得到一個過濾器的參數量為 $k×k×I$。如果想要輸出 O 個通道，就需要 O 個過濾器，總參數量是 $(k×k×I)×O$。

對於結合深度卷積和點卷積的情況，則因為深度卷積的過濾器是沒有厚度的，所以深度卷積中所有過濾器加起來的參數量只有 $k×k×I$，點卷積的參數量是 $I×O$，總參數量為 $k×k×I + I×O$。

求二者比值，結果如下：

$$\frac{k×k×I + I×O}{k×k×I×O} = \frac{1}{O} + \frac{1}{k×k} \tag{17.5}$$

因為 O 通常是一個很大的值，所以先忽略 $1/O$。核大小可能是 2×2 或 3×3，若取 2×2，則把普通卷積換成深度卷積和點卷積可以將網路大小變成原來的約 1/4；若取 3×3，則可以將網路大小變成原來的約 1/9。

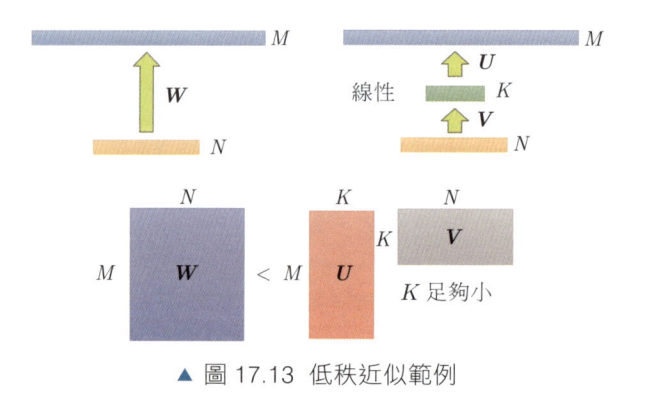

在深度可分離卷積這種技術出現之前,業界使用低秩近似(low rank approximation)的方法來減少一層網路的參數量。如圖 17.13 所示,假設輸入是 N 個神經元,輸出是 M 個神經元,則參數量是 $N \times M$。怎麼減少這個參數量呢?有一種非常簡單的方法,就是在 N 和 M 之間再插一層,這一層不用激勵函式,且神經元的數量是 K。原來的一層(用 $\boldsymbol{W}$ 來表示)現在被拆成兩層(這兩層中的第一層用 $\boldsymbol{V}$ 來表示,第二層用 $\boldsymbol{U}$ 來表示),這兩層的網路參數量反而比較少。原來一層的網路參數量是 $N \times M$。拆成兩層後,第一層的網路參數量是 $N \times K$,第二層的網路參數量是 $K \times M$。如果 K 遠小於 M 和 N,則 $\boldsymbol{U}$ 和 $\boldsymbol{V}$ 的參數量加起來比 $\boldsymbol{W}$ 的參數量要少很多。$\boldsymbol{U}$ 和 $\boldsymbol{V}$ 的參數量加起來是 $K \times (N + M)$,只要 K 足夠小,整體而言,$\boldsymbol{U}$ 和 $\boldsymbol{V}$ 的參數量就會變少。過去常見的做法就是設定 $N = 1000$,$M = 1000$,當 K 為 20 或 50 時,參數量就可以減少很多。這種方法雖然可以減少參數量,但還是會有一些限制。當把 $\boldsymbol{W}$ 拆解成 $\boldsymbol{U} \times \boldsymbol{V}$ 的時候,網路的可能性也減少了。前面講的結合深度卷積和點卷積的做法其實就利用了將一層拆成兩層的概念。

▲ 圖 17.13 低秩近似範例

我們再來看一下普通卷積,如圖 17.14 所示。左上角紅色立體框中的參數是怎麼來的?是將過濾器放在輸入的特徵映射的左上角得到的。在這個例子中,一個過濾器的參數量是 $3 \times 3 \times 2 = 18$,對過濾器的 18 個參數與輸入的特徵映射左上角的 18 個數值做內積以後,就可以得到輸出的特徵映射左上角的值。

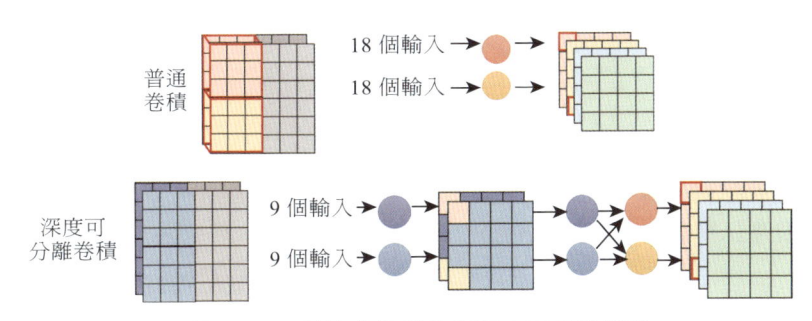

▲ 圖 17.14 對比普通卷積與深度可分離卷積

將普通卷積拆成深度卷積和點卷積後，對於粉紅色的特徵映射，我們有兩個過濾器，這兩個過濾器分別有 9 個輸入，接下來將這兩個過濾器的輸出綜合起來，得到最終的輸出。所以本來是 18 個數值變成一個數值，現在則是 18 個數值先變成兩個數值，再變成一個數值，對於黃色的特徵映射，情況也是一樣的。把一層拆解成兩層後，對參數的需求反而減少了。

17.5 動態計算

動態計算（dynamic computation）跟前面介紹的幾種技術想要達成的目標不太一樣。前面介紹的幾種技術希望單純地把網路變小，而動態計算希望網路可以自由地調整所需要的計算量。為什麼希望網路可以自由地調整所需要的計算量呢？

一個原因是，有時候同樣的模型可能需要執行在不同的設備上，而不同的設備所擁有的計算資源是不太一樣的。所以我們希望有一個神奇的網路，在經過訓練之後，不需要再次訓練就可以用在新的設備上。當計算資源少的時候，只需要很少的計算資源就可以計算；而當計算資源多的時候，可以充分利用這些計算資源來進行計算。

另一個原因是，就算在同一個設備上，模型也會面對不同的計算資源。舉個例子，如果手機的電量十分充足，可能就會有比較多的計算資源；如果手機快沒電了，可能就需要把計算資源留著做其他的事情，網路可以分到的計算

資源可能就比較少。所以就算在同一個設備上,我們也希望網路可以根據現有的計算資源自動調整。

> **Q** 為了應對各種不同計算資源的情況,為什麼不訓練一大堆的網路,再根據計算的情況來選擇不同的網路呢?
>
> **A** 以手機為例,手機的儲存空間有限,因此需要減少計算量。但如果訓練一大堆的網路,就需要很大的儲存空間。這不是我們想要的,我們期待可以做到僅透過一個網路,就可以自由地調整對計算資源的需求。

怎麼讓網路自由地調整對計算資源的需求呢?一個可能的方向就是讓網路自由地調整它的深度。比如圖片分類,如圖 17.15 所示,輸入一張圖片,輸出是圖片分類的結果,可以在隱藏層之間加入額外一層。這額外的一層旨在根據每一個隱藏層的輸出決定圖片分類的結果。當計算資源比較充足的時候,可以讓這張圖片通過所有的層,得到最終的分類結果。當計算資源不足的時候,可以讓網路自行決定要在哪一層進行輸出。比如在通過第 1 層後,就直接切換到「額外第 1 層」,得到最終的分類結果。怎麼訓練這樣一個網路呢?一般在訓練的時候,只需要在意最後一層的輸出,希望它的輸出和標準答案越接近越好(但也可以讓標準答案和每一個額外層的輸出越接近越好)。把所有的輸出和標準答案的交叉熵加起來,得到損失 L:

$$L = e_1 + e_2 + \cdots + e_L \tag{17.6}$$

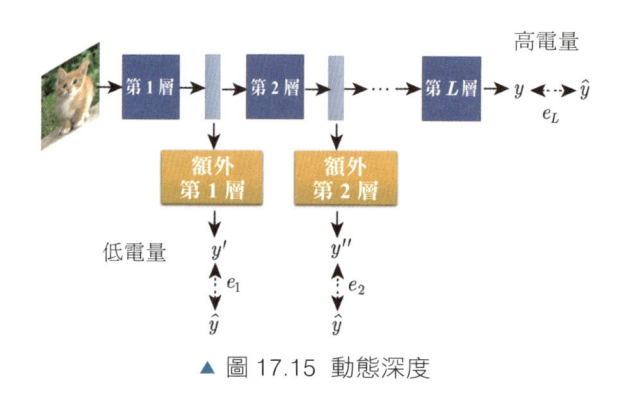

▲ 圖 17.15 動態深度

然後最小化損失 L，訓練就結束了。使用這種方法確實可以實作動態深度，但不是最好的方法。

更好的方法可以參考 MSDNet[10]，讓網路自由地決定它的寬度。方法是設定多個寬度，將同一張圖片輸入。在訓練的時候，將同一張圖片輸入，不同寬度的網路就會有不同的輸出，我們希望每一個輸出都和正確答案越接近越好。可以把所有的輸出和標準答案的交叉熵加起來，得到一個損失，再最小化這個損失。

圖 17.16 中的 3 個網路是同一個網路，只是寬度不同。相同顏色（除灰色外）代表相同權重，只是左側網路中所有的神經元都會被用到，中間網路有 25% 的神經元不需要使用，而右側網路有 50% 的神經元不需要使用。在訓練的時候，把所有的情況一併考慮，然後所有的情況都得到各自的輸出，用所有的輸出去跟標準答案計算距離，要讓所有的距離都越小越好。但實際上這樣訓練也是有問題的，所以需要有一些特別的想法來解決遇到的問題。

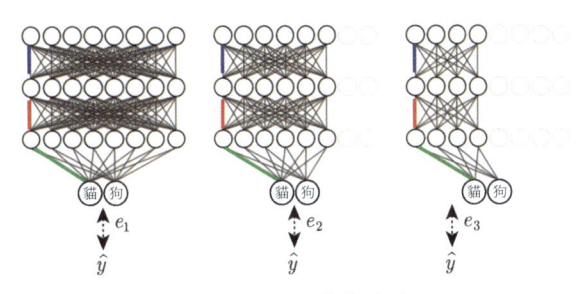

▲ 圖 17.16 動態寬度

如何訓練動態寬度的深度網路，可以參考論文「Slimmable Neural Networks」[11]。剛才介紹的網路可以變換深度和寬度，但是具體要使用多深或多寬的網路，還需要由我們來定。有沒有辦法讓網路自行決定這件事呢？

> **Q 為什麼需要網路自行決定它的寬度和深度呢？**
>
> **A** 有時候，就算是同樣的圖片分類問題，圖片的難易程度也是不同的，有些圖片可能特別難，有些圖片可能特別簡單。對於那些比較簡單的圖片，也許只通過一層網路就已經知道答案了；而對於一些比較難的圖片，則需要通過多層網路才能知道答案。

舉例來說，如圖 17.17 所示，輸入都是貓的圖片，但其中一張圖片中的貓被人偽裝成了捲餅，所以辨識這張圖片是一個特別困難的問題。也許在這張圖片只通過第 1 層的時候，網路覺得它是一個捲餅；在通過第 2 層的時候，網路仍然覺得它是一個捲餅。需要通過很多層，網路才能判斷出它是一隻貓。這種比較難的辨識問題就不應該在中間停下來。可以讓網路自行決定：對於一張簡單的圖片，在通過第 1 層後就停下來；而對於一張比較複雜的圖片，則在通過最後一層後才停下來。具體怎麼做可參考論文「SkipNet: Learning Dynamic Routing in Convolutional Networks」[12]、「Runtime Neural Pruning」[13] 和「BlockDrop: Dynamic Inference Paths in Residual Networks」[14]。

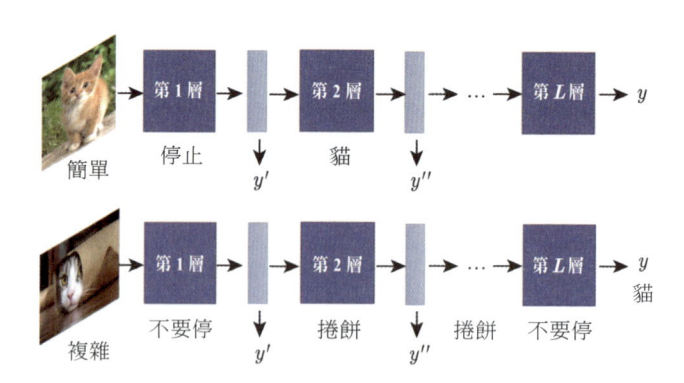

▲ 圖 17.17 計算量取決於圖片的辨識難度

所以像這種方法，不一定僅限在計算資源比較有限的情況下使用。有時候，就算計算資源很充足，對於一些簡單的圖片，用比較少的層也已經足夠得到需要的結果了。

以上就是網路壓縮的 5 種技術。前 4 種技術都是為了讓網路變小，但它們不是互斥的。例如，在做網路壓縮的時候，可以既做網路架構設計，又做知識蒸餾，還可以在做完知識蒸餾後，再依次做網路修剪和參數量化。如果想把網路壓縮到很小，這些技術可以一起使用。

參考資料

[1] LECUN Y, DENKER J, SOLLA S. Optimal brain damage[C]//Advances in Neural Information Processing Systems, 1989.

[2] WEN W, WU C, WANG Y, et al. Learning structured sparsity in deep neural networks[C]//Advances in Neural Information Processing Systems, 2016.

[3] ZHOU H, LAN J, LIU R, et al. Deconstructing lottery tickets: Zeros, signs, and the supermask[C]//Advances in Neural Information Processing Systems, 2019.

[4] LIU Z, SUN M, ZHOU T, et al. Rethinking the value of network pruning[C]//International Conference on Learning Representations. 2019.

[5] HINTON G, VINYALS O, DEAN J. Distilling the knowledge in a neural network[EB/OL]. arXiv: 1503.02531.

[6] BA J, CARUANA R. Do deep nets really need to be deep?[C]//Advances in Neural Information Processing Systems, 2014.

[7] COURBARIAUX M, BENGIO Y, DAVID J P. BinaryConnect: Training deep neural networks with binary weights during propagations[C]//Advances in Neural Information Processing Systems. 2015.

[8] COURBARIAUX M, HUBARA I, SOUDRY D, et al. Binarized neural networks: Training deep neural networks with weights and activations constrained to +1 or −1[EB/OL]. arXiv: 1602.02830.

[9] RASTEGARI M, ORDONEZ V, REDMON J, et al. XNOR-Net: ImageNet classification using binary convolutional neural networks[C]//European conference on Computer Vision. 2016: 525- 542.

[10] HUANG G, CHEN D, LI T, et al. Multi-scale dense networks for resource efficient image classification[C]//International Conference on Learning Representations. 2018.

[11] YU J, YANG L, XU N, et al. Slimmable neural networks[C]//International Conference on Learning Representations. 2019.

[12] WANG X, YU F, DOU Z Y, et al. SkipNet: Learning dynamic routing in convolutional networks[C]//Proceedings of the European Conference on Computer Vision. 2018: 409-424.

[13] LIN J, RAO Y, LU J, et al. Runtime neural pruning[C]//Advances in Neural Information Processing Systems, 2017.

[14] WU Z, NAGARAJAN T, KUMAR A, et al. BlockDrop: Dynamic inference paths in residual networks[C]//Proceedings of the IEEE conference on computer vision and pattern recognition. 2018: 8817-8826.

Chapter 18 可解釋性機器學習

我們已經介紹了眾多的機器學習模型、不同的研究領域以及各種有趣的應用場景。當一個機器學習演算法真正在工業界落實時,就會有一個問題:機器學習模型往往是一個黑箱,我們無法解釋這個黑箱是如何透過輸入得到輸出的。但模型的安全性在行業落實時十分重要,因此我們必須研究可解釋的人工智慧演算法和模型。

18.1 可解釋性人工智慧的重要性

我們首先介紹**可解釋性人工智慧(eXplainable Artificial Intelligence,XAI**)的概念,以及可解釋性人工智慧的重要性。到目前為止,我們已經訓練了很多的模型,如圖片辨識模型。但我們並不滿足於此,我們還想要機器給出理由,這就是可解釋性的人工智慧。在開始介紹技術之前,我們需要講一下為什麼可解釋性人工智慧是一個重要的研究領域。本質上的原因在於,就算機器可以得到正確的答案,也並不代表它一定非常「聰明」。舉個例子,過去有一匹馬叫「聰明的漢斯」,它看起來可以解數學題。比如問它 $\sqrt{9}$ 是多少,它就開始計算得到答案,並用它的馬蹄去敲地板來告知人們答案。如果答案是 3,它就敲 3 下。旁邊的人就會歡呼,給它胡蘿蔔吃。後來有人懷疑,它只是一匹馬,怎麼能夠瞭解數學問題呢?慢慢地有人發現,當沒有人圍觀的時候,它就答不出來了。其實,「聰明的漢斯」只是偵測到了旁邊人的微妙情感變化,知道自己什麼時候停止敲地板,就可以有胡蘿蔔吃。它並不是真的會解數學題。而我們看到的種種人工智慧的應用,有沒有可能跟這匹馬是一樣的狀況呢?

以上是一個故事,當然在很多機器學習的真實應用中,可解釋性的機器學習,或者說可解釋性的模型,往往是必需的。舉例來說,銀行可能會用機器學習模型來判斷要不要貸款給某個客戶,但是根據法律規定,銀行在用機器學習模型做自動判斷時必須給出一個理由。所以在這種情況下,並不是只訓練機器學習模型就行,還要求機器學習模型具有解釋能力。機器學習未來也會被用在醫療診斷上,但醫療診斷是人命關天的事情。如果機器學習模型,不給出診斷理由,又怎麼相信它做出的是正確判斷呢?還有人想把機器學習用在法律上,比如幫助法官判案,但是我們怎麼才能知道機器學習模型是公正的,而不會有種族歧視呢?自動駕駛的汽車未來可能會滿街跑,但是如果自動駕駛的汽車突然煞車,我們怎麼知道自動駕駛系統有沒有問題呢?所以,對於機器的種種行為、種種決策,我們希望知道決策背後的理由。機器學習模型如果具有解釋能力,我們也許就可以憑藉解釋結果去修正模型。

我們期待未來當深度學習模型犯錯的時候,我們知道它錯在什麼地方,以及它為什麼犯錯,也許我們可以有更好的、更有效的方法來改進模型。當然,我們還有很長的一段路要走,但是目前已經有一些方法可以讓模型變得比較容易解釋,也許未來我們可以把這些方法應用在深度學習模型上,讓深度學習模型也變得比較容易解釋。

有人可能認為,我們之所以這麼關注可解釋性,也許是因為深度網路本身就是一個黑箱。我們能不能使用其他的機器學習模型呢?如果不用深度學習模型,而改用其他比較容易解釋的模型,會不會就不需要研究可解釋性了?舉例來說,假設我們採用線性模型,那麼我們可以輕易地根據線性模型中每一個特徵的權重,知道線性模型在做什麼事。但問題在於,線性模型不夠強大,且表達能力較弱。正因為線性模型受到很大的限制,所以我們才很快地進入深度學習模型時代。深度學習模型雖然效能比線性模型好,但解釋能力遠不足線性模型。講到這裡,很多人就會得出一個結論:我們就不應該用深度學習模型。這樣的想法其實是削足適履,我們僅僅因為一個模型不容易被解釋,就放棄它嗎?我們是不是應該想辦法,讓它具有解釋能力?關於機器學習的可解釋性,業內還有很多的討論,但是這個議題的重要性不言而喻。

18.2　決策樹模型的可解釋性

本節介紹一個比較簡單的機器學習模型，它在設計之初就已經有了比較好的可解釋性，它就是決策樹模型。決策樹模型相較於線性模型更強大，且具有良好的可解釋性，比如從決策樹的結構，我們就可以知道模型是憑藉什麼樣的規則來做出最終判斷的。所以我們希望從決策樹模型開始進行可解釋性的研究，再擴充到其他機器學習模型，甚至深度學習模型。

決策樹有很多的節點，每一個節點都會問一個問題，讓我們決定向左走還是向右走。當我們走到決策樹的末尾（即葉子節點）時，就可以做出最終的決定。因為在每一個節點都有一個問題，我們看那些問題以及答案就可以知道整個模型是憑藉著什麼樣的特徵才做出最終判斷的。那我們是不是就可以用決策樹來解決所有的問題呢？其實不然，它是一種樹狀的結構，我們可以想像一下，如果特徵非常多，得到的決策樹就會非常複雜，很難解釋。所以複雜的決策樹也有可能是一個黑箱，我們不能一味地使用決策樹。

我們怎麼實際使用決策樹這種技術呢？有人會說，在 Kaggle 平台參加 AI 模型比賽的時候，深度學習不是最好用的，決策樹才是常勝將軍。但是其實當我們使用決策樹的時候，很多時候並不是只用了一個決策樹，真正用的技術叫隨機森林，它是很多個決策樹共同作用的結果。一個決策樹可以憑藉每一個節點的問題和答案知道自己是怎麼做出最終判斷的，但是當有一片森林的時候，就很難知道這片森林是怎麼做出最終判斷的了。所以決策樹不是最終的答案，並不是說有了決策樹，我們就可以解決可解釋性機器學習的問題。

18.3　可解釋性機器學習的目標

為了解釋決策樹和隨機森林，我們首先應該定義可解釋性機器學習的目標是什麼，或者說弄明白什麼才是最好的具有可解釋性的結果。很多人對於可解釋性機器學習有一個誤解，覺得好的可解釋性就是能夠告訴我們整個模型在做什麼。我們要瞭解模型的一切，還要知道模型是怎麼做出決斷的。但是做這

件事情真的有必要嗎?雖然我們說機器學習模型是一個黑箱,但世界上有很多黑箱。人腦也是黑箱,我們其實並不完全知道人腦的運作原理,但是我們可以相信人腦做出的決斷。那麼為什麼對於同樣是黑箱的深度網路,我們就沒有辦法相信它做出的決斷呢?

以下是一個和機器學習完全無關的心理學實驗。在哈佛大學,圖書館的印表機經常會有很多人排隊列印東西,這時候如果對前面的人說「請讓我先列印 5 頁」,你覺得前面的人會同意嗎?據統計,有 60% 的人會讓你先列印。但只要把剛才問話的方式稍微改一下,說「請讓我先列印,因為我趕時間」,就會有 94% 的人同意。神奇的事情是,就算理由又稍微改了一下,同意的比例也有 93%。

可解釋性機器學習可能也是同樣的道理 —— 好的解釋就是讓人能夠接受的解釋。

18.4 可解釋性機器學習中的局部解釋

可解釋性機器學習分為兩大類,第一大類叫作局部解釋,第二大類叫作全局解釋,如圖 18.1 所示。假設有一個圖片分類器,輸入一張圖片,它判斷該圖片是一隻貓,機器需要回答的問題是,為什麼它覺得這張圖片是一隻貓?根據一張圖片來回答問題,這就是局部解釋。如果不給圖片分類器任何圖片,而直接問什麼樣的圖片會被判斷為貓,則是全局解釋。我們並不是針對任何一張特定的圖片來進行分析,而是想知道當一個模型有一些參數的時候,對這些參數而言什麼樣的東西是一隻貓。

我們先來看第一個問題:為什麼機器覺得一張圖片是一隻貓?再具體一點,這張圖片裡的什麼東西讓模型覺得這是一隻貓?或者更寬泛一點,假設模型的輸入是 x,x 可能是一張圖片,也可能是一段文字,還可能是一段音訊或影片,甚至可能是時間序列。x 可以拆成多個部分,比如 $x_1 \sim x_n$,這些部分對應的可能是像素,也可能是文字,還可能是音訊的取樣點或者影片中的每一

幀，甚至可能是時間序列中的每一個時間點。x 中的哪一部分對機器做出最終的決斷是最重要的？

局部的可解釋性（即局部解釋）
為什麼覺得這張圖片是一隻貓？

全局的可解釋性（即全局解釋）
「貓」長什麼樣子？（並不指定某張圖片）

▲ 圖 18.1 可解釋性機器學習的兩大類別

如何知道某個部分的重要性呢？基本的原則是，我們要把所有部分都拿出來，對每一部分做改造或者刪除。如果在改造或刪除某個部分以後，網路的輸出有了巨大的變化，就說明這一部分很重要。我們以圖片為例，要想知道一張圖片中每一個區域的重要性如何，可以將這個圖片輸入網路。接下來在這張圖片裡不同的位置放上一個灰色的方塊，當把這個方塊放在不同的地方時，網路會輸出不同的結果。比如對於狗的圖片，當我們把這個方塊移到狗的臉部的時候，網路就不覺得看到了狗，但如果把這個方塊放在狗的四周，網路就會覺得看到的仍然是狗。於是我們就知道了模型不是因為看到四周的球、地板或牆壁，才覺得看到的是狗，而是因為看到了狗的臉部。這是獲知每一部分的重要性的簡單方法。

還有一種更高階的方法，就是計算梯度，如圖 18.2 所示。具體來講，假設有一張圖片，我們把它拆分為 $x_1 \sim x_N$。這裡的每一個 x_i 代表一個像素。接下來計算這張圖片的損失，損失用 e 來表示。e 是把這張圖片輸入模型後，模型輸出的結果與正確答案之間的差距（又稱為交叉熵）。e 越大，就代表辨識結果越差。如何知道每一個像素的重要性呢？我們可以對每一個像素做一個小小的變化，為其分別加上 Δx，再輸入模型，看看損失會有什麼樣的變化。如果在對某個像素做了小小的變化以後，模型輸出的損失就有巨大的變化，就代表這個像素對圖片辨識很重要。反之，如果加了 Δx 之後，代表損失變化的

Δe 趨近於零，就代表這個像素對圖片辨識可能是不重要的。我們可以用 Δe 和 Δx 的比值來代表一個像素的重要性。而事實上，這個比值是損失的偏導數，也就是 $\frac{\partial e}{\partial x}$ 這個比值越大，就代表這個像素越重要。把圖片裡每一個像素的這個比值都計算出來之後，我們就得到了一個圖，稱為顯著圖（saliency map）。在圖 18.2 中，顯著圖中的白色區域代表的是那些重要的部分。舉例來說，給機器看圖 18.2 中水牛的圖片，機器並不是因為看到草地才覺得看到了牛，也不是因為看到竹子才覺得看到了牛，而是因為機器真的知道牛在這個位置。對機器而言，最重要的是出現在牛所在位置的像素。

▲ 圖 18.2 透過計算梯度來進行重要性評判

再舉一個真實的案例，如圖 18.3 所示，機器根據圖片左下角的模糊文字將圖片辨識為馬。實際上，這串文字是一個有著大量馬的圖片的網站浮水印，機器根本不知道馬長什麼樣子。在基準語料庫中，類似的狀況會經常出現。這告訴我們，可解釋性機器學習是一個很重要的技術，否則我們不知道機器是怎麼做出判斷的，也就不知道它是不是作弊了，或者是不是有什麼問題。

▲ 圖 18.3 模型誤判的顯著圖解釋（該顯著圖用紅色表示更重要的區域）

其實，可解釋性機器學習的顯著圖還可以畫得更好 —— 使用一種名為 SmoothGrad[1] 的方法，如圖 18.4 所示。圖片中是羚羊，所以我們希望機器把主要精力集中在羚羊身上。如果使用前面介紹的方法直接畫顯著圖的話，得到的結果可能是中間圖的樣子。羚羊的附近有比較多的亮點，但是其他地方也有一些雜訊。SmoothGrad 解決了這個問題。使用 SmoothGrad 方法可以減少顯著圖中的雜訊，使得大多數的亮點集中在羚羊身上。SmoothGrad 方法是怎麼做的呢？其實就是在圖片上添加各種不同的雜訊，得到不同的圖片。接下來在每一張圖片上計算顯著圖，如果添加 100 種雜訊，就會有 100 張顯著圖，平均起來就得到了 SmoothGrad 顯著圖。

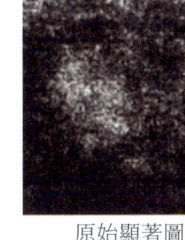

羚羊　　　　　原始顯著圖　　　　SmoothGrad 顯著圖

▲ 圖 18.4 顯著圖的 SmoothGrad 方法

當然梯度並不是萬能的，梯度並不完全能夠反映一個部分的重要性，舉個例子，如圖 18.5 所示。橫軸代表一個生物鼻子的長度，縱軸代表這個生物是大象的可能性。我們都知道大象的特徵是鼻子長，所以鼻子越長，這個生物是大象的可能性就越大。但是當鼻子長到一定程度以後，再長的鼻子也不會讓這個生物變得更像大象。這時候，如果計算鼻子的長度對這個生物是大象的可能性的偏導數，那麼得到的結果可能會趨近於 0。所以如果僅僅看梯度，或者僅僅看顯著圖，可能會得出一個結論：鼻子的長度對這個生物是不是大象這件事情是不重要的，鼻子的長度不是判斷生物是否為大象的一個指標，因為鼻子長度的變化，對生物是大象的可能性的變化趨近於 0，但事實上，我

$$\frac{\partial 大象}{\partial 鼻子長度} \approx 0 ?$$

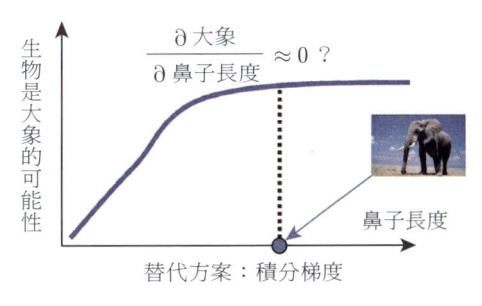

替代方案：積分梯度

▲ 圖 18.5 梯度飽和問題

們知道鼻子的長度是一個很重要的指標。所以僅僅看梯度和偏導數的結果，可能沒有辦法完全告訴我們一個部分的重要性。當然，也有其他的方法可以使用，如積分梯度（integrated gradients）等。

剛才討論的是網路輸入的哪些部分是比較重要的，接下來要討論的問題是，當我們給網路一個輸入的時候，它到底是如何處理這個輸入並得到最終答案的。這裡也有不同的方法，第一個方法最直白，就是直接觀察網路到底是怎麼處理這個輸入的。舉一個語音的例子，如圖 18.6 所示。這個網路的功能是輸入一段聲音，輸出這段聲音屬於哪一個韻母、屬於哪一個音標等。假設網路的第一層有 100 個神經元，第二層也有 100 個神經元，第一層和第二層的輸出就可以看作 100 維的向量。透過分析這些向量，也許我們就可以知道一個網路裡發生了什麼事。但是 100 維的向量不太容易分析，我們可以把 100 維的向量降到二維，比如使用 PCA 或 t-SNE 等方法。從 100 維降到二維以後，向量就可以畫在圖上，也就可以直接視覺化。這時候我們就可以看到這個網路到底是怎麼處理輸入的，以及它到底是怎麼把輸入變成最後的輸出的。

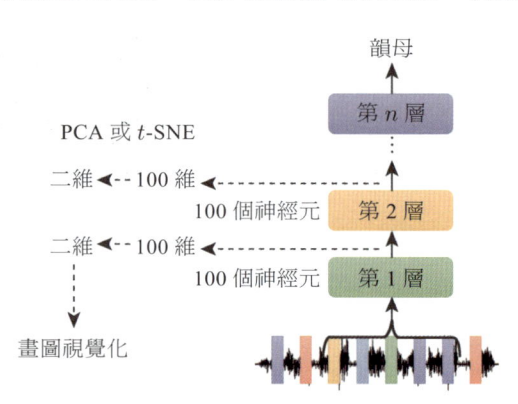

▲ 圖 18.6 網路處理輸入的方法

再舉一個語音處理的例子，這個例子來自 Hinton 的一篇文章。首先把模型的輸入，也就是聲音特徵，拿出來降到二維，然後畫在二維平面上，如圖 18.7 所示。圖中的每一個點代表一小段聲音訊號，每一種顏色代表一個講話的人。其實我們輸入給網路的資料有很多是重複的，比如不同的人都說了同一句話，但從聲音特徵上，我們很難看出這一共同點（見圖 18.7(a)）。但是當我們把網路拿出來視覺化的時候，結果就不一樣了。圖 18.7(b) 是第 8 個隱藏層的輸出，我們發現雖然不同的人說同樣的內容在聲音特徵上難以看出相似之處，但是在通過了 8 層的網路之後，機器就知道這些話是同樣的內容了，所以最後就可以得到精確的分類結果。

18.4 可解釋性機器學習中的局部解釋

(a) 輸入的聲音特徵

(b) 第 8 個隱藏層的輸出

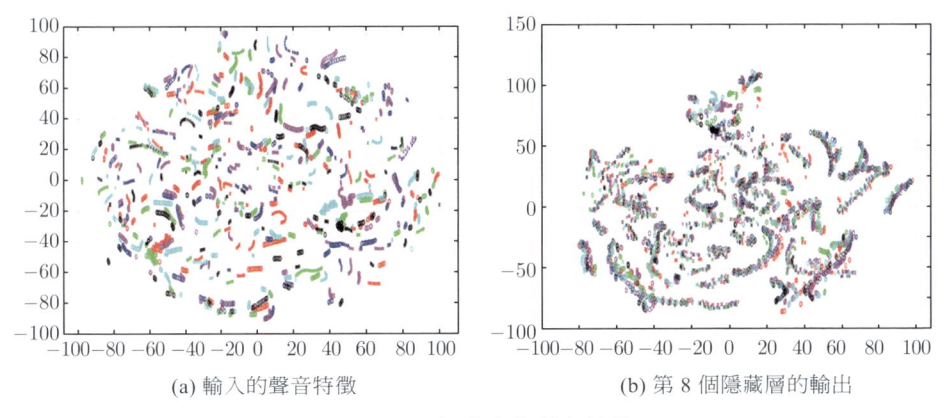

▲ 圖 18.7 網路中的聲音特徵

除了用肉眼觀察以外，還可以使用另外一種叫作**探針（probing）**的技術。簡單來說，就是將探針插入網路，看看會發生什麼。舉例來說，如圖 18.8 所示。假設我們想要知道 BERT 的某一層到底學到了什麼東西，除了用肉眼觀察以外，還可以訓練一個探針，比如一個分類器。我們需要將 BERT 的詞嵌入輸入 POS 的分類器，進而訓練一個 POS 的分類器。這個分類器試圖根據這些嵌入，決定它們分別來自哪一個詞性的詞。如果這個分類器的準確率很高，就代表這些嵌入中有很多詞性資訊；如果準確率很低，就代表這些嵌入中沒有詞性資訊。這樣我們就可以知道 BERT 的某一層到底學到了什麼東西，這種技術就叫作探針。

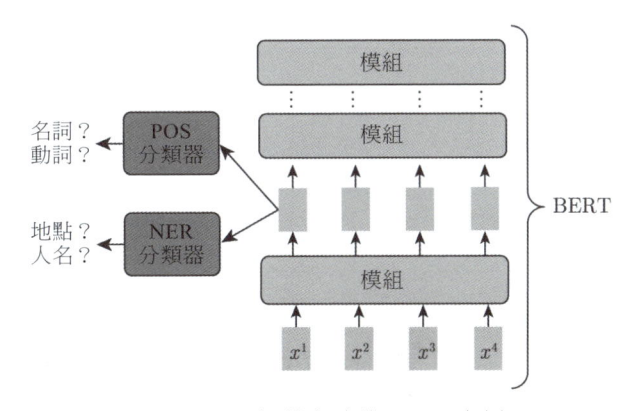

▲ 圖 18.8 探針方法的 BERT 實例

換個角度，訓練一個命名實體辨識（Named Entity Recognition，NER）的分類器，這個分類器的輸入是 BERT 的嵌入，輸出這個詞彙是不是一個命名實體，屬於人名還是地名，還是任何專有名詞等等。透過這個分類器的準確率，就可以知道這些特徵裡有沒有位址和人名資訊等。但是在使用這種技術的時候，需要關注所使用分類器的強度。如果分類器的準確率很低，它還能夠保證輸入的這些特徵（即 BERT 的嵌入）裡有（或沒有）我們需要的分類資訊嗎？不一定，因為有可能就是分類器訓練得太差了，比如學習率沒有調整好等等。所以在使用探針的時候，不要太快下結論。

探針也不一定是分類器。這裡舉一個語音合成的例子，如圖 18.9 所示。聲音訊號是由聲音片段組成的，聲音片段則是由音素組成的，這裡輸入「你好」。語音合成模型不是將一段文字作為輸入，而是將網路輸出的嵌入作為輸入，再輸出一個聲音訊號。我們首先有一個處理音素的網路，如圖 18.9 的右半部分所示。我們把網路某一層（此處為第 2 層）的輸出輸入一個 TTS 模型以訓練它。訓練的目標是希望這個 TTS 模型可以重複顯現網路的輸入，即原來的聲音訊號。有人可能會問，訓練這個 TTS 模型以產生原來的聲音訊號有什麼意義呢？有趣的是，假設我們訓練的網路做的事情就是把講述者的資訊去掉，那麼對於這個 TTS 模型而言，右邊第 2 層的輸出將沒有任何講述者的資訊，它無論怎麼努力都無法還原講述者的特徵。例如，最開始輸入網路的是男聲的「你好」，可能在通過幾層以後，輸入 TTS 模型後產生出來的聲音也是「你好」的內容，但我們完全聽不出來講話者的性別 —— 網路學會了抹去講述者的特徵而只保留講話的內容。

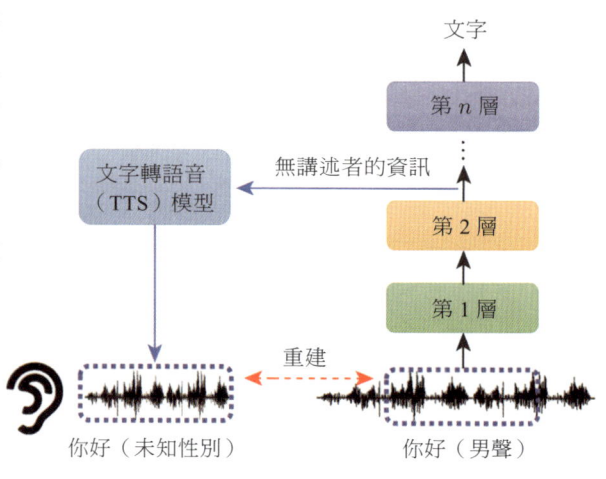

▲ 圖 18.9 探針技術在語音領域的應用尸

下面是兩個真實的例子。第一個例子如圖 18.10(a) 所示，有一個 5 層的 BiLSTM 模型，它將聲音訊號作為輸入，輸出則是文字，這是一個語音辨識模型。將一段女生的語音資訊作為輸入，同時輸入另外一個男生所講的不一樣的內容，再把網路的嵌入用 TTS 模型還原為原來的聲音。我們發現第一層的聲音有一點失真，但基本上跟原來的聲音差不多。然而，這些聲音通過了 5 層的 BiLSTM 模型以後就聽不出來是誰的聲音了，模型把兩個人的聲音變成了一個人的聲音。另一個例子如圖 18.10(b) 所示，輸入的聲音是帶有鋼琴聲的人聲，網路的前面幾層使用 CNN，後面幾層使用 BiLSTM。訊號在通過第一層的 CNN 以後還帶有鋼琴的聲音，但是在通過第一層的 BiLSTM 以後，鋼琴聲就變得很小了，也就是說，鋼琴聲被過濾了，而前面的 CNN 沒有起到過濾鋼琴聲的作用。

以上就是可解釋性機器學習中的局部解釋。

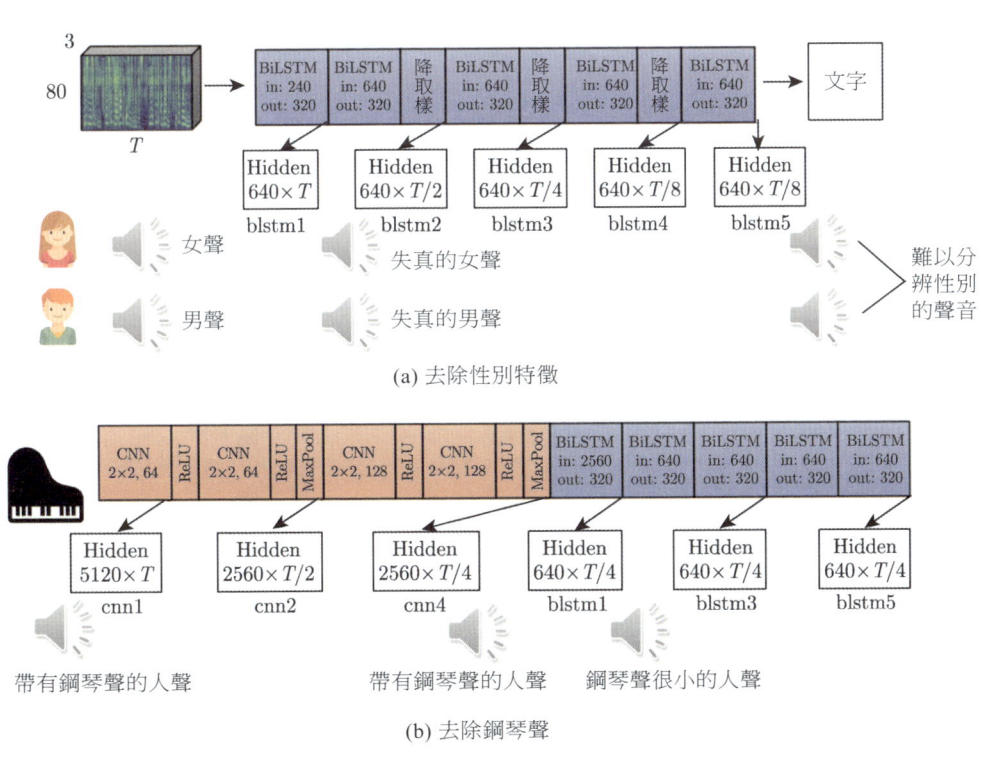

(a) 去除性別特徵

(b) 去除鋼琴聲

▲ 圖 18.10 透過語音合成分析模型中的隱性表徵

18.5 可解釋性機器學習中的全局解釋

介紹完局部解釋，接下來介紹全局解釋。局部解釋就像直接給機器一張圖片，讓它告訴我們在看到這張圖片後，它為什麼覺得是目前輸出的結果（例如，為什麼認為這是一隻貓）。與局部解釋不同的是，全局解釋並不針對特定的某張圖片來進行分析，而是把我們訓練好的模型拿出來，根據模型裡面的參數來檢查貓的特性。

假設我們訓練好了一個卷積神經網路，如圖 18.11 所示。將一張圖片 X 輸入這個卷積神經網路，如果在過濾器 1 的特徵圖中，很多位置都有比較大的值，則很可能意味著圖片 X 裡面有很多過濾器 1 負責檢測的那些特徵。我們現在要做的是全局解釋，也就是說，我們並不想針對任何一張特定的圖片進行分析，但是我們想知道對過濾器 1 而言，它想要看的模式和特徵到底是什麼樣子。具體的做法就是建構一張圖片，這張圖片包含過濾器 1 想要檢測的模式特徵。假設過濾器 1 的特徵圖裡的每一個元素是 a_{ij}，則需要找到一張能夠讓過濾器 1 輸出對應特徵圖中 a_{ij} 的和盡量大的圖片 X^*（注意，X^* 不是資料庫裡的任何一張圖片），我們可以用梯度上升法來求解 X^*。當我們找到 X^* 以後，就可以觀察其中有什麼樣的特徵，以及網路提取的都是什麼樣的模式。

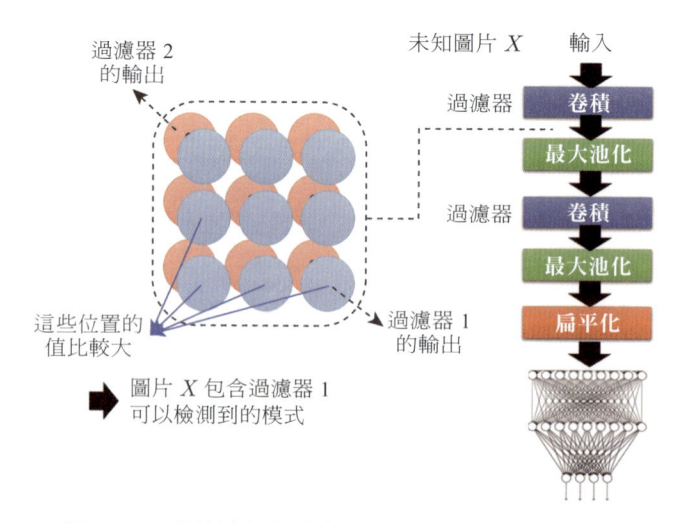

▲ 圖 18.11 卷積神經網路中的過濾器可以檢測到的資訊

下面我們使用 MNIST 手寫數字辨識的例子繼續進行解釋。我們訓練好了一個卷積神經網路作為分類器，它的結構如圖 18.12 右側所示。這個分類器的功能是，給它一張圖片，它會判斷這是 0 ～ 9 中的哪個數字。我們把它的第二個卷積層裡面的過濾器取出，找出與每一個過濾器對應的 X^*，也就是每一個過濾器想要挖掘的模式。圖 18.12 左側的每一張圖片都是一個 X^*，對應一個過濾器。比如最左上角的圖片就是過濾器 1 想要挖掘的模式，第二張圖片就是過濾器 2 想要挖掘的模式，以此類推。

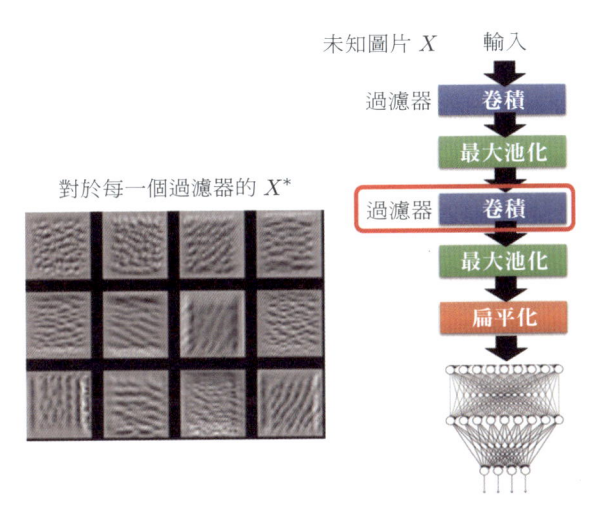

▲ 圖 18.12 MNIST 資料集中的過濾器案例分析

從這些模式中我們可以發現，這個卷積層確實旨在挖掘一些基本的模式，比如類似於筆劃的東西 —— 橫線、直線、斜線等，而且每一個過濾器都有自己獨有的想要挖掘的模式。我們在做手寫數字辨識，而手寫數字就是由一些筆劃構成的，所以用卷積層裡的過濾器偵測筆劃是非常合理的。但是，如果我們直接去觀察符合最終圖片分類器特定輸出的圖片，則完全分辨不出圖片中的手寫數字，我們會觀察到一些雜訊資訊。這可以用我們之前介紹的對抗攻擊來進行簡單解釋：在圖片上加入一些人眼根本看不到的雜訊資訊，就可以讓機器看到各式各樣的物體。這裡也是一樣的道理，對機器來說，它不需要看到很像 0 的手寫數字圖片，才說自己看到了數字 0。其實，如果我們用這種視覺化方法去找一個圖片，想讓輸出對應到某個類別則不一定有那麼容易。

如果我們希望機器看到的是我們所想像的數字，怎麼辦呢？方法是在解最佳化問題的時候加入更多的限制。我們已經知道數字是什麼樣子，所以要把這個限制添加到最佳化過程中。舉例來說，我們要找一個 X^*，不僅使得 y_i 的分數最大，同時也使得 $R(X)$ 的分數最大。這裡的 $R(X)$ 是一個正則項，作用是讓 X 更像一個我們認知中的數字。$R(X)$ 可以有很多種形式，比如，我們可以讓 $R(X)$ 為 X 中所有像素值的絕對值求和後取負值，即希望 X 裡的每一個像素值都不要極端，那麼輸出就會變得更加規則一些，雖然可能看起來仍不太像數字。我們還可以加入更多的限制，比如，我們可以讓 $R(X)$ 是 X 中像素值的平方和再加上 X 的梯度的平方和等。總之，這需要我們根據自己對圖片的瞭解和最終的目標來設計 $R(X)$。

如果我們希望使用全局解釋來看到非常清晰的圖片，有一種方法就是訓練一個圖片生成器。我們可以用 GAN 或 VAE 等生成模型訓練一個圖片生成器。圖片生成器的輸入是一個從高斯分布中取樣出來的低維向量 z，將其輸入這個圖片生成器以後，輸出就是一張圖片 X。這個圖片生成器用 G 來表示，輸出的圖片 X 就可以寫成 $X = G(z)$，如圖 18.13 所示。如何拿這個圖片生成器來反推一個圖片分類器以為的某個類別是什麼樣子呢？很簡單，把這個圖片生成器和圖片分類器接在一起即可。圖片生成器的輸入是 z，輸出是一張圖片；圖片分類器則把這張圖片當作輸入，輸出分類的結果。相較於之前的增加限制，這裡是去找一個 z，讓它透過圖片生成器產生 X，把 X 輸入圖片分類器並產生 y 以後，希望 y 裡面對應的某個類別的分數越大越好，對應的 z 則稱為：

$$z^* = \arg\max_{z} y_i$$

我們再把 z^* 輸入 G 中，看看產生的圖片 X^* 是什麼樣子，這樣就可以達到預想的效果。

▲ 圖 18.13 使用生成方法進行全局解釋

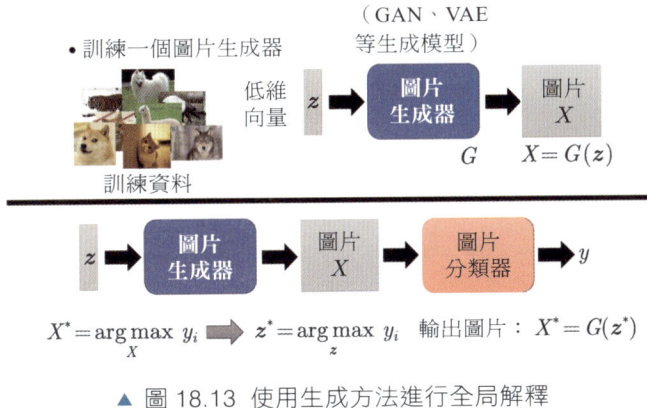

另外，可解釋性機器學習有比較強的主觀性，比如，機器找出來的圖片如果和我們想像的不一樣，我們就可能會覺得這種方法不好，於是要求機器使用一些技巧和方法去找我們想像中的圖片。我們有可能的確不知道機器真正想的是什麼，只是希望機器解讀出來的東西能夠讓人開心。

18.6 擴充與小結

可解釋性機器學習還有很多的技術，我們可以用一些可解釋模型來替代黑箱模型，比如用線性模型替代神經網路模型，如圖 18.14 所示，也就是想辦法用一個比較簡單的模型去模仿複雜模型的行為，如果簡單的模型可以模仿複雜模型的行為，那麼只需要分析那個簡單的模型，也許就可以知道複雜模型在做什麼。舉例來說，深度神經網路是黑箱，輸入 x，它就會輸出 y，我們不知道它是怎麼做決策的，因為它本身非常複雜。能不能拿一個比較簡單的具有可解釋性的模型出來，比如一個線性模型，並訓練這個線性模型去模仿黑箱模型的行為呢？如果線性模型可以成功模仿黑箱模型的行為，我們就可以分析線性模型所做的事情，因為線性模型比較容易分析。分析完以後，也許我們就可以知道黑箱模型所做的事情。

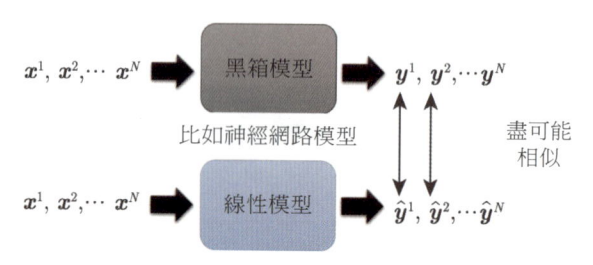

▲ 圖 18.14 使用可解釋模型模擬不可解釋模型的行為

這裡讀者可能會有疑問，一個線性模型有辦法去模仿一個黑箱模型的行為嗎？我們之前介紹過，有很多事情神經網路做得到而線性模型做不到，所以黑箱模型可以做到的事情線性模型不一定能做到。這裡有一種經典的方法，名為局部可解釋的模型無關解釋（Local Interpretable Model-agnostic Explanations，LIME）[2]。LIME 方法雖然不能用線性模型模仿黑箱模型全部的行為，但可以用線性模型去模仿黑箱模型在一個小區域內的行為，實現局部的可解釋性（即局部解釋）。

本章向大家介紹了可解釋性機器學習的兩大主流技術 —— 局部解釋和全局解釋。局部解釋主要針對一個特定的樣本，去找和這個樣本最相關的一些特徵，再把這些特徵拿出來，解釋這個樣本的分類結果。全局解釋主要針對一個特定的模型，去找和這個模型最相關的一些特徵，再把這些特徵拿出來，解釋這個模型的行為。

參考資料

[1] SMILKOV D, THORAT N, KIM B, et al. SmoothGrad: Removing noise by adding noise[EB/OL]. arXiv: 1706.03825.

[2] RIBEIRO M T, SINGH S, GUESTRIN C. "Why should i trust you?" Explaining the predictions of any classifier[C]//Proceedings of the 22nd ACM SIGKDD International Conference on Knowledge Discovery and Data Mining. 2016: 1135-1144.

Chapter 19 ChatGPT

本章介紹如今最熱門的深度學習應用 ChatGPT，它是一個可以跟人對話的大語言模型。不同於之前的各章，本章將以更加偏向科普的方式介紹 ChatGPT，讓大家瞭解 ChatGPT 的原理及其背後的關鍵技術 —— 預訓練。

19.1 ChatGPT 簡介和功能

ChatGPT 是在 2022 年 11 月公開上線的，經過人們使用以後，效果遠遠優於預期，給人的感覺不像是人工智慧，而像是有專業人員躲在 ChatGPT 背後回答問題一樣。本節將簡單介紹 ChatGPT 的原理，讓大家知道 ChatGPT 是怎麼被訓練出來的。

我們首先介紹一下 ChatGPT 的使用介面。ChatGPT 介面的底部有一個對話方塊，可以輸入文字。舉例來說，你可以輸入「幫我寫一個機器學習課程教學大綱」，ChatGPT 會根據你的輸入，輸出一個有模有樣的課程規劃大綱。需要強調的是，ChatGPT 輸出的內容有隨機性，所以不同人問它一模一樣的問題，可能會得到完全不一樣的答案。

ChatGPT 的另外一個特點是可以追加表述，在同一個對話裡可以有多輪互動。舉例來說，我們可以繼續輸入「課程太長了，請短一些」，ChatGPT 就會對原來的規劃做進一步的精簡。很有趣的地方是，追加的表述中完全沒有提到機器學習，所以顯然 ChatGPT 知道已經問過的問題，所以就算沒有明確說出機器學習，它也還是會輸出機器學習這門課的規劃。

19.2 對 ChatGPT 的誤解

對於 ChatGPT，人們有一些常見的誤解。第一個誤解是，ChatGPT 的回答是「罐頭資訊」，如圖 19.1 所示。怎麼理解「罐頭資訊」呢？很多人的看法是，當想讓 ChatGPT 說笑話的時候，它就會從一個笑話集裡隨機挑選一個笑話進行回覆，而這些笑話都是開發者事先準備好的，就像一個個「罐頭」。事實上，ChatGPT 不會這麼做。

▲ 圖 19.1 對 ChatGPT 用「罐頭資訊」回覆的誤解

另一個常見的誤解是，ChatGPT 的回答是網路搜尋的結果，如圖 19.2 所示。他們覺得 ChatGPT 回答問題的流程如下：問它什麼是 Diffusion Model，ChatGPT 就會去網路上直接搜尋有關 Diffusion Model 的文章，從這些文章中整理、重組給我們一個答案，所以它的回答也許就是從網路上抄來的句子。但是，如果去網路上搜尋 ChatGPT 提供的答案，就會發現，在網路上找不到一模一樣的原文，甚至 ChatGPT 常常給出我們從未見過的答案。此外，如果要求 ChatGPT 輸出幾個網址，ChatGPT 輸出的網址很可能格式沒有問題，卻不真實存在。也就是說，ChatGPT 並沒有去網路上搜尋答案，也沒有把網路上的答案摘抄過來，它回答的答案都是模型自己產生的。事實上，對於這個誤解，OpenAI 官方也澄清過。有人會問，為什麼 ChatGPT 會給出一些錯誤的答案呢？它給的答案到底能不能相信呢？官方給出的解釋是，ChatGPT 是沒有連網的，它給出的答案並不是從網路上搜尋得到的。官方還給了一些補充，首先，因為不是從網路上搜尋得到的答案，所以並不能保證答案是正確的。其次，對

於 2021 年以後的事情，ChatGPT 是不知道的。所以官方建議，ChatGPT 的回答不能盡信，我們需要自行核對 ChatGPT 給出的答案。

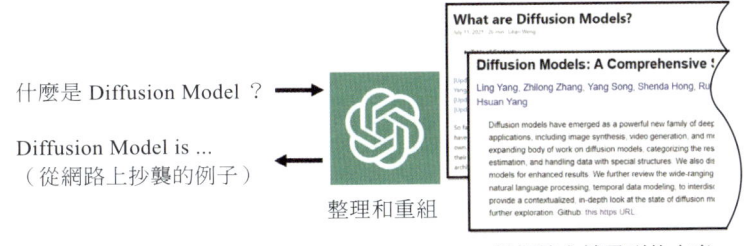

▲ 圖 19.2 對 ChatGPT 的回答是網路搜尋結果的誤解

ChatGPT 真正在做的事情是什麼呢？一言以蔽之，就是做「文字接龍」，如圖 19.3 所示。簡單來說，ChatGPT 本身就是一個函式，輸入一些東西，然後輸出另一些東西。如果以一個句子作為輸入，就輸出這個句子後面應該接的詞彙的機率。ChatGPT 會給每一個可能的符號一個機率。舉例來說，如果輸入「什麼是機器學習？」，也許下一個可以接的字，機率最高的是「機」，「器」和「好」的機率也比較高，其他詞彙的機率就很低。ChatGPT 得到的就是這樣一個機率的分布，接下來，從這個機率分布中做取樣，取樣出來一個字。舉例來說，「機」的機率最高，所以從機率分布中取樣到「機」的機率比較大，但也有可能取樣到其他的詞，這就是 ChatGPT 每次給出的答案都不一樣的原因。因為是從一個機率分布中做取樣，所以每次得到的答案都是不同的。

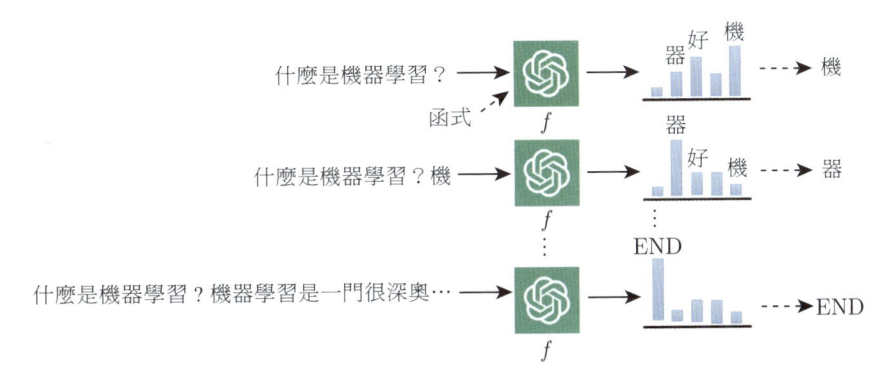

▲ 圖 19.3 ChatGPT 真正做的事情是「文字接龍」

ChatGPT 產生句子的方式就是將字連續輸出。例如，假設已經產生「機」這個可以接在「什麼是機器學習？」這個句子之後的字了，就把「機」加到原來的輸入裡面。於是 ChatGPT 的輸入變成「什麼是機器學習？機」。有了這段文字以後，再根據這段文字輸出接下來的字。因為已經輸出「機」了，所以接下來輸出「器」的機率就非常高了，很有可能取樣到「器」。再把「什麼是機器學習？機器」當作輸入，輸出下一個可以接的字，就這樣繼續下去。在 ChatGPT 可以輸出的符號裡面，應該會有一個符號代表結束。當出現結束符號時，ChatGPT 就停下來。

ChatGPT 怎麼考慮過去的對話歷史紀錄呢？又如何進行連續的對話呢？其實原理是一樣的，因為 ChatGPT 的輸入並非只有現在的輸入，還有同一個對話裡所有過去的互動。所以在同一個對話裡，所有過去的互動，也都會一起被輸入這個函式，讓這個函式決定要接哪個字，這個函式顯然是非常複雜的，其中包含大量的可學習參數。這個函式至少有 1700 億個參數。為什麼不是給出確切的答案呢？那是因為在 ChatGPT 之前，OpenAI 還有另外一個版本的大語言模型──GPT-3，它有 1700 億個參數，而 ChatGPT 的參數量總不會比 GPT-3 小，所以說 ChatGPT 至少有 1700 億個參數。

接下來的問題是，這個帶有大量參數的、神奇而又複雜的函式是怎麼被找出來的呢？講得通俗一些，這個函式是透過人類老師的教導加上大量從網路上查到的資料找出來的。

但是，沒有連網的 ChatGPT 是如何透過大量的網路資料進行學習的呢？訓練和測試需要分開來看。尋找函式的過程稱為訓練。在尋找函式的時候，ChatGPT 透過蒐集網路資料，來幫助自己找到這個可以做文字接龍的函式。但是當這個可以做文字接龍的函式被找出來以後，ChatGPT 就不需要連網了，進入下一個階段，稱為測試。測試就是使用者給一個輸入，ChatGPT 給一個輸出。當進入測試階段後，是不需要進行網路搜尋的。訓練就好比我們在準備一場考試，在準備考試的時候，當然可以閱讀教科書或者上網蒐集資料，而在考場上，我們就不能翻書和上網查資料了，得憑著自己腦中記憶的東西來寫答案。

19.3 ChatGPT 背後的關鍵技術 —— 預訓練

在澄清了一些對 ChatGPT 的常見誤解以後，接下來介紹 ChatGPT 是怎麼被訓練出來的。ChatGPT 背後的關鍵技術就是預訓練。預訓練其實有各式各樣的稱呼，有時候又叫自監督學習，預訓練得到的模型則叫基石模型。關於 ChatGPT 這個名字的由來，名字中的 Chat 代表聊天，G 指生成，P 指預訓練，T 指 Transformer。

我們先來看看一般的機器學習是什麼樣子。想像我們要訓練一個翻譯系統，要把英文翻譯成中文，如果要找一個函式，它可以把英文翻譯成中文，一般的機器學習方法是這樣的：首先收集大量成對的中英文對照例句，告訴機器如果輸入「I eat an apple」，輸出就應該是「我吃蘋果」；如果輸入「You eat an orange」，輸出就應該是「你吃柳丁」。要讓機器學會將英文翻譯為中文，首先得有人去收集大量的中英文成對的例句。這種需要成對的東西來學習的技術，叫作監督式學習。有了這些成對的資料以後，機器就會自動找出一個函式，這個函式包含了一些翻譯的規則，比如機器知道輸入是「I」時輸出就是「我」，輸入是「You」時輸出就是「你」。接下來我們給機器一個句子，期待機器可以得到正確的翻譯結果。

如果把監督式學習的概念套用到 ChatGPT 上，結果應該是這樣的：首先要找很多的人類老師，讓他們設定好 ChatGPT 的輸入和輸出的關係，比如告訴 ChatGPT，當有人問世界第一高峰是哪個時，就回答珠穆朗瑪峰。總之，要找大量的人給 ChatGPT 正確的輸入和輸出，有了這些正確的輸入和輸出以後，就可以讓機器自動地學習一個函式，完成如下功能：當輸入「世界第一高峰是哪個」的時候，輸出「珠」的機率最大，接下來輸出「穆」的機率也比較大，以此類推。有了這些訓練資料以後，機器就可以找到一個函式，這個函式能夠滿足我們的要求 —— 給定一個輸入的時候，它的輸出和人類老師給的輸出十分接近。但顯然僅僅這樣做是不夠的，因為如果機器只根據人類老師的教導找出函式，它的能力將是非常有限的，因為人類老師可以提供的成對資料是非常有限的。舉例來說，假設資料裡沒有任何一句話提到青海湖，當有人問機器中國第

一大湖是哪個的時候，它不可能回答青海湖，因為它很難憑空產生這個專有名詞。人類老師可以提供給機器的資訊是很少的，所以機器如果只靠人類老師提供的資料來訓練，它的知識就會非常少，很多問題也就沒有辦法回答。

ChatGPT 的成功其實依賴於另外一個技術，這個技術可以製造出大量的資料。網路上的每一段文字都可以拿來教機器做文字接龍，比如從網路上隨便爬取到一個句子──世界第一高峰是珠穆朗瑪峰，我們把前半段當作機器的輸入，後半段不管是不是正確答案，都告訴機器後半段就是正確答案。接下來就讓機器去學習一個函式，這個函式應該做到當輸入「世界第一高峰是」的時候，輸出「珠」的機率越大越好。如此一來，網路上的每一個句子都可以拿來教機器做文字接龍。事實上，ChatGPT 的前身 GPT 所做的事情就是單純地從網路上的大量資料中學習做文字接龍。

早在 ChatGPT 之前就有一系列的 GPT 模型。GPT-1 在 2018 年的時候就已經出現了，只是那個時候沒有受到很大的注意。GPT-1 其實是一個很小的模型，只有 1 億 1700 萬個參數。它的訓練資料集也不大，只有 1 GB 的訓練資料。但是一年之後，OpenAI 公開了 GPT-2，GPT-2 的參數量是 GPT-1 的近 10 倍，訓練資料則是前者的約 40 倍。有了這麼大的模型，還有了這麼多的資料去訓練機器，根據網路上的資料做文字接龍，會有什麼樣的效果呢？當年最讓大家津津樂道的一個結果是，你可以和 GPT-2 說一段話，接下來它就開始胡說。舉個例子，和 GPT-2 說有一群科學家發現了獨角獸，接下來 GPT-2 就開始亂編這些獨角獸的資訊。這個能力在今天看來沒什麼，AI 就應該做到這樣的事情，但在 2019 年，學術界對此非常震驚，大家覺得它的回答有模有樣。事實上，GPT-2 也是可以回答問題，甚至可以輸出文章的摘要。所以其實早在 GPT-2 的時候，機器就已經有回答問題的能力了。

在今天，包含 15 億個參數的模型在大家眼中可能不是一個特別大的模型，但是在 2019 年，人們十分震驚於世界上居然有如此巨大的模型。從結果來看，就算只是從大量的網路資料中學習做文字接龍，GPT-2 也已經有了回答問題的能力。2020 年發行的 GPT-3 是 GPT-2 的約 100 倍大，訓練資料約 570 GB。文字量差不多是《哈利‧波特》全集的 30 萬倍。

> **Q** GPT-3.5 是什麼呢？
>
> **A** 事實上，沒有任何一篇文章明確地告訴我們 GPT-3.5 指的是哪一個模型，目前 OpenAI 官方的說法是，只要是在 GPT-3 的基礎上做一些微調得到的模型都叫 GPT-3.5，這個名稱並不特指某個模型。

GPT-3 可以做什麼樣的事情呢？GPT-3 剛公開時引起了非常大的轟動，那時候的人們認為 GPT-3 實在太大了，它甚至會寫程式碼。它為什麼可以做到這件事情呢？因為 GitHub 上有很多程式碼，裡面還有程式碼註解，所以 GPT 在做文字接龍的時候，看到這些程式碼註解，也就能夠將程式碼產生出來。所以 GPT-3 可以寫程式碼，好像也不是特別讓人震驚的事情。不過，GPT-3 看起來是有非常大的能力上限的，雖然能力很強，但它給的答案不一定是我們想要的。所以怎麼再強化 GPT-3 的能力呢？下一步就需要人工介入了，到 GPT-3 為止，訓練是不需要人監督的，但是從 GPT-3 到 ChatGPT，就需要人類老師的介入了，所以 ChatGPT 其實是監督式學習以後的結果。在進行監督式學習之前，透過大量網路資料學習的這個過程，就稱為預訓練，如圖 19.4 所示。這個繼續學習的過程則叫微調，預訓練有時候又叫自監督學習。機器在學習時需要成對的資料，但這些成對的資料不是人類老師提供的，而是用一些方法產生的，這就叫自監督學習。

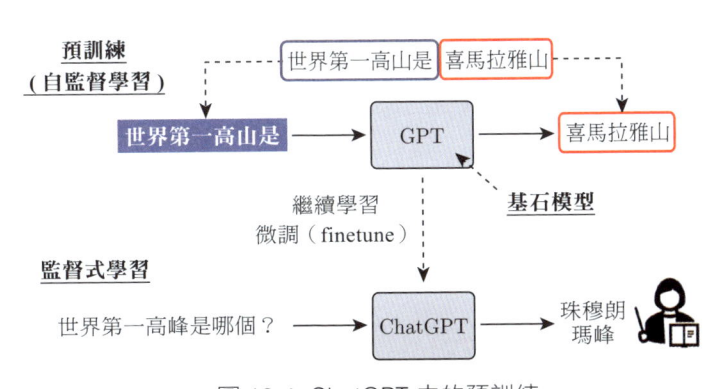

▲ 圖 19.4 ChatGPT 中的預訓練

預訓練對 ChatGPT 的效能又有多大的幫助呢？ChatGPT 是多語言互動的，不管用中文、英文還是日文問它，它都會給出答案。很多人可能覺得它背後有一個比較好的翻譯引擎，因為 OpenAI 並沒有針對 GPT 的多語言能力進行公開說明，所以我們也不能排除它使用翻譯引擎的可能性。但我們猜測它應該不需要用到翻譯引擎，因為很有可能只要教 ChatGPT 幾種語言的問答，它就可以自動學會其他語言的問答。舉一個多語言模型 Multi-BERT 的例子，這是在 ChatGPT 出現之前非常熱門的一個自監督學習的語言模型，它在 104 種語言上做過預訓練。Multi-BERT 有一個神奇的技能，假設讓它進行閱讀能力測驗。我們只用英文微調，接下來用中文進行測驗，很神奇的是，Multi-BERT 可以回答中文的問題，而且裡面沒有包含翻譯等流程。

另外，我們知道 ChatGPT 中不僅使用了監督式學習，還使用了增強式學習。ChatGPT 使用的是增強式學習中的 PPO 演算法。如圖 19.5 所示，在增強式學習中，不是直接給機器答案，而是告訴機器現有的答案好還是不好。增強式學習的好處是，相較於監督式學習（監督式學習中的人類老師是比較辛苦的），人類老師可以偷懶，只需指導大的方向。此外，增強式學習更適合用在人類自己都不知道答案的時候。舉例來說，如果要寫首詩來讚美 AI，其實很多人當場是寫不出來的，但機器可以寫出來。對人類來說，判斷機器寫的這首詩是不是一首好詩則簡單許多。

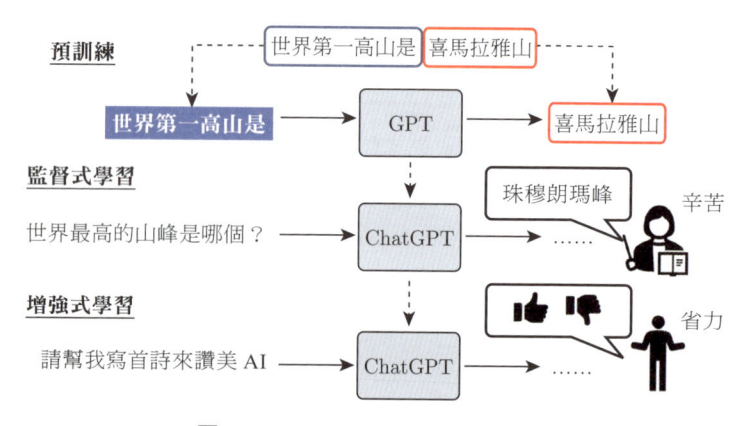

▲ 圖 19.5 ChatGPT 中的增強式學習

綜上所述，ChatGPT 的學習基本上就三個步驟 —— 先做預訓練，再做監督式學習，最後做增強式學習。

19.4 ChatGPT 帶來的研究問題

我們已經介紹了 ChatGPT 學習和訓練的原理，接下來介紹 ChatGPT 帶來的研究問題。我們知道 GPT 出現以後，其實給自然語言處理領域帶來了很大的衝擊。ChatGPT 它確實給很多研究方向（如翻譯）帶來了一些影響，但與此同時，ChatGPT 也帶來了新的研究方向。下面就講幾個未來因為 ChatGPT 而可能受到重視的研究方向。

第一個方向是如何精準地提出需求。大家都知道，為了使用 ChatGPT 這個工具，就要精準地提出需求。很多人誤以為 ChatGPT 就是聊天機器人，其實不然。如果不好好調教的話，它其實沒那麼擅長聊天。舉個例子，我們對它說「我今天工作很累」，它會回答：「作為一個 AI 語言模型，我不會感到疲憊，很抱歉，你工作很累，希望你早點休息」。對話就結束了。怎麼才能讓 ChatGPT 跟我們聊天呢？這就需要精準地提出自己的需求。學術界把這件事稱為**提示（prompting）**。可以輸入「請想像你是我的朋友」等字眼，要讓它講話時更像一個朋友。同時跟它強調「請試著跟我聊聊」，這樣它就不會輕易停止了。給出提示指令以後，再說今天工作很累，它的回答就變成：「我知道你最近工作負擔很重，可以跟我講一下你今天遇到什麼困難了嗎？」，它現在更像一個聊天機器人了。怎麼提示 ChatGPT 是需要技術的工作。現在網路上已經有很多指南。我們不知道未來會不會出現一系列的研究，試圖用更系統化的方法，自動找出可以提示 ChatGPT 的指令。

下一個問題是，大家知道 ChatGPT 的訓練資料是有限制的，如果問它 2021 年以後的事情，它不一定能給出正確答案。舉例來說，問它最近一次世界盃足球賽的冠軍是哪支球隊，它的回答是，最近一次世界盃足球賽的冠軍是法國隊，所以它顯然還停留在 2021 年以前。這裡有一個有趣的發現，就是問它 2022 年世界盃足球賽的冠軍是哪支球隊，它會告訴你作為一個人工智慧語

言模型，它沒有預測未來的能力，然後拒絕回答這個問題。我們認為這是人類老師造成的，ChatGPT 對 2022 非常敏感，只要輸入的句子裡有 2022，它基本上就會告訴你，它無法預測未來的事情。人類老師一定給了很多例子，告訴它只要句子裡出現 2022，就說無法回答這個問題。所以 ChatGPT 有時候會答錯，如果它答錯了，也許一個很直接的想法是，告訴它正確答案，讓它拿著正確答案，更新自己的參數就可以了。但是真的有這麼容易嗎？它是一個黑箱模型，裡面發生了什麼事，我們並不知道。所以如何讓機器糾正一個錯誤，但不要弄錯其他地方，也是一個新的研究方向，稱為神經編輯（neural editing）。

另一個話題就是判斷機器輸出的內容是否由 AI 產生。這件事怎麼做呢？在概念上其實並不難，先用 ChatGPT 產生一組句子，再找一組由人寫出的句子。這時我們就有了標註資料。用它們訓練一個模型，這個模型就可以指明這個句子是不是 AI 寫的。同樣的道理也可以用在語音和圖片上。

下面簡單介紹一下李宏毅老師對使用 ChatGPT 或類似的 AI 軟體輔助完成報告或論文的態度。今天大家提到類似這種有問有答的軟體時，都會想到 ChatGPT，但未來絕對不會只有 ChatGPT，因為這是未來很關鍵的一項技術。可以想像，未來的電腦中會有很多 AI 軟體，當要寫一段文字的時候，每一個 AI 軟體都會爭相給出一個答案。如果使用 ChatGPT 輔助完成報告，建議註明哪部分是用 ChatGPT 輔助完成的。為什麼要註明呢？因為如果兩個人都使用 ChatGPT，那麼他們的答案就會非常像，可能會被誤認為互相抄襲。

自從有了 ChatGPT 以後，人們紛紛討論到底能不能用它來做報告或者寫論文，有些學校甚至已經禁用 ChatGPT，把使用 AI 軟體視為抄襲。但 ChatGPT 本身就是一個工具，我們應該學會使用它，就好像電腦是一個工具，搜尋引擎也是一個工具一樣，我們並不會因為使用這些工具而變笨，而要把腦力用在更需要的地方。假設一個題目是可以輕易用 ChatGPT 回答，那麼它其實不是教學的重點。從另一個角度來說，有人會問，ChatGPT 的寫作能力其實比人類強，如果有很多學生寫的文章比 ChatGPT 寫的文章差，怎麼辦呢？我們覺得比人類寫得好也是一件好事，從現在起，沒有誰的作文應該比 ChatGPT

寫得還差了。如果有人認為自己的作文寫得沒有 ChatGPT 好，那還不如直接用 ChatGPT 寫，所以 ChatGPT 的出現將提升人類整體的寫作水準。

最後一個研究主題是 ChatGPT 會不會口風不緊，洩露不該洩露的機密呢？我們可以想像一下，ChatGPT 從網路上爬取了那麼多的文章，它會不會爬取到什麼它不該爬取的資訊，再不小心說出去呢？事實上在 GPT-2 的時候，就已經有人意識到這個問題，嘗試把某個單位的名稱輸入 GPT-2，希望它告知這個單位的郵箱位址、電話等相關資訊。那我們就會思考，如果有人問 ChatGPT 一些名人住哪裡，它會不會給出這些名人的住址呢？如果發現 ChatGPT 講了不該講的話、讀了不該讀的資訊，有沒有辦法直接讓它遺忘呢？這是一個新的研究主題，稱為 machine unlearning，從字面意思看，就是機器反學習，讓模型忘記它曾經學過的東西。

以上介紹了 ChatGPT 未來幾個新的研究方向，包括如何精準地提出需求、如何更正錯誤、如何判斷 AI 產生的內容，以及如何避免 AI 洩露機密。

索引

※ 提醒您：由於翻譯書排版的關係，部分索引名詞的對應頁碼會和實際頁碼有一頁之差。

按英文 A～Z

AdaGrad, 60
Adam, 65
ReLU, 20
RMSprop, 64
Wasserstein GAN, 221

按國字筆畫順序

下游任務, 255
元學習, 361
內部共變量偏移, 81
分類, 1
分類器, 136, 179, 192
反向傳播, 25, 132
少樣本學習, 279
支援向量機, 29
可解釋性人工智慧, 409
平均池化, 102
平均值, 75
平均絕對誤差, 3
正則化, 33

生成對抗網路, 209
生成模型, 207
生成器, 207
目標函式, 219
丟棄法, 33
交叉熵, 3, 72, 197
全域最小值, 7
全連接網路, 33, 85, 149, 183
全連接層, 97
同策略學習, 351
向量量化變分自編碼器, 293
回合, 19, 259, 322
回報, 339
多任務學習, 381
多頭自注意力, 161, 184
自動編碼器, 285
自然語言處理, 166, 177
自監督學習, 249
位置編碼, 163, 184
作譜正則化, 82, 225
判別器, 211
均勻分布, 207
均方誤差, 3, 72

局部最大值, 40
局部最小值, 7, 46
序列到序列, 140, 141, 175, 227
快速梯度符號法, 304
批次, 19, 183
批次正規化, 73
批次梯度下降, 48
批次量, 20, 48
步幅, 91
災難性遺忘, 381
函式集, 168
卷積神經網路, 33, 85, 145, 207
卷積層, 97
受限玻爾茲曼機, 288
定向搜尋, 202
知識蒸餾, 393
長短期記憶, 119
持續學習, 377
計畫取樣, 203
軌跡, 340
重建, 286
降取樣, 102
降維, 287
降噪自動編碼器, 288
音素, 418
海森矩陣, 41, 52
特徵, 2
特徵正規化, 75
特徵映射, 99, 323
特徵脫勾, 290
神經架構搜尋, 371
神經網路, 23
訓練集, 35
迴歸, 1
高斯分布, 207, 422

偏差, 2, 69
動態計算, 403
參數, 2
參數共享, 94
參數量化, 397
基線, 30, 343
常態分布, 209
情感分析, 136, 149, 177
探索, 351
探針, 416
推斷, 80
條件型生成, 209, 234
梯度上升, 340
梯度下降, 4, 214
梯度消失, 133, 136
梯度情節記憶, 385
梯度懲罰, 225
梯度爆炸, 135
深度學習, 1
異策略學習, 349
移動平均值, 80
終身學習, 377
貪心搜尋, 200
貪心解碼, 200
通道, 85
連續詞袋, 271
單樣本學習, 280
嵌入, 267
循環生成對抗網路, 239
提示, 434
提前停止, 33
智慧代理, 334
最大池化, 102
最佳化工具, 65, 73
殘差連接, 183, 184, 250

殘差網路, 24, 29, 67
無止境學習, 377
無限制生成, 209
詞元, 185, 200, 227
詞袋, 141
詞嵌入, 146, 271
超參數, 6, 91, 161
越時反向傳播, 132
填充, 92
微調, 256, 288
感知域, 89, 166
損失函式, 131, 203
準確度, 53
資料增強, 30, 109
過擬合, 24, 85
過濾器, 96, 315
閘, 119
零樣本學習, 280
預訓練, 228, 255, 427
預熱, 66
對抗, 212
對抗程式改寫, 313
漸進式 GAN, 216
監督式學習, 333
網路修剪, 387
網路壓縮, 387
誤差表面, 4, 46
遞迴神經網路, 111, 164, 169, 207
領域自適應, 321
領域概化, 321
價值函式, 351
增強式學習, 331
增量學習, 377
彈性, 14, 97

標準差, 75, 183
標準答案, 197, 340
模式崩塌, 231
模型, 2
模型無關元學習, 368
樣本, 20, 168
潛在空間, 329
獎勵, 333
線性模型, 10, 39
編碼, 291
遮罩, 188
鞍點, 40
學習率, 6, 306
學習率降溫, 66
學習率衰減, 66
學習率排程, 66
機器學習, 1
激勵函式, 20, 102
獨熱編碼, 146, 253
輸入門, 119
輸出門, 119
遺忘門, 119
隨機梯度下降, 48
環境, 333
臨界點, 40
隱藏層, 23, 153
擴散模型, 243
轉移學習, 321
權重, 2
權重集群, 397
變分自編碼器, 293
驗證集, 35
觀測, 334

深度學習詳解｜台大李宏毅老師機器學習課程精粹

作　　　者：王琦／楊毅遠／江季
企劃編輯：江佳慧
文字編輯：江雅鈴
設計裝幀：張寶莉
發 行 人：廖文良

發 行 所：碁峯資訊股份有限公司
地　　　址：台北市南港區三重路 66 號 7 樓之 6
電　　　話：(02)2788-2408
傳　　　真：(02)8192-4433
網　　　站：www.gotop.com.tw
書　　　號：ACL072400
版　　　次：2025 年 06 月初版
2025 年 09 月初版二刷
建議售價：NT$750

商標聲明：本書所引用之國內外公司各商標、商品名稱、網站畫面，其權利分屬合法註冊公司所有，絕無侵權之意，特此聲明。

版權聲明：本著作物內容僅授權合法持有本書之讀者學習所用，非經本書作者或碁峯資訊股份有限公司正式授權，不得以任何形式複製、抄襲、轉載或透過網路散佈其內容。
版權所有‧翻印必究

本書是根據寫作當時的資料撰寫而成，日後若因資料更新導致與書籍內容有所差異，敬請見諒。若是軟、硬體問題，請您直接與軟、硬體廠商聯絡。

國家圖書館出版品預行編目資料

深度學習詳解:台大李宏毅老師機器學習課程精粹 / 王琦,楊毅遠,江季原著. -- 初版. -- 臺北市:碁峯資訊, 2025.06
　面；　公分
　ISBN 978-626-425-080-1(平裝)

1.CST：機器學習　2.CST：人工智慧

312.831　　　　　　　　　　　　114005239